Unos Segundos para la Medianoche

Andrew Parry

Published by Andrew Parry, 2024.

UNOS SEGUNDOS PARA LA MEDIANOCHE

First edition. September 28, 2024.

ISBN: 979-8227280039

Written by Andrew Parry.

Tabla de Contenido

Unos Segundos para la Medianoche

A Few Seconds to Midnight

Spanish Version

Este libro fue traducido del inglés al español con Google Translate. Se ha tomado el máximo cuidado para garantizar la precisión de la traducción. Si encuentra errores o información confusa, infórmeselo al autor. Gracias.

Introducción: Unos segundos antes de la medianoche

En el año 2024, el mundo se tambalea al borde de una catástrofe que muchos creían relegada a los anales de la historia. El siniestro espectro de la guerra nuclear, que en su día fue la preocupación más sombría de la era de la Guerra Fría, ha resurgido con una urgencia aterradora. El Reloj del Apocalipsis, que lleva el Boletín de los Científicos Atómicos, se encuentra ahora peligrosamente cerca de la medianoche, lo que simboliza la proximidad de la humanidad a la autoaniquilación. No se trata de un mero gesto simbólico; refleja la dura realidad de que ahora estamos más cerca que nunca del conflicto nuclear.

El panorama geopolítico actual está plagado de tensiones, y Rusia es el centro de esta crisis global. El presidente Vladimir Putin, un líder conocido por sus maniobras estratégicas y su desafío a la influencia occidental, ha emitido duras advertencias que evocan los días más oscuros del siglo XX. Su retórica, acompañada de una serie de acciones militares provocadoras, sugiere que lo impensable –una guerra nuclear a gran escala– puede ser más que una amenaza: podría ser una realidad inminente.

La agresión de Rusia no ocurre en el vacío. El mundo está siendo testigo de una peligrosa escalada de conflictos que llevan mucho tiempo latentes bajo la superficie. Desde las tensiones actuales en Ucrania, donde las fuerzas rusas han realizado incursiones significativas y brutales, hasta las luchas más amplias por el poder en Europa del Este y más allá, la posibilidad de que estos conflictos se salgan de control es terriblemente real. Las advertencias de Putin, junto con las posturas militares y las pruebas de misiles con capacidad nuclear, han llevado al mundo al borde de un precipicio.

Este libro nace de esta terrible situación. No es simplemente una guía para construir una estructura física, sino un manual completo para la supervivencia en una era en la que la guerra nuclear ya no es una posibilidad lejana sino una amenaza inminente. Mientras el mundo se enfrenta al resurgimiento de la política nuclear arriesgada, la necesidad de estar preparados nunca ha sido más crítica.

El objetivo de este libro es brindarle los conocimientos y las herramientas necesarias para protegerse a sí mismo y a sus seres queridos en caso de que ocurra lo peor. Lo guiará a través de los aspectos técnicos y científicos de la lluvia radiactiva, ayudándolo a comprender los peligros de la radiación, las capacidades protectoras de varios materiales de construcción y los tratamientos médicos necesarios para la exposición a la radiación. Aprenderá a diseñar y construir un refugio antiaéreo adaptado a sus necesidades y ubicación específicas, asegurando la máxima protección contra los efectos devastadores de la guerra nuclear.

PERO ESTE LIBRO TRATA de algo más que las consecuencias inmediatas de un ataque nuclear. Aborda los desafíos a largo plazo de sobrevivir en un mundo postapocalíptico, donde la amenaza del invierno nuclear, la contaminación de los alimentos y el agua y el colapso social son muy reales. Ofrece estrategias para la supervivencia a largo plazo, desde el almacenamiento de suministros esenciales hasta el cultivo de alimentos en condiciones de poca luz y el mantenimiento de la salud física y mental frente a la adversidad prolongada.

En estas páginas, encontrará instrucciones detalladas, consejos prácticos y una gran cantidad de conocimientos recopilados por expertos en los campos de la defensa civil, la gestión de emergencias y la supervivencia. La información presentada aquí está diseñada para ser accesible y práctica, lo que le permitirá tomar las medidas necesarias para proteger su futuro.

A pocos segundos de la medianoche, es fundamental reconocer la gravedad de la situación. Aunque esperamos que prevalezcan la diplomacia y la razón, la realidad es que debemos prepararnos para todas las posibilidades. Este libro es una respuesta a esa necesidad: un recurso para quienes eligen tomar su seguridad en sus propias manos en un mundo cada vez más incierto.

Prepárese, porque el mundo que una vez conocimos puede estar al borde de un cambio irreversible. A la sombra de una guerra nuclear, el conocimiento y la preparación son sus aliados más poderosos. Este libro será su guía en la oscuridad, ofreciéndole los medios para sobrevivir y resistir cuando lo impensable se convierta en realidad.

Comprender la lluvia radiactiva: los conceptos básicos

Cuando hablamos de la lluvia radiactiva, nos adentramos en una de las consecuencias más graves y que más alteran la vida de una explosión nuclear. Para comprender realmente la gravedad de la lluvia radiactiva, primero debemos analizar qué es, cómo se forma y por qué es tan peligrosa. Este capítulo lo guiará a través de los conceptos básicos, sentando las bases para todo lo que sigue.

La lluvia radiactiva es el material radiactivo residual que se expulsa a la atmósfera superior después de una explosión nuclear. Este material "cae" del cielo después de la explosión y la materia vaporizada del arma misma se enfría y se condensa en partículas sólidas. Estas partículas, que pueden ir desde polvo microscópico hasta fragmentos más grandes, son radiactivas y suponen un grave riesgo para la salud y el medio ambiente.

Las partículas radiactivas de la lluvia radiactiva son los subproductos de la fisión nuclear, el proceso en el que el núcleo de un átomo se divide en partes más pequeñas, liberando una enorme cantidad de energía. En una explosión nuclear, esta energía se libera en forma de una intensa explosión, calor y radiación. Los efectos inmediatos de la explosión, como la explosión y el calor, causan una destrucción generalizada, pero es la radiación persistente en forma de lluvia radiactiva la que supone una amenaza a largo plazo.

La lluvia radiactiva se compone de varios isótopos radiactivos, siendo algunos de los más preocupantes el cesio-137, el yodo-131 y el estroncio-90. Estos isótopos emiten radiación en forma de rayos alfa, beta y gamma. Las partículas alfa son las menos penetrantes, pero si se inhalan o se ingieren pueden causar daños internos importantes. Las partículas beta son más penetrantes y pueden causar quemaduras en la piel y daños internos si se ingieren. Los rayos gamma son los más peligrosos, capaces de penetrar profundamente en el cuerpo y causar daños tisulares generalizados.

Uno de los aspectos más críticos para comprender la lluvia radiactiva es reconocer cómo se propaga y qué influye en su distribución. La altitud de la explosión, el rendimiento del arma y las condiciones climáticas del momento influyen. Por ejemplo, una explosión a nivel del suelo genera más lluvia radiactiva que una explosión en el aire porque atrae más tierra y escombros que se irradian y luego son transportados por el viento. Los patrones de viento pueden transportar partículas de lluvia radiactiva a grandes distancias, afectando áreas muy alejadas del lugar de la explosión.

El peligro de la lluvia radiactiva no radica sólo en sus efectos inmediatos, sino en su persistencia. Las partículas radiactivas siguen siendo peligrosas durante períodos variables, dependiendo de su vida media (el tiempo que tarda la mitad de los átomos radiactivos en desintegrarse). Algunos isótopos, como el yodo-131, tienen vidas medias relativamente cortas (alrededor de 8 días), pero siguen siendo peligrosos debido a su rápida absorción por la glándula tiroides humana. Otros, como el cesio-137, tienen vidas medias más largas (alrededor de 30 años), lo que supone una amenaza ambiental prolongada.

La exposición a la lluvia radiactiva puede producirse por diferentes vías: inhalación, ingestión o contacto directo con la piel. La inhalación es especialmente peligrosa porque las partículas radiactivas pueden alojarse en los pulmones, lo que provoca una grave exposición a la radiación interna. La ingestión de alimentos o agua contaminados puede introducir materiales radiactivos en el cuerpo, donde pueden acumularse en varios órganos y causar daños con el tiempo. El contacto directo con partículas de la lluvia radiactiva puede provocar quemaduras por radiación en la piel y aumentar el riesgo de cáncer.

Es fundamental comprender los efectos de la exposición a la radiación en la salud. A corto plazo, las dosis altas de radiación pueden causar una enfermedad aguda por radiación, caracterizada por síntomas como náuseas, vómitos, diarrea y, en casos graves, la muerte. La exposición a largo plazo, incluso a niveles más bajos de radiación, aumenta el riesgo de desarrollar cánceres, en particular leucemia, y puede causar mutaciones genéticas que afecten a las generaciones futuras.

Otro aspecto a tener en cuenta es el impacto ambiental de la lluvia radiactiva. La contaminación radiactiva puede hacer que las zonas sean inhabitables durante años, lo que afecta al suelo, al agua y a los ecosistemas. Las plantas y los animales de las zonas contaminadas pueden acumular materiales radiactivos, lo que da lugar a un efecto de bioacumulación, en el que las concentraciones de radiación aumentan a medida que se asciende en la cadena alimentaria. Esta contaminación puede afectar gravemente a la agricultura, haciendo que los suministros de alimentos sean inseguros para el consumo.

A medida que profundicemos en los aspectos técnicos y científicos de la lluvia radiactiva en los capítulos siguientes, tenga en cuenta los conceptos básicos que hemos tratado aquí. Comprender qué es la lluvia radiactiva, cómo se forma y por qué es peligrosa nos proporcionará una base sólida a medida que exploramos los detalles de cómo protegernos a nosotros mismos y a nuestra familia, los materiales que pueden protegernos de la radiación y las mejores prácticas para construir un refugio contra la lluvia radiactiva.

En caso de una explosión nuclear, el peligro inmediato es obvio, pero es la amenaza invisible y persistente de la lluvia radiactiva la que requiere una preparación y una comprensión cuidadosas. Este capítulo ha preparado el terreno para esa comprensión, proporcionándole el conocimiento esencial para comprender la complejidad de la lluvia radiactiva y la urgencia de tomar las medidas de protección adecuadas.

La ciencia detrás de la desintegración radiactiva

La desintegración radiactiva es el proceso fundamental que sustenta la amenaza que supone la lluvia radiactiva. Para comprender plenamente los peligros y la mejor manera de protegernos, primero debemos entender qué es la desintegración radiactiva, cómo funciona y sus implicaciones para la supervivencia a corto y largo plazo. En este capítulo se explorará la ciencia detrás de la desintegración radiactiva, explicando los conceptos clave de una manera accesible y relevante para la tarea de construir un refugio contra la lluvia radiactiva.

En esencia, la desintegración radiactiva es el proceso por el cual un núcleo atómico inestable pierde energía emitiendo radiación. Este proceso es espontáneo y ocurre de forma natural a medida que ciertos isótopos, conocidos como radionúclidos, buscan la estabilidad. Estos radionúclidos son los subproductos de las reacciones nucleares, como las que se producen en una explosión nuclear, donde la inmensa energía liberada conduce a la formación de una variedad de isótopos inestables.

La desintegración radiactiva puede producirse de varias formas, pero los tipos más comunes de desintegración relacionados con la lluvia radiactiva son la desintegración alfa, la desintegración beta y la desintegración gamma. Cada tipo de desintegración implica la emisión de diferentes partículas u ondas electromagnéticas, que tienen distintos niveles de energía y poder de penetración, y por lo tanto diferentes implicaciones para la salud y la seguridad humanas.

La desintegración alfa se produce cuando un núcleo inestable emite una partícula alfa, que está compuesta por dos protones y dos neutrones, esencialmente un núcleo de helio. Las partículas alfa son relativamente grandes y tienen una carga positiva, pero tienen un poder de penetración bajo. Pueden ser detenidas por algo tan fino como una hoja de papel o incluso la capa exterior de la piel humana. Sin embargo, el peligro surge si los materiales que emiten partículas alfa se inhalan, se ingieren o entran en el cuerpo a través de una herida. Una vez dentro del cuerpo, las partículas alfa pueden causar un daño celular significativo debido a su alta energía, lo que aumenta el riesgo de cáncer y otros problemas de salud graves.

La desintegración beta implica la emisión de una partícula beta, que puede ser un electrón o un positrón, dependiendo de si la desintegración es beta-menos o beta-más. Las partículas beta son más pequeñas que las partículas alfa y tienen una carga negativa o positiva. Tienen un mayor poder de penetración que las partículas alfa, capaces de atravesar la piel y potencialmente causar quemaduras por radiación o daños internos más importantes si penetran lo suficientemente profundo. La radiación beta es particularmente preocupante en el caso de la lluvia radiactiva porque puede contaminar la piel, los alimentos y el agua, lo que provoca exposición tanto externa como interna.

La desintegración gamma se diferencia de la desintegración alfa y beta en que implica la emisión de rayos gamma, que son fotones de alta energía, en lugar de partículas. Los rayos gamma no tienen masa ni carga, pero son muy penetrantes y pueden atravesar la mayoría de los materiales, incluido el tejido humano, con facilidad. La radiación gamma es la forma más peligrosa de radiación asociada con la lluvia radiactiva porque puede causar daños internos extensos sin ningún contacto directo. La protección contra los rayos gamma requiere materiales densos, como plomo o capas gruesas de hormigón, lo que la convierte en una consideración crítica en el diseño y la construcción de un refugio antiaéreo.

UN CONCEPTO CLAVE EN la desintegración radiactiva es la vida media de un radionucleido, que es el tiempo que tarda la mitad de los átomos de una muestra determinada en desintegrarse en una forma más estable. La vida media varía ampliamente entre los distintos isótopos, desde fracciones de segundo hasta millones de años. Por ejemplo, el yodo-131, un isótopo común en la lluvia radiactiva, tiene una vida media de unos 8 días, lo que significa que sigue siendo peligroso durante semanas después de una explosión nuclear. Por otro lado, el cesio-137, con una vida media de unos 30 años, sigue siendo peligroso durante décadas, lo que plantea riesgos ambientales y de salud a largo plazo.

Comprender las vidas medias es crucial porque informa sobre cuánto tiempo pueden seguir siendo inseguras ciertas áreas después de un evento nuclear y durante cuánto tiempo deben mantenerse las medidas de protección, como refugiarse o evitar alimentos y agua contaminados. Los radionucleidos con vidas medias cortas pueden plantear riesgos intensos pero a corto plazo, mientras que los que tienen vidas medias más largas requieren estrategias a largo plazo para la mitigación y la seguridad.

Otro concepto importante es el de la cadena de desintegración, que es la serie de desintegraciones radiactivas sucesivas que sufren ciertos radionucleidos a medida que avanzan hacia un estado estable. Por ejemplo, el uranio-238 se desintegra a través de una compleja cadena de transformaciones, hasta convertirse en plomo-206, un isótopo estable. Cada paso de la cadena de desintegración puede producir distintos tipos de radiación, lo que contribuye a la complejidad y duración del peligro radiactivo de la lluvia radiactiva. Comprender estas cadenas es esencial para predecir el comportamiento y los riesgos asociados a escenarios específicos de lluvia radiactiva.

La desintegración radiactiva no es sólo una fuente de peligro, sino también una herramienta para que los científicos midan el tiempo y los niveles de contaminación. Dispositivos como los contadores Geiger y los detectores de centelleo miden la velocidad de desintegración, lo que proporciona información crítica sobre la intensidad y la distribución de la lluvia radiactiva. Estos datos se pueden utilizar para trazar zonas seguras, determinar la necesidad de evacuación o planificar la duración del refugio en el lugar. En el contexto de un refugio contra la radiación nuclear, la ciencia de la desintegración radiactiva dicta los materiales que se eligen para la construcción, el diseño del refugio y el tiempo que se debe permanecer dentro. Por ejemplo, comprender que los rayos gamma son muy penetrantes conduce a la decisión de utilizar materiales densos como el hormigón o el plomo para el blindaje. Conocer las vidas medias de varios radionucleidos informa cuánto tiempo deben durar los suministros y cuándo puede ser seguro salir.

Además, la desintegración radiactiva tiene implicaciones más allá de las consecuencias inmediatas de un evento nuclear. La exposición a largo plazo, incluso a niveles bajos, puede provocar problemas de salud crónicos, degradación ambiental y desafíos en la producción agrícola.

Este riesgo continuo requiere un enfoque integral para el diseño y la preparación de refugios contra la radiación, que tenga en cuenta no solo la supervivencia en las consecuencias inmediatas, sino también la capacidad de prosperar en un mundo donde la contaminación radiactiva puede persistir durante años o incluso décadas. A medida que aumenta su comprensión de la desintegración radiactiva, tenga en cuenta que este conocimiento no es solo académico; es práctico y vital. La ciencia de la desintegración radiactiva influye en todas las decisiones que tomas para prepararte para una catástrofe nuclear, desde los materiales que eliges hasta la forma en que estructuras tus planes de supervivencia. Al dominar la ciencia de la desintegración radiactiva, te equipas con las herramientas necesarias para protegerte a ti mismo y a tus seres queridos en uno de los escenarios de supervivencia más extremos que puedas imaginar.

Exposición a la radiación a corto plazo: peligros inmediatos

Inmediatamente después de una explosión nuclear, una de las preocupaciones más urgentes es la exposición a la radiación a corto plazo. Comprender los peligros que acompañan a esta exposición es fundamental para tomar las medidas adecuadas para protegerse a sí mismo y a sus seres queridos. Este capítulo profundiza en los riesgos inmediatos asociados con la exposición a la radiación a corto plazo, qué esperar y cómo responder de manera eficaz.

La exposición a la radiación a corto plazo, a menudo denominada exposición a la radiación aguda, se produce cuando el cuerpo se ve sometido a una dosis alta de radiación durante un breve período. Este tipo de exposición suele experimentarse en los minutos, horas o días posteriores a una detonación nuclear, cuando los materiales radiactivos están más concentrados en el medio ambiente. La gravedad de los efectos depende de la dosis de radiación recibida, que se mide en unidades llamadas Sieverts (Sv). Cuanto mayor sea la dosis, más graves serán los efectos sobre la salud.

Una de las primeras cosas que hay que entender sobre la exposición a la radiación a corto plazo es la rapidez con la que puede llegar a poner en peligro la vida. La exposición a niveles extremadamente altos de radiación (por encima de 10 sieverts, por ejemplo) puede causar daños inmediatos y graves a los tejidos y órganos del cuerpo. Esto se debe a que la radiación altera la estructura molecular de las células, en particular el ADN, lo que provoca la muerte o el mal funcionamiento de las células. Las células del cuerpo más sensibles a la radiación son las que se dividen rápidamente, como las de la médula ósea, el tracto gastrointestinal y los órganos reproductores.

La consecuencia más inmediata para la salud de la exposición aguda a la radiación es el síndrome de radiación aguda (SRA), también conocido como enfermedad por radiación. El SRA se presenta en etapas, y los síntomas aparecen siguiendo un patrón predecible en función del nivel de exposición. La primera fase es la etapa prodrómica, que comienza a las pocas horas de la exposición. Durante esta etapa, se manifiestan síntomas como náuseas, vómitos, diarrea y fatiga. Estos síntomas pueden ser graves, según la dosis de radiación, y a menudo se confunden con otras enfermedades, lo que puede retrasar el tratamiento adecuado.

Después de la etapa prodrómica, puede haber un breve período en el que los síntomas parecen remitir. Esta etapa latente puede durar desde unas pocas horas hasta varios días, dependiendo de la dosis de radiación. Sin embargo, esta aparente recuperación es engañosa, ya que el cuerpo está sufriendo un daño interno significativo, en particular en la médula ósea, que es fundamental para producir células sanguíneas.

La tercera etapa del síndrome de ARS es la etapa de enfermedad manifiesta, donde se hacen evidentes los efectos completos del daño por radiación. Los síntomas durante esta etapa pueden incluir problemas gastrointestinales graves, como diarrea y sangrado incontrolables, que pueden provocar deshidratación y desequilibrio electrolítico. El daño a la médula ósea puede resultar en una reducción drástica de los glóbulos blancos, lo que lleva a un sistema inmunológico debilitado y hace que el cuerpo sea muy susceptible a las infecciones. Además, una caída significativa de las plaquetas aumenta el riesgo de sangrado incontrolado, tanto interno como externo.

CON DOSIS ALTAS DE radiación, el daño al sistema nervioso central se convierte en una preocupación crítica. Los síntomas pueden incluir mareos, desorientación, pérdida de conciencia e incluso convulsiones. El daño al sistema nervioso central suele ser fatal en cuestión de horas o días, ya que se ve comprometida la capacidad del cuerpo para regular las funciones vitales.

En casos de exposición extrema a la radiación, la muerte puede sobrevenir en cuestión de días o incluso horas. Esto se debe generalmente a la destrucción de los sistemas vitales del cuerpo, en particular el tracto gastrointestinal y el sistema nervioso central. Con dosis ligeramente inferiores, pero aún altas, la muerte puede sobrevenir en cuestión de semanas debido a complicaciones de infecciones, hemorragias u otros fallos orgánicos como resultado del daño acumulativo causado por la radiación.

Para quienes sobreviven a los efectos agudos iniciales de la exposición a la radiación, las consecuencias a largo plazo pueden ser graves. Los sobrevivientes del síndrome de fatiga crónica pueden enfrentar un mayor riesgo de desarrollar cánceres, en particular leucemia, debido al daño infligido al ADN. El riesgo de otras enfermedades crónicas, como enfermedades cardiovasculares, también aumenta. Además, el daño a los órganos reproductivos puede provocar infertilidad o, en algunos casos, mutaciones genéticas que pueden afectar a la futura descendencia.

Dadas las consecuencias graves y a menudo fatales de la exposición a la radiación a corto plazo, es esencial tomar medidas de protección inmediatas después de un evento nuclear. La forma más eficaz de protegerse contra la exposición a la radiación es limitar el tiempo que se pasa en zonas de alta radiación, aumentar la distancia con respecto a la fuente de radiación y utilizar un blindaje adecuado. En el contexto de un refugio contra la radiación nuclear, esto significa llegar al refugio lo más rápido posible, permanecer dentro hasta que sea seguro salir y asegurarse de que el refugio esté construido con materiales que proporcionen una protección adecuada contra la radiación.

Si se produce una exposición, es fundamental descontaminarse lo antes posible. Quitarse la ropa contaminada y lavarse bien el cuerpo puede reducir la cantidad de radiación que absorbe el cuerpo. También es esencial buscar atención médica de inmediato, ya que la intervención temprana puede mitigar algunos de los efectos graves de la exposición a la radiación. Los tratamientos para el síndrome de fatiga crónica son principalmente de apoyo e incluyen medidas para controlar los síntomas, prevenir infecciones y, en algunos casos, estimular la recuperación de la función de la médula ósea. Otro aspecto clave de la respuesta a la exposición a la radiación a corto plazo es controlar y medir la dosis recibida. Los dosímetros personales, los contadores Geiger y otros dispositivos de detección de radiación pueden proporcionar información crítica sobre su nivel de exposición, lo que le permitirá tomar decisiones informadas sobre cuándo es seguro salir de su refugio o buscar ayuda médica.

Además de la seguridad personal, comprender los peligros de la exposición a la radiación a corto plazo es vital para la planificación comunitaria y la respuesta ante emergencias. Las autoridades locales y los servicios de emergencia deben estar preparados para proporcionar información y asistencia oportunas, incluidas órdenes de evacuación, ubicaciones de refugios e instalaciones de tratamiento médico equipadas para manejar lesiones por radiación. En resumen, la exposición a la radiación a corto plazo plantea riesgos inmediatos y graves para la salud, incluida la posibilidad de síndrome de radiación aguda, que puede ser fatal si no se realiza una intervención rápida y eficaz. Protegerse de estos peligros requiere una acción rápida, un refugio adecuado y una comprensión de los síntomas y tratamientos asociados con la exposición a la radiación. A medida que continúa preparándose para la posibilidad de un evento nuclear, este conocimiento será crucial para garantizar la seguridad y la supervivencia de usted y sus seres queridos.

Exposición prolongada a la radiación: lo que debe saber

Si bien los peligros inmediatos de la exposición a la radiación a corto plazo son alarmantes y requieren una acción urgente, los efectos a largo plazo de la exposición a la radiación pueden ser igualmente preocupantes, aunque más insidiosos. Comprender estos riesgos a largo plazo es fundamental para planificar no solo estrategias de supervivencia inmediatas, sino también para garantizar el bienestar de usted y sus seres queridos en los meses, años e incluso décadas posteriores a un evento nuclear. Este capítulo explora la naturaleza de la exposición prolongada a la radiación, sus implicaciones para la salud y las estrategias que debe implementar para una protección sostenida.

La exposición prolongada a la radiación ocurre cuando las personas o las poblaciones están expuestas a niveles más bajos de radiación durante períodos prolongados. A diferencia de la exposición aguda, que implica una dosis alta de radiación en un período corto, la exposición crónica implica un contacto continuo o intermitente con materiales radiactivos que permanecen en el medio ambiente después de la lluvia radiactiva inicial. Esta exposición puede ocurrir a través de varias vías, incluida la inhalación de polvo contaminado, la ingestión de alimentos y agua contaminados y la proximidad prolongada a superficies o suelos irradiados.

Una de las preocupaciones más importantes con la exposición prolongada a la radiación es el aumento del riesgo de cáncer. La radiación es un potente carcinógeno, lo que significa que puede inducir cambios en el ADN celular que conducen al desarrollo de cáncer. Los tipos de cáncer más comúnmente asociados con la exposición a la radiación incluyen leucemia, cáncer de tiroides, cáncer de mama, cáncer de pulmón y cáncer de huesos. El riesgo de desarrollar estos cánceres depende de varios factores, incluidos el nivel de exposición, la duración de la exposición y los isótopos radiactivos específicos involucrados.

Por ejemplo, el yodo-131, un subproducto común de las explosiones nucleares, tiende a acumularse en la glándula tiroides. La exposición prolongada al yodo-131 puede provocar cáncer de tiroides, especialmente en niños y adolescentes, cuyas glándulas tiroides son más sensibles a la radiación. De manera similar, el estroncio-90, otro isótopo peligroso, se comporta como el calcio y puede incorporarse a los huesos, lo que aumenta el riesgo de cáncer de huesos y leucemia con el tiempo.

El período de latencia entre la exposición a la radiación y la aparición del cáncer puede variar ampliamente. Algunos tipos de cáncer, como la leucemia, pueden desarrollarse en unos pocos años tras la exposición, mientras que otros, como los tumores sólidos, pueden no aparecer hasta décadas después. Este largo período de latencia dificulta la evaluación inmediata del impacto total de la exposición a la radiación, lo que subraya la importancia de la vigilancia y el control de la salud de las personas expuestas a la radiación radiactiva.

Además del cáncer, la exposición prolongada a la radiación puede provocar una serie de otros problemas de salud crónicos. Las enfermedades cardiovasculares, incluidas las enfermedades cardíacas y los accidentes cerebrovasculares, se han vinculado a la exposición prolongada a la radiación. Los estudios de supervivientes de la bomba atómica y de personas expuestas a la radiación en otros contextos han demostrado que incluso niveles moderados de radiación pueden aumentar el riesgo de enfermedades relacionadas con el corazón, probablemente debido al daño que la radiación inflige a los vasos sanguíneos y los tejidos cardíacos.

La radiación también puede tener efectos profundos en el sistema inmunológico, lo que lleva a una capacidad debilitada para combatir las infecciones. Esto es especialmente preocupante en un entorno posnuclear, donde los recursos médicos pueden ser limitados y el riesgo de infecciones secundarias es alto. La supresión del sistema inmunológico puede hacer que incluso las enfermedades menores sean más peligrosas y puede complicar la recuperación de lesiones u otras afecciones de salud.

Otro problema a largo plazo es el potencial daño genético. La radiación puede causar mutaciones en el ADN de las células reproductivas, lo que lleva a defectos genéticos que pueden transmitirse a generaciones futuras. Este riesgo es particularmente relevante para las personas expuestas durante la infancia o la adultez temprana, ya que estas son las etapas de la vida en las que las células reproductivas están más activas. El potencial de mutaciones genéticas plantea preocupaciones éticas y prácticas para las familias que planean tener hijos después de un evento nuclear, ya que los efectos de la radiación pueden no entenderse completamente durante años.

La contaminación ambiental es otro aspecto crítico de la exposición a la radiación a largo plazo. Los materiales radiactivos pueden persistir en el medio ambiente durante décadas, contaminando el suelo, el agua y el aire. Esta contaminación puede afectar a la agricultura, lo que lleva a la producción de alimentos que no son seguros para el consumo debido a la acumulación de radionucleidos en plantas y animales. El cesio-137, por ejemplo, puede permanecer en el medio ambiente durante décadas, contaminando los cultivos y el ganado y planteando una amenaza a largo plazo para la seguridad alimentaria.

Las fuentes de agua también pueden contaminarse por la lluvia radiactiva, lo que dificulta encontrar agua potable segura. Las partículas radiactivas pueden entrar en ríos, lagos y aguas subterráneas, lo que provoca una contaminación generalizada que puede afectar a regiones enteras. La exposición prolongada al agua contaminada puede contribuir a la dosis de radiación acumulada que recibe una población, lo que aumenta el riesgo de efectos crónicos sobre la salud.

Dados estos riesgos, es esencial implementar estrategias para minimizar la exposición a la radiación a largo plazo.

Una de las formas más eficaces de reducir la exposición es mediante la descontaminación. Esto implica eliminar o neutralizar los materiales radiactivos de las superficies, el suelo y el agua. La descontaminación puede ser tan simple como lavar la ropa o la piel contaminadas, o tan compleja como eliminar la capa superficial del suelo de las áreas afectadas o tratar los suministros de agua contaminada. Las iniciativas de descontaminación periódicas son cruciales en un entorno posterior a la lluvia radiactiva para reducir el riesgo de exposición continua.

El control de los niveles de radiación a lo largo del tiempo es otra estrategia fundamental. Mediante el uso de dosímetros, contadores Geiger y otros dispositivos de detección de radiación, puede evaluar la seguridad de su entorno y tomar decisiones informadas sobre dónde vivir, trabajar y cultivar alimentos. El seguimiento continuo es especialmente importante porque los niveles de radiación pueden fluctuar a medida que los materiales radiactivos se desintegran y los factores ambientales como la lluvia o el viento redistribuyen las partículas radiactivas.

La vigilancia de la salud a largo plazo también es vital para quienes han estado expuestos a la radiación. Los controles médicos regulares, las pruebas de detección del cáncer y los análisis de sangre pueden ayudar a detectar signos tempranos de problemas de salud inducidos por la radiación, lo que permite una intervención oportuna.

Para quienes pertenecen a grupos de alto riesgo, como los niños y las mujeres embarazadas, puede ser necesario un seguimiento más frecuente para detectar posibles problemas de forma temprana.

En términos de refugio, las estrategias a largo plazo implican más que solo la protección inmediata contra la radiación radiactiva. Es esencial asegurarse de que su refugio esté equipado para estadías prolongadas, con alimentos, agua, suministros médicos y protección contra la radiación adecuados. Con el tiempo, es posible que también deba considerar la ubicación de su refugio, ya que las áreas con niveles más altos de contaminación pueden requerir una reubicación para reducir la exposición.

La educación y la planificación comunitaria también son componentes clave de la supervivencia a largo plazo. Al educarse a sí mismo y a los demás sobre los riesgos de la exposición a la radiación a largo plazo y la importancia de las medidas de protección constantes, puede contribuir a una comunidad más segura e informada. Trabajando juntas, las comunidades pueden desarrollar planes de agricultura, purificación del agua y atención médica que aborden los desafíos de vivir en un ambiente contaminado.

En conclusión, si bien las consecuencias inmediatas de un evento nuclear exigen una acción rápida para protegerse contra la exposición aguda a la radiación, los riesgos a largo plazo requieren una vigilancia y una planificación sostenidas. Comprender las implicaciones para la salud de la exposición crónica a la radiación, los desafíos ambientales que presenta y las estrategias de mitigación es esencial para garantizar la seguridad y el bienestar de usted y su familia en los próximos años. Si toma en serio estos riesgos a largo plazo y se prepara en consecuencia, puede aumentar sus posibilidades no solo de sobrevivir, sino de prosperar en un mundo posnuclear.

La propagación de la lluvia radiactiva: cómo viaja y se deposita

Cuando ocurre una explosión nuclear, la devastación inmediata es solo el comienzo de los peligros que siguen. Una de las amenazas más importantes proviene de la lluvia radiactiva, las partículas radiactivas que se elevan a la atmósfera y finalmente se depositan en la Tierra. Comprender cómo se propaga la lluvia radiactiva y dónde es probable que se deposite es crucial para planificar estrategias de protección efectivas y garantizar la seguridad a largo plazo. En este capítulo se analizan los mecanismos que impulsan la propagación de la lluvia radiactiva, cómo viaja a través del medio ambiente y los factores que influyen en el lugar donde finalmente se asienta.

El viaje de la lluvia radiactiva comienza en el momento de la explosión nuclear. Cuando un dispositivo nuclear detona, libera una enorme cantidad de energía en forma de calor, luz y radiación. Esta energía vaporiza los materiales que se encuentran en las inmediaciones de la explosión, incluidos el suelo, los edificios y cualquier otra cosa que se encuentre en la zona de la explosión. La bola de fuego resultante se eleva rápidamente hacia la atmósfera, arrastrando consigo grandes cantidades de materiales radiactivos vaporizados. A medida que la bola de fuego asciende, se enfría y se condensa, formando una nube en forma de hongo que contiene una mezcla de partículas radiactivas y escombros.

La altura y la forma de la nube en forma de hongo desempeñan un papel fundamental a la hora de determinar la distancia y el ancho de propagación de la lluvia radiactiva. En una explosión a nivel del suelo, la nube tiende a ser más baja y contiene más escombros del suelo, lo que da lugar a una lluvia radiactiva más pesada que tiende a asentarse más cerca del lugar de la explosión. En cambio, una explosión en el aire (en la que la explosión se produce a mayor altitud) produce una nube en forma de hongo más alta con partículas más ligeras que pueden ser transportadas mucho más lejos por los vientos antes de asentarse.

Una vez que las partículas radiactivas están en la atmósfera, quedan a merced del viento. Los patrones de viento son el principal impulsor de la distribución de la lluvia radiactiva y pueden transportar materiales radiactivos a grandes distancias, afectando potencialmente a zonas muy alejadas de la explosión inicial. La velocidad y la dirección del viento a distintas altitudes influyen en el lugar al que se desplazará la lluvia radiactiva. Por ejemplo, los vientos fuertes a grandes altitudes pueden transportar la lluvia radiactiva a través de los continentes, mientras que los vientos a menor altitud pueden distribuir las partículas sobre un área más localizada.

Las partículas de la lluvia radiactiva finalmente comienzan a asentarse de nuevo en el suelo, un proceso en el que influyen varios factores, entre ellos el tamaño y el peso de las partículas, las condiciones meteorológicas y el terreno por el que viajan. Las partículas más grandes y pesadas tienden a caer de nuevo a la Tierra más rápidamente y cerca del lugar de la explosión. Estas partículas suelen estar compuestas de restos del suelo y es más probable que contengan isótopos altamente radiactivos, lo que las hace especialmente peligrosas a corto plazo.

Por otro lado, las partículas más pequeñas y ligeras pueden permanecer suspendidas en la atmósfera durante períodos más largos y ser arrastradas más lejos por el viento. Estas partículas pueden acabar depositándose en zonas alejadas del lugar de la explosión, contaminando potencialmente regiones que no se vieron directamente afectadas por la explosión. Esta propagación a larga distancia de la lluvia radiactiva significa que incluso zonas situadas a cientos o miles de kilómetros de la explosión pueden sufrir contaminación radiactiva.

Las condiciones meteorológicas en el momento de la explosión también afectan significativamente la propagación de la lluvia radiactiva. La lluvia o la nieve pueden hacer que las partículas radiactivas se eliminen de la atmósfera más rápidamente, un proceso conocido como "rainout". Si bien esto puede parecer algo bueno, la lluvia radiactiva puede concentrar la lluvia radiactiva en áreas específicas, lo que genera "puntos calientes" de radiación intensa que pueden ser más peligrosos que un patrón de lluvia radiactiva distribuido de manera más uniforme. Por el contrario, las condiciones secas pueden permitir que la lluvia radiactiva permanezca en el aire durante más tiempo, extendiéndose sobre un área más amplia.

El terreno sobre el que viaja la lluvia radiactiva también puede influir en dónde se deposita. Las cadenas montañosas, los valles y otras características geográficas pueden actuar como barreras o embudos, dirigiendo el flujo del viento y potencialmente concentrando la lluvia radiactiva en ciertas áreas. Los entornos urbanos con edificios altos pueden crear patrones de viento complejos que afectan cómo y dónde se depositan las partículas radiactivas, lo que puede generar zonas de contaminación inesperadas dentro de las ciudades.

Uno de los aspectos más preocupantes de la lluvia radiactiva es su capacidad de contaminar recursos esenciales, como el agua y los suministros de alimentos. Las partículas de la lluvia radiactiva que se depositan en ríos, lagos o embalses pueden contaminar el agua potable. De manera similar, las partículas que se depositan en tierras agrícolas pueden contaminar los cultivos y el ganado, haciendo que los alimentos no sean seguros para el consumo. Esta contaminación puede persistir durante largos períodos, especialmente en áreas donde se han depositado radionucleidos con vidas medias largas, como el cesio-137 o el estroncio-90.

Comprender la posible propagación de la lluvia radiactiva es crucial para planificar medidas de protección, como la ubicación de los refugios y las estrategias de descontaminación y supervivencia a largo plazo. Lo ideal es que los refugios estén ubicados en áreas con menos probabilidades de estar muy contaminados por la lluvia radiactiva, teniendo en cuenta los patrones de viento predominantes, las características del terreno y la posibilidad de que se produzcan lluvias torrenciales. Además, saber cómo se propaga la lluvia radiactiva puede ayudar a planificar las rutas y los tiempos de evacuación, asegurando que las personas se alejen de las áreas que probablemente se contaminen.

En los días y semanas posteriores a una explosión nuclear, controlar la propagación de la lluvia radiactiva es vital para evaluar la seguridad de las diferentes áreas. Las agencias gubernamentales y los servicios de emergencia suelen hacer un seguimiento de los niveles de radiación y proporcionar información sobre qué áreas son seguras y cuáles no. Sin embargo, tener su propio equipo de detección de radiación, como un contador Geiger o un dosímetro, puede proporcionar información en tiempo real y ayudarlo a tomar decisiones informadas sobre dónde ir y cuánto tiempo permanecer resguardado.

Los esfuerzos de descontaminación también se ven influenciados por la propagación de la lluvia radiactiva. Las áreas donde la lluvia radiactiva se ha asentado en gran cantidad requerirán una descontaminación más intensiva, que puede implicar la eliminación de la capa superficial del suelo, la limpieza de las superficies o el tratamiento de los suministros de agua. Por el contrario, las áreas con una lluvia radiactiva más ligera pueden necesitar solo una intervención mínima. Comprender cómo se asienta la lluvia radiactiva también puede ayudar a predecir qué áreas se recuperarán más rápidamente y cuáles seguirán siendo peligrosas durante períodos más largos.

Otra consideración importante es la resuspensión de las partículas de la lluvia radiactiva. El viento, la lluvia o la actividad humana pueden agitar la lluvia radiactiva asentada, haciendo que vuelva a estar en el aire y potencialmente provocando una exposición adicional. Esta resuspensión puede ser particularmente problemática en condiciones secas o ventosas, donde las partículas se alteran fácilmente. La vigilancia continua y las medidas de control del polvo, como mojar las superficies, pueden ayudar a reducir el riesgo de resuspensión.

En conclusión, la propagación y el asentamiento de la lluvia radiactiva son procesos complejos en los que influyen diversos factores, como la naturaleza de la explosión, los patrones de viento, las condiciones climáticas y el terreno. Comprender estos procesos es esencial para planificar estrategias de protección eficaces, desde la ubicación de los refugios hasta la gestión de los recursos contaminados.

Protección de su hogar: la importancia del blindaje

Tras una explosión nuclear, su hogar puede ser un santuario de seguridad o un lugar de peligro, según lo bien que esté protegido de la lluvia radiactiva. El blindaje es uno de los aspectos más críticos de la protección contra la lluvia radiactiva, ya que afecta directamente a su capacidad de sobrevivir a la lluvia radiactiva inicial y soportar la radiación a largo plazo que puede persistir durante semanas, meses o incluso años. En este capítulo, se profundizará en la importancia del blindaje, se explorarán los principios que lo sustentan, los materiales que ofrecen la mejor protección y los pasos prácticos que puede tomar para fortificar su hogar. En esencia, el blindaje consiste en crear una barrera entre usted y la radiación dañina emitida por las partículas radiactivas. La radiación se presenta en diferentes formas (partículas alfa, partículas beta y rayos gamma), siendo los rayos gamma los más penetrantes y, por lo tanto, los más peligrosos. Un blindaje eficaz debe ser capaz de bloquear o al menos reducir la intensidad de estos rayos gamma para proteger a los ocupantes de un refugio.

La eficacia de un material como escudo se mide por su capacidad para reducir la intensidad de la radiación, un concepto conocido como atenuación. Cuanto más grueso y denso sea un material, mejor atenuará o debilitará la radiación que lo atraviesa. Por eso, en la construcción de refugios antiatómicos se utilizan habitualmente materiales como el plomo, el hormigón e incluso la tierra: tienen la densidad y la masa necesarias para absorber o desviar los rayos gamma, lo que reduce la dosis de radiación que le llega. Al considerar el blindaje de su casa, uno de los primeros pasos es evaluar los materiales que ya tiene. Muchas casas están construidas con materiales como madera, paneles de yeso y vidrio, que ofrecen una protección mínima contra los rayos gamma. Sin embargo, estos materiales pueden desempeñar un papel en el blindaje cuando se utilizan en combinación con barreras más eficaces. Por ejemplo, agregar capas de protección (como colocar muebles pesados contra las paredes, cubrir las ventanas con mantas gruesas o incluso apilar tierra contra las paredes exteriores) puede mejorar el efecto general de protección.

El hormigón es uno de los materiales más eficaces y accesibles para la protección. Unos pocos centímetros de hormigón pueden reducir significativamente la intensidad de la radiación gamma. En términos prácticos, esto significa que un sótano con paredes de hormigón gruesas y un techo de hormigón puede servir como un refugio eficaz contra la radiación, especialmente si la entrada está bien sellada y el espacio está provisto de suministros. Si su casa tiene un sótano, reforzarlo con capas de hormigón adicionales, como construir paredes interiores o agregar un piso de hormigón, puede mejorar aún más sus capacidades de protección. El plomo es otro material de protección muy eficaz, pero a menudo es menos práctico para su uso a gran escala debido a su peso y costo. Sin embargo, el plomo se puede utilizar en áreas críticas más pequeñas donde se necesita la máxima protección, como una habitación segura designada dentro de su casa. Se pueden instalar láminas de plomo o ladrillos de plomo en las paredes o alrededor de áreas clave para crear una zona concentrada de protección. La tierra y el suelo también ofrecen excelentes propiedades de protección y están disponibles en la mayoría de los lugares. De hecho, muchos refugios tradicionales contra la radiación se construyen bajo tierra, utilizando la tierra como material de protección principal. Incluso las casas sobre el suelo pueden beneficiarse del uso de la tierra como material de protección.

Por ejemplo, puede crear bermas (montículos de tierra) contra las paredes exteriores de su casa para agregar una capa adicional de protección. Este método es particularmente efectivo para las casas que no tienen sótanos, ya que las bermas pueden ayudar a reducir la radiación que penetra en los niveles inferiores de la casa.

Los ladrillos, especialmente los ladrillos densos como los que se usan en las casas más antiguas, también brindan un buen blindaje. Si su casa está hecha de ladrillo, ya tiene un nivel de protección que es superior al de la madera o el revestimiento de vinilo. Mejorar esto agregando capas adicionales, como aislar con concreto o revestir las paredes interiores con ladrillo o piedra adicional, puede aumentar aún más la resistencia de su casa a la radiación.

Si bien los materiales de blindaje como el concreto, el plomo y la tierra son efectivos, la clave para maximizar su valor protector radica en cómo se utilizan. Aquí entra en juego el principio de "espesor de masa", que esencialmente significa que cuanto más material haya entre usted y la fuente de radiación, mejor protegido estará. Por ejemplo, si está construyendo un refugio antiaéreo dentro de su casa, intente que las paredes sean lo más gruesas posible y utilice los materiales más densos disponibles.

Las ventanas y las puertas suelen ser los puntos más débiles del blindaje de una casa. El vidrio prácticamente no ofrece protección contra los rayos gamma, por lo que las ventanas deben cubrirse con materiales pesados (como láminas de metal, madera gruesa o incluso mantas de plomo) durante un evento de lluvia radiactiva. Las puertas deben reforzarse, sellarse e idealmente reforzarse con capas adicionales de material protector. En algunos casos, puede ser necesario bloquear por completo ciertas habitaciones, creando un espacio más pequeño y seguro dentro de la casa donde su familia pueda refugiarse durante los períodos más peligrosos de lluvia radiactiva.

La ventilación es otro factor importante a tener en cuenta. Si bien es fundamental tener acceso al aire fresco, cualquier abertura en su casa (como ventanas, puertas y rejillas de ventilación) puede permitir la entrada de partículas radiactivas. Durante un evento de lluvia radiactiva, estas aberturas deben sellarse tanto como sea posible, utilizando cinta adhesiva, láminas de plástico o incluso toallas húmedas para bloquear los huecos. En los refugios más avanzados, los sistemas de filtración de aire equipados con filtros HEPA o carbón activado pueden ayudar a eliminar las partículas radiactivas del aire, lo que permite una ventilación más segura.

También es importante tener en cuenta la duración de su estancia en un entorno protegido. La lluvia radiactiva inicial después de una explosión nuclear es la más peligrosa, ya que los niveles de radiación alcanzan su punto máximo en las primeras 24 a 48 horas. Sin embargo, la desintegración radiactiva hará que estos niveles disminuyan con el tiempo, lo que significa que la intensidad de la radiación a la que está expuesto disminuirá gradualmente. Por eso, a menudo se recomienda permanecer en su refugio durante al menos 48 horas antes de considerar aventurarse al exterior, y más tiempo si es posible.

En resumen, proteger su hogar de la lluvia radiactiva es un paso fundamental para garantizar su seguridad y la seguridad de sus seres queridos. Si comprende los principios de atenuación de la radiación y utiliza los materiales adecuados, puede reducir significativamente los niveles de radiación dentro de su hogar, lo que proporciona un entorno más seguro durante un evento de lluvia radiactiva. Ya sea que esté mejorando una estructura existente o planificando un refugio dedicado a la lluvia radiactiva, la importancia de un blindaje eficaz no se puede subestimar. Con los preparativos adecuados, su hogar puede convertirse en un bastión de seguridad frente a una de las amenazas más graves imaginables.

Materiales de construcción: el plástico y sus cualidades protectoras

Cuando se piensa en materiales para construir un refugio o para reforzar el hogar contra la contaminación radiactiva, es posible que el plástico no sea el primer material que se nos viene a la mente. Sin embargo, si bien el plástico no es tan eficaz para bloquear la radiación como los materiales más densos, como el hormigón o el plomo, tiene cualidades específicas que lo hacen valioso en el contexto más amplio de la protección contra la radiación radiactiva. En este capítulo se analizarán las cualidades protectoras del plástico, cómo se puede utilizar de manera eficaz junto con otros materiales y su papel en la creación de un entorno más seguro durante un evento de radiación radiactiva.

Para comprender el papel del plástico en la protección radiológica, es esencial reconocer lo que puede y no puede hacer. El plástico, en sus diversas formas, no es lo suficientemente denso como para proporcionar un blindaje sustancial contra los tipos de radiación más penetrantes, como los rayos gamma. Los rayos gamma requieren capas gruesas de materiales densos para atenuarse de manera eficaz. Sin embargo, el plástico ofrece varios beneficios de protección que pueden ser cruciales en un escenario de radiación radiactiva.

Uno de los principales beneficios del plástico es su capacidad de actuar como barrera contra la contaminación. La lluvia radiactiva consiste en partículas radiactivas que pueden depositarse en superficies, infiltrarse en espacios y contaminar alimentos, agua y aire. Se pueden utilizar láminas de plástico, lonas y cubiertas para crear barreras que impidan que estas partículas entren en contacto directo con usted o sus pertenencias. Por ejemplo, las láminas de plástico se pueden utilizar para sellar ventanas, puertas y rejillas de ventilación, impidiendo que el polvo radiactivo entre en su espacio vital. Esta contención de partículas radiactivas es una primera línea de defensa fundamental, especialmente inmediatamente después de un evento de lluvia radiactiva, cuando los niveles de radiación son más altos.

El plástico también es muy versátil y fácil de trabajar, lo que lo convierte en un material excelente para estructuras temporales o soluciones rápidas. En una situación de lluvia radiactiva, es posible que no tenga el tiempo o los recursos para construir barreras complejas o zonas de descontaminación. Las láminas de plástico o las lonas se pueden desplegar rápidamente para cubrir superficies, proteger los suministros de alimentos y crear refugios improvisados o áreas de descontaminación. Esta versatilidad puede ser un salvavidas en situaciones en las que necesita actuar rápidamente para protegerse de la exposición a la radiación.

Otra ventaja importante del plástico es su resistencia a la humedad y a los productos químicos. En caso de que se produzca una lluvia radiactiva, la contaminación del agua es una de las principales preocupaciones, y el plástico puede ayudar a protegerse de ella. Por ejemplo, se pueden utilizar revestimientos de plástico para proteger los recipientes de almacenamiento de agua, garantizando que permanezcan libres de partículas radiactivas. Del mismo modo, las cubiertas de plástico pueden proteger los suministros de alimentos y otros artículos esenciales de la contaminación. Esta resistencia a la humedad también significa que el plástico se puede utilizar para crear barreras eficaces contra la lluvia o la nieve radiactivas, que pueden producirse si las partículas radiactivas se transportan en la precipitación.

AUNQUE EL PLÁSTICO por sí solo no es suficiente para bloquear la radiación, se puede combinar con otros materiales para mejorar sus cualidades protectoras. Por ejemplo, se pueden utilizar láminas de plástico junto con tierra, sacos de arena o hormigón para crear barreras en capas que ofrezcan una mejor protección contra la radiación. En esta configuración, el plástico actúa como una capa de contención, impidiendo que las partículas radiactivas penetren más profundamente en el refugio o la zona de estar, mientras que los materiales más densos proporcionan el blindaje necesario contra los rayos gamma.

El plástico también desempeña un papel fundamental en las tareas de descontaminación. Después de un desastre nuclear, una de las prioridades es eliminar o neutralizar las partículas radiactivas que se han depositado en las superficies. Las láminas de plástico pueden facilitar este proceso al actuar como una cubierta desechable para superficies. Al colocar plástico sobre pisos, paredes y muebles, se crea una capa que se puede quitar y desechar fácilmente, llevándose consigo las partículas radiactivas. Esto simplifica el proceso de descontaminación y reduce el riesgo de propagar la contaminación a otras áreas.

Además de sus aplicaciones prácticas, el plástico es relativamente económico y está ampliamente disponible, lo que lo hace accesible para la mayoría de las personas que se preparan para un desastre nuclear. Los rollos de láminas de plástico, las bolsas de basura y las lonas son artículos comunes que se pueden comprar a granel y almacenar fácilmente. Esta asequibilidad significa que puede almacenar materiales plásticos sin una carga financiera significativa, lo que garantiza que tenga suficiente a mano para cubrir ventanas, puertas y otras áreas vulnerables de su hogar.

Sin embargo, es importante reconocer las limitaciones del plástico en un escenario de desastre nuclear. Si bien el plástico puede evitar que las partículas radiactivas ingresen a su espacio vital y contaminen los suministros esenciales, no puede protegerlo de la radiación emitida por esas partículas. Por lo tanto, el plástico debe considerarse un material complementario en su estrategia de protección contra la lluvia radiactiva, que se utiliza junto con materiales de protección más resistentes.

Al utilizar plástico en sus preparativos contra la lluvia radiactiva, también es esencial considerar cómo asegurarlo adecuadamente. Las láminas de plástico deben estar bien selladas para evitar espacios por donde puedan ingresar partículas. Esto se puede hacer con cinta adhesiva, grapas u otros sujetadores, según la situación. En el caso de las ventanas y las puertas, es recomendable superponer las láminas de plástico y pegar doblemente los bordes con cinta adhesiva para garantizar un sellado hermético. Si es posible, la creación de esclusas de aire o capas dobles de barreras de plástico puede proporcionar un nivel adicional de protección, lo que reduce la probabilidad de contaminación.

En resumen, si bien el plástico puede no ser el material de protección definitivo contra la radiación, ofrece cualidades únicas y valiosas que lo convierten en un componente esencial de un plan integral de protección contra la lluvia radiactiva. Su capacidad para actuar como barrera contra la contaminación, su versatilidad y su resistencia a la humedad y a los productos químicos hacen del plástico un material indispensable para proteger su hogar y sus pertenencias durante un desastre nuclear. Si comprende las ventajas y limitaciones del plástico y lo combina con otros materiales de protección, podrá crear un entorno más seguro para usted y su familia en caso de desastre nuclear.

El papel del hormigón en los refugios antiatómicos

E l hormigón es uno de los materiales más eficaces y ampliamente utilizados en la construcción de refugios antiatómicos, principalmente por sus excelentes propiedades de protección contra la radiación. En el contexto de la lluvia radiactiva, donde la preocupación principal es la protección contra los rayos gamma, el hormigón ofrece una defensa sólida debido a su densidad y masa. Este capítulo explora el papel del hormigón en los refugios antiatómicos, examinando por qué es tan eficaz, cómo debe utilizarse y las consideraciones prácticas implicadas en la incorporación del hormigón en el diseño de su refugio.

Para entender por qué el hormigón es tan valioso en la protección contra la lluvia radiactiva, es esencial repasar los principios básicos del blindaje contra la radiación. Los rayos gamma, el tipo de radiación más penetrante producida por la lluvia radiactiva, requieren materiales densos para atenuar su energía. Cuanto más denso sea el material, más eficaz será para absorber o desviar los rayos gamma, reduciendo la dosis de radiación que llega a las personas que se refugian detrás de él. El hormigón, con su alta densidad y disponibilidad, cumple este requisito perfectamente.

Una de las principales ventajas del hormigón es su espesor, un concepto que se refiere a la cantidad de masa material que se encuentra entre usted y la fuente de radiación. El espesor es crucial porque determina hasta qué punto se atenúa la radiación. En términos prácticos, una pared gruesa de hormigón puede reducir la intensidad de los rayos gamma a una fracción de su resistencia original, lo que lo convierte en uno de los materiales más fiables para los refugios antiatómicos.

El espesor del hormigón necesario para proporcionar una protección adecuada contra la radiación depende del nivel de radiación previsto. Una regla general es que cada 5 cm de hormigón reduce la radiación gamma aproximadamente en un 50 %. Esto significa que una pared de hormigón de 30 cm de espesor puede reducir la radiación gamma a menos del 5 % de su intensidad original. Para un refugio antiatómico, normalmente se recomienda una pared de hormigón de al menos 30 a 60 cm, según la exposición prevista y los recursos disponibles.

La eficacia del hormigón como material de protección también proviene de su capacidad para ser reforzado y combinado con otros materiales. El hormigón armado, que incluye varillas de acero, ofrece resistencia y durabilidad adicionales, lo que lo hace ideal para construir paredes, techos y pisos que deben soportar no solo la radiación sino también los posibles efectos de las explosiones. La combinación de la densidad del hormigón con la resistencia a la tracción del acero crea una estructura que puede soportar un estrés físico significativo y, al mismo tiempo, brindar una excelente protección contra la radiación.

En el diseño y la construcción de un refugio antiaéreo, el hormigón se suele utilizar de múltiples formas. La aplicación más común es en las paredes y el techo del refugio. Un sótano de hormigón, por ejemplo, puede ser un excelente punto de partida para un refugio antiaéreo porque la base de hormigón existente ya proporciona un nivel significativo de protección. Al reforzar las paredes del sótano con capas adicionales de hormigón o al agregar un techo de hormigón, puede mejorar la capacidad del refugio para proteger tanto de la radiación como de los impactos físicos.

OTRO USO PRÁCTICO DEL hormigón en los refugios antiaéreos es en la construcción de barreras de protección alrededor de áreas vulnerables, como entradas, sistemas de ventilación y trampillas de escape. Estas áreas pueden ser puntos débiles en la protección general del refugio si no se fortifican adecuadamente. Al construir barreras de hormigón o escudos antiexplosiones, puede asegurarse de que estos puntos de entrada no se conviertan en un riesgo durante un desastre. Estas barreras pueden diseñarse para que sean móviles o permanentes, según el diseño del refugio y el uso previsto.

El suelo del refugio es otra zona crítica en la que el hormigón desempeña un papel importante. Un suelo de hormigón no solo proporciona una base estable y duradera, sino que también contribuye al efecto de protección general. En algunos diseños, el suelo puede engrosarse o reforzarse con hormigón adicional para evitar que la radiación penetre desde abajo, en particular si el refugio se construye sobre el suelo o en una zona con un nivel freático alto que podría introducir contaminación.

El hormigón también se utiliza en la construcción de tanques de almacenamiento de agua, sistemas de gestión de residuos y otras infraestructuras esenciales dentro del refugio. Debido a que el hormigón no es poroso y es resistente a las reacciones químicas, es ideal para crear un almacenamiento duradero y seguro de agua potable y para gestionar los productos de desecho que deben estar contenidos dentro del refugio durante períodos prolongados.

Además de sus propiedades de protección, el hormigón ofrece varios beneficios prácticos que lo convierten en un material preferido para los refugios antiatómicos. Es resistente al fuego, lo que es crucial después de una explosión nuclear, donde los incendios pueden ser una amenaza secundaria. El hormigón también es resistente a la humedad y las plagas, lo que garantiza que el refugio permanezca seco y habitable a largo plazo. Además, el hormigón se puede moldear en casi cualquier forma, lo que permite flexibilidad en el diseño de refugios para adaptarse a necesidades y limitaciones específicas.

Sin embargo, si bien el hormigón es un material excelente para la protección contra la lluvia radiactiva, existen consideraciones prácticas y limitaciones que se deben tener en cuenta. La construcción de paredes y techos de hormigón grueso requiere una planificación y recursos importantes. El peso del hormigón puede suponer desafíos estructurales, en particular al modernizar edificios existentes o agregar capas adicionales a una estructura existente. En algunos casos, puede ser necesario reforzar los cimientos para soportar la carga adicional, lo que puede aumentar el costo y la complejidad del proyecto.

Además, el proceso de curado del hormigón (donde se endurece y gana fuerza) lleva tiempo y debe gestionarse con cuidado para evitar grietas o debilidades en la estructura. El hormigón curado de manera incorrecta puede comprometer la integridad del refugio, lo que reduce su eficacia para proteger contra la radiación y los impactos físicos. Es importante trabajar con contratistas o ingenieros experimentados al construir o modernizar un refugio antiaéreo de hormigón para garantizar que la construcción cumpla con los estándares de seguridad necesarios.

El costo es otro factor a considerar. Si bien el hormigón es relativamente asequible en comparación con otros materiales de protección, como el plomo, la cantidad necesaria para un refugio antiaéreo totalmente eficaz puede ser considerable. El presupuesto para la construcción de un refugio antiaéreo debe incluir no solo el costo de los materiales, sino también los permisos de mano de obra y el posible refuerzo de las estructuras existentes.

En conclusión, el hormigón desempeña un papel fundamental en la construcción de refugios antiaéreos eficaces debido a sus excelentes propiedades de protección contra la radiación gamma, su resistencia y su versatilidad. Tanto si está construyendo un refugio antiaéreo exclusivo desde cero como si está renovando una estructura existente, el hormigón debe ser un componente central de su diseño. Si comprende los principios que sustentan la eficacia del hormigón, así como las consideraciones prácticas que implica su uso, puede crear un refugio que proporcione una protección sólida en caso de una lluvia radiactiva, garantizando así la seguridad y la supervivencia de usted y su familia.

Madera y yeso: defensas naturales

La madera y el yeso son materiales de construcción comunes que se encuentran en muchas casas y estructuras. Si bien no son tan eficaces como el hormigón o el plomo para proteger contra la radiación, sí ofrecen ciertas cualidades protectoras que pueden contribuir a la defensa general de su hogar o refugio contra la radiación. Este capítulo explora el papel de la madera y el yeso en la protección contra la radiación, cómo se pueden utilizar de manera eficaz y sus limitaciones en la protección contra la radiación.

Comprensión de las propiedades de la madera y el yeso

Para empezar, es importante reconocer que tanto la madera como el yeso son materiales de densidad relativamente baja. La protección contra la radiación es en gran medida una función de la densidad del material: cuanto más denso sea el material, mejor será para bloquear o atenuar la radiación, en particular los rayos gamma. La madera y el yeso, al ser menos densos que materiales como el hormigón o el metal, proporcionan una menor atenuación de los rayos gamma. Esto significa que, por sí solos, la madera y el yeso no son suficientes para ofrecer una protección significativa contra altos niveles de radiación.

Sin embargo, ambos materiales ofrecen cierto grado de protección, en particular cuando se utilizan en combinación con otros materiales más densos. Además, la madera y el yeso pueden ayudar a proteger contra otros peligros relacionados con la lluvia radiactiva, como las partículas radiactivas transportadas por el aire, y pueden servir como capas complementarias en una estrategia de protección más completa.

El papel de la madera en la protección contra la lluvia radiactiva

La madera es un material versátil y ampliamente disponible que se utiliza a menudo en la construcción de paredes, suelos y techos. Si bien no ofrece una protección significativa contra la radiación gamma, la madera puede desempeñar un papel en la protección contra la lluvia radiactiva mediante su uso en la construcción y como parte de las estrategias de protección por capas.

Una de las principales ventajas de la madera es su capacidad de actuar como barrera contra las partículas radiactivas. En un escenario de lluvia radiactiva, el polvo y los escombros radiactivos pueden depositarse en las superficies, y la madera puede ayudar a evitar que estas partículas penetren más en la estructura. Por ejemplo, las paredes y los suelos de madera pueden ayudar a contener las partículas radiactivas, especialmente si están correctamente sellados y mantenidos. Esta contención es particularmente importante en áreas donde la lluvia radiactiva puede permanecer o acumularse, como en áticos, sótanos u otros espacios cerrados.

LA MADERA TAMBIÉN SE puede utilizar en combinación con otros materiales para mejorar el blindaje general. Por ejemplo, las paredes de madera se pueden reforzar con capas adicionales de material, como madera contrachapada, paneles de yeso o incluso láminas de metal, para crear una barrera más sustancial. Cuando se utiliza junto con materiales más densos, como hormigón o sacos de arena, la madera puede contribuir a una estrategia de protección en capas que reduce la exposición a la radiación.

Otro uso práctico de la madera en un refugio antiatómico es la construcción de estructuras interiores, como muebles, áreas de almacenamiento y tabiques divisorios. Estas estructuras pueden añadir masa al refugio, proporcionando un poco de protección adicional, y también pueden ayudar a organizar el espacio de manera eficiente. Además, la madera es relativamente fácil de trabajar, lo que la convierte en un material conveniente para realizar modificaciones o reparaciones rápidas en el refugio.

El papel del yeso en la protección contra la radiación

El yeso, al igual que la madera, es un material de construcción común, especialmente en las casas antiguas, donde se suele utilizar como revestimiento de paredes. El yeso suele estar hecho de una mezcla de cal o yeso y agua, que se aplica en capas sobre listones de madera o malla metálica. Si bien el yeso en sí no es particularmente denso, ofrece cierto nivel de protección contra la radiación, especialmente cuando se aplica en capas gruesas.

Una de las principales ventajas del yeso es su capacidad para crear una superficie lisa y sellada que puede ayudar a prevenir la infiltración de partículas radiactivas. Una capa de yeso bien aplicada puede actuar como barrera, sellando huecos y grietas en paredes y techos por donde de otro modo podría entrar el polvo radiactivo. Además, debido a que el yeso suele aplicarse en varias capas, puede añadir algo de masa a las paredes, mejorando la atenuación general de la radiación.

En algunos casos, el yeso se puede reforzar con otros materiales para mejorar sus cualidades protectoras. Por ejemplo, aplicar una capa de yeso sobre un sustrato denso, como ladrillo u hormigón, puede aumentar la eficacia general de la pared para bloquear la radiación. Este método de capas puede ser particularmente útil para modernizar estructuras existentes para protegerlas contra la lluvia radiactiva.

El yeso también se puede utilizar para sellar y terminar otros materiales de protección, como bolsas de arena o bloques de hormigón, lo que proporciona una superficie más agradable y lisa a la vista y, al mismo tiempo, contribuye al efecto de protección general. Esto puede ser particularmente beneficioso en refugios donde la comodidad y la habitabilidad son importantes para estadías prolongadas.

Limitaciones de la madera y el yeso

Si bien la madera y el yeso ofrecen algunos beneficios de protección, es importante comprender sus limitaciones. Ninguno de los dos materiales es lo suficientemente denso como para proporcionar una atenuación significativa de los rayos gamma, la forma más penetrante de radiación asociada con la lluvia radiactiva. Por lo tanto, no se debe confiar en ellos como materiales de protección primarios en un refugio contra la lluvia radiactiva.

Sin embargo, cuando se utilizan como parte de una estrategia de defensa en capas, la madera y el yeso pueden contribuir a la protección general de un refugio al agregar masa, sellar huecos y evitar la infiltración de partículas radiactivas. Son más eficaces cuando se utilizan junto con otros materiales, como el hormigón, el plomo o la tierra, que proporcionan la protección primaria contra la radiación.

Otra limitación de la madera es su susceptibilidad al fuego. Después de una explosión nuclear, los incendios pueden ser una amenaza secundaria y la madera puede ser un material combustible. Es importante tener en cuenta la seguridad contra incendios cuando se utiliza madera en la construcción de un refugio antinuclear, en particular en áreas donde puede haber un mayor riesgo de incendio.

El yeso, aunque no es combustible, puede ser propenso a agrietarse con el tiempo, en particular en áreas sujetas a humedad o movimiento estructural. Las grietas en el yeso pueden crear vías para que las partículas radiactivas entren en el refugio, lo que reduce su eficacia como barrera. El mantenimiento y la inspección regulares de las superficies de yeso son esenciales para garantizar que permanezcan intactas y sean efectivas.

Aplicaciones prácticas en el diseño de refugios

Al diseñar un refugio antinuclear o modernizar una estructura existente, la madera y el yeso se pueden utilizar de manera eficaz de varias maneras. Por ejemplo, una estructura de madera se puede reforzar con capas de yeso para crear una barrera más sustancial contra las partículas radiactivas. De manera similar, los muebles y las unidades de almacenamiento de madera se pueden colocar estratégicamente para agregar masa y proporcionar protección adicional dentro del refugio.

El yeso se puede utilizar para sellar y terminar las paredes, creando una superficie lisa y continua que evita la infiltración de polvo y escombros. En áreas donde se requiere protección adicional, se puede aplicar yeso sobre materiales más densos para crear una defensa en capas que mejore la protección contra la radiación. Si bien la madera y el yeso no son los materiales más efectivos para protegerse contra la radiación, sí ofrecen importantes cualidades protectoras que se pueden utilizar en un refugio contra la radiación.

Ladrillos y mortero: una base sólida para la seguridad

Los ladrillos y el mortero se han utilizado en la construcción durante siglos, valorados por su durabilidad, resistencia y disponibilidad. En el contexto de la protección contra la radiación nuclear, estos materiales desempeñan un papel crucial a la hora de proporcionar una base sólida para la seguridad. Si bien no son tan densos como el hormigón, los ladrillos y el mortero ofrecen importantes cualidades protectoras que se pueden aprovechar para construir o reforzar un refugio contra la radiación. En este capítulo se explorarán los beneficios de utilizar ladrillos y mortero en la protección contra la radiación, su eficacia como materiales de protección y consideraciones prácticas para incorporarlos en el diseño de su refugio.

Las cualidades protectoras de los ladrillos

Los ladrillos están hechos principalmente de arcilla o pizarra que se ha cocido a altas temperaturas, lo que da como resultado un material duro y denso. Esta densidad les da a los ladrillos un nivel de eficacia para atenuar la radiación, en particular los rayos gamma, que son el tipo de radiación más penetrante producido por la lluvia radiactiva. Si bien los ladrillos no ofrecen el mismo nivel de protección que el hormigón más grueso o el plomo, siguen siendo un material valioso para construir barreras que pueden reducir la exposición a la radiación.

Una de las principales ventajas de los ladrillos es su masa. Cuanto más masa tenga un material, mejor absorberá o desviará los rayos gamma, lo que reducirá la cantidad de radiación que lo atraviesa. Una sola capa de ladrillo no bloqueará toda la radiación, pero varias capas o una pared gruesa hecha de ladrillos pueden atenuar significativamente la radiación, lo que la hace más segura para quienes están adentro.

Por ejemplo, una pared de ladrillo estándar de 12 pulgadas de espesor puede reducir la intensidad de la radiación gamma a aproximadamente el 50% de su nivel original. Aunque esto por sí solo puede no ser suficiente para un refugio antiaéreo en un entorno de alta radiación, cuando se combina con otros materiales o capas adicionales, las paredes de ladrillo pueden contribuir a una estrategia de protección más integral.

Mortero: el vínculo que lo mantiene todo unido

El mortero, el material utilizado para unir los ladrillos, generalmente está compuesto por una mezcla de arena, cemento y agua. Si bien el mortero en sí no contribuye significativamente al blindaje contra la radiación, es esencial para la integridad estructural de una pared de ladrillo. Una pared de ladrillo bien construida con juntas de mortero fuertes será más eficaz para bloquear la radiación porque minimiza los huecos y los puntos débiles por donde la radiación podría penetrar.

El mortero también agrega algo de masa a la pared, aunque en menor medida que los propios ladrillos. En la construcción de refugios antiaéreos, asegurarse de que las juntas de mortero estén bien rellenas y curadas adecuadamente es crucial para maximizar las capacidades protectoras de la pared. El mortero mal aplicado puede provocar grietas o huecos que reduzcan la eficacia general de la pared de ladrillo como escudo.

Combinación de ladrillos y mortero con otros materiales

Uno de los puntos fuertes de los ladrillos y el mortero en la protección contra la radiación es su versatilidad. Se pueden combinar con otros materiales para mejorar sus cualidades protectoras. Por ejemplo, una pared de ladrillos se puede reforzar con hormigón o cubrir con capas adicionales de materiales protectores, como tierra o sacos de arena, para aumentar el efecto de protección general.

En algunos casos, se pueden utilizar ladrillos para construir una carcasa exterior, mientras que el interior de la pared se rellena con un material más denso, como hormigón o grava. Esta combinación aprovecha la resistencia estructural de los ladrillos y el mortero y, al mismo tiempo, se beneficia de las propiedades de protección superiores de los materiales más densos. Esta técnica es especialmente útil en situaciones en las que el presupuesto o la disponibilidad de materiales son una preocupación, ya que le permite crear un refugio resistente con lo que tiene a mano.

Consideraciones prácticas para el uso de ladrillos y mortero

Al planificar el uso de ladrillos y mortero en su refugio contra la radiación, hay varias consideraciones prácticas que debe tener en cuenta:

Grosor: el grosor de las paredes de ladrillo es un factor crítico para determinar el nivel de protección radiológica. Para una protección óptima, elija paredes de al menos 30 cm de espesor y considere agregar capas adicionales o combinar el ladrillo con otros materiales para mejorar el blindaje.

Calidad de los materiales: no todos los ladrillos son iguales. Los ladrillos densos y bien cocidos brindan una mejor protección contra la radiación que los ladrillos más livianos y porosos. De manera similar, la calidad del mortero utilizado puede afectar la efectividad de la pared. El uso de mortero de alta calidad y la aplicación correcta mejorarán la durabilidad general y las capacidades de protección de la pared.

Técnicas de construcción: el método de construcción también juega un papel importante. Los ladrillos deben colocarse bien juntos con juntas de mortero completamente rellenas para evitar espacios que puedan permitir la penetración de la radiación. También es importante asegurarse de que las paredes sean rectas, niveladas y estructuralmente sólidas, ya que cualquier debilidad en la construcción podría comprometer la efectividad del refugio.

Refuerzo: según el diseño específico de su refugio, puede ser necesario reforzar las paredes de ladrillo con soporte adicional, como barras de refuerzo de acero o pilares de hormigón. Este refuerzo puede ayudar a que las paredes soporten no solo el peso de la estructura, sino también los posibles efectos de una explosión nuclear cercana.

Mantenimiento: con el tiempo, los ladrillos y el mortero pueden degradarse, especialmente si se exponen a la humedad o a temperaturas extremas. El mantenimiento regular, como la inspección de grietas o signos de desgaste y la realización de las reparaciones necesarias, es esencial para garantizar que las paredes sigan brindando una protección eficaz.

Ventajas de la construcción con ladrillos y mortero

Además de su capacidad de protección, los ladrillos y el mortero ofrecen otras ventajas que los convierten en una buena opción para la construcción de refugios antiaéreos:

Durabilidad: las estructuras de ladrillos y mortero son increíblemente duraderas y pueden durar décadas o incluso siglos con el mantenimiento adecuado. Esta longevidad las hace ideales para un refugio antiaéreo que deba permanecer funcional durante un período prolongado.

Resistencia al fuego: tanto los ladrillos como el mortero son materiales no combustibles, lo que proporciona una excelente resistencia al fuego. Esto es particularmente importante en un escenario de desastre nuclear donde los incendios pueden ser un peligro secundario.

Disponibilidad: los ladrillos y el mortero están ampliamente disponibles en la mayoría de las regiones, lo que los convierte en una opción accesible y asequible para muchas personas. Ya sea que esté construyendo un nuevo refugio o renovando una estructura existente, estos materiales suelen ser fáciles de conseguir.

Versatilidad estética: si bien la estética puede no ser una preocupación principal en un refugio antiaéreo, los ladrillos ofrecen cierta versatilidad en términos de apariencia. Un refugio revestido de ladrillos puede convertirse en un espacio habitable, lo que puede ser importante para la comodidad a largo plazo si el refugio va a estar ocupado durante un tiempo prolongado.

Uso de ladrillos y mortero en estructuras existentes

Si va a reacondicionar un edificio existente para que sirva como refugio contra la radiación, los ladrillos y el mortero pueden ser materiales valiosos para reforzar las paredes o crear nuevas barreras protectoras. Por ejemplo, puede agregar un revestimiento de ladrillo a una estructura de madera o de paneles de yeso existente, aumentando así su masa y mejorando su capacidad para atenuar la radiación. Además, los ladrillos y el mortero se pueden utilizar para sellar ventanas u otras aberturas vulnerables, mejorando aún más la protección general del refugio.

Los ladrillos y el mortero forman una base sólida para la protección contra la radiación, ofreciendo una combinación de durabilidad, disponibilidad y capacidades de protección razonables. Si bien es posible que no proporcionen el mismo nivel de atenuación de la radiación que los materiales más densos como el hormigón, no obstante son un componente eficaz de una estrategia de defensa en capas.

Evaluación de los materiales de construcción modernos para la protección contra la radiación

En el mundo de la construcción, que evoluciona rápidamente, los materiales de construcción modernos se han vuelto cada vez más sofisticados y ofrecen nuevas posibilidades para mejorar la seguridad y la durabilidad de las estructuras. En lo que respecta a la protección contra la radiación, la evaluación de estos materiales modernos es esencial para determinar su eficacia a la hora de proteger contra la radiación y proporcionar capacidad de supervivencia a largo plazo en un entorno posnuclear. En este capítulo se exploran diversos materiales de construcción contemporáneos, evaluando sus puntos fuertes, limitaciones y posibles aplicaciones en la construcción o modernización de refugios contra la radiación.

La importancia de la densidad y la composición

Como se ha comentado en capítulos anteriores, la eficacia de un material para proteger contra la radiación depende en gran medida de su densidad. Los materiales densos son mejores para atenuar los rayos gamma, la forma más penetrante de radiación producida por la radiación nuclear. Por lo tanto, al evaluar los materiales de construcción modernos para la protección contra la radiación, la densidad es un factor clave a tener en cuenta. Sin embargo, otras propiedades, como la durabilidad, la facilidad de instalación y la resistencia a los factores ambientales, también desempeñan un papel importante a la hora de determinar la idoneidad de un material para un refugio contra la radiación.

Hormigón de alto rendimiento

Si bien el hormigón tradicional ha sido durante mucho tiempo un elemento básico en la construcción de refugios antiaéreos, los avances en la tecnología del hormigón han llevado al desarrollo del hormigón de alto rendimiento (HPC). El HPC está diseñado para ofrecer una resistencia, durabilidad y resistencia superiores a los factores estresantes ambientales en comparación con el hormigón convencional. Este tipo de hormigón normalmente incorpora materiales adicionales, como humo de sílice, cenizas volantes o fibras, para mejorar sus propiedades.

Ventajas:

Mayor resistencia: el HPC puede lograr resistencias a la compresión mucho mayores que el hormigón tradicional, lo que permite paredes más delgadas que aún brindan un excelente blindaje contra la radiación.

Durabilidad: el HPC es más resistente al agrietamiento, los ataques químicos y la penetración de agua, lo que lo hace ideal para un uso a largo plazo en entornos hostiles.

Densidad: la mayor densidad del HPC mejora su capacidad para atenuar la radiación gamma, lo que brinda una mejor protección en un escenario de radiación.

Limitaciones:

Costo: el HPC generalmente es más caro que el hormigón tradicional debido a los materiales y técnicas especializados necesarios para su producción. Complejidad: El diseño de la mezcla y el proceso de curado para el HPC son más complejos y requieren mano de obra calificada y un control preciso para lograr las propiedades deseadas.

Aplicaciones: El HPC es una excelente opción para construir componentes críticos de un refugio antiatómico, como paredes, techos y barreras, donde se requiere la máxima protección. Es particularmente adecuado para entornos donde la durabilidad a largo plazo y la resistencia a la degradación ambiental son prioridades.

Hormigón de ultra alto rendimiento (UHPC)

Llevando la tecnología del hormigón aún más lejos, el hormigón de ultra alto rendimiento (UHPC) es un material de vanguardia conocido por su excepcional resistencia, durabilidad y resistencia a los factores ambientales. El UHPC normalmente contiene un alto porcentaje de materiales finos, como humo de sílice y reductores de agua de alto rango, que contribuyen a su rendimiento superior.

Ventajas:

Resistencia excepcional: el UHPC puede alcanzar resistencias a la compresión de hasta 200 MPa (29 000 psi), superando ampliamente al hormigón tradicional y al HPC.

Durabilidad: el UHPC es altamente resistente al impacto, la abrasión y los ataques químicos, lo que lo hace ideal para entornos extremos.

Densidad: la alta densidad del UHPC lo convierte en uno de los mejores materiales para el blindaje contra la radiación, ofreciendo una protección superior en un perfil más delgado.

Limitaciones:

Alto costo: el UHPC es significativamente más caro que el hormigón tradicional y el HPC, lo que lo hace menos accesible para proyectos a gran escala.

Manejo especializado: el UHPC requiere procedimientos precisos de mezclado, colocación y curado, que a menudo requieren la participación de expertos.

Aplicaciones: debido a su alto costo y naturaleza especializada, el UHPC se utiliza mejor en áreas críticas donde la máxima protección y durabilidad son esenciales, como en la construcción de elementos estructurales clave o instalaciones de alto riesgo. Para un refugio antiaéreo, el UHPC podría usarse para paredes reforzadas, techos o barreras en áreas donde se espera que experimenten los niveles más altos de radiación o impactos de explosiones.

Paneles estructurales aislados (SIP)

Los paneles estructurales aislados (SIP) son un material de construcción moderno que consiste en un núcleo de espuma rígida intercalado entre dos capas de tablero estructural, generalmente tableros de virutas orientadas (OSB). Los SIP son conocidos por sus excelentes propiedades de aislamiento térmico y facilidad de construcción.

Ventajas:

Aislamiento: los SIP brindan un excelente aislamiento térmico, que puede ayudar a mantener una temperatura estable en un refugio antiaéreo, especialmente en condiciones climáticas extremas.

Facilidad de instalación: los paneles SIP son prefabricados y se pueden ensamblar rápidamente en el lugar, lo que reduce el tiempo de construcción y los costos de mano de obra.

Resistencia: los paneles SIP ofrecen una buena resistencia estructural, lo que los hace adecuados para paredes y techos en la construcción de refugios.

Limitaciones:

Blindaje contra la radiación: la principal limitación de los paneles SIP es su baja densidad, lo que los hace ineficaces como escudo primario contra la radiación. Se necesitarían materiales adicionales para brindar una protección adecuada contra los rayos gamma.

Resistencia al fuego: el núcleo de espuma de los paneles SIP es combustible, lo que podría representar un riesgo de incendio en ciertos escenarios.

Aplicaciones: los paneles SIP se pueden utilizar en la construcción de paredes interiores, particiones o techos donde el aislamiento térmico es una prioridad. Sin embargo, se deben combinar con materiales más densos, como hormigón o ladrillo, para brindar una protección adecuada contra la radiación.

Hormigón celular curado en autoclave (AAC)

El hormigón celular curado en autoclave (AAC) es un material de construcción ligero y prefabricado que ofrece buenas propiedades de aislamiento y facilidad de instalación. El AAC se fabrica combinando cemento, cal, sílice y polvo de aluminio, que reacciona para crear burbujas de aire dentro del material, lo que le da una estructura porosa.

Ventajas:

Ligero: el AAC es mucho más ligero que el hormigón tradicional, lo que facilita su manipulación e instalación.

Aislamiento térmico: la estructura porosa del AAC proporciona un excelente aislamiento térmico, lo que ayuda a regular la temperatura dentro de un refugio.

Resistencia al fuego: el AAC es incombustible y ofrece una buena resistencia al fuego.

Limitaciones:

Blindaje contra la radiación: debido a su estructura porosa, el AAC tiene una densidad menor que el hormigón tradicional, lo que lo hace menos eficaz como protector contra los rayos gamma. Sería necesario utilizarlo en combinación con materiales más densos para proporcionar una protección adecuada.

Resistencia estructural: si bien el AAC es lo suficientemente fuerte para muchas aplicaciones, no es tan fuerte como el hormigón tradicional y puede requerir un refuerzo adicional en áreas de alta carga.

Aplicaciones: El AAC se puede utilizar para paredes que no soportan carga, particiones o como capa aislante dentro de un sistema de pared compuesta. Se utiliza mejor en combinación con otros materiales que proporcionen el blindaje contra la radiación necesario.

Polímeros reforzados con fibra (FRP)

Los polímeros reforzados con fibra (FRP) son materiales compuestos que se fabrican mediante la incorporación de fibras (como vidrio, carbono o aramida) en una matriz de polímero. Los FRP son conocidos por su alta relación resistencia-peso, resistencia a la corrosión y flexibilidad.

Ventajas:

Alta resistencia: los FRP ofrecen una excelente resistencia a la tracción, lo que los hace útiles para reforzar estructuras.

Resistencia a la corrosión: los FRP son resistentes a la corrosión, lo que es beneficioso en entornos expuestos a la humedad o a sustancias químicas.

Ligero: los FRP son mucho más livianos que los materiales de construcción tradicionales, lo que reduce la carga general sobre una estructura.

LIMITACIONES:

Blindaje contra la radiación: los FRP no son lo suficientemente densos como para proporcionar un blindaje significativo contra la radiación y deben combinarse con otros materiales para una protección eficaz contra la lluvia radiactiva.

Costo: Los FRP pueden ser costosos, en particular cuando se utilizan fibras de alto rendimiento como el carbono o la aramida.

Aplicaciones: Los FRP se utilizan mejor como elementos de refuerzo dentro de un refugio antiatómico, como en el refuerzo de paredes, techos o vigas de hormigón. También se pueden utilizar en áreas donde la reducción de peso es una prioridad, pero no se debe confiar en ellos como un escudo primario contra la radiación.

Aleaciones metálicas modernas

Los avances en la metalurgia han llevado al desarrollo de aleaciones metálicas modernas que ofrecen mayor resistencia, durabilidad y resistencia a los factores ambientales. Las aleaciones como el acero inoxidable, el titanio y las aleaciones de aluminio especializadas se utilizan cada vez más en la construcción por sus propiedades superiores.

Ventajas:

Resistencia y durabilidad: las aleaciones metálicas modernas ofrecen una excelente resistencia y durabilidad, lo que las hace adecuadas para aplicaciones de alto estrés.

Protección contra la radiación: los metales, en particular aquellos con números atómicos altos como el plomo o ciertas aleaciones de acero, pueden proporcionar una buena protección contra la radiación.

Resistencia a la corrosión: muchas aleaciones modernas están diseñadas para resistir la corrosión, lo que es esencial para la durabilidad a largo plazo en entornos hostiles.

Limitaciones:

Costo: las aleaciones metálicas de alto rendimiento pueden ser costosas, en particular cuando se utilizan en grandes cantidades.

Peso: la densidad de los metales puede hacerlos pesados, lo que puede requerir un soporte estructural adicional en algunas aplicaciones.

Aplicaciones: las aleaciones metálicas modernas se pueden utilizar en la construcción de componentes estructurales críticos, como puertas, ventanas y marcos. También son ideales para reforzar paredes o crear barreras en áreas de alto riesgo de un refugio antiaéreo. En algunos casos, los metales como el acero inoxidable se pueden utilizar para la protección contra la radiación, en particular cuando se combinan con otros materiales.

Los materiales de construcción modernos ofrecen una variedad de posibilidades para mejorar la seguridad y la eficacia de los refugios antiaéreos. Si bien algunos de estos materiales, como el hormigón de alto rendimiento y las aleaciones metálicas modernas, brindan una excelente protección contra la radiación, otros, como los SIP y los AAC, son más adecuados para el aislamiento y el soporte estructural. Al evaluar cuidadosamente las propiedades de estos materiales y comprender sus fortalezas y limitaciones, puede tomar decisiones informadas sobre cómo incorporarlos al diseño de su refugio. La clave para una protección eficaz contra la radiación radica en combinar estos materiales de una manera que maximice sus cualidades protectoras, asegurando que su refugio esté bien equipado para soportar los desafíos de un escenario de lluvia radiactiva.

Síntomas médicos de intoxicación por radiación

La intoxicación por radiación, también conocida como síndrome de radiación aguda (SRA), es una afección grave y potencialmente mortal causada por la exposición a altas dosis de radiación ionizante durante un período corto. Comprender los síntomas médicos de la intoxicación por radiación es fundamental para identificar la afección de forma temprana, buscar la atención médica adecuada e implementar medidas para minimizar los daños adicionales. Este capítulo profundiza en los síntomas de la intoxicación por radiación, las etapas de la afección y los factores que influyen en su gravedad y progresión.

Comprensión del síndrome de radiación aguda (SRA)

La intoxicación por radiación se produce cuando el cuerpo se expone a una gran dosis de radiación ionizante en un período corto, generalmente como resultado de una explosión nuclear, un accidente industrial o un tratamiento médico que salió mal. La gravedad del SRA depende de la dosis total de radiación recibida, el tipo de radiación y la duración de la exposición. La dosis de radiación se mide en sieverts (Sv), y las dosis más altas provocan síntomas más graves y un mayor riesgo de muerte.

Etapas de la intoxicación por radiación

La intoxicación por radiación generalmente progresa a través de varias etapas, cada una con síntomas distintos. Estas etapas son:

Etapa prodrómica (etapa inicial)

Etapa latente

Etapa de enfermedad manifiesta

Recuperación o muerte

Etapa prodrómica (etapa inicial)

La etapa prodrómica ocurre dentro de horas o días después de la exposición a una dosis alta de radiación. Los síntomas durante esta etapa a menudo no son específicos y pueden imitar otras enfermedades, lo que dificulta el diagnóstico temprano de ARS sin conocimiento de la exposición a la radiación.

Síntomas:

Náuseas y vómitos: estos suelen ser los primeros signos de intoxicación por radiación y pueden ocurrir dentro de minutos u horas después de la exposición. La gravedad y la aparición de náuseas y vómitos pueden indicar la dosis de radiación recibida, y los síntomas más graves y de aparición más temprana sugieren una mayor exposición.

Diarrea: la diarrea, a veces sanguinolenta, puede seguir a las náuseas y los vómitos, especialmente a dosis de radiación más altas. Este síntoma es causado por daño al revestimiento del tracto gastrointestinal.

Dolor de cabeza: un síntoma común en la etapa prodrómica, los dolores de cabeza pueden variar de leves a severos, según la dosis de radiación.

Fatiga: una sensación general de debilidad o agotamiento suele acompañar a los demás síntomas durante esta etapa.

Fiebre: puede desarrollarse una fiebre leve a moderada a medida que la respuesta inmunitaria del cuerpo se ve comprometida por la radiación.

La etapa prodrómica puede durar desde unas pocas horas hasta varios días. La intensidad y la duración de los síntomas durante esta etapa están directamente relacionadas con la dosis de radiación. Las dosis más altas suelen dar lugar a síntomas más graves y un período de latencia más corto antes de que comience la siguiente etapa.

Etapa latente

Después de la etapa prodrómica, suele haber un período de aparente mejoría conocido como etapa latente. Durante este tiempo, los síntomas pueden disminuir o desaparecer por completo, lo que genera una falsa sensación de recuperación. Sin embargo, esta etapa es engañosa, ya que el cuerpo está sufriendo un daño interno significativo, en particular en las células que se dividen rápidamente en la médula ósea, el tracto gastrointestinal y la piel.

Duración: la etapa latente puede durar desde unas pocas horas hasta varias semanas, según la dosis de radiación. La duración de esta etapa es inversamente proporcional a la dosis recibida: las dosis más altas dan como resultado períodos de latencia más cortos.

Etapa de enfermedad manifiesta

La etapa de enfermedad manifiesta es cuando se hacen evidentes los efectos completos del envenenamiento por radiación. Los síntomas durante esta etapa son más graves y reflejan el daño extenso causado a los sistemas del cuerpo. Los síntomas específicos experimentados durante esta etapa dependen de la dosis de radiación y los órganos más afectados.

Síntomas:

Síndrome hematopoyético: ocurre cuando la radiación daña la médula ósea, lo que lleva a una reducción grave en la producción de células sanguíneas. Los síntomas incluyen anemia, sangrado (debido a la falta de plaquetas) e infecciones (debido a un bajo recuento de glóbulos blancos). Este síndrome se presenta típicamente en dosis entre 0,7 y 10 Sv.

Síndrome gastrointestinal: Este síndrome es causado por daño a las células que recubren el tracto gastrointestinal, lo que provoca náuseas, vómitos, diarrea y deshidratación intensos. Se presenta en dosis entre 6 y 30 Sv y puede ser fatal debido a la descomposición del revestimiento intestinal, lo que provoca infecciones graves y pérdida de líquidos.

Síndrome cardiovascular y del sistema nervioso central (SNC): En dosis de radiación extremadamente altas (por encima de 30 Sv), la intoxicación por radiación puede causar daño rápido y grave al corazón, los vasos sanguíneos y el cerebro. Los síntomas incluyen dolor de cabeza intenso, mareos, confusión, pérdida de conciencia y convulsiones. La muerte puede ocurrir en cuestión de horas o días debido a hinchazón cerebral, colapso cardiovascular o insuficiencia multiorgánica.

Daño en la piel: La radiación puede causar quemaduras, ampollas y úlceras en la piel, especialmente en áreas expuestas directamente a la radiación. Estas lesiones pueden variar desde un leve enrojecimiento (eritema) hasta quemaduras graves que requieren tratamiento médico.

La etapa de enfermedad manifiesta es crítica porque determina el pronóstico general para el individuo. Aquellos con síntomas menos graves y una progresión más lenta a través de esta etapa pueden recuperarse con la atención médica adecuada, mientras que aquellos con síntomas más graves pueden enfrentar un mayor riesgo de muerte.

Recuperación o muerte

El resultado final de la intoxicación por radiación depende de la dosis de radiación, la eficacia del tratamiento médico y la salud general del individuo. La recuperación es posible para las personas que reciben dosis más bajas de radiación y la atención médica adecuada. Sin embargo, la recuperación puede llevar semanas o meses, y los efectos de salud a largo plazo, como un mayor riesgo de cáncer, son comunes.

Recuperación: La recuperación de la intoxicación por radiación implica la curación gradual de los tejidos dañados, la restauración de los recuentos de células sanguíneas y el manejo de infecciones y otras complicaciones. Los sobrevivientes pueden requerir monitoreo médico a largo plazo y tratamiento para las condiciones de salud crónicas resultantes de la exposición a la radiación.

Muerte: Con dosis de radiación más altas, o en casos en los que la atención médica es inadecuada, la muerte puede ocurrir debido a daños graves a los órganos vitales, infecciones abrumadoras o falla multiorgánica. La muerte puede ocurrir en cuestión de días o semanas después de la exposición, dependiendo de la gravedad del envenenamiento.

Factores que influyen en la gravedad de la intoxicación por radiación

Varios factores influyen en la gravedad de la intoxicación por radiación y la probabilidad de recuperación:

Dosis total de radiación: Cuanto mayor sea la dosis, más graves serán los síntomas y mayor será el riesgo de muerte.

Tasa de exposición: Una dosis alta recibida en un período corto es más peligrosa que la misma dosis distribuida en un período más largo.

Tipo de radiación: Los diferentes tipos de radiación (alfa, beta, gamma) tienen distintos efectos en el cuerpo, siendo los rayos gamma los más penetrantes y dañinos.

Salud individual: Las condiciones de salud preexistentes, la edad y el estado físico general pueden afectar la capacidad de una persona para sobrevivir a la intoxicación por radiación.

Disponibilidad de atención médica: Un tratamiento médico rápido y eficaz puede mejorar significativamente las posibilidades de supervivencia, en particular en el manejo de infecciones, pérdida de líquidos y daño a los órganos.

Efectos a largo plazo en la salud

Los sobrevivientes de la intoxicación por radiación a menudo enfrentan problemas de salud a largo plazo. El más importante de ellos es el aumento del riesgo de desarrollar cáncer, en particular leucemia, cáncer de tiroides y cáncer de mama. La radiación también puede causar daños al sistema cardiovascular, lo que aumenta el riesgo de enfermedades cardíacas y accidentes cerebrovasculares. Además, la exposición a la radiación puede causar daños genéticos, que pueden afectar a la descendencia futura.

El envenenamiento por radiación es una afección compleja y potencialmente mortal que requiere un reconocimiento y tratamiento rápidos. Comprender los síntomas y las etapas del envenenamiento por radiación es fundamental para identificar la afección de manera temprana y buscar la atención médica adecuada. Si bien el pronóstico depende de varios factores, incluida la dosis de radiación y la disponibilidad de tratamiento médico, la intervención temprana puede mejorar las posibilidades de supervivencia y recuperación. Si conoce los signos y síntomas del envenenamiento por radiación, podrá prepararse y responder mejor ante un evento de lluvia radiactiva, asegurando el mejor resultado posible para usted y sus seres queridos.

Primeros auxilios y tratamientos inmediatos en caso de exposición a la radiación

Tras un evento nuclear, la respuesta inmediata a la exposición a la radiación puede ser fundamental para reducir la gravedad del síndrome de radiación aguda (SRA) y mejorar las posibilidades de supervivencia. Si bien el tratamiento médico profesional es esencial para quienes están expuestos a altas dosis de radiación, saber cómo administrar primeros auxilios y tratamientos inmediatos puede marcar una diferencia significativa en las horas críticas posteriores a la exposición. Este capítulo describe los pasos que debe seguir para brindar primeros auxilios y tratamiento inicial en caso de exposición a la radiación, centrándose en las acciones que pueden ayudar a mitigar el daño y apoyar la recuperación del cuerpo.

Evaluación de la situación y exposición a la radiación

El primer paso para responder a la exposición a la radiación es evaluar la situación y el nivel de exposición. Esto implica determinar si la persona ha estado expuesta a radiación externa, contaminada con partículas radiactivas o ambas. Comprender el tipo y la gravedad de la exposición guiará su respuesta y ayudará a priorizar las acciones necesarias.

Exposición a la radiación externa: esto ocurre cuando una persona está expuesta a la radiación de una fuente externa, como una explosión nuclear o materiales radiactivos. La gravedad de la exposición a la radiación externa depende de la dosis recibida, que se ve influenciada por la distancia de la fuente, la duración de la exposición y la presencia de cualquier protección.

Contaminación con partículas radiactivas: implica la deposición de partículas radiactivas en la piel, la ropa o dentro del cuerpo a través de la inhalación o la ingestión. La contaminación puede provocar exposición a la radiación tanto externa como interna, con el potencial de causar graves efectos para la salud si no se aborda de inmediato.

Acciones inmediatas para reducir la exposición a la radiación

Si usted o alguien más ha estado expuesto a la radiación, es fundamental tomar medidas inmediatas para reducir la dosis y limitar el daño. Se deben tomar las siguientes medidas lo antes posible:

Póngase a salvo: aléjese de la fuente de radiación o de la lluvia radiactiva para reducir la exposición adicional. Si es posible, busque refugio en un edificio con paredes gruesas, un sótano u otra área que ofrezca protección contra la radiación. Cuanto más lejos esté de la fuente y más protección tenga, menor será la dosis de radiación.

Quítese la ropa contaminada: si las partículas radiactivas han contaminado la ropa, quítesela inmediatamente para reducir el riesgo de una mayor exposición. Quítese la ropa con cuidado sin sacudirla para evitar que se disperse el polvo radiactivo. Coloque la ropa contaminada en una bolsa de plástico sellada y guárdela lejos de las personas y las mascotas.

Descontamine la piel: una vez que se haya quitado la ropa contaminada, lave bien la piel expuesta con agua tibia y jabón. Evite frotar la piel con fuerza, ya que esto puede causar abrasiones que pueden permitir que las partículas radiactivas entren en el cuerpo. Si el agua es escasa, use un paño húmedo para limpiar la piel, centrándose en las áreas que estuvieron expuestas a la lluvia radiactiva.

Proteja el sistema respiratorio: si se encuentra en un área con partículas radiactivas en el aire, cúbrase la boca y la nariz con un paño, una máscara u otra barrera improvisada para reducir la inhalación de polvo radiactivo. Si es posible, muévase a un área con aire más limpio o use un sistema de filtración de aire.

Busque refugio: después de la descontaminación inicial, es fundamental refugiarse en el interior para evitar una mayor exposición. Permanezca en el interior, idealmente en un sótano o una habitación interior, y mantenga las ventanas y las puertas selladas. Ventile el espacio solo a través de aire filtrado si es necesario, para evitar la entrada de partículas radiactivas.

Primeros auxilios para los síntomas de exposición a la radiación

Después de tomar medidas para reducir la exposición, es importante abordar cualquier síntoma de intoxicación por radiación que pueda estar presente. La gravedad de los síntomas dependerá de la dosis de radiación recibida y del tiempo transcurrido desde la exposición. A continuación, se indica cómo proporcionar primeros auxilios para los síntomas comunes de intoxicación por radiación:

Náuseas y vómitos: estos son síntomas comunes en las primeras etapas de la intoxicación por radiación. Para controlar las náuseas, mantenga a la persona hidratada dándole pequeños sorbos de agua o una solución electrolítica. Si vomita, anime a la persona a beber líquidos para prevenir la deshidratación. Descanse y mantenga a la persona en un entorno cómodo y tranquilo.

Diarrea: la diarrea puede provocar deshidratación, por lo que es esencial reemplazar los líquidos perdidos con agua, soluciones de rehidratación oral o caldos claros. Evite dar alimentos sólidos a la persona hasta que la diarrea remita. Si la diarrea es grave o persistente, busque atención médica lo antes posible.

Fiebre: la fiebre puede indicar una respuesta inmunitaria o una infección debido a la capacidad reducida del cuerpo para combatir los patógenos después de la exposición a la radiación. Administre antifebriles de venta libre, como acetaminofeno o ibuprofeno, si están disponibles. Mantenga a la persona fresca con paños húmedos o un ventilador y asegúrese de que se mantenga hidratada.

Quemaduras y ampollas en la piel: la radiación puede causar quemaduras y ampollas, especialmente en las zonas expuestas directamente a la radiación. Limpie suavemente la zona afectada con agua y jabón suave y cúbrala con un vendaje limpio y seco. Evite romper las ampollas, ya que esto aumenta el riesgo de infección. Si las quemaduras son graves, busque atención médica.

Fatiga y debilidad: fomente el descanso y mantenga a la persona cómoda. Proporcione líquidos y alimentos livianos según lo tolere. La fatiga es un síntoma común de intoxicación por radiación y puede persistir durante días o semanas.

Infecciones: la exposición a la radiación debilita el sistema inmunológico, lo que hace que el cuerpo sea más susceptible a las infecciones. Si la persona muestra signos de infección (p. ej., enrojecimiento, hinchazón, pus o fiebre), limpie el área afectada y cúbrala con un apósito estéril. Si hay antibióticos disponibles, adminístrelos según las indicaciones, pero busque atención médica si es posible.

Descontaminación interna

Si se han inhalado, ingerido o ingresado materiales radiactivos al cuerpo a través de heridas, puede ser necesaria una descontaminación interna. Este proceso generalmente requiere intervención médica, pero hay algunas medidas inmediatas que puede tomar:

Prevenga una mayor absorción: si se sospecha la ingestión de materiales radiactivos, no vomite, ya que esto puede causar más daño. Se puede utilizar carbón activado, si está disponible, para unir partículas radiactivas y reducir la absorción en el tracto gastrointestinal.

Busque tratamiento médico: la contaminación interna es grave y requiere atención médica profesional. Puede ser necesaria la terapia de quelación, el yoduro de potasio (para el yodo radiactivo) y otros tratamientos para eliminar o bloquear la absorción de materiales radiactivos en el cuerpo. Busque ayuda médica lo antes posible.

Yoduro de potasio (KI) para proteger la tiroides

En caso de exposición al yodo radiactivo, que es un subproducto común de la radiación nuclear, tomar yoduro de potasio (KI) puede ayudar a proteger la glándula tiroides de la absorción del yodo radiactivo. El KI satura la tiroides con yodo estable, lo que reduce la absorción de yodo radiactivo y disminuye el riesgo de cáncer de tiroides.

Dosis:

La dosis adecuada de KI depende de la edad y el peso. Siga siempre las pautas de dosificación recomendadas por las autoridades de salud pública o el fabricante del producto.

El KI debe tomarse lo antes posible después de la exposición al yodo radiactivo. La eficacia del KI disminuye cuanto más tiempo se espera después de la exposición.

Limitaciones:

El KI solo protege la glándula tiroides y no protege contra otras formas de exposición a la radiación.

Se debe tomar solo en caso de exposición confirmada al yodo radiactivo y bajo la guía de las autoridades sanitarias.

Monitoreo y atención a largo plazo

Después de brindar primeros auxilios y tratamientos inmediatos, es importante continuar monitoreando al individuo para detectar cualquier empeoramiento de los síntomas o nuevos desarrollos. El envenenamiento por radiación puede tener efectos retardados, por lo que la observación y el cuidado continuos son cruciales.

Monitoreo de los signos vitales: lleve un registro de la temperatura, el pulso y la frecuencia respiratoria de la persona. Cualquier cambio significativo debe anotarse e informarse a un proveedor de atención médica si está disponible.

Esté atento al empeoramiento de los síntomas: los síntomas como vómitos persistentes, diarrea intensa, sangrado incontrolable o confusión pueden indicar una progresión grave del envenenamiento por radiación y requerir atención médica urgente.

Planifique una evacuación médica: si se encuentra en un área con recursos médicos limitados, planifique una evacuación a un centro que pueda brindar atención especializada para la exposición a la radiación. Asegúrese de que la persona esté estable y protegida de una mayor exposición durante el proceso de evacuación.

Prepárese para el control de salud a largo plazo: los sobrevivientes de la exposición a la radiación necesitarán un control médico a largo plazo para detectar y controlar los posibles efectos retardados, como el cáncer o las enfermedades crónicas. Establezca un plan para controles y evaluaciones médicas regulares.

En caso de exposición a la radiación, los primeros auxilios rápidos y efectivos pueden marcar una diferencia significativa en la reducción de la gravedad de los síntomas y la mejora de las posibilidades de supervivencia. Si comprende los pasos inmediatos que debe tomar, incluida la descontaminación, el manejo de los síntomas y la protección interna, puede brindar atención crítica en las horas cruciales posteriores a la exposición. Si bien el tratamiento médico profesional es esencial para la recuperación a largo plazo, saber cómo administrar primeros auxilios y tratamientos inmediatos puede ayudar a estabilizar a la persona y mitigar el impacto inicial del envenenamiento por radiación.

Atención médica a largo plazo para la enfermedad por radiación

La atención médica a largo plazo para la enfermedad por radiación es un aspecto crucial del manejo de las secuelas de la exposición a la radiación. Mientras que los tratamientos inmediatos se centran en mitigar los efectos agudos de la radiación, la atención a largo plazo aborda los desafíos de salud permanentes que pueden enfrentar los sobrevivientes, incluidas las enfermedades crónicas, el aumento del riesgo de cáncer y los impactos psicológicos. Este capítulo explora los componentes clave de la atención médica a largo plazo para la enfermedad por radiación, destacando la importancia del control, el tratamiento y el apoyo para los afectados.

Comprensión de los efectos a largo plazo de la exposición a la radiación

La exposición a la radiación, en particular a dosis altas, puede tener efectos duraderos en el cuerpo. Estos efectos pueden no ser evidentes de inmediato y pueden manifestarse meses o incluso años después de la exposición inicial. La gravedad y la naturaleza de estos efectos a largo plazo dependen de varios factores, incluida la dosis total de radiación recibida, el tipo de radiación, las áreas del cuerpo afectadas y la salud general y la edad del individuo.

Efectos comunes a largo plazo de la exposición a la radiación:

Mayor riesgo de cáncer: uno de los riesgos a largo plazo más importantes de la exposición a la radiación es el aumento de la probabilidad de desarrollar cáncer. Los tipos de cáncer más comúnmente asociados con la exposición a la radiación incluyen leucemia, cáncer de tiroides, cáncer de mama, cáncer de pulmón y cáncer de piel.

Enfermedad cardiovascular: la exposición a la radiación puede dañar el corazón y los vasos sanguíneos, lo que aumenta el riesgo de enfermedad cardíaca, accidente cerebrovascular y otras afecciones cardiovasculares.

Fatiga y debilidad crónicas: muchos sobrevivientes de la exposición a la radiación experimentan fatiga a largo plazo y una sensación general de debilidad. Esto puede deberse a daños en la médula ósea, el sistema inmunológico u otros órganos.

Deterioro cognitivo: la exposición a altos niveles de radiación puede causar daño neurológico, lo que lleva a pérdida de memoria, dificultad para concentrarse y otros problemas cognitivos.

Problemas de fertilidad: la radiación puede afectar los órganos reproductivos, lo que lleva a una reducción de la fertilidad, irregularidades menstruales o incluso esterilidad en casos graves.

Mutaciones genéticas: la exposición a la radiación puede causar mutaciones genéticas que pueden no afectar directamente al individuo, pero pueden transmitirse a generaciones futuras y provocar defectos de nacimiento u otros trastornos genéticos.

Seguimiento y detección temprana

La atención a largo plazo de la enfermedad por radiación comienza con un seguimiento regular y la detección temprana de posibles problemas de salud. Los sobrevivientes de la exposición a la radiación deben someterse a controles médicos regulares, que incluyen pruebas de detección de cáncer, enfermedades cardiovasculares y otras afecciones asociadas con la exposición a la radiación. La detección temprana de estas afecciones es crucial para un tratamiento y manejo efectivos.

PRÁCTICAS CLAVE DE seguimiento:

Exámenes de detección de cáncer: los exámenes de detección regulares de cánceres comúnmente asociados con la exposición a la radiación, como leucemia y cáncer de tiroides, son esenciales. Estos exámenes pueden incluir análisis de sangre, estudios de diagnóstico por imágenes (p. ej., tomografías computarizadas o resonancias magnéticas) y exámenes físicos.

Análisis de sangre: los análisis de sangre de rutina pueden ayudar a controlar la salud de la médula ósea y detectar signos de anemia, infección u otras afecciones relacionadas con la sangre. Evaluaciones cardiovasculares: Los chequeos regulares deben incluir evaluaciones de la salud del corazón, incluido el control de la presión arterial, los niveles de colesterol y, si es necesario, estudios de imágenes para detectar daño cardiovascular.

Evaluaciones neurológicas: Las evaluaciones neurológicas periódicas pueden ayudar a identificar deterioro cognitivo u otros problemas neurológicos que pueden desarrollarse con el tiempo.

Evaluaciones de fertilidad: Para las personas en edad reproductiva, las evaluaciones de fertilidad pueden ser necesarias para evaluar el impacto de la radiación en la salud reproductiva.

Opciones de tratamiento para problemas de salud a largo plazo

Si se identifican problemas de salud a largo plazo, se deben implementar estrategias de tratamiento y manejo adecuadas. Los tratamientos específicos dependerán de la afección diagnosticada, la gravedad de los síntomas y la salud general de la persona.

Tratamiento del cáncer:

Quimioterapia y radioterapia: Irónicamente, si bien la exposición a la radiación puede causar cáncer, la radioterapia también es un tratamiento común para el cáncer. El objetivo es atacar las células cancerosas con dosis controladas de radiación mientras se minimiza el daño al tejido sano.

Cirugía: En algunos casos, puede ser necesaria la extirpación quirúrgica de tumores cancerosos, en particular si el cáncer se detecta temprano y está localizado.

Inmunoterapia: Este tratamiento utiliza el sistema inmunológico del cuerpo para combatir el cáncer. La inmunoterapia puede ser particularmente eficaz para ciertos tipos de cáncer, como el melanoma y algunos cánceres de pulmón.

Manejo de enfermedades cardiovasculares:

Medicamentos: Se pueden recetar medicamentos como estatinas (para reducir el colesterol), betabloqueantes (para reducir la presión arterial) y aspirina (para prevenir los coágulos sanguíneos) para controlar las enfermedades cardiovasculares.

Cambios en el estilo de vida: Adoptar un estilo de vida saludable para el corazón, que incluya una dieta equilibrada, ejercicio regular y dejar de fumar, es fundamental para controlar el riesgo cardiovascular.

Intervenciones quirúrgicas: En casos graves, pueden ser necesarios procedimientos quirúrgicos como angioplastia, colocación de stents o cirugía de bypass para restablecer el flujo sanguíneo al corazón.

Fatiga crónica y deterioro cognitivo:

Programas de rehabilitación: La fisioterapia y la terapia ocupacional pueden ayudar a las personas a recuperar la fuerza, mejorar la movilidad y controlar la fatiga crónica.

Terapia cognitiva: La terapia cognitivo-conductual (TCC) y otras formas de rehabilitación cognitiva pueden ayudar a controlar la pérdida de memoria, las dificultades de concentración y otros deterioros cognitivos.

Problemas de fertilidad:

Tratamientos de fertilidad: Dependiendo de la gravedad del impacto en la salud reproductiva, los tratamientos de fertilidad como la fertilización in vitro (FIV) pueden ser una opción para quienes deseen concebir.

Terapia hormonal: La terapia de reemplazo hormonal puede ser necesaria para las personas que experimentan desequilibrios hormonales o síntomas similares a los de la menopausia debido a la exposición a la radiación.

Apoyo y asesoramiento psicológico

El impacto psicológico de sobrevivir a la exposición a la radiación no debe subestimarse. Muchas personas experimentan ansiedad, depresión, trastorno de estrés postraumático (TEPT) y otros problemas de salud mental como resultado de su experiencia. Brindar apoyo y asesoramiento psicológico es un componente fundamental de la atención a largo plazo.

Servicios de apoyo:

Terapia individual: el asesoramiento individual con un profesional de la salud mental puede ayudar a las personas a procesar sus experiencias, controlar la ansiedad o la depresión y desarrollar estrategias de afrontamiento.

Grupos de apoyo: unirse a grupos de apoyo con otros sobrevivientes de la radiación puede brindar un sentido de comunidad y comprensión compartida, lo que puede ser invaluable para la curación emocional.

Asesoramiento familiar: la exposición a la radiación puede afectar a toda la familia, en particular si hay mutaciones genéticas o problemas de fertilidad involucrados. El asesoramiento familiar puede ayudar a abordar estos desafíos y fortalecer los vínculos familiares.

Modificaciones del estilo de vida para la salud a largo plazo

Además de los tratamientos médicos y el apoyo psicológico, adoptar un estilo de vida saludable es esencial para controlar los efectos a largo plazo de la exposición a la radiación. Se debe alentar a los sobrevivientes a realizar cambios positivos en el estilo de vida que puedan ayudar a mitigar el riesgo de desarrollar enfermedades crónicas y apoyar el bienestar general.

Modificaciones clave del estilo de vida:

Dieta saludable: una dieta rica en frutas, verduras, cereales integrales y proteínas magras puede apoyar la función inmunológica, reducir la inflamación y disminuir el riesgo de cáncer y enfermedades cardiovasculares. También se recomienda limitar los alimentos procesados, la carne roja y el azúcar.

Ejercicio regular: Realizar actividad física regular, como caminar, nadar o hacer yoga, puede mejorar la salud cardiovascular, mejorar el estado de ánimo y combatir la fatiga crónica.

Dejar de fumar: fumar aumenta el riesgo de cáncer y enfermedades cardiovasculares, en particular para las personas que ya tienen un riesgo mayor debido a la exposición a la radiación. Dejar de fumar es uno de los cambios de estilo de vida más impactantes que puede hacer un sobreviviente.

Manejo del estrés: el estrés crónico puede debilitar el sistema inmunológico y contribuir al desarrollo de diversas afecciones de salud. Técnicas como la meditación consciente, los ejercicios de respiración profunda y la terapia de relajación pueden ayudar a controlar el estrés y promover la salud mental.

Seguimiento regular y monitoreo de la salud

La atención a largo plazo para la enfermedad por radiación requiere supervisión médica constante y citas de seguimiento regulares para controlar los síntomas de aparición tardía y controlar las afecciones crónicas. Los sobrevivientes deben trabajar en estrecha colaboración con sus proveedores de atención médica para establecer un plan de atención personalizado que incluya:

Exámenes programados: se deben realizar exámenes de detección de cáncer, evaluaciones cardiovasculares y otras evaluaciones de salud regulares según los factores de riesgo y el estado de salud de la persona. Vacunas: Las vacunas, como la vacuna contra la gripe y la vacuna antineumocócica, pueden recomendarse para proteger contra infecciones a las personas con sistemas inmunológicos debilitados.

Control de la densidad ósea: La exposición a la radiación puede debilitar los huesos, por lo que puede ser necesario controlar la densidad ósea y tomar medidas para prevenir la osteoporosis.

Apoyo social y económico

Sobrevivir a la exposición a la radiación puede tener consecuencias sociales y económicas a largo plazo, como la pérdida del empleo, la tensión financiera y el aislamiento social. El acceso a servicios de apoyo social y económico es vital para ayudar a los sobrevivientes a reconstruir sus vidas y mantener su independencia.

Servicios de apoyo:

Beneficios por discapacidad: los sobrevivientes que no pueden trabajar debido a los efectos a largo plazo de la exposición a la radiación pueden ser elegibles para beneficios por discapacidad u otros programas de asistencia financiera.

Servicios sociales: el acceso a asistencia para la vivienda, programas de alimentación y otros servicios sociales puede ayudar a aliviar la carga económica de la atención médica a largo plazo.

Programas de rehabilitación: los programas de rehabilitación vocacional pueden ayudar a los sobrevivientes a capacitarse para nuevas carreras o encontrar un empleo que se adapte a sus necesidades de salud.

La atención médica a largo plazo para la enfermedad por radiación es un proceso complejo y multifacético que requiere monitoreo, tratamiento y apoyo continuos. Los sobrevivientes de la exposición a la radiación enfrentan una variedad de desafíos de salud, desde un mayor riesgo de cáncer hasta deterioro cognitivo, y abordar estos problemas requiere un enfoque integral que incluya tratamiento médico, apoyo psicológico, modificaciones del estilo de vida y servicios sociales. Al brindar atención y apoyo holísticos, los proveedores de atención médica, los cuidadores y las comunidades pueden ayudar a los sobrevivientes a manejar los efectos a largo plazo de la exposición a la radiación y llevar una vida plena a pesar de los desafíos que enfrentan.

La ciencia de la lluvia radiactiva: contaminación atmosférica y sedimentada

L a ciencia de la lluvia radiactiva, en particular la forma en que se propaga y contamina el medio ambiente, es crucial para comprender los riesgos asociados con un evento nuclear. La lluvia radiactiva consiste en partículas radiactivas que se liberan a la atmósfera después de una explosión nuclear. Estas partículas pueden viajar grandes distancias, depositándose en el suelo, los edificios, las fuentes de agua e incluso en las personas, lo que provoca una contaminación generalizada. Este capítulo profundiza en la ciencia detrás de la contaminación atmosférica y sedimentada, explorando cómo se propaga la lluvia radiactiva, los factores que influyen en su distribución y las implicaciones a largo plazo de la contaminación.

¿Qué es la lluvia radiactiva?

La lluvia radiactiva se refiere a las partículas radiactivas que se lanzan a la atmósfera superior después de una explosión nuclear. Estas partículas están compuestas de productos de fisión, que son los subproductos de la reacción nuclear, así como materiales vaporizados del arma y el medio ambiente alrededor del lugar de la explosión. A medida que estas partículas se enfrían y se condensan, comienzan a caer de nuevo a la Tierra, donde pueden contaminar todo lo que tocan. Las partículas radiactivas varían de tamaño, desde polvo microscópico hasta fragmentos más grandes, y transportan distintos tipos de radiación, incluidas las radiaciones alfa, beta y gamma. La más peligrosa de ellas es la radiación gamma, que puede penetrar profundamente en el cuerpo y causar graves daños a los tejidos y órganos.

El proceso de formación de la radiación radiactiva

La formación de la radiación radiactiva comienza en el momento de una explosión nuclear. Cuando la bomba detona, libera una inmensa cantidad de energía, vaporizando el arma y todo lo que se encuentre en sus inmediaciones. Este material es transportado hacia arriba por el calor de la explosión, formando una característica nube en forma de hongo que puede alcanzar la estratosfera, dependiendo del tamaño de la explosión y la altitud a la que se produce. A medida que la nube se eleva y se enfría, los materiales vaporizados comienzan a condensarse en partículas sólidas.

Estas partículas son radiactivas porque contienen los productos de fisión generados durante la explosión. El tamaño de estas partículas y la altura a la que se forman determinan cómo se comportarán en la atmósfera. Las partículas más grandes y pesadas tienden a caer de nuevo a la Tierra con relativa rapidez, en cuestión de horas tras la explosión y, por lo general, a unos cientos de kilómetros del lugar de la explosión. Es más probable que estas partículas provoquen una contaminación localizada e inmediata. Sin embargo, las partículas más pequeñas y ligeras pueden permanecer suspendidas en la atmósfera durante períodos más largos y ser transportadas a distancias mucho mayores por los vientos dominantes, lo que provoca una contaminación generalizada en regiones enteras o incluso continentes.

Contaminación en el aire

La contaminación radiactiva en el aire es la principal preocupación inmediatamente después de una explosión nuclear. Las partículas radiactivas que permanecen suspendidas en la atmósfera pueden ser inhaladas por personas y animales, lo que provoca una exposición interna a la radiación. Las partículas en el aire también pueden depositarse en superficies, donde suponen un riesgo de exposición externa a la radiación.

PROPAGACIÓN DE LA CONTAMINACIÓN radiactiva en el aire:

Patrones del viento: La distribución de la contaminación radiactiva en el aire está muy influenciada por los patrones del viento. Los vientos a diferentes altitudes pueden transportar partículas radiactivas en diferentes direcciones, dispersándolas en amplias áreas. La corriente en chorro, una corriente de aire de rápido movimiento en la atmósfera superior, puede transportar partículas de contaminación radiactiva a través de continentes enteros en cuestión de días.

Condiciones climáticas: Las condiciones climáticas, como la lluvia o la nieve, pueden hacer que las partículas radiactivas se eliminen de la atmósfera más rápidamente, lo que genera áreas localizadas de contaminación intensa conocidas como "puntos calientes". Estos puntos calientes pueden ser particularmente peligrosos porque concentran grandes cantidades de material radiactivo en un área pequeña.

Altitud de la explosión: La altitud a la que se produce una explosión nuclear también afecta la propagación de la radiación radiactiva en el aire. Una explosión a nivel del suelo generalmente producirá más radiación radiactiva porque atrae escombros del suelo, que se irradian y luego se dispersan. Una explosión en el aire, por otro lado, tiende a producir menos radiación radiactiva en general, pero las partículas que genera pueden ser transportadas más lejos por los vientos.

Riesgos para la salud de la contaminación en el aire:

Inhalación: La inhalación de partículas radiactivas es una de las formas más peligrosas de exposición porque permite que la radiación afecte directamente los pulmones y otros órganos internos. Esto puede provocar una intoxicación aguda por radiación y aumentar el riesgo de cáncer de pulmón y otras afecciones respiratorias. Contacto con la piel: Las partículas radiactivas que se depositan en la piel pueden causar quemaduras por radiación y, si no se eliminan con agua, pueden provocar una mayor contaminación si entran en el cuerpo a través de heridas o ingestión.

Contaminación sedimentada

A medida que las partículas radiactivas se depositan en la Tierra, contaminan el suelo, los edificios, las fuentes de agua y la vegetación. Esta contaminación sedimentada puede persistir durante días, semanas o incluso años, según la vida media de los isótopos radiactivos involucrados. La vida media es el tiempo que tarda la mitad de los átomos radiactivos de una muestra en desintegrarse en una forma más estable.

Factores que influyen en la contaminación sedimentada:

Tamaño de las partículas: Las partículas más grandes tienden a sedimentarse más rápidamente y más cerca del lugar de la explosión, lo que genera mayores niveles de contaminación en estas áreas. Las partículas más pequeñas pueden ser transportadas más lejos y tardar más en sedimentarse, lo que genera un patrón de contaminación más difuso.

Topografía: El paisaje puede influir en el lugar donde se deposita la radiación radiactiva. Los valles, las zonas bajas y los cuerpos de agua pueden actuar como puntos naturales de recolección de material radiactivo, lo que genera mayores concentraciones de material radiactivo en estas áreas.

Tipo de superficie: Las partículas de material radiactivo pueden adherirse a diferentes superficies de diversas maneras. Las superficies ásperas y porosas, como el suelo y la vegetación, tienden a retener el material radiactivo de manera más eficaz que las superficies lisas y duras, como el asfalto o el hormigón. Esto puede hacer que los esfuerzos de descontaminación sean más difíciles en áreas rurales o boscosas en comparación con los entornos urbanos.

Riesgos para la salud de la contaminación sedimentada:

Ingestión: Uno de los principales riesgos asociados con el material radiactivo sedimentado es la contaminación de los suministros de alimentos y agua. Las partículas radiactivas pueden depositarse en los cultivos, infiltrarse en las fuentes de agua y ser absorbidas por el ganado, lo que genera una exposición interna cuando se consumen estos alimentos. Esto puede resultar en efectos a largo plazo para la salud, incluido un mayor riesgo de cáncer y otras enfermedades.

Exposición externa: Las personas que viven en áreas contaminadas o pasan por ellas pueden estar expuestas a la radiación de la contaminación sedimentada, en particular si entran en contacto directo con tierra, agua u objetos contaminados. Esta exposición puede provocar quemaduras en la piel, enfermedad por radiación y un mayor riesgo de cáncer.

Implicaciones a largo plazo de la contaminación por lluvia radiactiva

Los efectos a largo plazo de la contaminación por lluvia radiactiva dependen de varios factores, entre ellos el nivel de contaminación, la vida media de los isótopos radiactivos implicados y la eficacia de las medidas de descontaminación. Algunos isótopos, como el yodo-131, tienen vidas medias relativamente cortas (unos 8 días), pero plantean riesgos importantes para la salud si se ingieren poco después de un evento nuclear. Otros, como el cesio-137 y el estroncio-90, tienen vidas medias más largas (unos 30 años), lo que significa que pueden seguir siendo peligrosos durante décadas.

Impacto ambiental:

Contaminación del suelo: la lluvia radiactiva puede contaminar el suelo, haciéndolo inseguro para la agricultura y provocando inseguridad alimentaria a largo plazo. El suelo contaminado puede requerir su eliminación o tratamiento para reducir los niveles de radiación, un proceso que puede ser costoso y llevar mucho tiempo.

Contaminación del agua: la lluvia radiactiva puede infiltrarse en fuentes de agua y contaminar ríos, lagos y aguas subterráneas. Esto puede hacer que el agua no sea apta para el consumo y afectar la vida acuática, alterando los ecosistemas y la cadena alimentaria.

Vegetación y vida silvestre: Las plantas y los animales en áreas contaminadas pueden absorber partículas radiactivas, lo que lleva a la bioacumulación, el proceso por el cual los materiales radiactivos se concentran más a medida que avanzan en la cadena alimentaria. Esto puede tener consecuencias graves tanto para el medio ambiente como para la salud humana, en particular en áreas que dependen de la agricultura local y la vida silvestre para su alimentación.

Esfuerzos de descontaminación:

Eliminación del suelo contaminado: En áreas con altos niveles de contaminación, puede ser necesario eliminar la capa superior del suelo y desecharlo de manera segura para reducir los niveles de radiación.

Lavado y sellado de superficies: Los edificios y otras estructuras pueden descontaminarse lavando las superficies con agua y detergentes o sellándolas con revestimientos especiales para evitar la propagación de partículas radiactivas.

Tratamiento del agua: Las fuentes de agua contaminada pueden requerir un tratamiento con filtros, productos químicos u otros métodos para eliminar las partículas radiactivas antes de que el agua sea segura para el consumo.

LA CIENCIA DE LA RADIACIÓN radiactiva es compleja, ya que la contaminación atmosférica y la sedimentación plantean riesgos graves y duraderos tanto para la salud humana como para el medio ambiente. Comprender cómo se propaga y se sedimenta la radiación radiactiva es esencial para planificar medidas de protección eficaces, ya sea buscar refugio durante la radiación radiactiva inicial, evitar las zonas contaminadas o implementar estrategias de descontaminación a largo plazo. Al comprender la dinámica de la contaminación por radiación radiactiva, las personas y las comunidades pueden prepararse mejor y responder a los desafíos que plantea un evento nuclear, reduciendo en última instancia los riesgos y garantizando un futuro más seguro y resiliente.

La duración del peligro radiactivo: comprensión de la vida media

Comprender el concepto de vida media es fundamental para comprender la duración del peligro radiactivo después de un evento nuclear. La vida media de un isótopo radiactivo es el tiempo que tarda la mitad de los átomos radiactivos de una muestra en desintegrarse en una forma más estable. Este proceso de desintegración reduce la radiactividad del material con el tiempo, pero el tiempo necesario para que el peligro disminuya depende de los isótopos específicos involucrados. Este capítulo explora el concepto de vida media, cómo afecta la persistencia de la contaminación radiactiva y qué significa esto para la seguridad y la planificación a largo plazo.

¿Qué es la vida media?

La vida media es un concepto fundamental en física nuclear que describe la velocidad a la que se desintegra una sustancia radiactiva. Cada isótopo radiactivo tiene una vida media característica, que va desde fracciones de segundo hasta millones de años. Durante cada vida media, la cantidad de átomos radiactivos en el material disminuye a la mitad. Sin embargo, esta desintegración no ocurre de manera uniforme; En cambio, es un proceso probabilístico, lo que significa que, si bien la mitad de los átomos se habrán desintegrado al final de la primera vida media, los átomos específicos que se desintegran son aleatorios.

Puntos clave sobre la vida media:

No lineal: la disminución de la radiactividad sigue una escala logarítmica, no lineal. Después de la primera vida media, queda la mitad del material radiactivo original. Después de la segunda vida media, queda una cuarta parte, y así sucesivamente.

Persistencia del peligro: si bien la radiactividad disminuye con el tiempo, pueden pasar muchas vidas medias para que un material se vuelva seguro. Incluso después de varias vidas medias, puede quedar una cantidad significativa de material radiactivo, lo que representa un riesgo continuo.

Varía según el isótopo: los diferentes isótopos tienen diferentes vidas medias y el tipo de radiación que emiten también varía. Esto afecta el tiempo que el material sigue siendo peligroso y el tipo de protección que es necesaria.

Isótopos radiactivos comunes y sus vidas medias

Varios isótopos radiactivos se asocian comúnmente con la lluvia radiactiva. Cada uno tiene una vida media diferente, lo que afecta el tiempo que representa un peligro después de un evento nuclear.

Yodo-131:

Vida media: Aproximadamente 8 días.

Tipo de radiación: Radiación beta y gamma.

Riesgos para la salud: El yodo-131 es particularmente peligroso porque la glándula tiroides lo absorbe fácilmente, lo que aumenta el riesgo de cáncer de tiroides, especialmente en niños y adultos jóvenes.

Duración del peligro: Debido a su corta vida media, el yodo-131 es más peligroso en las primeras semanas después de un evento nuclear. Sin embargo, su rápida descomposición significa que su peligro disminuye relativamente rápido.

Cesio-137:

Vida media: Aproximadamente 30 años.

Tipo de radiación: Radiación beta y gamma.

Riesgos para la salud: El cesio-137 puede ser absorbido por el cuerpo, donde se comporta como el potasio, acumulándose en los músculos y otros tejidos. Presenta riesgos a largo plazo de cáncer y otros problemas de salud.

Duración del peligro: El cesio-137 sigue siendo peligroso durante décadas, lo que lo convierte en una preocupación a largo plazo para las zonas contaminadas.

Estroncio-90:

Vida media: Aproximadamente 29 años.

Tipo de radiación: Radiación beta.

Riesgos para la salud: El estroncio-90 se comporta como el calcio en el cuerpo, acumulándose en los huesos y los dientes, donde puede causar cáncer de huesos y leucemia.

Duración del peligro: Al igual que el cesio-137, el estroncio-90 plantea riesgos a largo plazo, ya que la contaminación dura décadas.

Plutonio-239:

Vida media: Aproximadamente 24.100 años.

Tipo de radiación: Radiación alfa.

Riesgos para la salud: El plutonio-239 es altamente tóxico si se inhala o se ingiere, ya que las partículas alfa pueden causar daños significativos a los tejidos internos. Representa un grave riesgo para la salud a largo plazo.

Duración del peligro: Debido a su vida media extremadamente larga, el plutonio-239 sigue siendo peligroso durante miles de años, lo que lo convierte en una amenaza persistente para el medio ambiente y la salud.

Carbono-14:

Vida media: Aproximadamente 5.730 años.

Tipo de radiación: Radiación beta.

Riesgos para la salud: El carbono-14 se encuentra en la naturaleza y es menos peligroso que otros isótopos mencionados aquí, pero se utiliza en la datación por radiocarbono y tiene implicaciones ambientales a largo plazo.

Duración del peligro: La larga vida media del carbono-14 significa que permanece en el medio ambiente durante milenios, aunque es una amenaza para la salud menos directa en comparación con los isótopos más radiactivos.

Cómo afecta la vida media al peligro de la radiación

La vida media de un isótopo radiactivo determina cuánto tiempo sigue siendo una amenaza después de un evento nuclear. Los isótopos con vidas medias cortas, como el yodo-131, plantean un peligro intenso pero breve, por lo que la protección inmediata y el refugio son fundamentales en los días y semanas posteriores a la exposición. Por otra parte, los isótopos con vidas medias largas, como el cesio-137 y el plutonio-239, representan peligros a largo plazo que pueden persistir en el medio ambiente durante años o milenios.

Riesgos a corto y largo plazo:

Corto plazo: los isótopos con vidas medias cortas se desintegran rápidamente, lo que significa que sus niveles de radiación caen rápidamente. Sin embargo, durante este tiempo, pueden causar daños significativos si las personas se exponen sin la protección adecuada. La descontaminación inmediata, el refugio y evitar alimentos y agua contaminados son esenciales.

Largo plazo: los isótopos con vidas medias largas se desintegran lentamente, lo que significa que siguen siendo una amenaza durante períodos prolongados. Estos materiales pueden contaminar el suelo, el agua y los suministros de alimentos, haciendo que las áreas sean inseguras para la vivienda o la agricultura durante décadas o más. Las estrategias a largo plazo incluyen la descontaminación, el monitoreo y posiblemente el abandono de áreas muy contaminadas.

Implicaciones prácticas para los refugios y la seguridad

Entender la vida media de los isótopos radiactivos ayuda a fundamentar el diseño y el uso de refugios, así como las medidas de seguridad a largo plazo:

Duración del refugio: la necesidad de un refugio prolongado depende de la vida media de los isótopos involucrados. Por ejemplo, después de un evento nuclear, a menudo se recomienda permanecer en un refugio durante al menos 48 horas para evitar la radiación más intensa de isótopos como el yodo-131. Sin embargo, para los isótopos con vidas medias más largas, puede ser necesario un refugio más prolongado o evitar por completo las áreas contaminadas.

Esfuerzos de descontaminación: conocer la vida media de los contaminantes ayuda a priorizar los esfuerzos de descontaminación. Por ejemplo, las áreas contaminadas con cesio-137 o estroncio-90 requieren descontaminación y monitoreo a largo plazo porque estos isótopos siguen siendo peligrosos durante décadas.

Reingreso y habitabilidad seguros: decidir cuándo es seguro reingresar o habitar un área contaminada depende de comprender los niveles restantes de radiactividad. Esta decisión se basa en cuánto material radiactivo se ha desintegrado y cuánto queda. En el caso de los isótopos de vida media prolongada, como el plutonio-239, el reingreso podría no ser factible durante muchos años.

Seguridad alimentaria y del agua: la contaminación radiactiva de los suministros de alimentos y agua puede tener efectos duraderos. Por ejemplo, los cultivos cultivados en suelo contaminado con cesio-137 o estroncio-90 pueden seguir siendo peligrosos durante décadas. El monitoreo a largo plazo de las áreas agrícolas y las fuentes de agua es necesario para garantizar que sean seguras para el consumo.

Impacto ambiental a largo plazo

El impacto ambiental de la contaminación radiactiva está estrechamente vinculado a la vida media de los isótopos involucrados. Los ecosistemas en áreas contaminadas pueden sufrir daños a largo plazo, afectando la vida silvestre, el crecimiento de las plantas y la calidad del agua. Comprender las vidas medias permite a los científicos y a los responsables de las políticas predecir cuánto durarán estos efectos y qué esfuerzos de remediación son necesarios.

Recuperación del ecosistema:

Isótopos de vida corta: las áreas contaminadas por isótopos con vidas medias cortas pueden recuperarse más rápidamente, lo que permite el regreso eventual de la habitación humana y la agricultura.

Isótopos de vida larga: los ecosistemas contaminados por isótopos de vida larga pueden requerir una remediación extensa, y algunas áreas pueden volverse inhabitables durante generaciones.

La vida media de los isótopos radiactivos es un factor crítico para determinar la duración del peligro radiactivo después de un evento nuclear. Al comprender la vida media, las personas y las comunidades pueden tomar decisiones informadas sobre refugio, descontaminación y seguridad a largo plazo. Ya sea que se trate de amenazas a corto plazo de isótopos como el yodo-131 o de peligros a largo plazo del cesio-137 y el plutonio-239, el conocimiento de la vida media es esencial para proteger la salud y garantizar el uso seguro de áreas contaminadas en el futuro.

Contaminación de las fuentes de agua: prevención y tratamiento

El agua es un recurso vital y, en caso de una explosión nuclear, la contaminación de las fuentes de agua supone una amenaza importante para la salud y la supervivencia de las personas. Las partículas radiactivas de la lluvia radiactiva pueden contaminar ríos, lagos, embalses y aguas subterráneas, haciendo que el agua no sea apta para el consumo y el uso. Comprender cómo prevenir y tratar la contaminación del agua es fundamental para garantizar el acceso a agua potable segura después de un evento nuclear. Este capítulo explora los riesgos de la contaminación del agua, los métodos para prevenirla y las técnicas para tratar el agua contaminada para que sea segura para el consumo.

Cómo se contaminan las fuentes de agua

Después de una explosión nuclear, las partículas radiactivas se dispersan en la atmósfera. Estas partículas, conocidas como lluvia radiactiva, pueden depositarse en el suelo y contaminar directamente las fuentes de agua o ser transportadas a los sistemas hídricos por la lluvia, la nieve o la escorrentía. La contaminación puede afectar tanto a las aguas superficiales, como ríos y lagos, como a las aguas subterráneas, que incluyen pozos y acuíferos.

Tipos de contaminantes:

Partículas alfa y beta: estas partículas pueden contaminar el agua directamente o adhiriéndose a partículas del suelo que se lavan en las fuentes de agua.

Radiación gamma: los rayos gamma no contaminan el agua directamente, pero pueden atravesarla, lo que supone un riesgo si el agua se expone a una fuente de radiación intensa.

Isótopos de larga vida: los isótopos como el cesio-137 y el estroncio-90, que tienen vidas medias prolongadas, pueden persistir en el medio ambiente y seguir contaminando las fuentes de agua durante décadas.

Riesgos de beber agua contaminada

El consumo de agua contaminada con materiales radiactivos puede provocar una exposición interna a la radiación, lo que es especialmente peligroso. Cuando se ingieren isótopos radiactivos, pueden acumularse en órganos o tejidos específicos, lo que aumenta el riesgo de cáncer y otros problemas de salud con el tiempo.

Riesgos para la salud:

Cáncer de tiroides: el yodo-131, si se ingiere, puede acumularse en la glándula tiroides, lo que aumenta significativamente el riesgo de cáncer de tiroides. Cáncer de huesos y leucemia: el estroncio-90 imita al calcio y puede acumularse en los huesos y los dientes, lo que provoca cáncer de huesos y leucemia.

Otros tipos de cáncer: el cesio-137 puede distribuirse por todo el cuerpo, lo que aumenta el riesgo de varios tipos de cáncer debido a su capacidad de penetrar en los tejidos y órganos.

Prevención de la contaminación del agua

Prevenir la contaminación de las fuentes de agua es un primer paso fundamental para garantizar el acceso a agua potable segura después de un evento nuclear. Si bien puede ser imposible evitar por completo que la lluvia radiactiva contamine el agua, ciertas precauciones pueden minimizar el riesgo.

Medidas de protección:

Cubrir las fuentes de agua: si es posible, cubrir pozos, tanques de almacenamiento y otras fuentes de agua puede evitar que las partículas radiactivas se depositen directamente en el agua. Para ello, se pueden utilizar lonas, láminas de plástico u otras cubiertas protectoras.

Desviar la escorrentía: crear barreras o sistemas de drenaje para desviar la escorrentía de las fuentes de agua puede ayudar a reducir la cantidad de contaminación que ingresa al agua. Esto es particularmente importante en áreas propensas a fuertes lluvias, que pueden llevar la precipitación radiactiva a ríos, lagos y embalses.

Sellado de pozos: asegúrese de que los pozos estén debidamente sellados para evitar que la contaminación de la superficie se filtre a los suministros de agua subterránea. Las tapas y los sellos de los pozos deben inspeccionarse y reforzarse según sea necesario.

Identificación del agua contaminada

Después de un evento nuclear, es esencial asumir que todas las fuentes de agua pueden estar contaminadas hasta que se demuestre lo contrario. El primer paso para abordar el agua potencialmente contaminada es identificar la presencia de materiales radiactivos.

Análisis de contaminación del agua:

Contadores Geiger: si bien no están diseñados específicamente para el agua, los contadores Geiger pueden detectar radiación en muestras de agua, lo que indica la presencia de contaminación.

Análisis de laboratorio: para obtener resultados más precisos, las muestras de agua deben enviarse a un laboratorio equipado para medir isótopos específicos, como cesio-137, yodo-131 y estroncio-90. Este tipo de análisis proporciona información detallada sobre el tipo y el nivel de contaminación.

Kits de análisis de campo: algunos kits de análisis de campo pueden proporcionar resultados rápidos, aunque menos precisos, para detectar isótopos radiactivos específicos en el agua. Estos kits pueden ser útiles para las evaluaciones iniciales.

Tratamiento del agua contaminada

Si se descubre que las fuentes de agua están contaminadas, es necesario realizar un tratamiento para que el agua sea segura para el consumo. Hay varios métodos disponibles para tratar la contaminación radiactiva en el agua, aunque cada método tiene sus limitaciones y puede requerir equipos y recursos adicionales.

Métodos de tratamiento:

Filtración:

Filtros de carbón activado: estos filtros pueden eliminar algunas partículas radiactivas, en particular el yodo-131, al adsorberlas en el carbón. Sin embargo, los filtros de carbón activado son menos eficaces contra otros isótopos como el cesio-137 y el estroncio-90.

Ósmosis inversa: este método es muy eficaz para eliminar una amplia gama de contaminantes, incluidas las partículas radiactivas. Los sistemas de ósmosis inversa utilizan una membrana semipermeable para separar los contaminantes del agua, lo que la convierte en una de las mejores opciones para tratar el agua contaminada. Sin embargo, estos sistemas pueden ser costosos y requieren una fuente de energía confiable.

Destilación:

Destiladores de agua: la destilación implica hervir el agua y luego condensar el vapor nuevamente en forma líquida, dejando atrás la mayoría de los contaminantes. Este proceso puede eliminar eficazmente las partículas radiactivas del agua, aunque es posible que algunos contaminantes volátiles, como el tritio, no se eliminen por completo. Los sistemas de destilación pueden ser caseros o comprados comercialmente, pero requieren una energía significativa para funcionar.

Intercambio de iones:

Resinas de intercambio de iones: Estas resinas pueden eliminar ciertos isótopos radiactivos, como el cesio-137 y el estroncio-90, del agua intercambiándolos con iones inofensivos. Los sistemas de intercambio de iones son eficaces, pero es posible que deban combinarse con otros métodos de tratamiento para garantizar una descontaminación completa. La eficacia del intercambio de iones depende del tipo de resina utilizada y de los contaminantes específicos presentes.

Tratamientos químicos:

Yoduro de potasio (KI): Si bien no es un tratamiento para el agua en sí, el yoduro de potasio se puede tomar como medida profiláctica para proteger la tiroides del yodo radiactivo presente en el agua contaminada. El KI no purifica el agua, pero ayuda a proteger el cuerpo de un contaminante específico.

Precipitación: La adición de productos químicos como el sulfato de aluminio (alumbre) o el cloruro férrico al agua puede provocar que las partículas radiactivas se precipiten y formen un sedimento que se puede eliminar. Este método se utiliza a menudo junto con la filtración para mejorar la calidad del agua.

Hervir:

Hervir el agua: Hervir el agua puede ayudar a reducir algunos tipos de contaminación microbiana, pero generalmente no es eficaz contra las partículas radiactivas. En algunos casos, hervir el agua puede concentrar materiales radiactivos si no se trata adecuadamente después.

Estrategias a largo plazo para el agua potable

Si bien los métodos de tratamiento inmediatos son cruciales para que el agua sea segura a corto plazo, se necesitan estrategias a largo plazo para garantizar el acceso continuo a agua no contaminada.

Soluciones a largo plazo:

Fuentes de agua alternativas: Identificar y asegurar fuentes de agua alternativas, como acuíferos profundos que tienen menos probabilidades de contaminarse por la lluvia radiactiva, puede proporcionar una solución a largo plazo. Esto puede implicar la perforación de nuevos pozos o la obtención de agua de regiones no contaminadas.

Almacenamiento de agua: Almacenar agua limpia antes de un evento nuclear puede proporcionar un suministro confiable durante el período inmediatamente posterior. Los contenedores grandes y sellados que se guardan en un lugar seguro y cubierto pueden proteger el agua de la contaminación.

Recolección de agua de lluvia: Los sistemas de recolección de agua de lluvia se pueden adaptar para filtrar y purificar el agua recolectada de la lluvia, siempre que la lluvia en sí no esté contaminada. El agua de escorrentía inicial debe desecharse para reducir la contaminación de las superficies del techo, y el agua restante debe tratarse antes de su uso.

Garantizar la seguridad del agua durante la evacuación

En algunos casos, puede ser necesaria la evacuación de un área contaminada. Garantizar el acceso a agua potable durante la evacuación es fundamental para la supervivencia.

Consejos para la evacuación:

Filtros de agua portátiles: llevar filtros de agua portátiles, como los que tienen carbón activado u ósmosis inversa, puede proporcionar acceso a agua potable durante el traslado.

Pastillas purificadoras de agua: si bien están diseñadas principalmente para la contaminación microbiana, las pastillas purificadoras de agua pueden ser un complemento útil para un kit de evacuación. Deben usarse junto con otros métodos para la contaminación radiactiva.

Agua envasada: llevar agua embotellada o envasada durante la evacuación garantiza un suministro confiable, en particular inmediatamente después de un evento nuclear, cuando otras fuentes de agua pueden verse comprometidas.

La contaminación de las fuentes de agua es uno de los desafíos más críticos después de un evento de lluvia radiactiva. Prevenir y tratar el agua contaminada es esencial para mantener la salud y la supervivencia. Las estrategias a largo plazo, como asegurar fuentes de agua alternativas y un almacenamiento de agua eficaz, mejoran aún más la resiliencia contra la amenaza constante de contaminación radiactiva en los suministros de agua.

Cómo proteger su suministro de alimentos de la lluvia radiactiva

Después de un evento nuclear, una de las preocupaciones más urgentes es garantizar que su suministro de alimentos se mantenga a salvo de la contaminación radiactiva. La lluvia radiactiva puede depositarse en los cultivos, infiltrarse en las áreas de almacenamiento de alimentos y contaminar el ganado, lo que plantea importantes riesgos para la salud si se consume. Proteger su suministro de alimentos de la lluvia radiactiva es crucial para la supervivencia y la salud a largo plazo. Este capítulo explora las estrategias y técnicas que puede utilizar para salvaguardar sus alimentos, desde la protección inicial contra la lluvia radiactiva hasta las soluciones de almacenamiento a largo plazo.

Cómo entender cómo la lluvia radiactiva contamina los alimentos

La lluvia radiactiva consiste en partículas radiactivas que pueden depositarse en superficies, incluidos los cultivos, el suelo y el agua. Cuando estas partículas entran en contacto con los alimentos, pueden contaminarlos, haciéndolos inseguros para comer. El grado de contaminación depende de varios factores, incluidos el tipo de isótopos radiactivos, el nivel de precipitación radiactiva y el método de almacenamiento de los alimentos.

Contaminantes clave:

Contaminación superficial: las partículas de precipitación radiactiva pueden depositarse en la superficie de frutas, verduras y otros alimentos. Este tipo de contaminación a menudo se puede mitigar mediante un lavado o pelado minucioso.

Contaminación del suelo: las partículas radiactivas pueden infiltrarse en el suelo, lo que provoca la contaminación a largo plazo de los cultivos que crecen en ese suelo. Este tipo de contaminación es más difícil de abordar, ya que puede afectar a toda la planta, no solo a la superficie.

Contaminación del agua: el agua contaminada puede introducir partículas radiactivas en los alimentos a través del riego, la preparación de alimentos o la contaminación de los suministros de agua utilizados por el ganado.

Contaminación del aire: las partículas de precipitación radiactiva en el aire pueden contaminar directamente los alimentos si se dejan expuestos. Esto es particularmente preocupante durante e inmediatamente después de un evento de precipitación radiactiva.

Acciones inmediatas para proteger su suministro de alimentos

En caso de lluvia radiactiva, es necesario actuar de inmediato para proteger su suministro de alimentos de la contaminación. Los siguientes pasos deben tomarse lo antes posible para minimizar el riesgo de contaminación:

Trasladar los alimentos al interior: todos los alimentos almacenados en el exterior, como los productos de la huerta, deben trasladarse al interior para protegerlos de la contaminación atmosférica. Esto incluye los alimentos almacenados en unidades de almacenamiento al aire libre, en patios o en contenedores abiertos.

Cubrir los suministros de alimentos: si no es posible trasladar los alimentos al interior, cúbralos con lonas, láminas de plástico u otros materiales protectores para evitar que las partículas de la contaminación se depositen sobre ellos. Asegúrese de que la cubierta sea segura y no permita que las partículas se filtren.

Sella las áreas de almacenamiento de alimentos: asegúrate de que todas las áreas de almacenamiento de alimentos, como despensas, armarios y refrigeradores, estén bien selladas. Usa cinta adhesiva, láminas de plástico u otros materiales para sellar los espacios alrededor de las puertas y ventanas para evitar que la contaminación entre en estos espacios.

Proteja el alimento del ganado: si tiene ganado, cubra sus fuentes de alimento y agua para evitar la contaminación. Lleve el alimento al interior o cúbralo con materiales protectores y considere proporcionar agua limpia y no contaminada de los suministros almacenados.

Soluciones de almacenamiento de alimentos a largo plazo

Para la supervivencia a largo plazo, es importante tener un suministro de alimentos que esté a salvo de la contaminación y sea capaz de sustentarlo a usted y a su familia durante un período prolongado. A continuación, se presentan algunas estrategias para garantizar la seguridad y la longevidad de su suministro de alimentos:

Almacenamiento de alimentos no perecederos:

Productos enlatados: los alimentos enlatados se encuentran entre las opciones más seguras para el almacenamiento a largo plazo, ya que están sellados y protegidos de la contaminación. Asegúrese de que los productos enlatados se almacenen en un lugar fresco y seco, y revíselos periódicamente para detectar signos de daño o corrosión.

Alimentos secos: almacene los productos secos como arroz, frijoles, pasta y granos en recipientes herméticos. Use bolsas de Mylar, bolsas selladas al vacío o baldes aptos para alimentos con tapas herméticas para evitar la contaminación. Considere usar absorbentes de oxígeno para extender la vida útil.

Alimentos liofilizados: los alimentos liofilizados son livianos, tienen una vida útil prolongada y son fáciles de almacenar. También es menos probable que se contaminen porque generalmente están sellados en envases herméticos y a prueba de humedad.

Construcción de una despensa protegida contra la radiación:

Almacenamiento subterráneo: una despensa subterránea o un sótano puede brindar protección natural contra la radiación. Asegúrese de que el espacio esté bien sellado, con la ventilación adecuada y revestido con materiales que eviten que la contaminación se filtre.

Armarios y estanterías sellados: dentro de su hogar, use armarios o estanterías sellados para almacenar alimentos. Considere usar recipientes de almacenamiento de plástico o metal que se puedan sellar con tapas que ajusten bien. Etiquete todos los recipientes con el contenido y la fecha de almacenamiento.

Rotación de su suministro de alimentos:

Primero en entrar, primero en salir (FIFO): para mantener un suministro fresco de alimentos, practique el método FIFO, donde usa primero los alimentos más antiguos y los reemplaza con existencias más nuevas. Esto ayuda a garantizar que sus alimentos se mantengan frescos y reduce el riesgo de que se echen a perder.

Inspecciones periódicas: inspeccione periódicamente su almacenamiento de alimentos para verificar si hay signos de contaminación, deterioro o daño. Reemplace los artículos dañados y asegúrese de que las áreas de almacenamiento permanezcan selladas y protegidas.

Jardinería y agricultura en un escenario de lluvia radiactiva

Si depende de la jardinería o la agricultura para obtener alimentos, es importante tomar medidas para proteger sus cultivos de la contaminación por lluvia radiactiva. Esto implica tanto acciones inmediatas durante un evento de lluvia radiactiva como estrategias a largo plazo para mantener un suministro seguro de alimentos.

Protección inmediata para jardines:

Cobertura de cultivos: durante un evento de lluvia radiactiva, cubra los cultivos con lonas, láminas de plástico o cubiertas para hileras para evitar la contaminación. Si se espera contaminación, evite cosechar los cultivos hasta que puedan analizarse o descontaminarse adecuadamente.

Cosecha de emergencia: si es posible, coseche los cultivos maduros antes de que llegue la lluvia radiactiva. Almacénelos en el interior o en un área protegida para evitar la contaminación.

Manejo del suelo a largo plazo:

Análisis del suelo: después de un desastre, analice el suelo para detectar contaminación radiactiva. Esto puede ayudarlo a determinar si es seguro plantar nuevos cultivos o si es necesario tomar medidas de descontaminación.

Remediación del suelo: si el suelo está contaminado, considere técnicas de remediación como quitar la capa superior del suelo, agregar tierra vegetal limpia o usar fitorremediación (cultivar plantas que puedan absorber y eliminar partículas radiactivas).

Camas elevadas y contenedores: cultivar alimentos en camas elevadas o contenedores llenos de tierra no contaminada puede brindar una alternativa segura si el suelo del suelo está afectado.

Riego e irrigación:

Uso de agua limpia: asegúrese de que el agua que se usa para el riego esté libre de contaminación. Si su fuente principal de agua está afectada, considere usar agua almacenada o recolectar agua de lluvia que haya sido filtrada y analizada.

Evitar fuentes de agua contaminadas: no use agua de lagos, ríos o embalses potencialmente contaminados para el riego hasta que haya sido analizada y tratada.

Descontaminación de alimentos

Si sospecha que sus alimentos han estado expuestos a la radiación, es fundamental descontaminarlos antes de consumirlos. Si bien no se pueden eliminar todos los tipos de contaminación, ciertos métodos pueden reducir el riesgo.

Lavado y pelado:

Frutas y verduras: Lave bien las frutas y verduras con agua corriente para eliminar la contaminación de la superficie. Use un cepillo para restregar la superficie y considere pelar las frutas y verduras con cáscara gruesa. Deseche las hojas exteriores de las verduras de hoja.

Remojo: Remojar los productos en una solución de agua y bicarbonato de sodio o en un limpiador especial para productos puede ayudar a eliminar contaminantes adicionales. Enjuáguelos bien después de remojarlos.

Cocción:

Hervir y cocinar al vapor: Hervir o cocinar al vapor los alimentos puede ayudar a reducir algunas formas de contaminación, en particular si se cambia el agua durante la cocción. Sin embargo, este método no es eficaz contra todos los tipos de contaminación radiactiva, especialmente si la radiación ha penetrado en los alimentos.

Cómo evitar los alimentos contaminados:

No consuma alimentos sospechosos: si no está seguro de si los alimentos están contaminados y no tiene los medios para analizarlos o descontaminarlos de manera eficaz, es más seguro evitar consumirlos. En una situación de lluvia radiactiva, los riesgos de ingerir materiales radiactivos son graves y es mejor confiar en suministros seguros conocidos.

Cómo proteger al ganado y al alimento para animales

Para quienes crían ganado, proteger a sus animales y su alimento de la lluvia radiactiva es esencial para garantizar un suministro continuo de carne, leche y huevos seguros.

Cómo proteger al ganado:

Traslade a los animales al interior: si es posible, traslade al ganado a refugios interiores que estén protegidos de la lluvia radiactiva. Asegúrese de que los establos o refugios estén sellados y proporcione ropa de cama y alimento limpios.

Ventilación: mantenga una ventilación adecuada en los refugios para el ganado, pero asegúrese de que las entradas de aire estén filtradas o protegidas para evitar que entren partículas de la lluvia radiactiva.

Protección de los alimentos y el agua:

Cubrir los alimentos: Almacenar los alimentos en el interior o cubrir los suministros de alimentos al aire libre con lonas o láminas de plástico para evitar la contaminación. Utilizar recipientes sellados para cantidades más pequeñas de alimento.

Suministro de agua limpia: asegurar que el ganado tenga acceso a agua limpia y no contaminada. Utilizar agua almacenada o fuentes de agua protegidas y evitar utilizar agua superficial potencialmente contaminada para beber o lavarse.

Proteger el suministro de alimentos de la radiación radiactiva es un componente fundamental para la supervivencia después de un evento nuclear. Si comprende cómo la radiación radiactiva contamina los alimentos y toma medidas inmediatas y a largo plazo para proteger los alimentos y el agua, puede reducir significativamente el riesgo de exposición a materiales radiactivos. El almacenamiento adecuado, la descontaminación y la gestión cuidadosa de la agricultura y el ganado ayudarán a garantizar que tenga un suministro de alimentos seguro y confiable, incluso en las circunstancias más difíciles. Prepararse con anticipación y mantenerse alerta ante una posible contaminación puede marcar la diferencia a la hora de mantener la salud y la seguridad durante un escenario de radiación radiactiva.

Prácticas de jardinería seguras en un mundo post-Fallout

En un mundo post-Fallout, la jardinería puede ser tanto una fuente de nutrición como un medio para recuperar una sensación de normalidad. Sin embargo, la presencia de contaminación radiactiva en el medio ambiente plantea desafíos significativos para la producción segura de alimentos. Para garantizar que sus prácticas de jardinería produzcan productos seguros y saludables, es esencial comprender cómo mitigar los riesgos de contaminación e implementar estrategias que protejan sus cultivos. Este capítulo explora prácticas de jardinería seguras que pueden ayudarlo a cultivar alimentos en un entorno contaminado y, al mismo tiempo, minimizar los riesgos para su salud.

Comprender los riesgos de la jardinería después de la lluvia radiactiva

La principal preocupación al cultivar un huerto en un mundo post-Fallout es la posibilidad de que la contaminación radiactiva afecte sus cultivos. Las partículas radiactivas de la lluvia radiactiva pueden depositarse en el suelo, el agua y las plantas, lo que provoca la contaminación externa e interna de los productos. El consumo de alimentos contaminados puede provocar una exposición interna a la radiación, lo que plantea graves riesgos para la salud, incluida una mayor probabilidad de desarrollar cáncer y otros problemas de salud a largo plazo.

Principales contaminantes:

Contaminación de la superficie: las partículas radiactivas que se depositan en la superficie de las plantas se pueden lavar, pero el proceso debe ser minucioso para reducir el riesgo de manera efectiva.

Contaminación del suelo: las partículas radiactivas pueden ser absorbidas por las raíces de las plantas, lo que genera una contaminación interna que es más difícil de eliminar.

Contaminación del agua: el uso de agua contaminada para el riego puede introducir partículas radiactivas en el suelo y las plantas.

Pasos iniciales para una jardinería segura

Antes de comenzar o continuar con su jardín en un entorno posterior a la lluvia radiactiva, hay varios pasos cruciales que debe seguir para evaluar y mitigar los riesgos.

Análisis del suelo:

Análisis de contaminación: realice análisis del suelo para determinar el nivel de contaminación radiactiva presente. Esto se puede hacer utilizando kits de prueba especializados o enviando muestras de suelo a un laboratorio. Los resultados lo ayudarán a decidir si el suelo es seguro para la jardinería o si es necesario remediarlo.

Identificar los contaminantes: Comprenda los isótopos radiactivos específicos presentes en su suelo, ya que los diferentes isótopos tienen distintos niveles de peligro y persistencia. Por ejemplo, el cesio-137 y el estroncio-90 tienen una vida útil prolongada y plantean riesgos significativos a largo plazo.

Selección de un lugar seguro:

Elija un área protegida: Si es posible, seleccione un lugar para la jardinería que esté protegido de la lluvia radiactiva, como un área protegida por edificios o árboles. Un jardín interior o un invernadero puede brindar protección adicional contra los contaminantes transportados por el aire.

Considere los canteros elevados: Los canteros elevados llenos de tierra limpia y no contaminada pueden brindar una alternativa más segura a la plantación directa en tierra contaminada. Estos canteros se pueden construir con materiales que bloqueen o reduzcan la exposición a la radiación.

Prueba y seguridad del agua:

Pruebe las fuentes de agua: Asegúrese de que su fuente de agua esté libre de contaminación radiactiva antes de usarla para riego. El agua contaminada puede introducir partículas de lluvia radiactiva en el suelo y en sus plantas.

Utilice fuentes de agua alternativas: si su fuente principal de agua está contaminada, considere utilizar agua de lluvia almacenada, agua filtrada o agua de un pozo seguro y no contaminado para su jardín.

Técnicas de remediación del suelo

Si su suelo está contaminado, deberá tomar medidas para remediarlo antes de plantar. La remediación del suelo es el proceso de reducir o eliminar contaminantes del suelo para que sea más seguro para la jardinería.

Eliminación de la capa superficial del suelo:

Elimine el suelo contaminado: en casos de contaminación grave, eliminar los primeros centímetros de tierra puede ayudar a reducir el nivel de partículas radiactivas. Esta tierra contaminada debe desecharse con cuidado de una manera que evite una mayor propagación ambiental.

Añada tierra superficial limpia: después de eliminar la capa contaminada, reemplácela con tierra superficial limpia y no contaminada. Asegúrese de que esta nueva tierra esté libre de partículas radiactivas obteniéndola de un lugar confiable y probado.

Fitorremediación:

Plantas hiperacumuladoras: ciertas plantas, conocidas como hiperacumuladoras, pueden absorber metales pesados e isótopos radiactivos del suelo. Algunos ejemplos son los girasoles, las hojas de mostaza y ciertos tipos de pastos. Una vez que estas plantas crecen, deben eliminarse con cuidado y desecharse como desechos peligrosos, ya que contendrán niveles concentrados de contaminantes.

Ciclos repetidos: es posible que sea necesario repetir la fitorremediación a lo largo de varios ciclos de crecimiento para reducir significativamente los niveles de contaminación. Este proceso puede llevar mucho tiempo, pero puede ser necesario para la salud del suelo a largo plazo.

Enmiendas del suelo:

Uso de cal y potasio: la adición de cal y potasio al suelo puede ayudar a reducir la absorción de ciertos isótopos radiactivos, como el cesio-137, por parte de las plantas. Esto puede reducir el nivel general de contaminación en los cultivos.

Materia orgánica: la incorporación de materia orgánica, como el abono, al suelo puede mejorar su estructura y salud, lo que podría reducir la movilidad de las partículas radiactivas dentro del suelo.

Plantar y cultivar en suelo contaminado

Si debe cultivar en un suelo que todavía está parcialmente contaminado, existen varias estrategias que puede utilizar para reducir el riesgo de contaminación en sus cultivos.

Selección de cultivos:

Elija cultivos de baja absorción: algunas plantas absorben menos partículas radiactivas que otras. Las verduras de hoja verde como la espinaca y la lechuga tienen más probabilidades de absorber contaminantes, mientras que las frutas y los tubérculos como los tomates, las patatas y la calabaza tienden a absorber menos. Concéntrese en plantar cultivos que tengan menos probabilidades de acumular isótopos radiactivos.

Cultivos de temporada corta: los cultivos con temporadas de crecimiento más cortas pasan menos tiempo en el suelo contaminado, lo que reduce su exposición a partículas radiactivas. Considere plantar verduras que maduren rápidamente, como rábanos, frijoles y guisantes.

Técnicas de cultivo:

Acolchado: aplique una capa gruesa de mantillo sobre el suelo para evitar que las partículas del suelo salpiquen las plantas durante el riego o la lluvia. El mantillo también ayuda a proteger el suelo de la erosión eólica, que puede propagar la contaminación. Riego por goteo: utilice sistemas de riego por goteo para minimizar el contacto del agua con las hojas y los tallos de las plantas. Esto reduce el riesgo de contaminación tanto del suelo como del agua.

Protección de barrera: si es posible, cubra su jardín con cobertores de hileras, láminas de plástico o redes para proteger las plantas de la lluvia radiactiva y una mayor contaminación. Estas barreras también pueden ayudar a reducir el riesgo de contaminación por lluvia.

Cosecha y manipulación poscosecha:

Cosecha cuidadosa: al cosechar los cultivos, manipúlelos con cuidado para evitar transferir tierra contaminada a los productos. Use guantes y evite el contacto directo con la tierra.

Lavado de productos: lave bien todos los productos cosechados con agua limpia para eliminar cualquier contaminación de la superficie. En el caso de las verduras de hoja verde, considere enjuagarlos varias veces y pelar las capas externas para reducir aún más el riesgo.

Pelado y cocción: pele las hortalizas de raíz y otros cultivos con cáscara gruesa para eliminar cualquier contaminación que pueda haberse depositado en la superficie. La cocción también puede ayudar a reducir el riesgo de ingerir ciertos contaminantes, aunque no es una garantía de seguridad.

Estrategias de jardinería a largo plazo

En un mundo post-lluvia, la jardinería segura puede requerir ajustes y estrategias constantes para garantizar la salud y seguridad de sus cultivos y suelo.

Análisis de suelo regular:

Controle los niveles de contaminación: Controle regularmente su suelo para detectar contaminación para rastrear los cambios a lo largo del tiempo y ajustar sus prácticas de jardinería en consecuencia. Este monitoreo continuo es esencial para garantizar que su suelo siga siendo seguro para la producción de alimentos.

Rotación y diversidad de cultivos:

Rote los cultivos: Practique la rotación de cultivos para reducir la acumulación de contaminantes en el suelo y mantener la salud del suelo. Evite plantar el mismo tipo de cultivo en el mismo lugar año tras año.

Diversidad de plantas: Incorpore una variedad diversa de cultivos en su jardín para distribuir el riesgo de contaminación. Diferentes plantas absorben contaminantes a diferentes velocidades, por lo que un jardín diverso puede ayudar a mitigar el riesgo general.

Jardinería hidropónica:

Considere la hidroponía: la jardinería hidropónica, en la que las plantas se cultivan en una solución de agua rica en nutrientes en lugar de en tierra, puede eliminar por completo el riesgo de contaminación del suelo. Este método requiere una inversión inicial en equipo, pero puede proporcionar un entorno seguro y controlado para el cultivo de alimentos.

Jardinería en invernadero:

Cultive en un invernadero: el uso de un invernadero puede proteger su jardín de los contaminantes transportados por el aire y proporcionar un entorno controlado para el cultivo de alimentos. Los invernaderos también pueden extender su temporada de cultivo y proteger los cultivos de las duras condiciones climáticas.

Redes comunitarias y de apoyo

En un mundo posterior a la lluvia radiactiva, la colaboración con su comunidad puede mejorar la seguridad alimentaria. Compartir recursos, conocimientos y trabajo puede ayudar a garantizar que todos tengan acceso a alimentos seguros y saludables.

Huertos comunitarios:

Establezca huertos compartidos: trabaje con su comunidad para establecer huertos compartidos en lugares seguros. Los huertos comunitarios pueden ser más eficientes y permitir esfuerzos colectivos de remediación del suelo, pruebas y monitoreo.

Conservación y uso compartido de semillas:

Guarde y comparta semillas: guarde las semillas de sus cultivos más sanos y menos contaminados para plantarlas en el futuro. Compartir semillas con otras personas puede ayudar a mantener un suministro de alimentos diverso y resistente.

Programas educativos:

Promueva la educación: fomente programas educativos locales sobre prácticas de jardinería seguras en un entorno posterior a la radiación. El intercambio de conocimientos es crucial para la supervivencia y la salud colectivas.

La jardinería en un mundo posterior a la radiación presenta desafíos importantes, pero con una planificación cuidadosa, gestión del suelo y medidas de protección, es posible cultivar alimentos seguros y saludables. Si comprende los riesgos e implementa las estrategias descritas en este capítulo, puede crear un jardín que minimice los peligros de la contaminación radiactiva y respalde la seguridad alimentaria a largo plazo. El monitoreo regular, la remediación del suelo y las prácticas de jardinería adaptativas serán esenciales a medida que navegue por las complejidades del cultivo de alimentos en un entorno contaminado. A través de la resiliencia, el conocimiento y la colaboración de la comunidad, puede mantener un suministro de alimentos sostenible y seguro incluso en las condiciones más difíciles.

Cómo descontaminar su hogar después de un evento de lluvia radiactiva

Descontaminar su hogar después de un evento de lluvia radiactiva es un paso fundamental para garantizar la seguridad y la salud de su familia. Las partículas radiactivas de la lluvia radiactiva pueden depositarse en las superficies, infiltrarse en los espacios habitables y plantear riesgos a largo plazo si no se abordan adecuadamente. Una descontaminación eficaz implica una limpieza exhaustiva, la eliminación de materiales contaminados y un control constante para reducir la exposición a la radiación. Este capítulo proporciona una guía paso a paso sobre cómo descontaminar su hogar después de un evento de lluvia radiactiva, centrándose en técnicas prácticas, medidas de seguridad y consideraciones a largo plazo.

Entender la naturaleza de la contaminación por lluvia radiactiva

La lluvia radiactiva consiste en partículas radiactivas que pueden depositarse en cualquier superficie, incluidas las paredes, los pisos, los muebles y los artículos personales. Estas partículas emiten radiación, que puede ser dañina si se ingieren, se inhalan o si entran en contacto prolongado con la piel. El objetivo de la descontaminación es eliminar o neutralizar estas partículas para reducir la exposición a la radiación dentro de su hogar.

Tipos de contaminación:

Contaminación superficial: partículas de la lluvia radiactiva que se depositan en superficies como encimeras, pisos y paredes. Suelen ser las más fáciles de eliminar.

Contaminación incrustada: partículas que han penetrado en materiales porosos como telas, alfombras o madera. Esta contaminación puede ser más difícil de abordar y puede requerir una limpieza o eliminación más agresiva.

Contaminación transmitida por el aire: partículas de la lluvia radiactiva que permanecen suspendidas en el aire y pueden depositarse con el tiempo. La ventilación y la filtración del aire son fundamentales para reducir la contaminación transmitida por el aire.

Pasos inmediatos después de un evento de lluvia radiactiva

Antes de comenzar el proceso de descontaminación, es fundamental tomar medidas inmediatas para evitar una mayor contaminación y protegerse de la exposición.

Sella tu casa:

Cierra todas las aberturas: inmediatamente después de un evento de lluvia radiactiva, cierra todas las ventanas, puertas, rejillas de ventilación y otras aberturas para evitar que entren más partículas de lluvia radiactiva en tu casa.

Sella los huecos: usa cinta adhesiva, láminas de plástico u otros materiales para sellar los huecos alrededor de puertas, ventanas y rejillas de ventilación. Esto ayudará a minimizar la entrada de aire contaminado.

Protéjase:

Use equipo de protección: antes de comenzar la descontaminación, use ropa protectora, que incluya mangas largas, guantes, gafas protectoras y una mascarilla (preferiblemente un respirador N95) para reducir su exposición a partículas radiactivas.

Evite comer o beber: no coma, beba ni se toque la cara mientras realiza la descontaminación para evitar la ingestión de partículas radiactivas.

Ventile con precaución:

Ventilación filtrada: si es posible, ventile su hogar con aire filtrado para reducir las partículas en suspensión. Use purificadores de aire con filtros HEPA para capturar las partículas radiactivas del aire.

Descontaminación de superficies interiores

Una vez que haya tomado las precauciones iniciales, puede comenzar a descontaminar las superficies interiores de su hogar. El objetivo es eliminar la mayor cantidad posible de material radiactivo y minimizar la exposición.

Limpieza de superficies duras:

Limpie las superficies: use paños húmedos o toallitas desechables para limpiar superficies duras como encimeras, mesas, paredes y pisos. Comience desde las superficies más altas y avance hacia abajo para evitar volver a contaminar las áreas limpiadas.

Use soluciones de detergente: una solución de agua y detergente doméstico puede ayudar a levantar las partículas radiactivas de las superficies. Evite usar limpiadores abrasivos que puedan propagar la contaminación.

Deshágase de los materiales de limpieza: después de limpiar las superficies, coloque los paños, las toallitas y los guantes usados en bolsas de plástico selladas y deséchelos de manera segura. No sacuda los paños o trapos, ya que esto puede propagar la contaminación.

Aspirado:

Use una aspiradora HEPA: si necesita aspirar, use una aspiradora equipada con un filtro HEPA para capturar partículas radiactivas finas. Evite usar aspiradoras comunes, ya que pueden liberar partículas al aire.

Deseche las bolsas de la aspiradora con cuidado: después de aspirar, retire y selle la bolsa o el filtro de la aspiradora en una bolsa de plástico y deséchelo como residuo contaminado.

Descontaminación de telas y tapizados:

Lavado de telas lavables: lave la ropa, la ropa de cama, las cortinas y otras telas lavables en agua caliente con un detergente fuerte. Repita el proceso de lavado varias veces para eliminar la mayor cantidad posible de contaminación.

Limpieza con vapor: para alfombras y muebles tapizados, considere usar un limpiador a vapor, que puede ayudar a extraer las partículas incrustadas. Continúe con una aspiración completa con una aspiradora HEPA.

Deseche los artículos contaminados: si los artículos están muy contaminados y no se pueden limpiar de manera efectiva, considere desecharlos. Colóquelos en bolsas de plástico selladas y etiquételos como contaminados.

Limpieza de artículos personales:

Limpie los dispositivos electrónicos: limpie cuidadosamente los dispositivos electrónicos y otros artículos personales con paños o toallitas húmedas. Tenga cuidado de no dañar el equipo sensible.

Desinfección: use un aerosol desinfectante o toallitas para limpiar los elementos que se manipulan con frecuencia, como controles remotos, teléfonos y llaves.

Descontaminación de superficies exteriores

Las superficies exteriores de su hogar, incluidas las paredes, los techos y los pasillos, también pueden contaminarse con la lluvia radiactiva. Descontaminar estas áreas reduce el riesgo de llevar la contaminación al hogar.

Enjuague y lave las superficies exteriores:

Use agua y detergente: si es posible, use una manguera para enjuagar las paredes exteriores, las ventanas y los techos. Agregar una solución de detergente puede ayudar a levantar y eliminar las partículas de la lluvia radiactiva.

Lavado a presión: para una limpieza más profunda, considere usar una hidrolavadora con detergente. Tenga cuidado de dónde va la escorrentía, ya que podría contaminar el suelo o el suministro de agua.

Limpieza de áreas al aire libre:

Limpieza de pasillos y entradas de vehículos: Barra o lave con manguera los pasillos, entradas de vehículos y patios para eliminar las partículas de la radiación. Use una escoba para alejar los escombros de la casa y evitar que se propague la contaminación.

Rastrille y coloque los escombros en bolsas: si su jardín está contaminado, rastrille las hojas, los recortes de césped y otros escombros y colóquelos en bolsas selladas para su eliminación. Evite convertir en abono la materia orgánica contaminada.

Cómo lidiar con la contaminación del techo:

Limpieza del techo: si la radiación se ha asentado en su techo, es importante limpiarlo para evitar que la contaminación se filtre hacia las canaletas y bajantes. Use una manguera o una hidrolavadora para enjuagar el techo, dirigiendo el agua que se escurre lejos de la casa y hacia un área segura.

Eliminación segura de materiales contaminados

La eliminación adecuada de los materiales contaminados es crucial para evitar una mayor propagación de la radiación y proteger la salud pública.

Sella y etiqueta los desechos:

Use bolsas resistentes: coloque los materiales contaminados, como trapos de limpieza, bolsas de aspiradora y tierra vegetal retirada, en bolsas de plástico resistentes. Si es necesario, coloque dos bolsas para evitar fugas.

Etiquete como contaminado: Etiquete claramente todas las bolsas y contenedores que contienen materiales radiactivos. Esto ayudará a garantizar que se manipulen adecuadamente durante la eliminación.

Siga las pautas locales:

Instrucciones de eliminación: Siga las pautas y regulaciones locales para la eliminación de desechos radiactivos. Esto puede implicar ponerse en contacto con las autoridades locales o los servicios de gestión de residuos para organizar una eliminación segura.

Monitoreo y mantenimiento continuos

La descontaminación no es una tarea única; el monitoreo y el mantenimiento continuos son necesarios para garantizar que su hogar permanezca seguro a lo largo del tiempo.

Pruebas periódicas:

Use detectores de radiación: use regularmente un contador Geiger u otros dispositivos de detección de radiación para monitorear los niveles de radiación en su hogar. Concéntrese en las áreas de alto riesgo, como entradas, ventanas y conductos de ventilación.

Reevalúe los niveles de contaminación: Reevalúe periódicamente los niveles de contaminación dentro y alrededor de su hogar, especialmente después de fuertes lluvias o vientos que podrían traer nuevas partículas de lluvia radiactiva a su área.

Ventilación y purificación del aire:

Filtros de aire: continúe utilizando purificadores de aire con filtros HEPA para reducir la contaminación del aire. Reemplace los filtros regularmente de acuerdo con las instrucciones del fabricante.

Mantenga los sellos: revise los sellos alrededor de las puertas, ventanas y rejillas de ventilación para asegurarse de que permanezcan intactos y sean efectivos. Vuelva a sellar cualquier espacio o grieta que se desarrolle con el tiempo.

Prácticas de vida segura:

Sáquese los zapatos en el interior: adopte una política de no usar zapatos dentro de la casa para reducir el rastro de partículas contaminadas del exterior.

Limpieza de rutina: implemente un programa de limpieza de rutina que incluya limpiar las superficies, pasar la aspiradora con una aspiradora HEPA y lavar las telas para mantener a raya la contaminación.

Descontaminación del suministro de agua

Si su suministro de agua se ha contaminado por la lluvia radiactiva, es fundamental tomar medidas para descontaminarlo o encontrar una fuente de agua alternativa.

Filtración y purificación del agua:

Use filtros avanzados: Instale filtros de agua que puedan eliminar partículas radiactivas. Los sistemas de ósmosis inversa y los filtros de carbón activado son opciones eficaces.

Hervir el agua: Hervir el agua puede reducir los contaminantes biológicos, pero no es eficaz para eliminar partículas radiactivas. Utilice este método en combinación con la filtración.

Fuentes de agua alternativas:

Agua almacenada: Si es posible, confíe en los suministros de agua almacenada hasta que su fuente principal sea segura. Asegúrese de que el agua almacenada se mantenga en recipientes sellados y no contaminados.

Recolección de agua de lluvia: Si recolecta agua de lluvia, use un sistema de filtración para eliminar los contaminantes antes de beber o usar el agua para fines domésticos.

Consideraciones psicológicas y emocionales

El proceso de descontaminación de su hogar después de un evento de lluvia radiactiva puede ser físicamente exigente y emocionalmente agotador. Es importante abordar los impactos psicológicos y cuidar su salud mental durante este tiempo.

Controle el estrés:

Tome descansos: Descontaminar su hogar es una maratón, no una carrera de velocidad. Tome descansos regulares para descansar y evitar el agotamiento.

Practique la atención plena: Técnicas como la práctica de la atención plena, ejercicios de respiración profunda o meditación pueden ayudar a controlar el estrés y la ansiedad durante el proceso de descontaminación. Estas técnicas pueden brindar claridad mental y ayudarlo a mantenerse concentrado en las tareas en cuestión.

Busque apoyo:

Conéctese con otras personas: comuníquese con familiares, amigos o vecinos que también puedan estar lidiando con la descontaminación radiactiva. Compartir experiencias y consejos puede brindar apoyo emocional y soluciones prácticas.

Ayuda profesional: Si el estrés y la ansiedad se vuelven abrumadores, considere buscar apoyo profesional de salud mental. Hablar con un consejero o terapeuta puede ayudarlo a procesar el trauma y desarrollar estrategias de afrontamiento.

Involucre a la familia:

Comuníquese abiertamente: Si tiene familiares o compañeros de casa, comuníquese abiertamente sobre el proceso de descontaminación, las razones para tomar precauciones de seguridad y la importancia de trabajar juntos. Esto puede ayudar a reducir el miedo y la incertidumbre.

Asignar tareas: Involucre a todos en tareas apropiadas para su edad durante el proceso de descontaminación. Darle un rol a cada persona puede crear un sentido de propósito y trabajo en equipo, lo que ayuda a aliviar los sentimientos de impotencia.

Concéntrese en el progreso:

Establezca metas pequeñas: Divida el proceso de descontaminación en tareas más pequeñas y manejables, y celebre cada paso completado. Esto puede ayudar a mantener la motivación y brindar una sensación de logro.

Lleve un registro: Documente su progreso con un diario o una lista de verificación. Ver el progreso que ha logrado puede aumentar la moral y brindarle la seguridad de que está haciendo que su hogar sea más seguro.

Consideraciones y mantenimiento a largo plazo

Incluso después de que se complete la descontaminación inicial, mantener un entorno de vida seguro en un mundo posterior a la radiación requiere vigilancia y esfuerzo constantes.

Mantenimiento regular:

Inspección y reparación: inspeccione regularmente su hogar para detectar nuevos signos de contaminación o daños que puedan comprometer su seguridad. Esto incluye verificar los sellos, los filtros de aire y las cubiertas protectoras.

Continúe con las prácticas de descontaminación: repita periódicamente los procedimientos de descontaminación, especialmente después de eventos naturales como lluvias intensas, tormentas de viento o nieve que podrían introducir nuevas partículas de radiación.

Preparación para eventos futuros:

Abastézcase de suministros: mantenga un suministro bien abastecido de materiales de descontaminación, incluidos suministros de limpieza, equipo de protección y equipo de detección de radiación. Estar preparado lo ayudará a responder rápidamente a cualquier contaminación futura.

Plan de evacuación: si su hogar se contamina demasiado para descontaminarlo de manera segura, tenga un plan de evacuación en marcha. Sepa a dónde iría, cómo llegaría allí y qué elementos esenciales llevar consigo.

Participación de la comunidad:

Participe en la comunidad: trabaje con su comunidad local para desarrollar o participar en iniciativas de descontaminación colectiva. Las iniciativas comunitarias pueden abordar problemas ambientales más amplios, como espacios públicos o suministros de agua contaminados.

Abogue por medidas de seguridad: abogue por el apoyo del gobierno local para gestionar la contaminación por lluvia radiactiva, incluidos avisos de salud pública, esfuerzos de limpieza y acceso a recursos de descontaminación.

Descontaminar su hogar después de un evento de lluvia radiactiva es un proceso crítico que requiere minuciosidad, precaución y paciencia. Recuerde que la descontaminación no es una tarea que se realiza una sola vez; implica un control continuo, un mantenimiento regular y un compromiso con la seguridad. Con una planificación cuidadosa, las herramientas adecuadas y una comunidad que lo apoye, puede gestionar eficazmente los desafíos de vivir en un mundo posterior a la lluvia radiactiva y proteger su hogar de los peligros de la contaminación radiactiva.

Diseño de un refugio antiaéreo: consideraciones clave

El diseño de un refugio antiaéreo es un paso crucial en la preparación para la posibilidad de un evento nuclear. Un refugio bien diseñado puede brindar protección contra la lluvia radiactiva, lo que garantiza la seguridad y la supervivencia de usted y sus seres queridos durante y después de un incidente nuclear. Este capítulo describe las consideraciones clave para diseñar un refugio antiaéreo eficaz, que abarca aspectos como la ubicación, la estructura, la ventilación, los suministros y la capacidad de supervivencia a largo plazo.

Ubicación: elección del lugar adecuado

La ubicación de su refugio antiaéreo es una de las decisiones más importantes en el proceso de diseño. La ubicación ideal brindará la máxima protección contra la radiación y otros peligros, al mismo tiempo que será accesible y práctica para sus necesidades.

Consideraciones clave:

Subterráneo vs. sobre el suelo:

Refugios subterráneos: generalmente ofrecen la mejor protección contra la radiación porque la tierra actúa como un escudo natural. Los sótanos, los sótanos reconvertidos o los búnkeres subterráneos construidos especialmente son opciones comunes.

Refugios sobre el suelo: pueden ser necesarios si la construcción subterránea no es factible debido a niveles freáticos altos o condiciones del suelo. En este caso, las paredes gruesas hechas de hormigón, tierra u otros materiales densos son esenciales para la protección contra la radiación.

Proximidad a la casa: idealmente, el refugio debe estar lo suficientemente cerca de su casa para llegar rápidamente en caso de emergencia, pero lo suficientemente lejos para evitar daños directos por la explosión. Si incorpora un refugio dentro de su casa, un sótano o una habitación especialmente reforzada puede ser adecuado.

Accesibilidad: asegúrese de que el refugio sea de fácil acceso para todos los miembros de la familia, incluidos aquellos con problemas de movilidad. Considere múltiples puntos de acceso si es posible, para evitar quedar atrapado en caso de que una entrada se bloquee.

Integridad estructural: construcción de un refugio seguro

La estructura de su refugio antiaéreo debe ser lo suficientemente robusta para soportar no solo la radiación, sino también los posibles efectos de la explosión, como ondas de choque, escombros e incendios. Los materiales utilizados en la construcción desempeñan un papel crucial para proporcionar una protección eficaz.

Consideraciones clave:

Selección de materiales:

Hormigón: uno de los mejores materiales para refugios antiaéreos debido a su densidad y disponibilidad. Las paredes de hormigón gruesas (al menos 12-24 pulgadas) brindan una excelente protección contra la radiación.

Tierra: Los refugios con bermas o cubiertas de tierra también son eficaces, con un espesor de tierra de al menos 3 pies que ofrece un importante blindaje contra la radiación.

———————

ACERO Y PLOMO: ESTOS materiales se pueden utilizar para reforzar paredes o techos, aunque suelen ser más caros y requieren una manipulación cuidadosa debido a su peso y los posibles riesgos para la salud.

Grosor de las paredes y el techo: Cuanto más gruesos sean las paredes y el techo, mejor será la protección. Trate de utilizar un mínimo de 12 pulgadas de hormigón o su equivalente en otros materiales. El techo debe estar reforzado de manera similar, especialmente en los refugios sobre el suelo.

Protección contra explosiones: En las zonas más cercanas a posibles objetivos nucleares, considere la posibilidad de incorporar características resistentes a las explosiones, como puertas reforzadas, válvulas de explosión para ventilación y cimientos seguros. El refugio debe estar diseñado para soportar ondas de choque y sobrepresión de una explosión cercana.

Ventilación y filtración de aire: cómo garantizar una calidad del aire segura

Mantener un aire respirable en un refugio antiaéreo es fundamental, especialmente si necesita permanecer en el interior durante un período prolongado. Los sistemas de ventilación y filtración de aire adecuados son esenciales para evitar la acumulación de dióxido de carbono, eliminar los contaminantes del aire y garantizar un suministro de aire limpio.

Consideraciones clave:

Sistemas de ventilación:

Ventilación manual: un sistema de ventilación con manivela puede garantizar la circulación del aire sin depender de la electricidad. Debe ser fácil de operar y mantener.

Ventilación eléctrica: si hay electricidad disponible, los ventiladores eléctricos pueden ayudar a que el aire circule de manera más eficaz. Sin embargo, asegúrese de que haya un sistema manual de respaldo en caso de corte de energía.

Filtros de aire:

Filtros HEPA: los filtros de aire de partículas de alta eficiencia (HEPA) son esenciales para eliminar partículas radiactivas del aire. Asegúrese de que el sistema de filtrado esté instalado y mantenido correctamente.

Filtros de carbón activado: estos pueden eliminar contaminantes químicos y gases, lo que proporciona protección adicional.

Entrada y salida de aire: la ubicación adecuada de las entradas y salidas de aire es crucial. Deben estar protegidas y equipadas con válvulas de seguridad para evitar la contaminación o los daños causados por las ondas de choque.

Agua y saneamiento: gestión de las necesidades esenciales

El agua es un recurso fundamental en un refugio antiaéreo, tanto para beber como para fines sanitarios. Garantizar un suministro de agua seguro y fiable, junto con una gestión eficaz de los residuos, es fundamental para la supervivencia a largo plazo.

Consideraciones clave:

Suministro de agua:

Agua almacenada: planifique almacenar suficiente agua para todos los ocupantes durante al menos dos semanas, con un mínimo de 1 galón por persona por día. El agua debe almacenarse en recipientes limpios y sellados y rotarse periódicamente.

Filtro de agua: equipe su refugio con un sistema de filtrado de agua capaz de eliminar partículas radiactivas y otros contaminantes de cualquier fuente de agua que pueda necesitar utilizar.

Recolección de agua de lluvia: si es posible, diseñe el refugio para recolectar y filtrar el agua de lluvia para un suministro adicional, aunque esto debe considerarse complementario debido a los posibles riesgos de contaminación.

Saneamiento:

Inodoros: Un inodoro de compostaje o inodoro químico es ideal para un refugio antiaéreo, ya que no requiere agua y puede manipular los desechos de manera segura. Asegúrese de que haya suficiente capacidad o un plan para la eliminación de desechos.

Higiene: Almacene suficientes suministros de higiene, como jabón, desinfectantes y artículos de cuidado personal. Las toallitas húmedas y el desinfectante para manos pueden ser útiles para conservar agua.

Almacenamiento de alimentos: cómo mantener la vida a lo largo del tiempo

Su refugio antiaéreo debe estar equipado con alimentos suficientes para durar al menos dos semanas, con provisiones para estadías más prolongadas si es necesario. El almacenamiento de alimentos requiere una planificación cuidadosa para garantizar que se mantengan seguros y nutritivos a lo largo del tiempo.

Consideraciones clave:

Alimentos no perecederos: concéntrese en almacenar alimentos no perecederos con una vida útil prolongada, como alimentos enlatados, comidas liofilizadas, arroz, frijoles y pasta. Considere el equilibrio nutricional e incluya una variedad de alimentos para evitar la fatiga de la dieta.

Necesidades calóricas: asegúrese de que su suministro de alimentos satisfaga las necesidades calóricas y nutricionales de todos los ocupantes del refugio. Planifique al menos 2000 calorías por persona por día.

Condiciones de almacenamiento de alimentos: almacene los alimentos en un lugar fresco y seco, protegido de la humedad y las plagas. Use recipientes herméticos y rote su suministro de alimentos con regularidad para mantener la frescura.

Cocción y preparación: si es posible, equipe su refugio con un medio para cocinar, como una estufa de campamento o un quemador portátil, junto con los suministros de combustible adecuados. Tenga en cuenta la ventilación cuando utilice equipos de cocina.

Energía e iluminación: mantenimiento de la funcionalidad

Si bien es posible sobrevivir en un refugio antiaéreo sin energía, tener una fuente confiable de electricidad puede mejorar en gran medida la comodidad y la funcionalidad. La iluminación, la comunicación y los sistemas esenciales pueden requerir energía.

Consideraciones clave:

Fuentes de energía:

Generadores: un generador puede proporcionar electricidad para su refugio, pero requiere un suministro de combustible confiable y una ventilación adecuada para evitar la acumulación de monóxido de carbono.

Energía solar: los paneles solares combinados con el almacenamiento de baterías pueden ofrecer una fuente de energía renovable, aunque la efectividad depende de la ubicación y el diseño del refugio.

Batería de respaldo: asegúrese de tener un suministro de baterías para linternas, radios y otros dispositivos esenciales. Las baterías recargables y un cargador de manivela también son útiles.

Iluminación:

Luces LED: las luces LED son energéticamente eficientes y duraderas, lo que las hace ideales para un refugio antiaéreo. Considere la posibilidad de iluminación superior y linternas o linternas portátiles.

Iluminación de emergencia: tenga opciones de iluminación de emergencia de respaldo, como barras luminosas, velas o linternas de manivela, en caso de que falle su fuente de energía principal.

Comunicación y monitoreo: mantenerse informado

Mantenerse informado durante un evento nuclear es crucial para tomar decisiones sobre cuándo es seguro abandonar el refugio y qué acciones tomar. Los dispositivos de comunicación y el equipo de monitoreo pueden mantenerlo conectado y al tanto de su entorno.

Consideraciones clave:

Radios:

Radio de emergencia: una radio de emergencia a batería o de manivela puede recibir alertas meteorológicas, actualizaciones de noticias e instrucciones oficiales. Busque un modelo con canales meteorológicos AM/FM y NOAA.

Radios bidireccionales: las radios bidireccionales permiten la comunicación con otras personas, especialmente si se interrumpe el servicio celular. Asegúrese de tener baterías adicionales o un medio para recargarlas.

Detección de radiación:

Contador Geiger: un contador Geiger o dosímetro es esencial para monitorear los niveles de radiación dentro y fuera del refugio. Verifique regularmente los niveles de radiación para determinar cuándo es seguro abandonar el refugio.

Dosímetros personales: equipe a cada ocupante del refugio con un dosímetro personal para rastrear la exposición individual a la radiación a lo largo del tiempo.

Consideraciones psicológicas y emocionales: cómo mantener la salud mental

La vida en un refugio antiaéreo puede ser estresante y desafiante, especialmente durante estadías prolongadas. Abordar las necesidades psicológicas y emocionales es tan importante como satisfacer las necesidades físicas.

Consideraciones clave:

Comodidad y entretenimiento:

Libros y juegos: abastezca el refugio con libros, juegos, rompecabezas y otras opciones de entretenimiento para ayudar a pasar el tiempo y reducir el estrés.

Artículos de comodidad: incluya artículos de comodidad personal, como mantas, almohadas y objetos familiares que puedan ayudar a mantener una sensación de normalidad y bienestar emocional.

Comunicación e interacción social:

Manténgase conectado: la comunicación regular con los miembros de la familia u otros ocupantes del refugio es crucial para mantener la moral. Planifique actividades o debates grupales para fomentar un sentido de comunidad.

Recursos de salud mental: considere incluir recursos de salud mental, como libros de autoayuda, diarios o ejercicios de relajación grabados. Si es posible, designe un espacio tranquilo para la meditación o el alivio del estrés.

Supervivencia a largo plazo: planificación para estadías prolongadas

Si bien los refugios antiaéreos suelen estar diseñados para estadías breves de unos pocos días a algunas semanas, es importante considerar la posibilidad de una estadía prolongada si las condiciones en el exterior siguen siendo peligrosas. La planificación para la supervivencia a largo plazo implica asegurarse de que su refugio pueda soportar la vida durante un período prolongado, posiblemente varios meses.

Supervivencia a largo plazo: planificación para estadías prolongadas

Consideraciones clave:

Suministros prolongados de alimentos y agua:

Producción de alimentos: si su refugio tiene suficiente espacio y los recursos necesarios, considere la posibilidad de instalar un pequeño jardín interior para cultivar verduras, hierbas o brotes. Los sistemas hidropónicos o la jardinería en contenedores pueden ser opciones viables en un espacio reducido.

Reposición de agua: planifique métodos para reponer su suministro de agua, como la recolección de agua de lluvia o sistemas de purificación de agua que puedan tratar fuentes de agua adicionales. El almacenamiento de pastillas o filtros purificadores de agua adicionales también puede ser beneficioso.

Gestión de residuos:

Soluciones de saneamiento ampliadas: con el tiempo, la eliminación de residuos se convierte en un problema crítico. Se pueden utilizar inodoros de compostaje o incineradores de residuos para gestionar los desechos humanos de forma segura. Asegúrese de que los residuos se manipulen de una manera que evite la contaminación de su espacio vital y el suministro de agua.

Gestión de aguas grises: considere cómo manejar las aguas grises (aguas residuales del lavado y la limpieza). Si el espacio y los recursos lo permiten, instale un sistema de filtración o reciclaje de aguas grises para conservar su suministro de agua limpia.

Salud y atención médica:

Suministros médicos: tenga a mano un botiquín de primeros auxilios completo con suministros para lesiones inmediatas y necesidades de salud a largo plazo. Incluya una variedad de medicamentos, antisépticos, vendajes, férulas y cualquier medicamento recetado que necesiten los ocupantes del refugio.

Higiene: asegúrese de que haya suficientes suministros de higiene, incluidos jabón, desinfectantes, cepillos de dientes, pasta de dientes, productos de higiene femenina y otros elementos esenciales. Una higiene adecuada es fundamental para prevenir enfermedades en un espacio confinado.

Control de la salud: controle regularmente la salud de todos los ocupantes del refugio y esté preparado para abordar problemas como problemas respiratorios, infecciones y problemas de salud mental.

Aptitud física y ejercicio:

Espacio para hacer ejercicio: incluya espacio y equipo para hacer ejercicio físico. Incluso en un refugio pequeño, actividades como estiramientos, yoga o ejercicios con el peso corporal pueden ayudar a mantener la salud física y el bienestar mental.

Rutina: establezca una rutina diaria que incluya tiempo para la actividad física. Mantenerse activo es importante tanto para la salud física como para el manejo del estrés.

SOLUCIONES ENERGÉTICAS y eléctricas:

Fuentes de energía renovable: para lograr una sostenibilidad a largo plazo, considere opciones de energía renovable como paneles solares o turbinas eólicas, combinadas con almacenamiento en baterías para garantizar un suministro de energía continuo.

Almacenamiento de combustible: si depende de generadores, asegúrese de tener un suministro sustancial y almacenado de manera segura de combustible. Planifique cómo administrar el uso de combustible de manera eficiente para extender el suministro de energía.

Conservación de recursos:

Racionamiento: implemente un sistema de racionamiento de alimentos, agua y otros suministros esenciales desde el principio. Controle cuidadosamente el consumo para evitar quedarse sin recursos críticos.

Reutilización y reciclaje: Practique la reutilización y el reciclaje de materiales siempre que sea posible. Por ejemplo, los contenedores, los embalajes e incluso los productos de desecho pueden tener usos secundarios en un entorno con recursos limitados.

Bienestar social y emocional:

Construcción de comunidad: Si se refugia con otras personas, concéntrese en mantener relaciones positivas y una comunicación clara. Las discusiones grupales periódicas, las comidas compartidas y las actividades cooperativas pueden ayudar a generar un sentido de comunidad y apoyo.

Salud espiritual y mental: Satisfaga las necesidades espirituales incluyendo textos religiosos, símbolos u otros elementos espirituales según corresponda. Mantener un sentido de propósito y esperanza es crucial en una situación de supervivencia a largo plazo.

Estrategia de salida: Saber cuándo y cómo salir

Por último, el diseño de un refugio antiaéreo incluye la planificación de una salida eventual. Saber cuándo y cómo salir del refugio de manera segura es fundamental, ya que salir demasiado pronto o sin preparación puede resultar en exposición a niveles peligrosos de radiación.

Consideraciones clave:

Control de los niveles de radiación:

Controles regulares: Utilice equipos de detección de radiación para controlar regularmente los niveles de radiación fuera del refugio. Lleve un registro de las lecturas para seguir las tendencias y determinar cuándo puede ser seguro salir.

Niveles seguros: familiarícese con los niveles seguros de radiación para el reingreso. Por lo general, los niveles inferiores a 0,1 rem por hora (o 1 milisievert por hora) se consideran seguros para una exposición a corto plazo, pero es fundamental consultar las pautas actualizadas.

Reingreso gradual:

Salidas iniciales: cuando los niveles de radiación hayan descendido a niveles seguros, realice excursiones cortas iniciales fuera del refugio para evaluar las condiciones. Use ropa protectora y un dosímetro para controlar la exposición durante estos viajes.

Reintegración al refugio: si el entorno es lo suficientemente seguro para estadías más prolongadas fuera del refugio, comience a reintegrarlo a su vida diaria usándolo para descansar o almacenar cosas mientras pasa gradualmente más tiempo afuera.

SEGURIDAD POSTERIOR a la salida:

Descontaminación: después de salir del refugio, descontamine cualquier ropa, equipo o superficie que haya estado expuesta al ambiente exterior antes de volver a llevarlos al refugio o a su hogar.

Hábitat a largo plazo: Una vez que sea seguro abandonar el refugio de forma permanente, concéntrese en restablecer una situación de vida sostenible a largo plazo. Esto puede implicar reparar y reforzar su hogar, continuar con los esfuerzos de descontaminación y reconstruir una sensación de normalidad.

El diseño de un refugio contra la radiación implica una consideración cuidadosa de múltiples factores, desde la ubicación y la estructura hasta la ventilación, los suministros y la capacidad de supervivencia a largo plazo. Al abordar estas áreas clave, puede crear un refugio que no solo lo proteja a usted y a sus seres queridos de los peligros inmediatos de la radiación radiactiva, sino que también respalde su bienestar durante una estadía prolongada. Un refugio bien planificado es una inversión en su seguridad, que ofrece tranquilidad en tiempos de incertidumbre y la mejor posibilidad posible de supervivencia en caso de un desastre nuclear.

Cómo elegir la ubicación adecuada para su refugio

La elección de la ubicación adecuada para su refugio antiaéreo es una de las decisiones más importantes en el proceso de diseño y construcción. La ubicación afectará significativamente la eficacia del refugio para protegerlo a usted y a sus seres queridos de la radiación, los efectos de las explosiones y otros peligros asociados con un evento nuclear. Este capítulo le guiará a través de los factores clave que debe tener en cuenta al elegir la ubicación ideal para su refugio antiaéreo, ya sea que lo esté construyendo bajo tierra, sobre el suelo o modernizando una estructura existente.

Cómo entender el propósito de su refugio

Antes de elegir una ubicación, es esencial definir claramente el propósito de su refugio antiaéreo. ¿Busca principalmente protección contra la radiación o también le preocupan los efectos de las explosiones, las amenazas químicas o biológicas o los desastres naturales? El propósito del refugio influirá en el tipo de ubicación que sea más adecuada.

Consideraciones clave:

Protección contra la radiación: el objetivo principal de un refugio antiaéreo es protegerlo de la radiación. Esto requiere materiales densos como la tierra o el hormigón para bloquear los rayos gamma dañinos y otras radiaciones.

Protección contra explosiones: si se encuentra cerca de un posible objetivo nuclear, como una base militar o una ciudad importante, la protección contra explosiones se vuelve fundamental. En tales casos, el lugar también debe estar protegido de las ondas de choque y los escombros.

Accesibilidad y comodidad: considere la facilidad con la que puede acceder al refugio en caso de emergencia y lo cómodo que será para una estadía prolongada. Un lugar al que sea difícil llegar o que carezca de servicios básicos puede no ser ideal.

Proximidad a su hogar

El refugio debe estar lo suficientemente cerca de su espacio vital principal para permitir un acceso rápido en caso de una alerta nuclear. Sin embargo, la proximidad a su hogar también implica considerar la seguridad del refugio en relación con los posibles peligros cercanos.

CONSIDERACIONES CLAVE:

Acceso inmediato: el refugio debe estar ubicado a unos minutos a pie de su hogar, idealmente conectado directamente a través de un sótano o un pasaje subterráneo. Esto permite un ingreso rápido en caso de una lluvia radiactiva repentina.

Cómo evitar peligros: asegúrese de que el refugio no esté demasiado cerca de peligros como ventanas grandes, materiales inflamables o estructuras que podrían derrumbarse durante una explosión. Además, evite las zonas propensas a inundaciones, ya que el agua puede comprometer la integridad y la seguridad del refugio.

Ubicación discreta: un refugio que esté algo escondido o que no sea inmediatamente evidente puede ayudar a protegerse contra posibles saqueos o atención no deseada en una situación posterior a un desastre.

Refugios subterráneos o sobre el suelo

Una de las decisiones principales es si construir su refugio bajo tierra o sobre el suelo. Cada opción tiene sus ventajas y desventajas, y la mejor opción depende de sus circunstancias específicas, incluida la geografía local, las condiciones del suelo y el presupuesto.

Refugios subterráneos:

Ventajas:

Protección superior contra la radiación: la tierra actúa como un excelente escudo contra la radiación, lo que hace que los refugios subterráneos sean muy eficaces.

Aislamiento térmico: los refugios subterráneos mantienen una temperatura más constante, lo que proporciona un mejor aislamiento de las condiciones climáticas extremas.

Ocultación: los refugios subterráneos están naturalmente más ocultos, lo que reduce el riesgo de descubrimiento o daño.

Desventajas:

Complejidad de la construcción: la construcción subterránea requiere excavación y posiblemente lidiar con problemas como aguas subterráneas o suelo inestable, lo que aumenta los costos y el tiempo de construcción.

Riesgo de inundación: los refugios subterráneos son más vulnerables a las inundaciones, especialmente en áreas con niveles freáticos altos o lluvias intensas.

Refugios sobre el suelo:

Ventajas:

Facilidad de construcción: los refugios sobre el suelo son más fáciles de construir y modificar, y evitan las complicaciones asociadas con la excavación.

Accesibilidad: estos refugios son generalmente de más fácil acceso, especialmente para personas con problemas de movilidad.

Adaptabilidad: un refugio sobre el suelo se puede integrar en estructuras existentes o cumplir múltiples propósitos (por ejemplo, un garaje o cobertizo reforzado).

Desventajas:

Protección radiológica reducida: los refugios sobre el suelo requieren paredes y techos mucho más gruesos para brindar el mismo nivel de protección radiológica que un refugio subterráneo.

Exposición a efectos de explosión: los refugios sobre el suelo están más expuestos a ondas de choque, escombros voladores y otros peligros relacionados con explosiones.

Consideraciones geológicas y del suelo

El tipo de suelo y la geología subyacente en la ubicación elegida pueden afectar significativamente la viabilidad y la eficacia de un refugio subterráneo.

Consideraciones clave:

Estabilidad del suelo: un suelo estable y bien drenado es ideal para refugios subterráneos. Evite las áreas con suelos sueltos, arenosos o arcillosos que sean propensos a desplazarse o erosionarse, ya que pueden comprometer la integridad estructural del refugio.

Nivel freático: la profundidad del nivel freático es crucial. Los niveles freáticos altos aumentan el riesgo de inundaciones y pueden requerir sistemas de impermeabilización o de bombas de sumidero extensos. En algunos casos, un nivel freático alto puede hacer que la construcción subterránea sea poco práctica.

Lecho de roca y obstáculos: si bien el lecho de roca puede proporcionar una base estable, puede requerir más esfuerzo y gastos para excavar. De manera similar, los servicios públicos enterrados, las raíces de los árboles u otros obstáculos pueden complicar la construcción y deben identificarse y planificarse con anticipación.

Topografía local y clima

El paisaje natural y el clima de su área también influyen en la determinación de la mejor ubicación para su refugio. Estos factores afectan no solo el proceso de construcción sino también la viabilidad a largo plazo del refugio.

Consideraciones clave:

Elevación: elija una ubicación con una ligera elevación para reducir el riesgo de inundaciones. Evite las áreas bajas, las riberas de los ríos o los valles que podrían inundarse durante las fuertes lluvias o los deshielos primaverales.

Pendiente: una pendiente suave puede ayudar al drenaje y brindar protección natural contra ciertos peligros. Sin embargo, las pendientes pronunciadas pueden presentar desafíos de construcción o aumentar el riesgo de deslizamientos de tierra.

Vientos predominantes: considere la dirección de los vientos predominantes en su área. La ubicación del refugio en dirección contraria al viento respecto de posibles fuentes de radiación (por ejemplo, una ciudad o un área industrial cercana) puede reducir el riesgo de contaminación.

Temperaturas extremas: en áreas con temperaturas extremas, asegúrese de que el refugio esté bien aislado o ubicado bajo tierra para mantener un entorno estable y habitable.

Integración con estructuras existentes

Reequipar una estructura existente para convertirla en un refugio antiaéreo puede ser una solución rentable y práctica, especialmente si tiene espacio o recursos limitados para un refugio independiente.

Consideraciones clave:

Conversión de sótanos: convertir un sótano en un refugio antiaéreo es uno de los enfoques más comunes. Los sótanos ya están parcialmente bajo tierra, lo que proporciona protección natural contra la radiación. Refuerce las paredes y los techos con blindaje adicional y asegúrese de que el espacio esté sellado contra la infiltración de aire y agua.

Conversión de garajes o cobertizos: los garajes o cobertizos independientes se pueden reforzar y convertir en refugios sobre el suelo. Estas estructuras pueden cumplir una doble función, pero requieren una planificación cuidadosa para garantizar que brinden la protección adecuada.

Habitaciones interiores: si no es posible construir un refugio subterráneo o independiente, considere la posibilidad de adaptar una habitación interior, como una despensa o un armario, para convertirla en un refugio antiaéreo. Esta opción requiere la incorporación de materiales de protección y puede implicar el refuerzo de paredes, puertas y ventanas.

Seguridad

La ubicación del refugio también debe priorizar la seguridad, tanto en términos de protección contra amenazas externas como de garantizar el bienestar de los ocupantes.

Consideraciones clave:

Actividad sísmica: en áreas propensas a terremotos, el refugio debe estar diseñado para soportar eventos sísmicos. Esto puede implicar un refuerzo estructural adicional o la selección de una ubicación menos propensa al movimiento del suelo.

Control de acceso: asegúrese de que el acceso al refugio sea seguro. Las puertas reforzadas con cerraduras, las entradas ocultas o los túneles seguros pueden evitar el acceso no autorizado y proteger contra intrusos.

Cercanía a los servicios públicos: considere la proximidad a los servicios públicos esenciales, como electricidad, agua y líneas de comunicación. Si bien el refugio debe ser autosuficiente, estar cerca de los servicios públicos puede simplificar la construcción y el mantenimiento.

Consideraciones legales y de zonificación

Antes de construir su refugio, es esencial comprender las regulaciones legales y de zonificación que pueden afectar su proyecto. Estas pueden variar ampliamente según su ubicación.

Consideraciones clave:

Permisos: consulte con las autoridades locales para determinar si necesita permisos para la construcción del refugio, especialmente si implica excavaciones significativas o modificaciones estructurales.

Leyes de zonificación: asegúrese de que la ubicación elegida cumpla con las leyes de zonificación locales, que pueden restringir ciertos tipos de construcción o requerir retranqueos específicos de los límites de propiedad o las carreteras.

Reglas de la asociación de propietarios (HOA): si vive en una comunidad gobernada por una HOA, revise sus reglas para asegurarse de que su proyecto de refugio esté permitido y cumpla con los estándares de diseño o construcción.

Expansión y flexibilidad futuras

Considere si la ubicación permite una expansión o modificaciones futuras, ya que sus necesidades o circunstancias pueden cambiar con el tiempo.

Consideraciones clave:

Espacio para ampliaciones: asegúrese de que haya suficiente espacio alrededor del refugio para posibles ampliaciones, como agregar habitaciones adicionales, áreas de almacenamiento o puntos de acceso.

Modularidad: diseñe el refugio para que sea modular, lo que permite futuras actualizaciones o la incorporación de nuevas características, como sistemas de ventilación mejorados, equipos de comunicación o fuentes de energía.

Paisajismo: planifique el paisajismo alrededor del refugio que mejore la seguridad y el camuflaje, al tiempo que permite posibles modificaciones en el futuro.

Consideraciones de costo

El costo de construir un refugio antiaéreo puede variar ampliamente según la ubicación, los materiales y la complejidad del diseño. Es esencial equilibrar el costo con el nivel de protección y comodidad que necesita.

Consideraciones clave:

Presupuesto: establezca un presupuesto claro que incluya todos los aspectos de la construcción, desde la excavación y los materiales hasta la mano de obra y los permisos. Considere si una ubicación subterránea más costosa está justificada por la protección adicional.

Costo vs. beneficio: sopesa los beneficios de un lugar más seguro, oculto o mejor protegido frente a los posibles costos. En algunos casos, un refugio más simple y menos costoso puede ser suficiente para tus necesidades.

Construcción por fases: si las limitaciones presupuestarias son una preocupación, considera un enfoque de construcción por fases. Esto te permite construir primero los componentes más críticos del refugio, como el área de estar principal y el blindaje básico, y agregar características adicionales como ventilación mejorada, sistemas de energía o espacio expandido según lo permitan los recursos. Este método puede hacer que el proyecto sea más manejable financieramente y al mismo tiempo brindar protección esencial en el corto plazo.

Seleccionar el lugar correcto para tu refugio antiaéreo es una decisión multifacética que requiere una consideración cuidadosa de varios factores, incluida la proximidad a tu hogar, el tipo de refugio (subterráneo o sobre el suelo), las condiciones geológicas y del suelo locales y los peligros potenciales para los que te estás preparando.

Excavación y cimentación: construcción subterránea

La construcción de un refugio subterráneo contra la radiación implica una excavación importante y la creación de una base sólida para garantizar la estabilidad y la eficacia de la estructura. Las etapas de excavación y cimentación son fundamentales porque establecen las bases para todo el refugio, lo que determina su durabilidad, seguridad y capacidades de protección. Este capítulo lo guiará a través de los pasos y consideraciones esenciales para excavar y construir con éxito la base de su refugio subterráneo.

Planificación de la excavación

Es esencial realizar una planificación adecuada antes de comenzar a construir su refugio subterráneo. La excavación es un proceso complejo que requiere una consideración cuidadosa de las condiciones del sitio, los protocolos de seguridad y los métodos de construcción.

Consideraciones clave:

Evaluación del sitio: antes de la excavación, realice una evaluación exhaustiva del sitio. Esto incluye probar la estabilidad del suelo, determinar el nivel del nivel freático e identificar cualquier servicio público subterráneo u obstáculo (como raíces de árboles o lecho de roca) que pueda interferir con la excavación.

Permisos y regulaciones: obtenga los permisos necesarios y cumpla con los códigos y regulaciones de construcción locales. Estos pueden dictar la profundidad de la excavación, los requisitos estructurales y las medidas de seguridad. Profundidad de excavación: La profundidad de la excavación dependerá del tamaño y el diseño deseados para el refugio. Generalmente, cuanto más profundo sea el refugio, mejor será la protección contra la radiación y los efectos de las explosiones. Sin embargo, las excavaciones más profundas pueden encontrar agua subterránea o requerir un soporte estructural más extenso.

Método de excavación: Elija el método de excavación adecuado según el tamaño y la profundidad de su refugio. Para proyectos más pequeños, la excavación manual con palas puede ser suficiente, mientras que los refugios más grandes o más profundos pueden requerir maquinaria pesada, como retroexcavadoras o excavadoras.

Técnicas de excavación

El proceso real de excavación implica remover la tierra para crear el espacio para su refugio. Este paso debe realizarse con cuidado para garantizar la estabilidad de la tierra circundante y preparar el sitio para la base.

Técnicas clave:

Preparación de la excavación: Comience marcando el contorno de su refugio en el suelo. Comience a cavar desde los bordes exteriores y avance hacia el interior, asegurándose de que las paredes de la excavación permanezcan estables y no se derrumben.

Apuntalamiento y apuntalamiento: a medida que excava más profundamente, es esencial utilizar técnicas de apuntalamiento o apuntalamiento para evitar que las paredes de la excavación se derrumben. Esto puede implicar el uso de soportes de madera o metal para reforzar los lados del pozo.

Manejo de los escombros: la tierra extraída durante la excavación se denomina "escombro". Planifique el almacenamiento temporal y la eliminación eventual de los escombros. Parte de la tierra extraída se puede utilizar más tarde para rellenar o como material de protección adicional.

Manejo del agua: si se encuentra agua subterránea durante la excavación, deberá manejarla con cuidado para evitar inundaciones. Esto puede implicar el uso de bombas para eliminar el agua o la instalación de sistemas de drenaje alrededor del sitio.

Preparación de los cimientos

Los cimientos son el elemento estructural más importante de su refugio subterráneo, ya que brindan estabilidad y soporte a toda la estructura. Unos cimientos bien construidos garantizarán que el refugio pueda soportar el peso de la tierra que se encuentra sobre él, así como las posibles tensiones ambientales.

Consideraciones clave:

Tipo de cimientos: el tipo de cimientos que elija dependerá de las condiciones del suelo, la profundidad del refugio y los materiales utilizados en la construcción. Los tipos de cimientos más comunes para los refugios subterráneos incluyen losas sobre el suelo, pilares y cimientos profundos (como cajones o pilotes).

Nivelación de la base: una vez que se complete la excavación, la base del pozo debe nivelarse y compactarse para crear una superficie estable para los cimientos. Esto puede implicar agregar una capa de grava o piedra triturada para mejorar el drenaje y evitar el asentamiento.

Refuerzo: refuerce los cimientos con barras de refuerzo de acero para aumentar su resistencia y durabilidad. La rejilla de barras de refuerzo debe colocarse de acuerdo con las especificaciones de diseño, asegurándose de que se distribuya de manera uniforme en toda el área de los cimientos.

Vertido de hormigón: vierta el hormigón en el encofrado de los cimientos para crear una base sólida y estable. Asegúrese de que el hormigón se vibre de manera uniforme y vibre para eliminar las bolsas de aire, que pueden debilitar la estructura. Deje que el hormigón se cure correctamente antes de continuar con la construcción.

Impermeabilización de los cimientos

La impermeabilización es esencial para los refugios subterráneos para evitar la infiltración de humedad, que puede provocar daños estructurales, crecimiento de moho y otros peligros.

Técnicas clave:

Membranas impermeables: aplique una membrana impermeable en el exterior de las paredes de los cimientos. Estas membranas suelen estar hechas de asfalto recubierto de caucho u otros materiales flexibles que puedan soportar la presión del suelo circundante.

Sistemas de drenaje: instale un sistema de drenaje alrededor del perímetro de los cimientos para desviar el agua subterránea del refugio. Esto suele incluir un drenaje francés (una zanja llena de grava que contiene un tubo perforado) que canaliza el agua lejos de los cimientos.

Selladores y revestimientos: use selladores o revestimientos impermeables en las superficies interiores de los cimientos para proporcionar una capa adicional de protección contra la humedad. Estos pueden aplicarse directamente al hormigón o como parte de un sistema compuesto con membranas y drenaje.

Refuerzo estructural y protección

Las paredes y el techo del refugio deben estar diseñados para soportar la presión de la tierra que se encuentra sobre ellos, así como para proporcionar una protección adecuada contra la radiación.

Consideraciones clave:

Construcción de las paredes: Las paredes del refugio deben construirse con hormigón armado u otro material duradero capaz de soportar el peso del suelo que las recubre. Las paredes deben tener un espesor mínimo de 30 cm, según el nivel de protección requerido.

Soporte del techo: El techo del refugio debe estar reforzado de manera similar para evitar que se derrumbe bajo el peso de la tierra. Las vigas de acero, las barras de refuerzo y el hormigón grueso se utilizan comúnmente para crear una estructura de techo resistente y duradera.

Blindaje adicional: considere agregar capas adicionales de material de blindaje, como láminas de plomo, placas de acero o bermas de tierra, para mejorar la protección del refugio contra la radiación y los efectos de las explosiones. Los materiales y espesores específicos dependerán de su proximidad a las zonas de explosión potenciales y del nivel previsto de lluvia radiactiva.

Entrada y salida

El diseño de la entrada del refugio es crucial tanto para la seguridad como para la practicidad. Debe estar bien protegida, pero también debe proporcionar un acceso fácil en caso de emergencia.

Consideraciones clave:

Ubicación de la entrada: la entrada debe estar ubicada de manera que minimice la exposición al ambiente exterior. Una entrada ubicada en un ángulo o con un alero protector puede ayudar a reducir la cantidad de lluvia radiactiva o escombros que ingresan al refugio.

Puerta blindada: instale una puerta blindada reforzada en la entrada para proteger contra ondas de choque, escombros y entradas no autorizadas. La puerta debe estar hecha de acero pesado u otro material duradero y debe incluir mecanismos de bloqueo seguros.

Salida de emergencia: además de la entrada principal, considere diseñar una salida de emergencia que pueda usarse si la entrada principal está bloqueada. Puede ser un túnel secundario, una trampilla de escape u otro punto de salida discreto, oculto y bien protegido.

Ventilación y filtración de aire

La ventilación adecuada es fundamental en un refugio subterráneo para garantizar un suministro de aire fresco y eliminar el dióxido de carbono y otros contaminantes.

Consideraciones clave:

Pozos de ventilación: incluya pozos de ventilación que se extiendan desde el refugio hasta la superficie. Estos deben estar equipados con válvulas de explosión y sistemas de filtración para evitar que entre aire contaminado o escombros en el refugio.

Filtración de aire: instale un sistema de filtración de aire de alta eficiencia, que incluya filtros HEPA y filtros de carbón activado, para eliminar partículas radiactivas, contaminantes químicos y otros materiales peligrosos del aire.

Ventilación manual: incluya un sistema de ventilación manual, como un ventilador de manivela, para garantizar la circulación del aire incluso si no hay energía eléctrica disponible.

Relleno y finalización de la excavación

Una vez finalizada la estructura del refugio, se debe rellenar la excavación para restaurar el paisaje circundante y brindar protección adicional.

Consideraciones clave:

Relleno con tierra: rellene con cuidado la excavación alrededor del refugio con tierra, asegurándose de que la tierra esté distribuida uniformemente y compactada para evitar que se asiente. El material de relleno debe estar libre de escombros y rocas grandes que puedan dañar el refugio.

Compactación: compacte la tierra en capas a medida que rellena para evitar que se asiente en el futuro, lo que puede comprometer la integridad estructural y la impermeabilización del refugio.

Drenaje superficial: nivele el suelo alrededor del refugio para alejar el agua de la estructura. Los sistemas de drenaje superficial, como cunetas o bermas, pueden ayudar a controlar la escorrentía y evitar que el agua se acumule alrededor del refugio.

Inspecciones y pruebas finales

Una vez finalizada la construcción, es esencial realizar inspecciones y pruebas exhaustivas para garantizar que el refugio esté completamente operativo y listo para su uso.

Consideraciones clave:

Integridad estructural: inspeccione la estructura del refugio para detectar signos de debilidad, grietas o defectos. Asegúrese de que todos los refuerzos y soportes estén seguros y funcionen como corresponde.

Eficacia de la impermeabilización: pruebe los sistemas de impermeabilización verificando si hay signos de humedad o fugas en el interior del refugio. Aborde cualquier problema de inmediato para evitar daños a largo plazo.

Ventilación y calidad del aire: pruebe los sistemas de ventilación y filtración de aire para asegurarse de que brinden un flujo de aire adecuado y eliminen los contaminantes de manera eficaz. Asegúrese de que los sistemas de ventilación manual sean fáciles de operar y funcionen correctamente.

Acceso y seguridad: pruebe los sistemas de entrada y salida, incluidas las puertas, las cerraduras y las salidas de emergencia, para asegurarse de que sean seguros y fáciles de usar en caso de emergencia.

El trabajo de excavación y cimentación es la base de su refugio subterráneo contra la radiación, y prepara el escenario para la seguridad, durabilidad y eficacia de toda la estructura. Si planifica cuidadosamente la excavación, refuerza los cimientos, garantiza una impermeabilización adecuada e integra características esenciales como ventilación y entradas seguras, puede crear un refugio que proporcione protección confiable contra los peligros de la lluvia radiactiva. Las prácticas de construcción adecuadas, las inspecciones exhaustivas y la atención a los detalles garantizarán que su refugio subterráneo no solo sea un refugio seguro en tiempos de crisis, sino también una estructura duradera y resistente para

Refugios sobre el suelo: ventajas y desventajas

Los refugios antiatómicos sobre el suelo ofrecen una alternativa viable a los refugios subterráneos, especialmente cuando las condiciones del suelo, los niveles freáticos u otros factores hacen que la construcción subterránea sea poco práctica. Si bien los refugios sobre el suelo pueden brindar protección eficaz contra la radiación y otros peligros, tienen su propio conjunto de ventajas y desafíos. Este capítulo explora las ventajas y desventajas de los refugios sobre el suelo, lo que lo ayudará a determinar si este tipo de refugio es la opción adecuada para sus necesidades.

Ventajas de los refugios sobre el suelo

Facilidad de construcción

Proceso de construcción simplificado: construir un refugio sobre el suelo suele ser menos complicado que construir bajo tierra. Evita la necesidad de realizar excavaciones extensas, apuntalamiento y lidiar con aguas subterráneas o suelos inestables, lo que puede hacer que el proyecto sea más sencillo y rápido de completar.

Accesibilidad de los materiales de construcción: los materiales de construcción para refugios sobre el suelo, como el hormigón, el acero y los ladrillos reforzados, están fácilmente disponibles y son familiares para la mayoría de los contratistas, lo que puede reducir los costos y el tiempo de construcción.

Relación costo-beneficio

Menores costos de excavación: sin la necesidad de una excavación profunda, el costo total de construir un refugio sobre el suelo puede ser significativamente menor. Esto lo convierte en una opción más asequible para muchas personas.

Reducción de los requisitos de gestión del agua: los refugios sobre el suelo son menos propensos a problemas relacionados con las aguas subterráneas y las inundaciones, lo que puede reducir aún más los costos de construcción y mantenimiento.

Adaptabilidad y potencial de usos múltiples

Estructuras de doble propósito: los refugios sobre el suelo pueden diseñarse para cumplir múltiples propósitos. Por ejemplo, un refugio podría funcionar también como garaje fortificado, área de almacenamiento o taller cuando no se utiliza como refugio antiaéreo. Este enfoque de doble uso maximiza la inversión y el uso del espacio.

Integración más sencilla con estructuras existentes: los refugios sobre el suelo se pueden integrar más fácilmente en edificios existentes o agregarse a una casa como una extensión. Esto los convierte en una opción flexible para los propietarios que buscan agregar un refugio sin una renovación extensa.

Accesibilidad

Mejor acceso para todos: los refugios sobre el suelo generalmente son más fáciles de acceder, especialmente para personas con problemas de movilidad. No hay escaleras ni pendientes pronunciadas para navegar, lo que lo hace más seguro y conveniente para todos.

Acceso de emergencia: en caso de una emergencia, llegar a un refugio sobre el suelo suele ser más rápido y menos exigente físicamente, lo que puede ser crucial en situaciones en las que el tiempo es esencial.

VENTILACIÓN Y CALIDAD del aire

Mejor ventilación natural: los refugios sobre el suelo pueden beneficiarse de mejores opciones de ventilación natural, lo que reduce la dependencia de sistemas mecánicos. Las ventanas con protectores contra explosiones o respiraderos protegidos pueden proporcionar aire fresco y, al mismo tiempo, mantener la protección.

Riesgo reducido de exposición al radón: a diferencia de los refugios subterráneos, que pueden ser susceptibles a la acumulación de gas radón, los refugios sobre el suelo tienen menos probabilidades de encontrarse con este problema, lo que simplifica la gestión de la calidad del aire.

Desventajas de los refugios sobre el suelo

Protección radiológica reducida

Menos protección natural: a diferencia de los refugios subterráneos, que se benefician de las propiedades naturales de protección radiológica de la tierra, los refugios sobre el suelo requieren paredes y techos mucho más gruesos para lograr el mismo nivel de protección. Esto puede hacer que la construcción sea más desafiante y costosa.

Exposición a la lluvia radiactiva: los refugios sobre el suelo están expuestos de forma más directa a la lluvia radiactiva. Se debe prestar especial atención al sellado y protección de todas las superficies para evitar la contaminación.

Vulnerabilidad a los efectos de una explosión

Susceptibilidad a las ondas de choque y a los escombros: los refugios sobre el suelo son más vulnerables a los efectos de una explosión nuclear cercana, como las ondas de choque y los escombros que salen volando. Reforzar la estructura para que resista estas fuerzas requiere materiales e ingeniería adicionales, lo que puede aumentar los costos.

Daños por la caída de objetos: los árboles, las líneas eléctricas y otras estructuras pueden caer sobre un refugio sobre el suelo o dañarlo durante una explosión u otros eventos catastróficos. El refugio debe construirse para soportar tales impactos, lo que puede requerir técnicas de construcción de alta resistencia.

Consideraciones visuales y estéticas

Impacto estético: un refugio sobre el suelo puede no mimetizarse con el entorno circundante o el diseño de su hogar, lo que podría afectar la estética de su propiedad. Esto podría ser un problema si vive en un vecindario con reglas estrictas de la asociación de propietarios o si el valor de la propiedad es una consideración.

Falta de ocultamiento: los refugios sobre el suelo son más visibles y pueden atraer atención no deseada en un escenario posterior a un desastre, especialmente si los recursos son escasos y la seguridad se convierte en una preocupación. El camuflaje o la integración arquitectónica pueden ayudar, pero el ocultamiento completo es difícil.

Exposición ambiental

Vulnerabilidad climática: los refugios sobre el suelo están expuestos a los elementos, incluidas temperaturas extremas, viento, lluvia y nieve. Esta exposición puede generar mayores costos de mantenimiento y la necesidad de un aislamiento y una impermeabilización robustos para garantizar que el refugio siga siendo habitable.

Regulación de la temperatura: mantener una temperatura estable y cómoda en un refugio sobre el suelo puede ser más difícil en comparación con los refugios subterráneos. Puede requerir soluciones adicionales de calefacción, refrigeración o aislamiento, lo que puede aumentar la complejidad y el costo.

Requisitos estructurales

Paredes y techos más gruesos: para lograr un blindaje adecuado contra la radiación, los refugios sobre el suelo requieren paredes y techos hechos de materiales densos como el hormigón armado, que deben ser significativamente más gruesos que los de los refugios subterráneos. Esto aumenta la complejidad y el costo de la construcción.

Ingeniería avanzada: diseñar un refugio sobre el suelo para resistir tanto la radiación como los efectos de las explosiones requiere una planificación y un diseño cuidadosos. Es posible que se necesiten refuerzos estructurales, como vigas de acero y puertas resistentes a las explosiones, para garantizar la integridad del refugio.

Los refugios antinucleares sobre el suelo ofrecen una alternativa práctica a los refugios subterráneos, en particular en situaciones en las que la excavación es poco práctica o demasiado costosa. Por lo general, son más fáciles y rápidos de construir, más accesibles y, a menudo, pueden cumplir múltiples propósitos, lo que los convierte en una opción atractiva para muchos propietarios de viviendas. Sin embargo, también presentan desafíos importantes, incluida la necesidad de un mejor blindaje contra la radiación, una mayor vulnerabilidad a los efectos de las explosiones y posibles problemas estéticos y de seguridad. Al considerar un refugio sobre el suelo, es fundamental sopesar estos pros y contras frente a sus necesidades específicas, su presupuesto y su ubicación. Con una planificación cuidadosa, los materiales adecuados y una ingeniería experta, un refugio sobre el suelo puede brindar protección eficaz en caso de un desastre nuclear, al tiempo que ofrece la flexibilidad y la comodidad de una estructura más accesible y de usos múltiples.

Sistemas de ventilación: aire limpio en un refugio antiaéreo

Garantizar un suministro de aire limpio y respirable es uno de los aspectos más críticos del diseño de un refugio antiaéreo. En un entorno cerrado, la calidad del aire puede degradarse rápidamente debido a la acumulación de dióxido de carbono, humedad y contaminantes potencialmente dañinos. Un sistema de ventilación bien diseñado es esencial para mantener la calidad del aire, eliminar contaminantes y proporcionar un suministro continuo de aire fresco. Este capítulo explorará las consideraciones y componentes clave de los sistemas de ventilación eficaces en un refugio antiaéreo, centrándose en mantener el aire limpio durante estadías prolongadas.

La importancia de la ventilación

En un espacio confinado como un refugio antiaéreo, el aire puede volverse viciado y contaminado si no se ventila adecuadamente. La ventilación cumple varias funciones cruciales:

Suministro de oxígeno: el aire fresco es necesario para proporcionar oxígeno para respirar y evitar que el dióxido de carbono alcance niveles peligrosos.

Control de la humedad: la ventilación ayuda a controlar la humedad, lo que reduce el riesgo de condensación, moho y hongos, que pueden comprometer tanto la calidad del aire como la integridad estructural.

Eliminación de contaminantes: Los sistemas de ventilación eficaces filtran los contaminantes del aire, incluidas las partículas radiactivas, los contaminantes químicos y los patógenos, lo que garantiza que el aire siga siendo seguro para respirar.

Tipos de sistemas de ventilación

Existen varios tipos de sistemas de ventilación que se pueden utilizar en un refugio antiatómico, cada uno con sus propias ventajas y limitaciones. La elección del sistema depende de factores como el tamaño del refugio, la ocupación prevista y las fuentes de energía disponibles.

Ventilación natural:

Pros: Sencilla y no requiere energía; se puede integrar en el diseño del refugio mediante respiraderos y aberturas estratégicamente ubicados.

Contras: Control limitado sobre el flujo de aire; puede no proporcionar una filtración o protección adecuadas contra los contaminantes del aire.

Mejor uso: En situaciones menos críticas o como un sistema complementario a la ventilación motorizada.

Ventilación motorizada:

Pros: Proporciona un flujo de aire controlado y puede equiparse con sistemas de filtración avanzados; capaz de mantener un suministro de aire estable y eliminar contaminantes de manera eficiente.

Contras: Requiere una fuente de energía confiable; más compleja y costosa de instalar y mantener.

Uso recomendado: en refugios más grandes o aquellos destinados a una ocupación a largo plazo donde es fundamental mantener la calidad del aire.

Ventilación manual:

Ventajas: se opera con la mano, lo que la hace independiente de la electricidad; se puede usar como sistema de respaldo si falla la energía.

Desventajas: requiere esfuerzo manual, lo que puede resultar difícil durante períodos prolongados; capacidad y flujo de aire limitados en comparación con los sistemas eléctricos.

Uso recomendado: como respaldo de emergencia o junto con un sistema de ventilación eléctrico principal.

Componentes de un sistema de ventilación eficaz

Un sistema de ventilación integral en un refugio antinuclear consta de varios componentes clave, cada uno diseñado para garantizar que el aire circule, se filtre y sea seguro para los ocupantes.

Entradas y salidas de aire:

Entrada de aire: el aire fresco ingresa al refugio a través de una entrada de aire, que debe ubicarse lejos de posibles fuentes de contaminación. La entrada debe estar equipada con válvulas de protección contra explosiones o filtros resistentes a explosiones para proteger contra ondas de choque y escombros.

Salida de aire: el aire viciado sale del refugio a través de una salida de aire, que debe ubicarse de manera que fomente una circulación de aire eficaz. Las salidas de aire también pueden requerir protección contra explosiones para garantizar que sigan funcionando durante un evento nuclear.

Filtros de aire:

Filtros HEPA: los filtros de aire de partículas de alta eficiencia (HEPA) son esenciales para eliminar partículas radiactivas, polvo y otros contaminantes finos del aire. Estos filtros pueden capturar partículas tan pequeñas como 0,3 micrones con un alto grado de eficiencia.

Filtros de carbón activado: los filtros de carbón activado se utilizan para eliminar vapores químicos, olores y ciertos gases del aire. Funcionan mediante la adsorción de contaminantes en la superficie de las partículas de carbón.

Prefiltros: los prefiltros se instalan antes de los filtros HEPA o de carbón para capturar partículas más grandes, lo que extiende la vida útil de los filtros principales y mejora la eficiencia general del sistema.

Ventiladores y sopladores:

Ventiladores eléctricos: los ventiladores eléctricos se utilizan para mover el aire a través del sistema de ventilación, lo que garantiza un suministro continuo de aire fresco y la eliminación del aire viciado. Estos ventiladores se pueden controlar para regular el flujo de aire según la ocupación y las condiciones dentro del refugio.

Sopladores manuales: los sopladores manuales, como los ventiladores de manivela, se pueden utilizar en caso de un corte de energía. Si bien son menos eficientes que los ventiladores eléctricos, brindan un respaldo esencial para mantener el aire circulando.

Conductos:

Conductos de aire: los conductos canalizan el aire por todo el refugio, conectando las rejillas de entrada y salida con los espacios habitables. Los conductos deben estar diseñados para minimizar la resistencia y garantizar una distribución uniforme del aire.

Amortiguadores de explosión: es posible que los conductos deban estar equipados con amortiguadores de explosión, que se cierran automáticamente en caso de una explosión, lo que evita que las ondas de choque ingresen al refugio.

Monitores de calidad del aire:

Monitores de CO2: los monitores de dióxido de carbono rastrean los niveles de CO2 dentro del refugio y brindan alertas si las concentraciones se acercan a niveles peligrosos. Esto ayuda a garantizar que el sistema de ventilación proporcione suficiente aire fresco.

Detectores de radón y otros gases: según la ubicación del refugio, puede ser necesario monitorear el radón u otros gases nocivos que podrían filtrarse en el refugio.

Diseño de un sistema de ventilación eficiente

El diseño de un sistema de ventilación eficaz requiere una planificación cuidadosa y la consideración de diversos factores, incluidos el tamaño del refugio, la ocupación y las condiciones ambientales.

Cálculo de los requisitos de flujo de aire:

Ocupación: Determine la cantidad máxima de ocupantes y calcule el volumen total del refugio. El sistema de ventilación debe ser capaz de suministrar suficiente aire fresco para mantener un entorno seguro y cómodo.

Renovaciones de aire por hora (ACH): La ACH es una medida de cuántas veces se reemplaza el aire del refugio con aire fresco cada hora. Para los refugios antiatómicos, se recomienda una ACH típica de 6 a 10, lo que significa que todo el volumen de aire debe reemplazarse de 6 a 10 veces por hora.

Disposición del sistema de ventilación:

Ubicación de las entradas y salidas de aire: Coloque las rejillas de entrada de aire en el punto más bajo posible, donde pueda ingresar aire fresco y frío. Las rejillas de salida deben colocarse en el punto más alto, donde el aire cálido y viciado sube naturalmente. Esta ubicación aprovecha la convección natural para facilitar el flujo de aire.

Diseño de conductos: diseñe los conductos para minimizar las curvas y obstrucciones que pueden reducir la eficiencia del flujo de aire. Utilice conductos lisos y rígidos siempre que sea posible, ya que los conductos flexibles pueden crear turbulencias y aumentar la resistencia.

Filtración y mantenimiento:

Mantenimiento de filtros: inspeccione y reemplace regularmente los filtros de aire de acuerdo con las recomendaciones del fabricante. Un filtro obstruido puede reducir significativamente el flujo de aire y comprometer la calidad del aire.

Paneles de acceso: instale paneles de acceso para facilitar el mantenimiento y el reemplazo de filtros. Esto garantiza que el sistema permanezca operativo y eficiente a lo largo del tiempo.

Respaldo y redundancia:

Energía de respaldo: considere una fuente de energía de respaldo, como un generador o un sistema de batería, para mantener la ventilación eléctrica en funcionamiento durante un corte de energía prolongado. Alternativamente, se deben incluir ventiladores manuales como medida de seguridad.

Sistemas redundantes: en refugios críticos, tener sistemas de ventilación redundantes puede proporcionar una red de seguridad en caso de que falle el sistema principal. Esto podría incluir un segundo conjunto de respiraderos de entrada y salida o un sistema manual independiente.

Manejo de contaminantes del aire

En un refugio antinuclear, los contaminantes del aire pueden provenir de fuentes externas, como la lluvia radiactiva, o de fuentes internas, como el dióxido de carbono y la humedad de los ocupantes.

Lluvia radiactiva:

Filtro de partículas radiactivas: utilice filtros HEPA para eliminar las partículas radiactivas del aire entrante. Controle regularmente la calidad del aire exterior, especialmente después de un evento nuclear, para ajustar los parámetros de ventilación según sea necesario.

Sellado de fugas de aire: asegúrese de que todos los conductos de ventilación, puertas y ventanas estén debidamente sellados para evitar que entre aire sin filtrar en el refugio.

Dióxido de carbono (CO2):

Depuradores de CO2: además de la ventilación, considere instalar depuradores de CO2, que eliminan químicamente el dióxido de carbono del aire. Esto es particularmente importante en situaciones donde el flujo de aire es limitado o cuando los ocupantes deben permanecer sellados dentro del refugio durante períodos prolongados.

Tasa de ventilación: asegúrese de que la tasa de ventilación sea suficiente para mantener los niveles de CO2 por debajo de 1000 partes por millón (ppm), el umbral generalmente considerado seguro para la exposición prolongada.

Control de la humedad:

Deshumidificadores: use deshumidificadores para controlar los niveles de humedad dentro del refugio. La humedad alta puede provocar el crecimiento de moho, lo que puede afectar negativamente la calidad del aire y la salud.

Ventilación: una ventilación adecuada también ayuda a controlar la humedad al eliminar el aire cargado de humedad y hacer entrar aire más seco del exterior.

Contaminantes químicos y biológicos:

Filtros de carbón activado: estos filtros son esenciales para eliminar vapores y olores químicos. Deben reemplazarse periódicamente para mantener su eficacia. Purificadores de aire UV: considere agregar purificadores de aire UV al sistema para matar las bacterias y los virus transportados por el aire, lo que agrega una capa adicional de protección.

Pruebas y mantenimiento

Una vez que se instala el sistema de ventilación, las pruebas y el mantenimiento regulares son cruciales para garantizar que funcione correctamente durante una emergencia.

Pruebas del sistema:

Pruebas de flujo: realice pruebas de flujo de aire para garantizar que el sistema cumpla con el ACH requerido para el tamaño y la ocupación del refugio.

Eficiencia del filtro: pruebe el sistema de filtración periódicamente para asegurarse de que elimine los contaminantes de manera efectiva. Reemplace los filtros según sea necesario.

Mantenimiento de rutina:

Programa de inspección: establezca un programa de inspección regular para el sistema de ventilación. Esto debe incluir la verificación de fugas, la prueba del flujo de aire y la inspección de las condiciones del filtro.

Simulacros de emergencia: realice simulacros de emergencia para practicar el funcionamiento de los sistemas de ventilación manual y el cambio a la energía de respaldo si es necesario.

Un sistema de ventilación bien diseñado es esencial para garantizar la seguridad y la comodidad de los ocupantes de un refugio antiatómico. Una ventilación eficaz no solo garantiza un suministro continuo de oxígeno, sino que también protege contra la acumulación de gases nocivos, humedad y contaminantes transportados por el aire, lo que hace que su refugio antiaéreo sea un espacio seguro y habitable durante una estadía prolongada.

Consideraciones a largo plazo

En situaciones en las que el refugio podría durar semanas o incluso meses, es esencial planificar la funcionalidad a largo plazo de su sistema de ventilación. Esto incluye garantizar que el sistema pueda funcionar de forma independiente si las fuentes de energía externas se ven comprometidas y que pueda mantenerse durante un período prolongado sin asistencia externa.

Consideraciones clave:

Vida útil prolongada de los filtros: para el refugio a largo plazo, considere almacenar varios filtros de repuesto, especialmente filtros HEPA y de carbón activado. Calcule la frecuencia con la que será necesario reemplazarlos en función de su tasa de ventilación y los niveles potenciales de contaminación.

Eficiencia energética: si su sistema de ventilación depende de la energía eléctrica, priorice los componentes de eficiencia energética para minimizar la carga en su fuente de alimentación, ya sea un generador, paneles solares o baterías. Los sistemas de ventilación manual deben ser ergonómicos y estar diseñados para facilitar su uso durante períodos prolongados.

Monitoreo continuo: equipe su refugio con sensores que brinden datos en tiempo real sobre la calidad del aire, los niveles de CO_2 y la humedad. Estos sensores pueden alertarlo sobre cualquier cambio en la calidad del aire que pueda requerir ajustes en la configuración de la ventilación o tareas de mantenimiento.

Sistemas de respaldo y redundancia:

Suministro de aire secundario: considere una entrada de aire secundaria, que se puede utilizar si la entrada principal se ve comprometida. Esto podría ser tan simple como un respiradero secundario con un control manual o un sistema de entrada completamente separado.

Operación manual: asegúrese de que todas las funciones críticas del sistema de ventilación, incluido el funcionamiento del ventilador y los cambios de filtro, se puedan realizar manualmente en caso de un corte de energía. Tener un respaldo manual es crucial para la supervivencia a largo plazo en un escenario posterior a una catástrofe.

Durabilidad del sistema de ventilación:

Materiales de alta calidad: utilice materiales duraderos para conductos, ventiladores y otros componentes para soportar las condiciones potencialmente duras dentro de un refugio a lo largo del tiempo. Esto reduce la probabilidad de falla del sistema debido al desgaste.

Simulacros y capacitación regulares: realice simulacros regulares para asegurarse de que todos los ocupantes estén familiarizados con el funcionamiento del sistema de ventilación, incluido cómo cambiar entre modos de energía, reemplazar filtros y operar ventiladores manuales. Capacitar a todos en estos procedimientos garantiza que el sistema pueda mantenerse de manera efectiva incluso si el operador principal está incapacitado.

MEJORA DE LA HABITABILIDAD del refugio con funciones de ventilación avanzadas

Si bien los sistemas de ventilación básicos son suficientes para mantener el aire limpio y respirable, las funciones avanzadas pueden mejorar significativamente la habitabilidad de su refugio antiaéreo, en particular durante la ocupación a largo plazo.

Integración del control climático:

Aire acondicionado y calefacción: la integración del control climático en su sistema de ventilación puede ayudar a mantener una temperatura agradable dentro del refugio. Esto es especialmente importante en áreas con condiciones climáticas extremas.

Control de humedad: los sistemas avanzados de control de humedad, incluidos los deshumidificadores o humidificadores integrados en el sistema de ventilación, pueden garantizar que el aire se mantenga dentro de un rango de humedad cómodo y seguro.

Mejoras de la calidad del aire:

Sistemas de purificación del aire: además de la filtración estándar, considere instalar purificadores de aire que utilicen luz ultravioleta, ionización u otras tecnologías para eliminar patógenos, alérgenos e incluso algunos contaminantes químicos transportados por el aire.

Aromaterapia: si bien no es esencial para la supervivencia, la incorporación de difusores de aromaterapia en el sistema de ventilación puede mejorar el bienestar mental y la comodidad al liberar aromas calmantes en el aire.

Reducción de ruido:

Funcionamiento silencioso: el ruido de los sistemas de ventilación puede convertirse en una fuente de estrés, especialmente durante períodos prolongados. Elija componentes diseñados para un funcionamiento silencioso o instale funciones de reducción de ruido, como conductos insonorizados o amortiguadores de vibraciones, para minimizar las molestias.

Controles inteligentes:

Sistemas automatizados: la automatización de su sistema de ventilación con controles inteligentes puede facilitar la gestión de la calidad del aire sin ajustes manuales constantes. Los sensores inteligentes pueden ajustar la velocidad del ventilador, el flujo de aire y el uso del filtro en función de las condiciones en tiempo real, lo que optimiza la eficiencia y la comodidad.

Monitoreo remoto: si su refugio es parte de un plan de preparación más amplio que incluye vigilancia remota, considere integrar el monitoreo remoto del sistema de ventilación. Esto le permite verificar la calidad del aire y el estado del sistema incluso cuando no se encuentra en el refugio.

Preparaciones finales y lista de verificación

Antes de considerar que el sistema de ventilación de su refugio está completo, es importante revisar una lista de verificación final para asegurarse de que todo esté en su lugar y funcionando correctamente.

Lista de verificación final:

Prueba del sistema: pruebe todos los componentes del sistema de ventilación en condiciones normales y simule una emergencia para asegurarse de que funcione como se espera. Verifique el flujo de aire, la eficiencia del filtro y la funcionalidad de los sistemas de respaldo.

Suministros almacenados: verifique que tenga una reserva suficiente de filtros, piezas y herramientas para realizar el mantenimiento del sistema de ventilación durante un período prolongado.

Manuales e instrucciones: tenga a mano manuales e instrucciones detallados para todos los componentes del sistema, incluidas las guías de resolución de problemas comunes. Asegúrese de que todos los ocupantes sepan dónde se encuentran estos documentos y comprendan los conceptos básicos del funcionamiento del sistema.

Simulacros de emergencia: Realice un simulacro de emergencia completo para practicar cómo cambiar a ventilación manual, cambiar filtros y responder a cambios en la calidad del aire. Incluya a todos los ocupantes del refugio en el simulacro para asegurarse de que todos estén preparados.

Un sistema de ventilación confiable y eficiente es la piedra angular de un refugio antiaéreo seguro y habitable. La instalación adecuada, el mantenimiento regular y el monitoreo continuo del sistema lo ayudarán a mantener el aire limpio y proteger la salud y el bienestar de todos los que se encuentran en el refugio. Ya sea para uso a corto plazo o para estadías prolongadas, un sistema de ventilación bien diseñado es esencial para la supervivencia y la comodidad en un refugio antiaéreo.

Filtración y purificación: cómo garantizar un suministro de aire seguro

En un refugio antinuclear, garantizar un suministro de aire limpio y seguro es crucial para la salud y la supervivencia de sus ocupantes. Los sistemas de filtración y purificación están diseñados para eliminar partículas dañinas, gases y otros contaminantes del aire, lo que hace que sea seguro respirar incluso en un entorno muy contaminado. Este capítulo explorará los diversos métodos y tecnologías disponibles para la filtración y purificación del aire, y brindará orientación sobre cómo implementar estos sistemas de manera efectiva en su refugio.

La importancia de la filtración y la purificación

En caso de una lluvia radiactiva, el aire fuera de su refugio puede contener partículas radiactivas, sustancias químicas tóxicas y contaminantes biológicos. Sin una filtración y purificación adecuadas, estos materiales peligrosos podrían ingresar a su refugio y representar graves riesgos para la salud. Los objetivos principales de un sistema de filtración y purificación del aire son:

Eliminar partículas radiactivas: estas incluyen partículas que emiten rayos alfa, beta y gamma que pueden causar enfermedad por radiación y aumentar el riesgo de cáncer.

Eliminación de sustancias químicas tóxicas: las consecuencias pueden incluir contaminantes químicos de incendios, accidentes industriales o la explosión misma. Estos productos químicos pueden causar problemas respiratorios y otros problemas de salud.

Filtración de contaminantes biológicos: las bacterias, los virus y las esporas pueden estar presentes en el aire después de un desastre, lo que supone un riesgo de infección y enfermedad.

Control de la humedad y la calidad del aire: además de eliminar sustancias nocivas, los sistemas de filtración ayudan a mantener un ambiente interior saludable al controlar la humedad y reducir los alérgenos.

Tipos de contaminantes transportados por el aire

Entender los tipos de contaminantes que puede encontrar ayuda a seleccionar los métodos de filtración y purificación adecuados. Los principales contaminantes transportados por el aire incluyen:

Partículas radiactivas:

Partículas alfa: son relativamente grandes y la mayoría de los sistemas de filtración pueden filtrarlas de forma eficaz. Sin embargo, son muy peligrosas si se inhalan o se ingieren.

Partículas beta: más pequeñas que las partículas alfa, las partículas beta pueden penetrar determinados materiales, pero siguen siendo relativamente fáciles de filtrar con los sistemas adecuados.

Rayos gamma: son muy penetrantes y requieren materiales densos como el plomo o el hormigón grueso para bloquearlos. Sin embargo, los rayos gamma son una preocupación menor para la filtración, ya que no se comportan como partículas que pueden quedar atrapadas en los filtros.

Contaminantes químicos:

Compuestos orgánicos volátiles (COV): estos productos químicos pueden evaporarse en el aire a partir de sustancias como pintura, combustible y productos químicos industriales. A menudo se eliminan utilizando filtros de carbón activado.

Gases tóxicos: pueden incluir monóxido de carbono, cloro y otros gases peligrosos que pueden ingresar al refugio si no se filtran adecuadamente.

Contaminantes biológicos:

Bacterias y virus: pueden propagarse por el aire y, por lo general, se eliminan con filtros HEPA o se neutralizan con luz ultravioleta (UV).

Esporas de moho: el moho puede crecer en ambientes húmedos y liberar esporas en el aire, lo que puede causar problemas respiratorios. La filtración y el control de la humedad adecuados ayudan a mitigar este riesgo.

Tecnologías de filtración

Existen varias tecnologías de filtración disponibles para abordar diferentes tipos de contaminantes. Comprender estas tecnologías es clave para diseñar un sistema de filtración de aire eficaz para su refugio.

Filtros HEPA (filtros de aire de partículas de alta eficiencia):

Función: los filtros HEPA están diseñados para capturar partículas tan pequeñas como 0,3 micrones con una eficiencia del 99,97 %. Esto los hace ideales para eliminar partículas radiactivas, polvo y otros contaminantes finos.

Aplicación: los filtros HEPA se utilizan comúnmente en purificadores de aire y sistemas de ventilación. Son esenciales en cualquier refugio antiatómico para garantizar que las partículas radiactivas transportadas por el aire se eliminen del aire entrante.

Mantenimiento: es necesario reemplazar regularmente los filtros HEPA para mantener su eficacia. Consulte las recomendaciones del fabricante para conocer los intervalos de reemplazo según el uso y los niveles de contaminación.

Filtros de carbón activado:

Función: los filtros de carbón activado son muy eficaces para eliminar contaminantes químicos, olores y COV. Funcionan mediante la adsorción de estas sustancias en la superficie de los gránulos de carbón.

Aplicación: Estos filtros se utilizan a menudo junto con los filtros HEPA en los sistemas de purificación de aire para proporcionar una protección integral contra contaminantes químicos y particulados.

Mantenimiento: Al igual que los filtros HEPA, los filtros de carbón activado necesitan un reemplazo regular, especialmente en entornos con altos niveles de contaminantes químicos.

Prefiltros:

Función: Los prefiltros se utilizan para capturar partículas más grandes, como polvo, cabello y residuos, antes de que el aire llegue a los filtros HEPA o de carbón activado. Esto extiende la vida útil de los filtros más costosos y mejora la eficiencia general del sistema.

Aplicación: Los prefiltros suelen ser la primera etapa de un sistema de filtración multicapa.

Mantenimiento: Los prefiltros deben limpiarse o reemplazarse regularmente para evitar obstrucciones y mantener el flujo de aire.

Luz UV-C (irradiación germicida ultravioleta):

Función: La luz UV-C mata o inactiva bacterias, virus y otros microorganismos al dañar su ADN. Este método es particularmente eficaz para neutralizar contaminantes biológicos transportados por el aire.

Aplicación: La luz UV-C se puede integrar en los sistemas de filtración de aire como una medida secundaria después de la filtración física. Es especialmente útil en entornos donde existe un alto riesgo de contaminación biológica.

Mantenimiento: Las bombillas UV deben reemplazarse periódicamente ya que su eficacia disminuye con el tiempo. Asegúrese de que la luz UV esté protegida adecuadamente para evitar la exposición de los ocupantes del refugio.

Filtros electrostáticos:

Función: Los filtros electrostáticos utilizan una carga eléctrica para capturar partículas en el aire. A medida que el aire pasa a través de ellos, las partículas son atraídas por placas o fibras con carga opuesta.

Aplicación: Estos filtros a veces se utilizan en combinación con otros métodos de filtración para mejorar la eliminación de partículas. Sin embargo, son menos eficaces para capturar partículas más pequeñas en comparación con los filtros HEPA.

Mantenimiento: Los filtros electrostáticos requieren una limpieza regular para mantener su eficacia. Las placas de recolección deben limpiarse o lavarse para eliminar las partículas acumuladas.

Tecnologías de purificación

Además de la filtración, las tecnologías de purificación del aire pueden ayudar a garantizar que el aire dentro de su refugio se mantenga limpio y seguro. Estas tecnologías son particularmente útiles para eliminar gases y contaminantes biológicos que la filtración por sí sola podría no eliminar por completo.

Generadores de ozono e ionización:

Ionización: los ionizadores liberan iones cargados en el aire que se adhieren a las partículas, lo que hace que se aglomeren y se desprendan del aire. Si bien esto puede reducir los niveles de partículas en suspensión en el aire, la ionización no filtra el aire y puede producir ozono como subproducto.

Generadores de ozono: estos dispositivos producen ozono, que puede neutralizar los olores y matar ciertas bacterias y virus. Sin embargo, el ozono es un irritante pulmonar y debe usarse con precaución, especialmente en espacios ocupados.

Aplicación: estas tecnologías generalmente no se recomiendan como el método principal de purificación del aire en un refugio antiatómico debido a los posibles riesgos para la salud asociados con el ozono.

Oxidación fotoelectroquímica (PECO):

Función: La tecnología PECO utiliza luz para catalizar una reacción que descompone las moléculas orgánicas, incluidas las bacterias, los virus y los COV, en sustancias inofensivas como el dióxido de carbono y el agua.

Aplicación: Los sistemas PECO se pueden integrar en purificadores de aire como una forma avanzada de purificación del aire, particularmente eficaz contra contaminantes gaseosos y patógenos.

Mantenimiento: Los sistemas PECO requieren el reemplazo periódico del catalizador y la fuente de luz para mantener la eficiencia.

Diseño de un sistema de filtración y purificación

Diseñar un sistema de filtración y purificación eficaz para su refugio antiatómico requiere una planificación cuidadosa y la consideración de las amenazas específicas a las que puede enfrentarse. El sistema debe ser capaz de manejar las necesidades de suministro de aire del refugio y, al mismo tiempo, garantizar que se eliminen o neutralicen todos los contaminantes.

Diseño del sistema:

Filtración en varias etapas: Implemente un sistema de filtración en varias etapas que incluya prefiltros, filtros HEPA y filtros de carbón activado. Esto garantiza que se aborden todos los tipos de contaminantes, desde partículas grandes hasta vapores químicos.

Integración con la ventilación: el sistema de filtración debe estar integrado al sistema de ventilación del refugio, lo que garantiza que todo el aire entrante se filtre antes de ingresar al espacio habitable.

Redundancia: considere la posibilidad de incluir sistemas de filtración redundantes para proporcionar respaldo en caso de que falle un sistema. Esto podría incluir una entrada de aire secundaria con su propio sistema de filtración o purificadores de aire portátiles que se puedan implementar según sea necesario.

Gestión del flujo de aire:

Sistema de presión positiva: considere la posibilidad de utilizar un sistema de presión positiva que empuje el aire filtrado hacia el refugio, creando una ligera sobrepresión que evite que el aire sin filtrar se filtre a través de grietas o espacios.

Distribución del aire: asegúrese de que el aire filtrado se distribuya de manera uniforme en todo el refugio. Esto puede implicar el uso de conductos y ventiladores para dirigir el flujo de aire a todas las áreas.

Consideraciones sobre la energía:

Energía de respaldo: los sistemas de filtración y purificación deben estar conectados a una fuente de energía confiable, como un generador o una batería de respaldo, para garantizar un funcionamiento continuo durante una emergencia.

Operación manual: incluya una opción manual para la filtración de aire, como ventiladores o fuelles accionados manualmente, para garantizar que el aire aún se pueda filtrar si no hay energía eléctrica disponible.

Mantenimiento y pruebas

El mantenimiento y las pruebas regulares son esenciales para garantizar que sus sistemas de filtración y purificación sigan siendo efectivos a lo largo del tiempo. Sin un mantenimiento adecuado, los filtros pueden obstruirse y los sistemas de purificación pueden perder su efectividad, lo que compromete la seguridad del suministro de aire de su refugio.

Programa de mantenimiento:

Reemplazo de filtros: siga las pautas del fabricante para reemplazar los filtros HEPA, de carbón activado y los prefiltros. Tenga a mano una reserva de filtros de repuesto, especialmente si prevé un refugio a largo plazo.

Reemplazo de bombillas UV-C: reemplace las bombillas UV-C según lo recomendado por el fabricante para garantizar que sigan neutralizando eficazmente los contaminantes biológicos.

Inspección del sistema: inspeccione regularmente los sistemas de filtración y purificación para detectar signos de desgaste, daños u obstrucciones. Limpie o repare los componentes según sea necesario para mantener un rendimiento óptimo.

Pruebas de calidad del aire:

Pruebas de rutina: realice pruebas de calidad del aire con regularidad para controlar los niveles de material particulado, dióxido de carbono, humedad y cualquier contaminante específico relevante para el entorno de su refugio. Las pruebas de calidad del aire lo ayudan a identificar cualquier problema con sus sistemas de filtración y purificación antes de que se conviertan en problemas graves.

Parámetros clave de las pruebas:

Material particulado (PM): use un contador de partículas para medir la concentración de material particulado en el aire, enfocándose particularmente en partículas en los rangos PM2.5 y PM10, que son las más dañinas para la salud.

Contaminantes químicos: pruebe la presencia de COV, monóxido de carbono y otros gases nocivos utilizando sensores y detectores adecuados. Asegúrese de que los niveles permanezcan por debajo de los umbrales de seguridad establecidos.

Niveles de radiación: controle regularmente los niveles de radiación dentro del refugio utilizando un contador Geiger o un dispositivo similar para asegurarse de que su sistema de filtración esté eliminando eficazmente las partículas radiactivas.

Contaminantes biológicos: si su refugio corre el riesgo de sufrir contaminación biológica, considere la posibilidad de utilizar métodos de muestreo de aire para detectar bacterias, virus o esporas de moho. Esto puede ser especialmente importante si alguien en el refugio se enferma.

Simulacros de emergencia:

Simulacro de corte de energía: realice simulacros para simular un corte de energía, asegurándose de que los sistemas manuales de ventilación y filtración se puedan activar de manera rápida y eficaz. Esta práctica preparará a todos los ocupantes del refugio para responder de manera adecuada en caso de emergencia.

Práctica de cambio de filtros: practique el cambio de filtros de aire en condiciones de emergencia simuladas, para que todos sepan cómo reemplazarlos de manera rápida y correcta. Este simulacro debe incluir la verificación de la colocación y el sellado adecuados de los filtros.

Cómo abordar los desafíos más comunes de filtración y purificación

Incluso los sistemas de filtración y purificación mejor diseñados pueden enfrentar desafíos, especialmente durante el uso a largo plazo. Comprender estos desafíos y tener soluciones listas puede ayudarlo a mantener la calidad del aire en su refugio.

Filtros obstruidos:

Problema: con el tiempo, los filtros pueden obstruirse con polvo, residuos y contaminantes, lo que reduce el flujo de aire y la eficiencia de filtración.

Solución: implemente un programa de mantenimiento regular para verificar y reemplazar los filtros antes de que se obstruyan demasiado. Tenga filtros de repuesto disponibles y considere usar prefiltros para extender la vida útil de los filtros HEPA y de carbón más costosos.

Cortes de energía:

Problema: un corte de energía puede inhabilitar los sistemas de filtración eléctricos, lo que deja al refugio sin una purificación de aire adecuada.

Solución: asegúrese de tener soluciones de energía de respaldo como baterías o generadores. Incluya opciones de filtración manual, como ventiladores de manivela o purificadores de aire portátiles, para mantener el flujo de aire y la filtración durante un corte de energía.

Saturación de los filtros:

Problema: Los filtros de carbón activado pueden saturarse con sustancias químicas y perder su eficacia con el tiempo, en particular en entornos con altos niveles de COV o gases tóxicos.

Solución: Controle la calidad del aire para detectar signos de saturación de los filtros, como olores persistentes o niveles crecientes de COV. Reemplace los filtros de carbón activado con regularidad y controle su vida útil.

Fatiga por mantenimiento:

Problema: El refugio a largo plazo puede provocar fatiga por mantenimiento, en el que se descuida el mantenimiento regular del sistema de filtración debido al agotamiento físico o mental.

Solución: Rote las responsabilidades de mantenimiento entre los ocupantes del refugio para distribuir la carga de trabajo. Establezca un programa de mantenimiento claro y cúmplalo estrictamente, con recordatorios y listas de verificación para asegurarse de que no se pase nada por alto.

Mejora de la seguridad del refugio con sistemas de filtración avanzados

Para quienes buscan el mayor nivel de protección, los sistemas avanzados de filtración y purificación pueden proporcionar medidas de seguridad adicionales, especialmente en refugios diseñados para una ocupación a largo plazo o en entornos con graves riesgos de contaminación.

Tecnologías de filtración avanzadas:

PECO (oxidación fotoelectroquímica): considere la posibilidad de integrar la tecnología PECO, que utiliza procesos catalíticos activados por luz para descomponer las moléculas orgánicas, incluidos los COV, las bacterias y los virus, en subproductos inofensivos.

Sistemas de filtración de múltiples etapas: utilice sistemas de múltiples etapas que combinen prefiltros, filtros HEPA, filtros de carbón activado y luz UV-C para proporcionar una purificación integral del aire. Este enfoque garantiza que se aborden todos los contaminantes potenciales, lo que mejora la calidad general del aire.

Sistemas de filtración inteligente:

Sistemas de control automatizado: Instale sistemas de control inteligente que ajusten automáticamente la velocidad del ventilador, el uso del filtro y el flujo de aire en función de los datos de calidad del aire en tiempo real. Estos sistemas pueden optimizar la eficiencia de su configuración de filtración y garantizar una protección continua sin intervención manual.

Monitoreo y alertas remotos: Configure sistemas de monitoreo y alerta remotos que le notifiquen sobre cualquier problema con la calidad del aire, el rendimiento del filtro o el mal funcionamiento del sistema. Esto puede ser especialmente útil si el refugio es parte de un plan de preparación para emergencias más amplio que incluye acceso remoto.

Sistemas redundantes:

Vías de filtración secundarias: Cree vías de filtración redundantes que se puedan activar si falla el sistema principal. Esto puede incluir entradas de aire adicionales con unidades de filtración independientes o purificadores de aire portátiles que se puedan implementar según sea necesario.

Defensa en capas: Considere un enfoque de defensa en capas, donde se utilizan diferentes métodos de filtración (por ejemplo, filtros mecánicos, adsorción química, esterilización UV) en conjunto para brindar protección superpuesta contra una amplia gama de contaminantes.

———————————

PREPARACIONES FINALES y preparación

Antes de que se considere que su sistema de filtración y purificación está listo, es esencial realizar una serie final de controles y preparativos para garantizar que todo esté funcionando de manera correcta y eficiente.

Lista de verificación final:

Pruebas integrales: Realice una ronda final de pruebas de calidad del aire, verificando los niveles de partículas, contaminantes químicos y el rendimiento general del sistema. Realice los ajustes o reparaciones necesarios antes de considerar que el sistema está listo.

Inventario de suministros: Asegúrese de tener un inventario completo de filtros de repuesto, piezas y herramientas de mantenimiento. Guarde estos suministros en un lugar al que se pueda acceder fácilmente dentro del refugio.

Documentación y capacitación: Proporcione documentación detallada sobre el funcionamiento y el mantenimiento del sistema de filtración, incluidos manuales, guías de resolución de problemas y cronogramas de mantenimiento. Asegúrese de que todos los ocupantes del refugio estén capacitados sobre cómo operar y mantener el sistema.

Simulacros de emergencia: Realice un simulacro de emergencia completo, simulando escenarios como cambios de filtro, cortes de energía y activación manual del sistema. Esto garantizará que todos estén preparados para responder de manera rápida y eficaz en una emergencia real.

Un sistema de filtración y purificación bien diseñado es esencial para mantener un suministro de aire seguro y respirable en un refugio antiatómico. Si comprende las distintas tecnologías de filtración, implementa un diseño de sistema sólido y cumple con el mantenimiento y las pruebas regulares, puede asegurarse de que su refugio siga siendo un entorno seguro incluso en las condiciones más difíciles. Las opciones de filtración avanzadas y los controles inteligentes pueden mejorar aún más la seguridad, lo que le brinda la tranquilidad de saber que su refugio está equipado para protegerlo contra todas las amenazas transmitidas por el aire. La preparación adecuada, la vigilancia y la práctica regular son clave para garantizar que el suministro de aire de su refugio se mantenga limpio y seguro durante el tiempo que sea necesario.

Detección de radiación: herramientas y técnicas

La detección de radiación es un componente fundamental de la seguridad en un refugio antinuclear. Comprender cómo medir y controlar los niveles de radiación tanto dentro como fuera del refugio es esencial para tomar decisiones informadas sobre cuándo es seguro salir del refugio, así como para garantizar que el entorno del refugio siga siendo seguro a lo largo del tiempo. Este capítulo explorará las herramientas y técnicas utilizadas para la detección de radiación, proporcionando una guía completa para comprender y utilizar estas tecnologías de manera eficaz.

Comprensión de la radiación y sus tipos

Antes de sumergirnos en las herramientas y técnicas para la detección de radiación, es importante tener una comprensión básica de qué es la radiación y los tipos de radiación que pueden encontrarse en una situación de radiación nuclear.

Tipos de radiación ionizante:

Partículas alfa: Las partículas alfa son partículas grandes con carga positiva que pueden bloquearse con una hoja de papel o incluso con la capa exterior de la piel humana. Sin embargo, suponen un grave riesgo para la salud si se inhalan o se ingieren.

Partículas beta: las partículas beta son partículas más pequeñas, con carga negativa, que pueden penetrar la piel, pero que suelen ser detenidas por materiales como el plástico o unos pocos milímetros de aluminio.

Rayos gamma: los rayos gamma son ondas electromagnéticas de alta energía que pueden penetrar la mayoría de los materiales, incluido el cuerpo humano. Se requieren materiales densos como el plomo o el hormigón grueso para bloquear los rayos gamma de manera eficaz.

Neutrones: la radiación de neutrones es menos común, pero se puede encontrar en explosiones nucleares. Los neutrones son partículas sin carga que pueden penetrar la mayoría de los materiales y requieren sustancias como el agua, el polietileno o el hormigón para bloquearlos.

Herramientas para la detección de radiación

Existen varios tipos de dispositivos disponibles para detectar y medir la radiación. Cada herramienta tiene usos específicos y está diseñada para medir diferentes aspectos de la exposición a la radiación.

Contador Geiger-Müller (contador Geiger):

Función: un contador Geiger es un dispositivo de detección de radiación ampliamente utilizado que mide la radiación ionizante, incluida la radiación alfa, beta y gamma. Produce un clic audible o una lectura digital que indica la presencia de radiación. Aplicación: Los contadores Geiger son útiles para la detección de radiación general y para controlar los niveles de radiación dentro y alrededor del refugio. Son portátiles, fáciles de usar y brindan información inmediata.

Limitaciones: Si bien los contadores Geiger son buenos para detectar la presencia de radiación, son menos efectivos para medir la energía exacta o el tipo de radiación.

Dosímetro:

Función: Un dosímetro mide la exposición acumulada de un individuo a la radiación a lo largo del tiempo. Por lo general, se usa en el cuerpo y registra la dosis total de radiación absorbida.

Aplicación: Los dosímetros son esenciales para monitorear la exposición a la radiación de los ocupantes del refugio. Ayudan a garantizar que las personas no excedan los límites de exposición seguros durante el transcurso de su estadía en el refugio.

Limitaciones: Los dosímetros brindan datos acumulativos en lugar de lecturas en tiempo real, por lo que es mejor usarlos junto con otras herramientas de detección.

Detector de centelleo:

Función: Los detectores de centelleo miden la radiación detectando los destellos de luz (centelleos) que se producen cuando la radiación ionizante interactúa con un material centelleante, como el yoduro de sodio.

Aplicación: Estos detectores son más sensibles que los contadores Geiger y pueden medir niveles más bajos de radiación, lo que los hace útiles para detectar rayos gamma y otras radiaciones de baja intensidad.

Limitaciones: Los detectores de centelleo son generalmente más caros y complejos que los contadores Geiger, y requieren calibración y una comprensión más detallada de su funcionamiento.

Cámara de ionización:

Función: Las cámaras de ionización miden la radiación mediante la recolección de partículas ionizadas creadas por la radiación en una cámara llena de gas. Son particularmente útiles para medir altos niveles de radiación gamma y de rayos X.

Aplicación: Las cámaras de ionización se utilizan a menudo en entornos donde se requiere una medición precisa de la intensidad de la radiación, como en entornos médicos o laboratorios de radiación.

Limitaciones: Estos dispositivos son generalmente más voluminosos y menos portátiles que otros detectores de radiación, lo que los hace menos prácticos para el uso personal en un refugio antiaéreo.

Detectores de radiación personales (PRD):

Función: Los PRD son dispositivos pequeños y portátiles que brindan monitoreo en tiempo real de los niveles de radiación, generalmente con una alarma visual o audible cuando la radiación excede un umbral predefinido.

Aplicación: Los PRD son útiles para el monitoreo continuo de los niveles de radiación por parte de las personas, brindando una advertencia temprana si los niveles de radiación aumentan repentinamente.

Limitaciones: Los PRD suelen tener una capacidad limitada para diferenciar entre tipos de radiación, y se enfocan principalmente en la detección de rayos gamma y rayos X.

Técnicas para un monitoreo eficaz de la radiación

El uso eficaz de herramientas de detección de radiación implica más que simplemente encender un dispositivo y tomar lecturas. La técnica adecuada garantiza mediciones precisas y lo ayuda a tomar decisiones informadas en función de los datos recopilados.

Medidas de referencia:

Establecimiento de una línea de base: antes de un evento de radiación, establezca niveles de radiación de referencia dentro y fuera del refugio. Esto lo ayuda a comprender qué es normal para su entorno y detectar cualquier cambio significativo en los niveles de radiación después del evento.

Monitoreo regular: Una vez que se haya producido la radiación, monitoree regularmente los niveles de radiación a intervalos regulares. Esto ayuda a rastrear los cambios a lo largo del tiempo y determina cuándo podría ser seguro abandonar el refugio.

Monitoreo dentro del refugio:

Monitoreo de la calidad del aire: Use un contador Geiger u otros detectores para verificar la radiación en el aire, particularmente cerca de las entradas de ventilación. Esto garantiza que su sistema de filtración esté eliminando eficazmente las partículas radiactivas.

Contaminación de la superficie: Revise periódicamente las superficies dentro del refugio, como las paredes, los pisos y los suministros almacenados, para detectar cualquier signo de radiación. Esto puede ayudar a identificar cualquier violación en la integridad del refugio o problemas de contaminación.

Uso del dosímetro: Asegúrese de que todos los ocupantes del refugio usen dosímetros para rastrear la exposición individual a la radiación. Verifique las lecturas del dosímetro regularmente para monitorear los niveles de exposición acumulada.

Monitoreo fuera del refugio:

Niveles de radiación externa: si es seguro hacerlo, controle periódicamente los niveles de radiación fuera del refugio. Esto puede ayudarlo a evaluar cuándo están disminuyendo los niveles de radiación y si es seguro salir del refugio.

Puntos de entrada: preste especial atención al monitoreo de los niveles de radiación cerca de los puntos de entrada y salida, ya que estas áreas tienen más probabilidades de sufrir contaminación del exterior.

Uso de PRD y alarmas:

Monitoreo continuo: para un monitoreo continuo en tiempo real, los PRD pueden ser usados por personas o pueden colocarse en áreas clave alrededor del refugio. Establezca umbrales de alarma para brindar advertencias tempranas del aumento de los niveles de radiación.

Respuesta a alarmas: establezca protocolos para responder a las alarmas de PRD, incluido el traslado a áreas más seguras dentro del refugio o el ajuste de los sistemas de ventilación y filtración.

Registro y análisis de datos:

Registro de datos: mantenga un registro detallado de todas las mediciones de radiación, incluida la hora, la ubicación y las lecturas del dispositivo. Esta información puede ser invaluable para rastrear las tendencias de radiación y tomar decisiones informadas.

Análisis de tendencias: analice los datos para identificar tendencias en los niveles de radiación. Los niveles decrecientes pueden indicar que es más seguro abandonar el refugio, mientras que los niveles crecientes pueden sugerir un nuevo evento de contaminación o un problema con la integridad del refugio.

Protocolos de seguridad al utilizar herramientas de detección de radiación

El manejo de herramientas de detección de radiación requiere ciertos protocolos de seguridad para garantizar lecturas precisas y proteger a los usuarios de una posible exposición.

Manejo adecuado:

Calibración del dispositivo: calibre regularmente sus herramientas de detección de radiación de acuerdo con las instrucciones del fabricante para garantizar que brinden lecturas precisas.

Evitar la contaminación: cuando utilice detectores fuera del refugio, evite que el dispositivo toque superficies potencialmente contaminadas. Después de su uso, limpie el dispositivo con materiales adecuados para evitar la contaminación cruzada.

Protección personal:

Equipo de protección: cuando controle los niveles de radiación fuera del refugio o en áreas potencialmente contaminadas, use ropa protectora, guantes y una máscara para minimizar la exposición a partículas radiactivas.

Distancia y protección: use la distancia y la protección a su favor cuando tome lecturas en áreas de alta radiación. Manténgase lo más lejos posible de la fuente y use las barreras disponibles para reducir la exposición.

Mantenimiento del dispositivo:

Control de las baterías: Controle periódicamente las baterías de sus dispositivos de detección de radiación y tenga baterías de repuesto a mano. Asegúrese de que los dispositivos estén en pleno funcionamiento en todo momento.

Almacenamiento: Guarde las herramientas de detección de radiación en un entorno seguro, seco y libre de radiación cuando no las utilice. Protéjalas de daños físicos y factores ambientales que puedan afectar su funcionamiento.

Interpretación de las lecturas de radiación

Entender e interpretar las lecturas de las herramientas de detección de radiación es fundamental para tomar decisiones informadas. A continuación, se indican algunos conceptos clave que debe tener en cuenta:

Unidades de radiación:

Roentgens (R): mide la exposición a rayos gamma y X en el aire.

Rads: mide la dosis de radiación absorbida en cualquier material.

Rems: mide el efecto biológico de la radiación en el tejido humano (se utiliza para evaluar el riesgo para la salud humana).

Sieverts (Sv): unidad internacional equivalente a rems, que se utiliza a menudo para medir la dosis equivalente, teniendo en cuenta el tipo de radiación y su efecto en los tejidos.

Umbrales y niveles seguros:

Radiación de fondo: comprenda los niveles normales de radiación de fondo para su área, que suelen oscilar entre 0,05 y 0,2 microsieverts por hora (μSv/h).

Niveles de acción: establezca niveles de acción en función de las directrices de las autoridades sanitarias. Por ejemplo, a menudo se recomienda la evacuación si los niveles de radiación superan los 10 milisieverts (mSv) por hora.

Dosis acumulada: controle las dosis de radiación acumuladas, especialmente con dosímetros. El límite de seguridad generalmente aceptado para la exposición de emergencia es de 50 rems (0,5 Sv) durante un período corto, pero se deben utilizar niveles más bajos para minimizar el riesgo a largo plazo.

Toma de decisiones en función de las lecturas:

Duración de la estancia en el refugio: utilice las lecturas de radiación para determinar cuánto tiempo debe permanecer en el refugio. Si los niveles de radiación en el exterior son altos, puede ser necesario permanecer en el interior durante un período prolongado.

Estrategia de salida: planifique una estrategia de salida en función de la disminución de los niveles de radiación en el exterior. En general, un nivel de 0,1 rems por hora (1 milisievert por hora) se considera relativamente seguro para la exposición a corto plazo, pero son preferibles niveles más bajos para un período prolongado fuera del refugio.

Interpretación de anomalías:

Picos de radiación: los picos ocasionales en los niveles de radiación pueden indicar un nuevo evento de lluvia radiactiva o la alteración de partículas radiactivas asentadas. Si se detectan, aumente la frecuencia de control y tome medidas de protección adicionales.

Niveles en descenso: una disminución constante de los niveles de radiación a lo largo del tiempo generalmente indica que los materiales radiactivos se están desintegrando o dispersando. Esta tendencia puede sugerir que es cada vez más seguro abandonar el refugio, pero siempre espere hasta que los niveles se estabilicen en un umbral seguro antes de considerar la posibilidad de salir.

Preparación para el monitoreo posterior al refugio

Incluso después de abandonar el refugio, el monitoreo de la radiación sigue siendo crucial, ya que las áreas contaminadas aún pueden presentar riesgos. La preparación para la detección continua de la radiación ayuda a garantizar la seguridad durante la transición de regreso a las actividades normales.

Monitoreo portátil:

Detectores de radiación de campo: Equípese con detectores de radiación portátiles, como contadores Geiger portátiles o PRD, para monitorear los niveles de radiación mientras se mueve fuera del refugio.

Inspección de áreas contaminadas: antes de volver a ingresar a su hogar u otros edificios, inspeccione estas áreas para detectar puntos críticos de radiación. Preste especial atención a los lugares donde se pueda haber acumulado la radiación radiactiva, como canaletas, techos y terreno abierto.

Protocolos de descontaminación:

Descontaminación personal: después de la supervisión, realice siempre una rutina de descontaminación personal. Esto incluye quitarse y desechar la ropa contaminada, lavar la piel expuesta y limpiar a fondo todo el equipo que se haya utilizado en el exterior.

Descontaminación del sitio: si se detectan puntos calientes de radiación alrededor de su propiedad, tome medidas para descontaminar estas áreas. Esto puede implicar eliminar la tierra contaminada, lavar las superficies con agua y jabón y sellar las áreas que sigan siendo altamente radiactivas.

Supervisión a largo plazo:

Vigilancia continua: continúe controlando los niveles de radiación con regularidad, especialmente en las áreas donde se detectó contaminación. Con el tiempo, la radiación debería disminuir, pero es esencial permanecer alerta.

Supervisión de la salud: lleve un registro de cualquier síntoma de salud que pueda indicar exposición a la radiación, como quemaduras en la piel, fatiga o enfermedades inusuales. Busque atención médica de inmediato si surge algún síntoma preocupante.

La detección de radiación es un aspecto indispensable de la seguridad de los refugios antinucleares. Al comprender los diferentes tipos de radiación, usar las herramientas de detección adecuadas y seguir técnicas de supervisión eficaces, puede asegurarse de que su refugio siga siendo un refugio seguro durante un evento nuclear. El mantenimiento regular, la interpretación adecuada de las lecturas y la vigilancia constante después de abandonar el refugio son fundamentales para protegerse a sí mismo y a sus seres queridos de los peligros de la radiación.

Equipado con los conocimientos y las herramientas adecuados, puede afrontar con confianza los desafíos del monitoreo de la radiación y tomar decisiones informadas que prioricen la seguridad y el bienestar. Ya sea que se encuentre dentro del refugio o evaluando las condiciones posteriores al evento, la capacidad de detectar y responder a la radiación de manera efectiva es clave para sobrevivir y prosperar después de una lluvia radiactiva.

Sistemas de comunicación para refugios antiaéreos

Una comunicación eficaz es crucial para la supervivencia en un refugio antiaéreo, ya que le permite mantenerse informado sobre el entorno externo, coordinarse con otras personas y buscar ayuda si es necesario. En una situación de crisis, las redes de comunicación tradicionales pueden verse interrumpidas, por lo que es esencial contar con sistemas de comunicación alternativos y fiables. Este capítulo explorará las distintas opciones de comunicación disponibles para los refugios antiaéreos y ofrecerá orientación sobre cómo seleccionar y utilizar estos sistemas para mantener el contacto con el mundo exterior y dentro del refugio.

La importancia de la comunicación en un refugio antiaéreo

La comunicación cumple múltiples funciones vitales en un refugio antiaéreo:

Recibir información: mantenerse informado sobre el entorno externo, incluidos los niveles de radiación, las condiciones climáticas y las directivas gubernamentales, es esencial para tomar decisiones seguras sobre cuándo abandonar el refugio.

Coordinarse con otras personas: ya sea que se comunique con familiares, otros ocupantes del refugio o contactos externos, la comunicación eficaz es clave para coordinar acciones, compartir recursos y garantizar la seguridad de todos.

Asistencia de emergencia: En caso de una emergencia médica o si el refugio se ve comprometido, se pueden utilizar sistemas de comunicación para pedir ayuda o coordinar un rescate.

Tipos de sistemas de comunicación

Se pueden utilizar varios sistemas de comunicación en un refugio antiaéreo, cada uno con sus propias ventajas y limitaciones. Comprender estas opciones lo ayudará a elegir los sistemas más adecuados para sus necesidades.

Radios AM/FM:

Función: Las radios AM/FM son una herramienta de comunicación básica pero esencial, que le permite recibir transmisiones de noticias, alertas de emergencia y actualizaciones meteorológicas.

Aplicación: Tenga una radio AM/FM a batería o de manivela en su refugio para mantenerse informado sobre la situación externa. Muchas radios también cuentan con sistemas de alerta de emergencia (EAS) integrados que transmiten automáticamente información crítica durante un desastre.

Limitaciones: Las radios AM/FM son principalmente dispositivos de comunicación unidireccionales, lo que significa que puede recibir información pero no puede enviar mensajes. Su eficacia también depende de la disponibilidad de transmisiones y del estado de la infraestructura de radio local.

Radios meteorológicas de la NOAA:

Función: las radios meteorológicas de la NOAA brindan transmisiones continuas de información meteorológica y alertas de emergencia de la Administración Nacional Oceánica y Atmosférica (NOAA).

Aplicación: estas radios son especialmente útiles para recibir actualizaciones en tiempo real sobre las condiciones meteorológicas, que pueden afectar sus decisiones de seguridad, como cuándo abandonar el refugio.

Limitaciones: al igual que las radios AM/FM, las radios meteorológicas de la NOAA son dispositivos de comunicación unidireccionales. Además, su utilidad depende del funcionamiento continuo de las estaciones de la NOAA durante un desastre.

RADIOS BIDIRECCIONALES (walkie-talkies):

Función: Las radios bidireccionales, comúnmente conocidas como walkie-talkies, permiten la comunicación en tiempo real entre dos o más partes dentro de un rango determinado.

Aplicación: Use radios bidireccionales para comunicarse entre ocupantes de refugios o con familiares, vecinos u otros refugios cercanos. Son particularmente útiles para coordinar actividades y transmitir información cuando la comunicación externa es limitada.

Limitaciones: El alcance de las radios bidireccionales es limitado, generalmente hasta varios kilómetros según el terreno y las obstrucciones. Además, requieren baterías, por lo que es importante tener repuestos u opciones recargables.

Radios de radioaficionados (radioaficionados):

Función: Las radios de radioaficionados son dispositivos de comunicación potentes que funcionan en varias frecuencias, lo que permite la comunicación a larga distancia incluso cuando las redes tradicionales no funcionan.

Aplicación: Las radios de radioaficionados son ideales para comunicarse con otros operadores de radioaficionados, servicios de emergencia o para coordinar con contactos distantes. Pueden utilizarse para recopilar información de un área amplia, lo que es crucial para comprender el impacto más amplio de un evento nuclear.

Limitaciones: Las radios de aficionados requieren una licencia para operar, y su uso eficaz requiere algunos conocimientos técnicos y práctica. Además, pueden ser caras y voluminosas, lo que requiere espacio y fuentes de energía en su refugio.

Teléfonos satelitales:

Función: Los teléfonos satelitales se conectan directamente a los satélites que orbitan la Tierra, lo que proporciona capacidades de comunicación incluso en áreas donde las redes celulares no funcionan o no existen.

Aplicación: Un teléfono satelital puede ser un salvavidas para contactar con los servicios de emergencia o comunicarse con seres queridos en áreas remotas. Es particularmente útil en situaciones en las que se han interrumpido todas las redes de comunicación terrestres.

Limitaciones: Los teléfonos satelitales son caros y su uso puede resultar costoso debido a los altos cargos por minuto. También requieren una vista clara del cielo para mantener una conexión, lo que puede ser un desafío en ciertas configuraciones de refugio.

Radios CB (Radio de banda ciudadana):

Función: Las radios CB funcionan en frecuencias de onda corta y permiten la comunicación en distancias cortas a medias sin la necesidad de una licencia. Aplicación: Las radios CB se pueden utilizar para comunicarse con otros refugios, vehículos o personas cercanas. Están ampliamente disponibles y son relativamente fáciles de usar.

Limitaciones: El alcance de las radios CB es limitado, generalmente alrededor de 3 a 20 millas según las condiciones. También son propensas a interferencias y generalmente son menos confiables que las radios de radioaficionados para la comunicación a larga distancia.

Redes en malla:

Función: Las redes en malla involucran una serie de dispositivos interconectados que se comunican entre sí para formar una red. Estas redes pueden operar independientemente de las redes celulares y de Internet tradicionales.

Aplicación: En un escenario de refugio, las redes en malla se pueden utilizar para mantener la comunicación entre múltiples refugios o hogares dentro de una comunidad, incluso si la infraestructura de comunicación más amplia no funciona.

Limitaciones: Las redes en malla requieren múltiples dispositivos para crear una red confiable. Su alcance generalmente es limitado y pueden requerir conocimientos técnicos para configurarlas y mantenerlas.

Alimentación de dispositivos de comunicación

En un refugio antiaéreo, las fuentes de alimentación fiables para los dispositivos de comunicación son esenciales. Sin energía, incluso los mejores sistemas de comunicación resultan inútiles.

Alimentación por batería:

Baterías primarias: muchos dispositivos de comunicación utilizan baterías primarias (no recargables). Abastécete de baterías adicionales y rota las existencias con regularidad para garantizar su renovación.

Baterías recargables: considera la posibilidad de utilizar baterías recargables para los dispositivos que las admitan. Combínalas con un generador de manivela, un cargador solar o un paquete de baterías para mantener la energía.

Energía solar:

Cargadores solares: los cargadores solares se pueden utilizar para alimentar los dispositivos de comunicación, especialmente durante las estancias prolongadas en el refugio. Asegúrate de que tu refugio tenga acceso a la luz solar o considera la posibilidad de instalar paneles solares fuera del refugio que se puedan conectar a tus dispositivos.

Radios con energía solar: algunas radios vienen con paneles solares integrados, lo que proporciona una fuente de energía autosuficiente que puede ser un recurso valioso en una emergencia a largo plazo.

Generadores de manivela:

Radios de manivela: muchas radios de emergencia están equipadas con generadores de manivela, lo que te permite generar energía manualmente. Esta característica es invaluable cuando no hay otras fuentes de energía disponibles.

Cargadores de manivela: los cargadores de manivela se pueden usar para alimentar dispositivos pequeños como radios bidireccionales o teléfonos celulares en caso de urgencia, aunque requieren un esfuerzo manual significativo.

Generadores de respaldo:

Generadores portátiles: un generador portátil puede proporcionar energía para múltiples dispositivos de comunicación, así como otros sistemas esenciales en su refugio. Asegúrese de que su generador esté adecuadamente ventilado y de tener suficiente combustible almacenado.

Paquetes de baterías: los paquetes de baterías de alta capacidad pueden proporcionar energía prolongada para dispositivos de comunicación. Considere cargar previamente estos paquetes y mantenerlos listos para usar.

ESTABLECER UN PLAN de comunicación

Un plan de comunicación bien pensado garantiza que todos los ocupantes del refugio comprendan cómo usar los sistemas de comunicación disponibles y sepan qué hacer en diversas situaciones.

Designación de roles:

Oficial de comunicación: asigne una persona designada en el refugio para administrar y monitorear los sistemas de comunicación. Esta persona debe ser responsable de mantener el equipo, realizar controles regulares y coordinar los esfuerzos de comunicación. Capacitación y simulacros: Asegúrese de que todos los ocupantes del refugio estén capacitados en el uso de los dispositivos de comunicación, incluidos el cambio de frecuencias, el funcionamiento de las fuentes de energía y la respuesta a emergencias. Realice simulacros periódicos para practicar los procedimientos de comunicación.

Protocolos de comunicación:

Horario de registro: Establezca un horario regular para registrarse con los contactos externos u otros refugios. Esto podría ser cada hora, dos veces al día o en intervalos adecuados a su situación.

Palabras y señales en código: Desarrolle palabras o señales en código para comunicar mensajes específicos de manera rápida y discreta. Esto puede ser útil en situaciones en las que necesite transmitir información importante sin revelar detalles confidenciales.

Procedimientos de emergencia: defina claramente qué constituye una emergencia y cómo responder. Por ejemplo, si una alarma de PRD indica un aumento de los niveles de radiación, tenga un procedimiento establecido para transmitir esta información y tomar las medidas adecuadas.

Redundancia y respaldo:

Dispositivos múltiples: asegúrese de tener más de un tipo de dispositivo de comunicación disponible, en caso de que uno falle. Por ejemplo, tenga una radio de aficionado y un teléfono satelital, así como una fuente de energía de respaldo para cada uno.

Contactos preestablecidos: establezca una lista de contactos preestablecidos, incluidos familiares, servicios de emergencia locales y operadores de radioaficionados, a quienes se pueda contactar en caso de emergencia. Asegúrese de que todos los ocupantes del refugio tengan una copia de esta lista de contactos.

Monitoreo de los canales de comunicación externos

Mantenerse informado sobre el entorno externo es crucial para tomar decisiones seguras sobre cuándo abandonar el refugio. A continuación, se presentan algunas estrategias para un monitoreo efectivo:

Transmisiones de emergencia:

EAS (Sistema de alerta de emergencia): monitoree regularmente el EAS en radios AM/FM para obtener actualizaciones oficiales sobre la situación. Estas transmisiones proporcionarán información crítica sobre los niveles de radiación, las órdenes de evacuación y otras cuestiones de seguridad.

Alertas meteorológicas de la NOAA: Mantenga encendida su radio meteorológica de la NOAA para recibir alertas sobre las condiciones meteorológicas que podrían afectar su seguridad, como tormentas o cambios en la dirección del viento que podrían afectar los patrones de la lluvia radiactiva.

Redes de radioaficionados:

Redes locales y nacionales: Sintonice las redes de radioaficionados locales y nacionales para recopilar información de otros operadores. Muchos entusiastas de la radioafición participan en los esfuerzos de respuesta a emergencias y pueden proporcionar datos valiosos en tiempo real.

Frecuencias de emergencia: Familiarícese con las frecuencias de emergencia que utilizan los operadores de radioaficionados y asegúrese de que su radio esté programada para acceder a estas frecuencias. Controle regularmente estos canales para mantenerse informado sobre los acontecimientos y conectarse con otros operadores que puedan tener información crítica.

Radio de onda corta:

Transmisiones internacionales: Las radios de onda corta pueden captar transmisiones internacionales, que pueden proporcionar una perspectiva más amplia sobre la situación más allá de su área inmediata. Esto puede ser particularmente valioso si las redes de comunicación locales no funcionan o no son confiables. Monitoreo de noticias globales: Sintonice estaciones de noticias globales en radio de onda corta para obtener información sobre el alcance del evento nuclear, las respuestas internacionales y los posibles esfuerzos de recuperación.

Informes ciudadanos:

Canales de radio CB: Los usuarios de radio CB a menudo comparten observaciones y actualizaciones locales. Si bien la información en los canales CB puede ser menos confiable que las transmisiones oficiales, aún puede brindar información sobre las condiciones locales.

Redes en línea y en malla: Si tiene acceso a Internet a través de redes satelitales o en malla, controle las redes sociales, foros y otras plataformas en línea para obtener actualizaciones en tiempo real de personas en su área. Sea cauteloso con la precisión de esta información y verifique con fuentes más confiables.

Mantenimiento de los sistemas de comunicación a lo largo del tiempo

El uso a largo plazo de los sistemas de comunicación en un refugio nuclear requiere un mantenimiento constante para garantizar su fiabilidad. Las comprobaciones periódicas y el almacenamiento adecuado son esenciales.

Comprobaciones periódicas de los equipos:

Fuentes de alimentación: Pruebe las baterías, los generadores y los paneles solares con regularidad para asegurarse de que estén completamente cargados y funcionen correctamente. Reemplace o recargue las baterías según sea necesario para evitar cortes de energía durante momentos críticos.

Prueba de señales: Pruebe periódicamente todos los dispositivos de comunicación para asegurarse de que estén transmitiendo y recibiendo señales correctamente. Esto incluye comprobar las conexiones de la antena, calibrar las frecuencias y asegurarse de que los micrófonos y los altavoces funcionen.

Filtro y protección: Mantenga la exposición al polvo, la humedad y la radiación al mínimo guardando los dispositivos de comunicación en estuches o contenedores protectores cuando no estén en uso. Considere la posibilidad de utilizar jaulas de Faraday para proteger los dispositivos electrónicos sensibles de los pulsos electromagnéticos (PEM).

Capacitación y desarrollo de habilidades:

Capacitación continua: capacite continuamente a todos los ocupantes del refugio sobre cómo utilizar los sistemas de comunicación, especialmente si se añaden nuevos dispositivos. Los simulacros de práctica deben ser una parte habitual de su rutina en el refugio.

Habilidades de radioaficionado: si utiliza radioaficionados, invierta tiempo en aprender los aspectos técnicos de la operación de radioaficionados. Considere obtener una licencia de radioaficionado y unirse a clubes de radioaficionados locales para desarrollar sus habilidades.

Documentación:

Manuales de usuario: guarde todos los manuales de usuario y guías operativas de sus dispositivos de comunicación en un lugar seguro y accesible dentro del refugio. Esto ayudará a solucionar problemas y brindará orientación si alguien que no esté familiarizado con los dispositivos necesita operarlos.

Libros de registro: mantenga un libro de registro para registrar las actividades de comunicación, incluidos los horarios de contacto, los canales utilizados y la información clave recibida. Esto ayuda a rastrear los patrones de comunicación y garantiza que se documente la información crítica.

Preparación para la comunicación posterior al refugio

Cuando llega el momento de abandonar el refugio, es fundamental contar con un plan de comunicación para garantizar la seguridad durante el período de transición.

Restablecimiento del contacto:

Contactos de emergencia: al salir del refugio, restablezca inmediatamente el contacto con los servicios de emergencia, los miembros de la familia y otros contactos clave para informarles sobre su estado y recopilar información actualizada sobre el entorno externo.

Coordinación con las autoridades: Coordínese con las autoridades locales o los servicios de emergencia para recibir orientación sobre áreas seguras, peligros actuales y recursos disponibles. Utilice su dispositivo de comunicación más confiable, como un teléfono satelital o una radio de radioaficionado, para este propósito.

Condiciones de monitoreo:

Niveles de radiación: Continúe monitoreando los niveles de radiación a medida que abandona el refugio. Utilice contadores Geiger portátiles o PRD para asegurarse de que se está moviendo hacia áreas con niveles de radiación seguros.

Actualizaciones locales y nacionales: Mantenga su radio AM/FM o de onda corta encendida para recibir actualizaciones sobre la situación en su área. Preste atención a cualquier nuevo aviso, advertencia o esfuerzo de recuperación que pueda afectar sus próximos pasos.

Comunicación a larga distancia:

Mantener el contacto: si planea viajar a otro lugar, utilice sus dispositivos de comunicación para mantener el contacto con su destino. Esto podría implicar coordinarse con familiares, amigos o servicios de emergencia a lo largo de su ruta.

Cómo sortear las interrupciones: esté preparado para interrupciones continuas en las redes de comunicación a medida que se desplaza fuera del refugio. Tener múltiples opciones de comunicación y fuentes de energía de respaldo será esencial para mantenerse conectado.

La comunicación eficaz es una piedra angular de la supervivencia en un refugio antiaéreo. Al equipar su refugio con una variedad de sistemas de comunicación, desde radios AM/FM básicas hasta radios de radioaficionados avanzados y teléfonos satelitales, se asegura de poder mantenerse informado, coordinarse con otros y pedir ayuda si es necesario. Una capacitación adecuada, un mantenimiento regular y un plan de comunicación bien pensado son esenciales para maximizar la eficacia de estos sistemas.

En una crisis, mantenerse conectado con el mundo exterior y con quienes se encuentran dentro de su refugio puede marcar la diferencia entre la vida y la muerte. Con las herramientas y estrategias de comunicación adecuadas, puede afrontar los desafíos de un escenario de desastre con confianza, garantizando que usted y sus seres queridos permanezcan seguros e informados durante todo el evento y durante el período crítico de recuperación posterior.

Fuentes de energía: mantener las luces encendidas bajo tierra

Mantener un suministro de energía confiable en un refugio antiaéreo es crucial para garantizar el funcionamiento de los sistemas críticos, incluidos la ventilación, la comunicación, la iluminación y la purificación del agua. En el entorno confinado de un refugio, donde es posible que deba permanecer durante un período prolongado, mantener las luces encendidas y los dispositivos esenciales en funcionamiento no es solo una cuestión de comodidad sino de supervivencia. Este capítulo explorará las diversas fuentes de energía disponibles para los refugios antiaéreos, analizando sus ventajas, limitaciones y cómo integrarlas en el diseño general de su refugio.

La importancia de la energía en un refugio antiaéreo

La energía es esencial para el funcionamiento de muchos sistemas en un refugio antiaéreo:

Iluminación: una iluminación confiable es necesaria para las actividades diarias, el bienestar mental y la seguridad. En un espacio oscuro y cerrado, la iluminación adecuada puede ayudar a reducir el estrés y mantener la moral.

Ventilación y filtración de aire: se necesita energía para hacer funcionar los sistemas de ventilación que garantizan un suministro de aire limpio, eliminan el dióxido de carbono y filtran partículas radiactivas y otros contaminantes.

Sistemas de comunicación: Mantener el contacto con el mundo exterior y recibir transmisiones de emergencia requiere energía para radios, teléfonos satelitales y otros dispositivos de comunicación.

Agua y saneamiento: Puede ser necesaria energía para bombear agua, operar sistemas de purificación y administrar instalaciones de saneamiento.

Calefacción y refrigeración: En algunos climas, mantener una temperatura segura dentro del refugio requerirá sistemas de calefacción o refrigeración eléctricos.

Fuentes de energía primarias

Se pueden utilizar varias fuentes de energía primarias en un refugio antiatómico, cada una con sus propias fortalezas y debilidades. Seleccionar la combinación correcta de fuentes de energía dependerá de sus necesidades específicas, ubicación y presupuesto.

Energía de red:

Función: La red eléctrica local es la fuente de energía más común para hogares y edificios. En algunos casos, puede seguir funcionando durante un tiempo después de un desastre.

Aplicación: Si la energía de la red aún está disponible, se puede utilizar para hacer funcionar todos los sistemas esenciales en el refugio. Sin embargo, depender únicamente de la energía de la red es riesgoso, ya que puede fallar durante un evento nuclear o emergencias posteriores. Limitaciones: La red eléctrica es muy vulnerable a las interrupciones en un escenario nuclear, ya sea debido a pulsos electromagnéticos, daños a la infraestructura o sobrecarga. No se debe confiar en ella como única fuente de energía en un refugio nuclear.

Generadores:

Función: Los generadores convierten el combustible (gasolina, diésel, propano o gas natural) en electricidad, lo que proporciona una fuente de energía portátil y confiable.

Aplicación: Los generadores son ideales para suministrar energía a sistemas críticos durante cortes de energía a corto plazo. Pueden proporcionar una cantidad sustancial de energía, lo que los hace adecuados para hacer funcionar sistemas de ventilación, iluminación y dispositivos de comunicación.

Limitaciones: Los generadores requieren un suministro constante de combustible, que debe almacenarse de manera segura dentro o cerca del refugio. También producen gases de escape que deben ventilarse al exterior, lo que requiere una planificación cuidadosa para evitar contaminar el refugio. Además, los generadores pueden ser ruidosos, lo que podría atraer atención no deseada en un entorno posterior a un desastre.

Sistemas de respaldo de baterías:

Función: Los sistemas de respaldo de baterías almacenan electricidad y proporcionan energía cuando la fuente principal (como la red eléctrica o un generador) no está disponible. Se pueden cargar a través de la red eléctrica, generadores o fuentes renovables como paneles solares.

Aplicación: Las baterías son fundamentales para mantener la energía durante breves cortes de energía y pueden servir como un puente entre soluciones energéticas a largo plazo. Son silenciosas y no producen emisiones, lo que las hace ideales para su uso dentro del refugio.

Limitaciones: La capacidad de los sistemas de baterías es limitada, dependiendo del tamaño y el tipo de baterías utilizadas. Con el tiempo, las baterías se agotarán y requerirán recarga, por lo que deben usarse junto con un método para reponer su carga.

Fuentes de energía renovable

Las fuentes de energía renovable son valiosas para proporcionar un suministro continuo de energía durante estadías prolongadas en un refugio antiaéreo, especialmente cuando los suministros de combustible tradicionales pueden ser limitados o estar agotados.

Energía solar:

Función: Los paneles solares convierten la luz solar en electricidad, que puede usarse directamente o almacenarse en baterías para su uso posterior.

Aplicación: La energía solar es una excelente fuente de energía renovable para los refugios, especialmente si los paneles se pueden colocar fuera del refugio en un lugar seguro. La energía solar se puede utilizar para cargar sistemas de baterías o alimentar directamente dispositivos de bajo consumo.

Limitaciones: La eficacia de la energía solar depende de la disponibilidad de luz solar, que puede verse limitada por las condiciones climáticas, la lluvia radiactiva o los escombros. Además, los paneles solares requieren un espacio significativo y pueden ser vulnerables a daños o robos en un escenario posterior a un desastre.

Energía eólica:

Función: Las turbinas eólicas convierten la energía eólica en electricidad, lo que proporciona una fuente de energía renovable que se puede utilizar en combinación con la energía solar o como alternativa a esta.

Aplicación: La energía eólica puede ser una fuente de energía confiable en áreas con patrones de viento constantes. Las turbinas eólicas pequeñas se pueden utilizar para cargar baterías o alimentar directamente los sistemas de refugio.

Limitaciones: Al igual que la energía solar, la energía eólica depende de las condiciones ambientales. Las turbinas eólicas también requieren una instalación y un mantenimiento adecuados, y su visibilidad puede hacerlas más susceptibles a daños o robos.

Energía hidroeléctrica:

Función: La energía hidroeléctrica genera electricidad a partir del agua que fluye o cae, generalmente a través de una pequeña turbina o rueda hidráulica.

Aplicación: La energía hidroeléctrica puede ser una fuente de energía confiable y continua si su refugio está ubicado cerca de una fuente de agua corriente, como un río o un arroyo. Es particularmente útil en lugares remotos o rurales.

Limitaciones: La energía hidroeléctrica requiere proximidad a una fuente de agua adecuada, lo que no es factible para la mayoría de los refugios urbanos o suburbanos. Además, el equipo necesario puede ser complejo y puede requerir mantenimiento regular.

Soluciones de energía de respaldo y de emergencia

Además de las fuentes de energía primarias y renovables, contar con opciones de energía de respaldo y de emergencia es crucial para garantizar un funcionamiento continuo durante situaciones inesperadas.

Generadores de manivela:

Función: Los generadores de manivela convierten el esfuerzo manual en electricidad, lo que proporciona una fuente de energía pequeña pero inmediata para dispositivos esenciales.

Aplicación: Estos generadores son ideales para cargar dispositivos electrónicos pequeños como radios, linternas o teléfonos celulares en caso de emergencia. Son portátiles, fáciles de usar y no dependen de combustible ni de la luz solar.

Limitaciones: La potencia de salida de los generadores de manivela es limitada y requieren un esfuerzo manual continuo para producir electricidad, lo que los hace inadecuados para alimentar sistemas más grandes o proporcionar energía a largo plazo.

Generadores a pedal:

Función: Los generadores a pedal utilizan el movimiento del pedaleo para generar electricidad, de manera similar a cómo funciona un dinamo de bicicleta.

Aplicación: Los generadores a pedal pueden proporcionar una energía más sostenida que los dispositivos de manivela y son útiles para generar electricidad para dispositivos pequeños o cargar baterías. También sirven como una salida para la actividad física, lo que puede ser beneficioso para la salud mental durante las estancias prolongadas en el refugio.

Limitaciones: Al igual que los generadores de manivela, los generadores de pedal requieren esfuerzo físico y no son adecuados para alimentar sistemas grandes. Se utilizan mejor como fuente de energía complementaria.

BANCOS DE ENERGÍA PORTÁTILES:

Función: Los bancos de energía portátiles son paquetes de baterías recargables que almacenan electricidad para su uso posterior.

Aplicación: Los bancos de energía son útiles para cargar dispositivos pequeños como teléfonos, tabletas o radios. Son portátiles y se pueden cargar previamente antes de ingresar al refugio.

Limitaciones: La capacidad de los bancos de energía es limitada y, una vez que se agotan, deben recargarse desde otra fuente de energía. Son una buena solución a corto plazo, pero no son adecuados para necesidades de energía a largo plazo.

Gestión y conservación de energía

La gestión y conservación eficiente de la energía son fundamentales en un refugio antiaéreo, donde los recursos pueden ser limitados y la duración de su estadía es incierta.

Priorizar los sistemas esenciales:

Dispositivos críticos primero: Priorizar la energía para sistemas esenciales como iluminación, ventilación, dispositivos de comunicación y purificación de agua. Los dispositivos no esenciales deben apagarse para conservar energía.

Gestión de la carga: Utilizar regletas con protectores de sobretensión para gestionar varios dispositivos desde una sola toma. Apagar los dispositivos cuando no estén en uso para reducir el consumo de energía innecesario.

Estrategias de ahorro de energía:

Iluminación de bajo consumo: Utilizar luces LED, que consumen significativamente menos energía que las bombillas incandescentes tradicionales, para iluminar el refugio. Considerar la posibilidad de utilizar iluminación regulable o de trabajo para reducir aún más el consumo de energía.

Modos de bajo consumo: Configurar los dispositivos en modos de bajo consumo o de ahorro de energía siempre que sea posible. Esto reduce su consumo de energía sin sacrificar la funcionalidad.

Funcionamiento programado: Hacer funcionar los dispositivos que consumen mucha energía, como los sistemas de ventilación, de forma programada en lugar de hacerlo de forma continua. Por ejemplo, hacer funcionar el sistema de ventilación a intervalos regulares para renovar el aire sin agotar las reservas de la batería.

Monitoreo del consumo de energía:

Medidores de energía: Instale medidores de energía para monitorear el consumo de energía de dispositivos individuales o de todo el refugio. Esto ayuda a identificar dónde se está utilizando la energía y permite realizar ajustes para conservarla.

Niveles de batería: Verifique regularmente los niveles de batería y planifique la recarga o la reposición de combustible en consecuencia. Conocer las reservas de energía disponibles ayuda a tomar decisiones informadas sobre el uso de energía.

Planificación de las necesidades de energía a largo plazo

En situaciones en las que una estadía en el refugio puede extenderse por semanas o meses, es esencial planificar las necesidades de energía a largo plazo.

Expansión de la energía renovable:

Combinaciones de energía solar y eólica: Considere combinar energía solar y eólica para aprovechar las diferentes condiciones climáticas. Esta diversificación ayuda a garantizar un suministro de energía más constante.

Almacenamiento de baterías: Invierta en sistemas de almacenamiento de baterías de alta capacidad que puedan almacenar el exceso de energía generada durante los períodos de máxima producción. Esta energía almacenada se puede utilizar durante períodos de baja actividad solar o eólica.

Gestión de combustible para generadores:

Almacenamiento de combustible: Almacene de manera segura un suministro adecuado de combustible para su generador, teniendo en cuenta que los diferentes combustibles tienen diferentes vidas útiles. Rote su reserva de combustible con regularidad para asegurarse de que siga siendo utilizable.

Eficiencia de combustible: utilice generadores de bajo consumo de combustible y utilícelos solo cuando sea necesario. Considere utilizar su generador durante las necesidades de energía pico, como para cargar baterías, hacer funcionar sistemas críticos o cocinar. Cuando no esté en uso, confíe en la energía almacenada en baterías o fuentes renovables para conservar el combustible.

Fuentes de energía alternativas:

Generadores de biocombustibles: si prevé una estadía prolongada en el refugio y tiene acceso a desechos orgánicos, considere un generador de biocombustibles. Estos sistemas convierten materiales orgánicos como restos de comida o desechos vegetales en combustible utilizable para alimentar un generador.

Generadores impulsados por humanos: si bien no son adecuados para necesidades de alta potencia, los generadores impulsados por humanos, como los generadores de pedal, pueden proporcionar una fuente de energía renovable para dispositivos pequeños o para complementar otras fuentes de energía. Este enfoque también funciona como una forma de ejercicio, que puede ayudar a mantener el bienestar físico y mental durante una estadía prolongada en el refugio.

Actualización de los sistemas de energía:

Sistemas con inversor: considere instalar un inversor de energía que pueda convertir la energía de CC (de baterías o paneles solares) en energía de CA, que es la que utilizan la mayoría de los electrodomésticos del hogar. Un sistema con inversor le permite hacer funcionar más dispositivos y hace que su configuración de energía sea más flexible.

Sistemas híbridos: un sistema de energía híbrido que combina múltiples fuentes (solar, eólica, generador y baterías) puede proporcionar una solución energética más sólida y confiable. Estos sistemas cambian automáticamente entre fuentes de energía según la disponibilidad, lo que garantiza el funcionamiento continuo de los sistemas críticos.

Garantizar la seguridad y reducir los riesgos

La seguridad es primordial a la hora de gestionar la energía en un refugio antiaéreo, especialmente cuando se utilizan generadores a combustible o grandes sistemas de baterías.

Ventilación adecuada de los generadores:

Gestión de los gases de escape: Asegúrese de que los generadores a combustible se utilicen en un área bien ventilada fuera del espacio principal del refugio. Ventile adecuadamente los gases de escape para evitar la acumulación de monóxido de carbono, que puede ser mortal en espacios reducidos.

Detectores de monóxido de carbono: Instale detectores de monóxido de carbono en el refugio, especialmente si está utilizando un generador. Estos detectores pueden proporcionar una advertencia temprana si se detectan gases peligrosos, lo que le permite tomar medidas inmediatas.

Seguridad de las baterías:

Almacenamiento seguro: Guarde las baterías en un lugar fresco y seco, lejos de la luz solar directa o de fuentes de calor. Asegúrese de que se mantengan alejadas del suelo y en un lugar donde no se dañen fácilmente.

Prevención de incendios: Las baterías, especialmente los sistemas de almacenamiento de gran tamaño, pueden suponer un riesgo de incendio. Instale extintores de incendios aptos para incendios eléctricos y evite sobrecargar los circuitos. Inspeccione regularmente las baterías para detectar signos de desgaste, corrosión o daños y reemplácelas según sea necesario.

Almacenamiento de combustible del generador:

Pautas para el almacenamiento de combustible: almacene el combustible en contenedores aprobados, claramente etiquetados y manténgalos en un área segura y bien ventilada, lejos de los espacios habitables. Evite almacenar demasiado combustible dentro del refugio para reducir los riesgos de incendio.

Estabilizadores de combustible: use estabilizadores de combustible para extender la vida útil de la gasolina o el diésel almacenados. Esto es particularmente importante si prevé que necesitará almacenar combustible durante un período prolongado.

Preparaciones finales y planificación

Antes de considerar que su sistema de energía está listo para su uso, es esencial realizar una revisión exhaustiva y preparaciones finales para asegurarse de que todo esté en su lugar y funcionando correctamente.

Prueba del sistema:

Prueba de carga completa: pruebe todo su sistema de energía en condiciones de carga completa para asegurarse de que pueda manejar las demandas de todos los sistemas críticos que funcionan simultáneamente. Esto incluye hacer funcionar el generador, probar los sistemas de respaldo de batería y verificar el funcionamiento de las fuentes de energía renovable.

Comprobación de redundancia: Verifique que todos los sistemas de energía de respaldo y de emergencia, como generadores manuales y bancos de energía portátiles, estén completamente funcionales y listos para usar. Asegúrese de tener repuestos y suministros para el mantenimiento de estos sistemas.

Capacitación y simulacros:

Capacitación operativa: Capacite a todos los ocupantes del refugio sobre el funcionamiento de los sistemas de energía, incluido cómo encender y apagar el generador, cambiar entre fuentes de energía y monitorear el uso de energía. Asegúrese de que todos comprendan cómo conservar energía y qué hacer en caso de un corte de energía.

Simulacros de emergencia: Realice simulacros para simular cortes de energía y practique el cambio a sistemas de respaldo. Estos simulacros también deben incluir escenarios como recargar baterías con paneles solares o hacer funcionar manualmente los sistemas de ventilación.

Documentación:

Manual del sistema de energía: cree un manual que detalle el funcionamiento, el mantenimiento y la resolución de problemas de los sistemas de energía de su refugio. Incluya información de contacto de los proveedores de servicios o fabricantes en caso de problemas técnicos.

Registro de mantenimiento: mantenga un registro de todas las actividades de mantenimiento, incluido el uso de combustible, los controles de la batería y las pruebas del sistema. Este registro ayudará a realizar un seguimiento del estado de sus sistemas de energía y garantizará que se mantengan en óptimas condiciones de funcionamiento.

Un sistema de energía confiable y bien planificado es esencial para la supervivencia y la comodidad de los ocupantes de un refugio antiaéreo. Al comprender las diferentes fuentes de energía disponibles (ya sea la red eléctrica, los generadores, la energía renovable o los respaldos de emergencia), puede diseñar un sistema que satisfaga las necesidades de su refugio, tanto para emergencias a corto plazo como para estadías a largo plazo. La gestión eficiente de la energía, el mantenimiento regular y las precauciones de seguridad son clave para garantizar que su refugio siga siendo un espacio seguro y habitable durante una crisis. Si se prepara para todos los escenarios posibles y tiene varias opciones de energía a su disposición, puede asegurarse de que las luces permanezcan encendidas, el aire permanezca limpio y las líneas de comunicación permanezcan abiertas, lo que brinda seguridad y tranquilidad incluso en las circunstancias más difíciles.

Almacenamiento de agua: cómo garantizar un suministro seguro y confiable

El agua es uno de los recursos más críticos en un refugio antiaéreo, esencial para beber, cocinar, la higiene y el saneamiento. En un entorno confinado donde las fuentes de agua externas pueden estar contaminadas o ser inaccesibles, tener un suministro seguro y confiable de agua es crucial para la supervivencia. Este capítulo explorará las estrategias para el almacenamiento de agua en un refugio antiaéreo, incluidos los tipos de contenedores, los métodos de purificación y las técnicas para administrar y conservar el agua durante un período prolongado.

La importancia del agua en un refugio antiaéreo

El agua es vital para sustentar la vida y mantener la salud en un refugio antiaéreo:

Agua potable: el cuerpo humano necesita una ingesta regular de agua limpia para funcionar correctamente. La deshidratación puede provocar problemas de salud graves, como insuficiencia renal, insolación y deterioro de la función cognitiva.

Cocina y preparación de alimentos: el agua es necesaria para preparar alimentos, especialmente si depende de alimentos almacenados o deshidratados que necesitan rehidratarse o cocinarse.

Higiene y saneamiento: la higiene personal, como lavarse las manos y limpiar superficies, requiere agua para evitar la propagación de gérmenes y mantener un entorno saludable. Además, el agua es necesaria para operar sistemas de saneamiento, como tirar de la cadena de los inodoros o gestionar los desechos.

Atención médica de emergencia: en caso de lesión o enfermedad, se necesita agua para limpiar heridas, administrar primeros auxilios y, posiblemente, para tomar medicamentos.

Estimación de las necesidades de agua

Antes de comenzar a almacenar agua, es importante estimar cuánta agua necesitará para los ocupantes de su refugio durante la duración prevista de su estadía.

Necesidades básicas de agua:

Beber: la recomendación general es almacenar al menos un galón de agua por persona por día. Esto incluye agua para beber, preparar alimentos y una higiene mínima.

Higiene y saneamiento: para las necesidades básicas de higiene y saneamiento, agregue entre medio galón y un galón de agua adicional por persona por día. Esto cubrirá actividades esenciales como lavarse las manos, limpiar superficies y gestionar residuos.

Reservas de emergencia: es recomendable almacenar agua adicional más allá de las estimaciones mínimas para tener en cuenta situaciones inesperadas, como una estadía más prolongada de lo esperado, derrames u ocupantes adicionales.

Duración de la estadía en el refugio:

Corto plazo: para una estadía en el refugio de hasta dos semanas, calcule el requerimiento total de agua multiplicando las necesidades diarias por la cantidad de días. Por ejemplo, una familia de cuatro personas que se quede durante 14 días necesitará al menos 56 galones de agua para beber y para la higiene.

A largo plazo: para estadías prolongadas de varios meses, considere no solo la cantidad total de agua requerida, sino también cómo administrar, conservar y potencialmente reponer su suministro de agua.

Contenedores para almacenar agua

Elegir los contenedores adecuados para almacenar agua es esencial para mantener la calidad del agua y garantizar un fácil acceso en el refugio.

Tipos de contenedores para agua:

Contenedores de plástico aptos para alimentos: estas son unas de las opciones más comunes y prácticas para almacenar agua. Los contenedores de plástico aptos para alimentos son duraderos, livianos y vienen en varios tamaños, desde jarras pequeñas hasta barriles grandes. Asegúrese de que los contenedores estén hechos de plástico sin BPA para evitar la contaminación química.

Tanques para almacenar agua: los tanques de gran capacidad, generalmente hechos de polietileno u otros materiales duraderos, pueden almacenar cantidades significativas de agua. Estos tanques se pueden colocar dentro o fuera del refugio, según la disponibilidad de espacio y las consideraciones de diseño.

Contenedores de agua plegables: estos contenedores están hechos de materiales flexibles y se pueden plegar cuando no se usan, lo que los hace ideales para conservar espacio en un refugio. Son útiles como almacenamiento complementario o para transportar agua desde una fuente externa.

Ladrillos de agua: los ladrillos de agua son contenedores apilables y entrelazados que son fáciles de almacenar y organizar en un refugio. Por lo general, contienen de 3 a 5 galones de agua cada uno y están diseñados para maximizar la eficiencia del espacio.

Consideraciones para la selección de contenedores:

Durabilidad: elija contenedores que sean lo suficientemente fuertes como para soportar el almacenamiento a largo plazo y cualquier posible impacto o presión en el refugio.

Portabilidad: si bien los contenedores más grandes son más eficientes para almacenar grandes cantidades de agua, los contenedores más pequeños y portátiles son más fáciles de mover y manejar, especialmente si necesita transportar agua de un área a otra.

Sellado: asegúrese de que todos los contenedores tengan tapas o tapones herméticos para evitar la contaminación y la evaporación. Considere usar contenedores con grifos o canillas para dispensar fácilmente sin la necesidad de abrir todo el contenedor.

Utilización del espacio: planifique la distribución de su refugio para maximizar el uso del espacio para el almacenamiento de agua. Los contenedores apilables o modulares pueden ayudarlo a almacenar más agua en un área confinada.

Purificación y tratamiento del agua

Incluso si almacena agua limpia, es importante tener los medios para purificarla y tratarla para garantizar que siga siendo segura para beber con el tiempo.

Métodos de purificación:

Hervir: hervir el agua durante al menos un minuto (o tres minutos a mayores altitudes) es un método eficaz para matar bacterias, virus y parásitos. Este método requiere una fuente de calor y debe usarse cuando sea posible.

Tratamiento químico: se pueden usar desinfectantes químicos como cloro (hipoclorito de sodio) o tabletas de yodo para tratar el agua. Agregue 8 gotas de cloro por galón de agua y déjelo reposar durante al menos 30 minutos antes de usar. Para el yodo, siga las instrucciones provistas con las tabletas.

Filtración: los filtros de agua, como los filtros de bomba portátiles, los filtros de gravedad o los filtros de paja, pueden eliminar bacterias, protozoos y algunos virus del agua. Elija un filtro con un tamaño de poro de 0,2 micrones o más pequeño para obtener mejores resultados.

Purificación UV: los purificadores de agua UV utilizan luz ultravioleta para matar microorganismos en el agua. Estos dispositivos son compactos y fáciles de usar, pero requieren baterías u otra fuente de energía.

Filtros de carbón activado: estos filtros pueden eliminar sustancias químicas, olores y algunos metales pesados del agua. A menudo se utilizan en combinación con otros métodos de purificación para mejorar el sabor y reducir los contaminantes químicos.

Estabilidad de almacenamiento:

Conservadores de agua: considere el uso de conservantes de agua, como estabilizadores de agua disponibles comercialmente, para extender la vida útil del agua almacenada. Estos productos generalmente se agregan al agua para prevenir el crecimiento de bacterias, algas y otros microorganismos hasta por cinco años.

Rotación regular: incluso con conservantes, es una buena práctica rotar el suministro de agua cada seis a doce meses. Use el agua vieja para fines no potables, como limpieza o jardinería, y reemplácela con agua fresca.

Análisis del agua:

Kits de análisis: utilice kits de análisis del agua para comprobar periódicamente la calidad del agua almacenada. Estos kits pueden analizar la presencia de bacterias, niveles de cloro, pH y otros contaminantes, lo que le ayudará a garantizar la seguridad de su suministro de agua.

Inspección visual: inspeccione periódicamente los recipientes de agua para detectar cualquier signo de contaminación, como turbiedad, decoloración u olores inusuales. Si el agua parece estar contaminada, trátela o reemplácela de inmediato.

Gestión y conservación del agua

En un refugio antiaéreo, donde el agua puede ser un recurso limitado, su gestión y conservación es esencial para la supervivencia a largo plazo.

Racionamiento de agua:

Asignación diaria: establezca una ración diaria de agua para cada ocupante del refugio en función de las necesidades estimadas. Cíñase a esta ración para garantizar que el suministro de agua dure la duración prevista de la estancia en el refugio.

Agua no potable: utilice agua no potable para tareas que no requieran agua potable, como tirar de la cadena del inodoro, lavar la ropa o limpiar los suelos. Esto puede incluir agua recogida de la lluvia, aguas grises o incluso hielo derretido.

Reciclaje y reutilización del agua:

Sistemas de aguas grises: considere la posibilidad de instalar un sistema sencillo de reciclaje de aguas grises, en el que el agua de los lavabos, las duchas o el lavado de manos se recoja y se reutilice para fines no potables, como para descargar los inodoros o regar las plantas de un jardín de supervivencia. Asegúrese de que las aguas grises no estén contaminadas con productos químicos o patógenos nocivos antes de reutilizarlas.

Recolección de agua de lluvia:

Sistemas de recolección: si su refugio está sobre el suelo o tiene acceso a un área exterior, considere la posibilidad de instalar un sistema de recolección de agua de lluvia. Esto implica recolectar y almacenar el agua de lluvia de los techos u otras superficies. Utilice canaletas y bajantes para dirigir el agua hacia tanques o barriles de almacenamiento.

Purificación: el agua de lluvia debe purificarse antes de beber, ya que puede acumular contaminantes del aire o de la superficie de recolección. Filtre el agua y trátela con desinfectantes químicos o hiérvala antes de usarla.

Disciplina del agua:

Prácticas de conservación: anime a todos los ocupantes del refugio a practicar la conservación del agua lavándose menos tiempo, utilizando la mínima cantidad de agua para cocinar y evitando el uso innecesario de agua.

Control del uso: lleve un registro del uso diario de agua y ajuste las raciones según sea necesario para garantizar que el suministro dure. Revise periódicamente sus prácticas de gestión del agua para identificar áreas en las que se pueda lograr una mayor conservación.

Fuentes de agua de emergencia

En caso de que el suministro de agua almacenada se agote o se contamine, es importante tener planes establecidos para acceder a agua adicional.

Fuentes de agua alternativas:

Cuerpos de agua naturales: identifique los lagos, ríos o arroyos cercanos que podrían servir como fuentes de agua de emergencia. Tenga en cuenta que es probable que estas fuentes se contaminen después de un evento nuclear, por lo que es necesaria una purificación rigurosa.

Pozos subterráneos: si su refugio tiene acceso a un pozo, asegúrese de que esté debidamente sellado y protegido de la contaminación de la superficie. Es posible que necesite una bomba manual si el pozo no está conectado a una bomba eléctrica.

Derretimiento de nieve o hielo: en climas más fríos, la nieve y el hielo se pueden derretir para obtener agua potable. Siempre purifique el agua antes de beber, ya que aún puede contener contaminantes.

Purificadores de agua portátiles:

Filtros portátiles: tenga a mano filtros de agua portátiles para purificar el agua de fuentes externas. Estos filtros deben ser capaces de eliminar bacterias, protozoos y virus.

Kits de tratamiento químico: tenga a mano kits de tratamiento químico que incluyan tabletas de cloro o yodo, que se pueden usar para tratar el agua de fuentes naturales.

Técnicas de extracción de agua:

Destilador solar: un destilador solar es un dispositivo que utiliza el calor del sol para evaporar el agua, dejando atrás los contaminantes, y luego condensa el vapor de agua nuevamente en líquido. Es un método útil para extraer agua potable de fuentes contaminadas o incluso de suelo húmedo.

Recolección de rocío: en entornos con mucha humedad, recolecte el rocío que se forma en las superficies durante la noche. Extienda una lámina de plástico limpia o use una lona para capturar el rocío y luego embújelo en un recipiente para purificarlo.

Preparaciones finales y mantenimiento

Antes de que se considere que su refugio está listo, asegúrese de que sus sistemas de almacenamiento de agua estén completamente preparados y de que existan planes de mantenimiento.

Lista de verificación previa al refugio:

Inspección de los contenedores: inspeccione todos los contenedores de agua para detectar fugas, grietas o signos de desgaste. Reemplace los contenedores dañados para evitar la pérdida de agua.

Llene y selle: llene todos los contenedores con agua potable limpia y ciérrelos herméticamente. Considere agregar conservadores de agua si prevé un almacenamiento a largo plazo.

Accesibilidad: organice los contenedores de agua de manera que permitan un fácil acceso y distribución. Asegúrese de que los contenedores que usará primero sean los más accesibles.

Mantenimiento continuo:

Controles regulares: controle periódicamente los contenedores de agua para detectar signos de contaminación, como decoloración, sedimentos u olores. Pruebe la calidad del agua con kits de prueba y reemplace o trate el agua según sea necesario.

Rotación: establezca un programa de rotación del agua para garantizar que el agua almacenada se mantenga fresca. Rote su suministro de agua cada seis a doce meses, utilizando el agua más vieja para fines no potables y reemplazándola con agua fresca.

Capacitación y educación:

Capacitación en gestión del agua: eduque a todos los ocupantes del refugio sobre la importancia de la conservación del agua y el uso adecuado de los sistemas de almacenamiento y purificación de agua. Revise y practique periódicamente las técnicas de obtención y purificación de agua de emergencia.

Simulacros de emergencia: realice simulacros que simulen una escasez de agua o un evento de contaminación, lo que permitirá a los ocupantes practicar los procedimientos de recolección y purificación de agua de emergencia.

El agua es un recurso indispensable en un refugio antiaéreo, y el almacenamiento, la gestión y la purificación adecuados son esenciales para la supervivencia. Al calcular cuidadosamente sus necesidades de agua, seleccionar los recipientes de almacenamiento adecuados e implementar métodos de purificación efectivos, puede garantizar un suministro de agua seguro y confiable durante su estadía en el refugio. Además de almacenar agua, planificar fuentes de agua alternativas y practicar técnicas de conservación lo ayudarán a administrar este preciado recurso durante una crisis prolongada. Con una preparación minuciosa y un mantenimiento regular, puede proporcionarse a usted y a los ocupantes de su refugio el agua necesaria para mantenerse saludables, hidratados y seguros durante las circunstancias más difíciles.

Almacenamiento de alimentos: planificación de supervivencia a largo plazo

El almacenamiento de alimentos es un componente fundamental para la supervivencia a largo plazo en un refugio antiaéreo. Los suministros de alimentos almacenados y gestionados adecuadamente pueden sustentar a los ocupantes del refugio durante semanas o incluso meses, lo que garantiza que tengan los nutrientes y la energía necesarios para soportar las dificultades de un escenario de radiación nuclear. Este capítulo explorará las estrategias para el almacenamiento de alimentos a largo plazo, centrándose en la selección de los tipos de alimentos adecuados, su almacenamiento eficaz y la gestión del suministro para evitar el deterioro y el desperdicio.

La importancia del almacenamiento de alimentos en un refugio antiaéreo

Los alimentos son esenciales para mantener la salud física, el bienestar mental y los niveles de energía durante una estancia prolongada en un refugio antiaéreo:

Necesidades nutricionales: Una dieta equilibrada que incluya carbohidratos, proteínas, grasas, vitaminas y minerales es fundamental para mantener el correcto funcionamiento del cuerpo en condiciones estresantes.

Moral y comodidad: El acceso a alimentos familiares y reconfortantes puede ayudar a levantar la moral y proporcionar una sensación de normalidad en una situación de crisis.

Sostenibilidad: El almacenamiento adecuado de alimentos permite una sostenibilidad a largo plazo, lo que reduce la necesidad de salir del refugio en busca de suministros y minimiza el riesgo de exposición a condiciones externas peligrosas.

Cálculo de las necesidades alimentarias

Antes de comenzar a almacenar alimentos, es importante calcular la cantidad que necesitará en función de la cantidad de ocupantes y la duración prevista de su estancia en el refugio.

Ingesta calórica diaria:

Requerimientos calóricos: El adulto promedio requiere alrededor de 2000 a 2500 calorías por día para mantener el peso corporal y los niveles de energía. Sin embargo, las necesidades calóricas pueden variar según la edad, el sexo, el nivel de actividad y la salud general.

Ajustes para la vida en el refugio: En un entorno de refugio, donde la actividad física puede ser limitada, las necesidades calóricas pueden disminuir ligeramente. Sin embargo, el estrés y la necesidad de calor pueden aumentar los requerimientos calóricos. Planifique al menos 2000 calorías por persona por día.

Duración de la estadía en el refugio:

Corto plazo: para estadías de hasta dos semanas, multiplique el requerimiento calórico diario por la cantidad de días y la cantidad de ocupantes. Por ejemplo, una familia de cuatro personas que se quede durante 14 días necesitaría al menos 112 000 calorías en total.

Largo plazo: para estadías prolongadas de varios meses, planifique una variedad de tipos de alimentos para evitar la fatiga alimentaria y garantizar el equilibrio nutricional. Considere la vida útil de los diferentes alimentos y planifique rotar los suministros según sea necesario.

Tipos de almacenamiento de alimentos a largo plazo

Elegir los tipos de alimentos adecuados para el almacenamiento a largo plazo es fundamental para garantizar que sus suministros se mantengan seguros, comestibles y nutritivos a lo largo del tiempo.

Alimentos no perecederos:

Productos enlatados: los alimentos enlatados, como verduras, frutas, carnes y sopas, son elementos básicos del almacenamiento de alimentos a largo plazo. Tienen una vida útil prolongada, que suele oscilar entre 2 y 5 años, y son fáciles de almacenar. Busque opciones bajas en sodio y ricas en nutrientes.

Alimentos secos: los alimentos secos, como los frijoles, el arroz, la pasta y las lentejas, son livianos, tienen una vida útil prolongada y son ricos en calorías. Requieren agua para su preparación, así que asegúrese de tener suficiente agua almacenada para rehidratar estos alimentos.

Alimentos liofilizados: las comidas y los ingredientes liofilizados son ideales para el almacenamiento a largo plazo, con una vida útil de hasta 25 años. Son livianos, fáciles de preparar (solo requieren agua caliente) y conservan gran parte de su valor nutricional.

Alimentos deshidratados: a las frutas, verduras y carnes deshidratadas se les ha eliminado la mayor parte de su contenido de agua, lo que las hace livianas y estables. Se pueden rehidratar o comer tal como están, según el tipo de alimento.

Granos y legumbres:

Granos integrales: los granos integrales, como los granos de trigo, la avena y la cebada, se pueden almacenar durante varios años si se guardan en un lugar fresco y seco. Son ricos en nutrientes y versátiles, pero requieren preparación y cocción.

Legumbres: los frijoles, las lentejas y los guisantes son excelentes fuentes de proteínas y fibra. Tienen una larga vida útil y se pueden almacenar a granel. Sin embargo, requieren remojo y cocción, por lo que debe planificar una cantidad adecuada de agua y combustible.

Alimentos listos para comer:

MRE (comidas listas para comer): las MRE son comidas precocinadas autónomas diseñadas para uso militar y situaciones de emergencia. Tienen una vida útil de 3 a 5 años y no requieren agua adicional ni cocción, lo que los hace ideales para situaciones en las que los recursos son limitados.

Barritas energéticas y snacks: las barritas energéticas con alto contenido calórico, los frutos secos y la mezcla de frutos secos son opciones prácticas y listas para comer que proporcionan energía rápida. Tienen una vida útil relativamente larga y son fáciles de almacenar.

Alimentos reconfortantes:

Chocolate y dulces: incluir algunos alimentos reconfortantes, como chocolate, caramelos duros o café instantáneo, puede ayudar a levantar la moral durante una estadía prolongada en el refugio. Estos artículos generalmente tienen una vida útil prolongada y se pueden almacenar fácilmente.

Especias y condimentos: las especias básicas, la sal, el azúcar y los condimentos pueden realzar el sabor de los alimentos almacenados y hacer que las comidas sean más agradables. Guárdelos en recipientes herméticos para evitar la humedad y la contaminación.

Recipientes y métodos de almacenamiento de alimentos

Las técnicas de almacenamiento adecuadas son esenciales para preservar la calidad y la seguridad de su suministro de alimentos a largo plazo.

Recipientes de almacenamiento:

Bolsas de Mylar: las bolsas de Mylar son una excelente opción para almacenar alimentos secos, granos y legumbres. Son duraderas, resistentes a la luz y se pueden sellar con un absorbente de oxígeno para extender la vida útil.

Bolsas selladas al vacío: el sellado al vacío elimina el aire de la bolsa, lo que reduce el riesgo de deterioro y extiende la vida útil de alimentos como carnes secas, nueces y granos. Use bolsas selladas al vacío para alimentos que son sensibles a la humedad y al oxígeno.

Baldes de plástico: los baldes de plástico de grado alimenticio con tapas herméticas son ideales para almacenar artículos a granel como granos, arroz y frijoles. Protegen contra la humedad, las plagas y el daño físico. Considere usar bolsas de Mylar dentro de los baldes para mayor protección.

Frascos de vidrio: los frascos de vidrio con tapas herméticas son adecuados para almacenar cantidades más pequeñas de alimentos secos, especias y productos en conserva. Son impermeables al aire y la humedad, pero deben almacenarse en un lugar oscuro para proteger el contenido de la luz.

Entorno de almacenamiento:

Fresco y seco: almacene los alimentos en un lugar fresco y seco, idealmente a una temperatura entre 50 °F y 70 °F. Las altas temperaturas pueden hacer que los alimentos se echen a perder más rápidamente, mientras que la humedad puede provocar moho, crecimiento de bacterias y contaminación.

Oscuridad: proteja los alimentos de la exposición a la luz, que puede degradar ciertos nutrientes y echar a perder los alimentos con el tiempo. Almacene los alimentos en recipientes opacos o en una habitación oscura, como un sótano o una bodega.

Control de plagas: asegúrese de que las áreas de almacenamiento de alimentos estén a prueba de plagas utilizando recipientes sellados y manteniendo el área limpia y libre de migas o alimentos derramados. Considere usar tierra de diatomeas u hojas de laurel para disuadir a los insectos en las áreas de almacenamiento.

Rotación y gestión de suministros de alimentos

Gestionar su suministro de alimentos de manera eficaz implica la rotación regular y el control del inventario para evitar el desperdicio y garantizar que sus alimentos se mantengan seguros y nutritivos.

Primero en entrar, primero en salir (FIFO):

Método de rotación: Practique el método FIFO, en el que los alimentos más antiguos se utilizan primero y los nuevos se agregan al final de su almacenamiento. Esto garantiza que nada se desperdicie y que su suministro sea siempre lo más fresco posible.

Etiquetado: Etiquete claramente todos los recipientes de alimentos con la fecha de compra o almacenamiento, así como la fecha de vencimiento, si está disponible. Esto hace que sea más fácil llevar un registro de lo que se debe utilizar primero.

Gestión de inventario:

Controles de inventario regulares: Realice controles regulares de su inventario de alimentos, anotando cualquier artículo que esté cerca de su fecha de vencimiento o que muestre signos de deterioro. Ajuste su plan de alimentación en consecuencia para utilizar primero los artículos más antiguos.

Plan de reposición: Desarrolle un plan para reponer sus suministros de alimentos, teniendo en cuenta la vida útil de los diferentes artículos y sus necesidades previstas. Si es posible, reemplace los artículos a medida que se utilizan para mantener un suministro constante.

Cómo lidiar con el deterioro:

Cómo identificar los alimentos en mal estado: aprenda a identificar los signos de deterioro, como olores inusuales, moho, decoloración o mal sabor. Deseche cualquier alimento que muestre signos de deterioro para evitar la contaminación de otros alimentos almacenados.

Sustituciones de emergencia: tenga un plan para sustituir los alimentos esenciales si su suministro principal se echa a perder o se agota. Por ejemplo, si los cereales se echan a perder, considere utilizar legumbres o pastas almacenadas como fuente sustitutiva de carbohidratos.

Cómo complementar su suministro de alimentos

En una situación de refugio a largo plazo, complementar su suministro de alimentos almacenados puede ayudar a ampliar sus recursos y proporcionar nutrientes frescos.

Jardinería de supervivencia:

Jardines interiores: si el espacio y los recursos lo permiten, considere la posibilidad de establecer un jardín de supervivencia interior. Cultive plantas de rápido crecimiento y ricas en nutrientes, como verduras de hoja, hierbas y brotes, que pueden proporcionar vitaminas y minerales frescos.

Jardinería en contenedores: use contenedores o bolsas de cultivo para cultivar pequeñas cantidades de verduras o hierbas dentro del refugio. Incluso un pequeño jardín puede marcar una diferencia significativa en su dieta con el tiempo.

Búsqueda de alimentos y caza:

Búsqueda de alimentos local: si es seguro salir del refugio, considere buscar plantas comestibles, bayas y nueces en el área circundante. Aprenda a identificar alimentos silvestres seguros y ricos en nutrientes que puedan complementar su dieta.

Caza de animales pequeños: en un escenario a largo plazo, la caza de animales pequeños como conejos o pájaros podría proporcionar proteínas adicionales. Asegúrese de tener las herramientas y habilidades necesarias para cazar y preparar animales salvajes de manera segura.

Trueque:

Comercie con otros: si forma parte de una comunidad más grande de refugios o sobrevivientes, considere intercambiar por suministros de alimentos adicionales. Intercambiar artículos excedentes como alimentos enlatados, alimentos en conserva o artículos reconfortantes puede ayudar a diversificar su dieta y adquirir alimentos que quizás no haya almacenado en cantidades suficientes.

Técnicas de conservación de alimentos:

Enlatado y encurtido: si tiene acceso a productos frescos o carnes, considere enlatar o encurtir para preservar estos artículos para el almacenamiento a largo plazo. Esto requiere equipo y conocimiento adecuados, pero puede extender significativamente la vida útil de los alimentos perecederos.

Secado y ahumado: secar frutas, verduras o carnes y ahumar carnes son formas efectivas de conservar los alimentos sin refrigeración. Estos métodos reducen el contenido de humedad, lo que evita el crecimiento bacteriano y extiende la vida útil.

PREPARACIÓN DE COMIDAS en un refugio antiaéreo

La preparación de comidas en un refugio antiaéreo puede diferir de su rutina normal debido a los recursos limitados y la necesidad de conservación.

Cocina simplificada:

Comidas en una olla: concéntrese en preparar comidas en una olla que combinen varios ingredientes en un solo plato. Este método conserva el agua y el combustible, reduce la limpieza y garantiza que obtenga una comida equilibrada.

Cocción mínima: elija recetas que requieran un tiempo de cocción mínimo o que se puedan preparar con agua hirviendo. Los cereales de cocción rápida, las comidas liofilizadas y las raciones de comida preparadas son ideales para este propósito.

Métodos alternativos de cocción:

Estufas portátiles: utilice estufas portátiles o estufas de camping que puedan funcionar con propano, butano o alcohol. Asegúrese de que su refugio esté bien ventilado cuando utilice estas estufas para evitar la acumulación de monóxido de carbono.

Hornos solares: si su refugio tiene acceso a la luz solar, considere la posibilidad de utilizar un horno solar para cocinar o recalentar las comidas. Los hornos solares son una opción de cocción segura y de bajo consumo energético, aunque requieren luz solar directa para funcionar de manera eficaz.

Conservación de combustible: conserve combustible cocinando las comidas en grandes cantidades, preparando los alimentos en mayores cantidades y guardando las sobras para usarlas más adelante. Este enfoque reduce la necesidad de cocinar con frecuencia y ahorra recursos valiosos.

Uso creativo de los alimentos:

Reutilización de ingredientes: aproveche al máximo cada ingrediente reutilizando las sobras y los restos. Por ejemplo, las cáscaras de verduras se pueden utilizar para hacer caldo y el pan duro se puede convertir en crutones o pan rallado.

Suministros que rindan: amplíe sus suministros de alimentos añadiendo rellenos como arroz, frijoles o pasta a las comidas. Estos ingredientes son densos en calorías y pueden ayudar a que otros ingredientes más limitados rindan más.

Preparaciones finales y mantenimiento

Antes de considerar que el almacenamiento de alimentos está completo, asegúrese de que los suministros estén completamente organizados, seguros y listos para su uso a largo plazo.

Organización de suministros:

Estanterías y almacenamiento: organice los suministros de alimentos en estantes resistentes, con los artículos más pesados en los estantes inferiores para evitar accidentes. Asegúrese de que todos los artículos sean de fácil acceso y de que nada esté oculto o sea difícil de alcanzar.

Agrupación por categorías: agrupe los artículos similares (por ejemplo, productos enlatados, cereales, bocadillos) para que sea más fácil encontrar lo que necesita. Etiquete los estantes o contenedores para una identificación rápida.

Protección del almacenamiento de alimentos:

Control de plagas: tome medidas para proteger el almacenamiento de alimentos contra las plagas utilizando recipientes herméticos, limpiando regularmente las áreas de almacenamiento y verificando si hay señales de infestación. Tenga trampas o disuasores de plagas a mano como precaución adicional.

Control de temperatura: asegúrese de que el área de almacenamiento de alimentos mantenga una temperatura estable y fresca, idealmente entre 50 °F y 70 °F. Si es necesario, aísle el área de almacenamiento o use un termómetro para monitorear las condiciones.

Inventario y rotación regulares:

Controles de rutina: Realice controles de rutina de su inventario de alimentos, buscando cualquier signo de deterioro, daño o vencimiento. Lleve un registro de lo que se está utilizando y lo que necesita reemplazarse.

Stock rotativo: Implemente un programa de rotación regular para usar primero los artículos más viejos y mantener su suministro de alimentos fresco. Considere marcar el calendario con fechas recordatorias para la rotación y los controles de inventario.

Manejo de desechos humanos

Uno de los aspectos más importantes del manejo de desechos en un entorno cerrado es la eliminación segura de los desechos humanos. Existen varias opciones, según la configuración y los recursos de su refugio.

Baños portátiles:

Baños químicos: los baños químicos portátiles utilizan sustancias químicas para descomponer los desechos y controlar los olores. Estos baños son compactos, fáciles de usar y se pueden sellar herméticamente para evitar fugas y olores. Sin embargo, requieren vaciarse y rellenarse con sustancias químicas con regularidad.

Baños de compostaje: los baños de compostaje descomponen los desechos humanos en abono a través de un proceso natural que involucra calor, humedad y microorganismos. Estos baños son ecológicos y reducen la necesidad de eliminación frecuente de desechos, pero requieren ventilación y mantenimiento adecuados.

Baños de balde: una opción simple y económica es el baño de balde, que utiliza un balde forrado con bolsas de plástico resistentes. Después de su uso, la bolsa se sella y se almacena hasta que se pueda desechar de manera segura. Este método es sencillo, pero requiere una manipulación cuidadosa y la eliminación regular de las bolsas de desechos.

Ventilación y control de olores:

Sistemas de ventilación: asegúrese de que el área de eliminación de desechos esté bien ventilada para evitar la acumulación de olores y gases nocivos como el amoníaco y el metano. Si utiliza un inodoro de compostaje, la ventilación adecuada es esencial para el proceso de compostaje.

Materiales absorbentes: utilice materiales absorbentes como aserrín, turba o arena para gatos para cubrir los desechos después de cada uso. Esto ayuda a absorber la humedad, controlar los olores y ayuda en el proceso de compostaje, si corresponde.

Neutralizadores de olores: mantenga productos neutralizadores de olores como carbón activado, bicarbonato de sodio o absorbentes de olores comerciales en el área de desechos para ayudar a controlar los olores.

ELIMINACIÓN DE DESECHOS:

Sellado y almacenamiento de desechos: si utiliza un balde o un inodoro químico, los desechos deben sellarse en bolsas o contenedores de plástico resistentes después de cada uso. Almacene los desechos sellados en un área designada lejos de los espacios habitables hasta que se puedan retirar o desechar de manera segura.

Eliminación periódica: planifique la eliminación periódica de los desechos acumulados, especialmente si su estadía en el refugio se extiende más allá de algunas semanas. Esto puede implicar enterrar los desechos lejos del refugio si es seguro salir, o usar una solución de eliminación de desechos secundaria y más permanente.

Manejo de basura y desechos no humanos

Además de los desechos humanos, deberá gestionar otros tipos de desechos, incluidos restos de comida, envases y basura en general.

Separación de desechos:

Residuos orgánicos e inorgánicos: separe los desechos orgánicos (restos de comida, papel) de los desechos inorgánicos (plásticos, metales) para gestionar la eliminación de manera más eficaz. Los desechos orgánicos se pueden convertir en abono o almacenar por separado para reducir los olores y las plagas.

Residuos peligrosos: identifique y separe los desechos peligrosos, como baterías, productos químicos o suministros médicos, que requieren un manejo y eliminación especiales. Almacene los desechos peligrosos en recipientes claramente etiquetados, lejos de los suministros de alimentos y agua.

Recolección y almacenamiento de basura:

Bolsas y contenedores de basura: Use bolsas y contenedores de basura resistentes con tapas herméticas para recolectar y almacenar la basura. Retire y selle las bolsas de basura con regularidad para evitar olores y contaminación.

Compresión y minimización: Comprima los desechos para reducir su volumen y ahorrar espacio. Por ejemplo, aplane las cajas, aplaste las latas y comprima las botellas de plástico antes de guardarlas en bolsas de basura.

Reducción de desechos: Minimice la producción de desechos reutilizando los contenedores, evitando los empaques innecesarios y compostando material orgánico cuando sea posible.

Compostaje de desechos orgánicos:

Compostaje en interiores: Si el espacio y los recursos lo permiten, establezca un pequeño sistema de compostaje en interiores utilizando un contenedor o contenedor sellado. Agregue desechos orgánicos como restos de comida, papel y materiales compostables, junto con agentes de compostaje como lombrices o iniciadores de compost. Revuelva el compost con regularidad para ayudar a la descomposición y reducir los olores.

Manejo del compost: Mantenga el área de compostaje bien ventilada y controle los niveles de humedad para evitar que se humedezca o se seque demasiado. El compost gestionado adecuadamente se puede utilizar para fertilizar un jardín interior o almacenar para su uso futuro.

Gestión de residuos de agua

La gestión de las aguas grises (aguas residuales de lavabos, duchas o lavado) y las aguas negras (aguas residuales de los inodoros) es fundamental en un entorno cerrado para evitar la contaminación y mantener la higiene.

Reutilización de aguas grises:

Recolección y filtración: recoja las aguas grises en contenedores o baldes para reutilizarlas en aplicaciones no potables, como la descarga de inodoros o el riego de plantas. Filtre el agua para eliminar partículas grandes e impurezas antes de reutilizarlas.

Almacenamiento de aguas grises: almacene las aguas grises en contenedores sellados si no es posible su reutilización inmediata. Asegúrese de que los contenedores de almacenamiento estén etiquetados y alejados de los suministros de agua potable para evitar la contaminación cruzada.

Eliminación de aguas negras:

Separación de las aguas grises: mantenga siempre las aguas negras (contaminadas con desechos humanos) separadas de las aguas grises. Las aguas negras plantean un mayor riesgo de contaminación y deben manipularse con mayor cuidado.

Almacenamiento seguro: almacene las aguas negras en contenedores sellados y duraderos diseñados para residuos peligrosos. Asegúrese de que el área de almacenamiento esté bien ventilada y se controle regularmente para detectar fugas o daños.

Eliminación de emergencia: si es necesario desechar aguas negras durante una estadía prolongada en el refugio, hágalo de manera segura y lejos del refugio para evitar la contaminación. Enterrar las aguas negras en un pozo profundo lejos de las fuentes de agua y las áreas habitables es un método, si es seguro salir del refugio.

Prácticas de higiene y saneamiento

Mantener la higiene personal y mantener el refugio limpio son vitales para prevenir la propagación de enfermedades en un entorno cerrado.

Higiene personal:

Lavado de manos: lavarse las manos regularmente con agua y jabón es esencial, especialmente después de usar el baño, manipular desechos o antes de comer. Si el agua es limitada, use desinfectantes para manos a base de alcohol.

Limpieza corporal: use toallitas húmedas, baños de esponja o métodos de lavado que ahorren agua para mantener la limpieza personal. Asegúrese de que las aguas grises del lavado se recojan y gestionen adecuadamente.

Higiene dental: practique una buena higiene dental cepillándose los dientes regularmente con una cantidad mínima de agua. Considere almacenar cepillos de dientes sin agua o toallitas de higiene bucal como respaldo.

Limpieza del refugio:

Desinfección de superficies: Limpie y desinfecte regularmente las superficies, especialmente aquellas que estén en contacto con alimentos o desechos. Use desinfectantes como soluciones de cloro o limpiadores comerciales para matar bacterias y virus.

Mantenimiento del área de desechos: Limpie y desinfecte el área de eliminación de desechos con frecuencia para evitar olores y contaminación. Asegúrese de que los contenedores de desechos se vacíen, limpien y sellen regularmente.

Gestión de lavandería:

Uso limitado de agua: Si el agua es limitada, priorice el lavado de ropa y sábanas esenciales. Use una cantidad mínima de agua y jabón biodegradable, y considere reutilizar las aguas grises para fines de lavado.

Secado de ropa: Seque la ropa al aire en un tendedero o rejilla de secado dentro del refugio para conservar energía y evitar la acumulación excesiva de humedad. Asegúrese de que el área de secado esté bien ventilada para evitar el crecimiento de moho.

Preparaciones finales y monitoreo

Antes de finalizar sus planes de gestión de desechos, asegúrese de que todos los sistemas y procedimientos estén en su lugar y de que los ocupantes del refugio estén capacitados y preparados.

Configuración del sistema:

Estaciones de eliminación de desechos: Establezca estaciones de eliminación de desechos designadas para desechos humanos, basura y aguas grises en diferentes áreas del refugio. Etiquete claramente cada estación y proporcione instrucciones para su uso adecuado.

Botiquines de emergencia: Prepare botiquines de emergencia para el manejo de desechos que incluyan bolsas de basura adicionales, desinfectantes, guantes y otros suministros esenciales. Guarde estos botiquines en lugares de fácil acceso.

Capacitación y simulacros:

Capacitación en manejo de desechos: capacite a todos los ocupantes del refugio sobre los procedimientos adecuados para el manejo de desechos, incluido el uso de baños portátiles, la separación de desechos y los métodos de eliminación de emergencia.

Simulacros de higiene: Realice simulacros que simulen escenarios de manejo de desechos, como un contenedor de desechos lleno o un inodoro que funciona mal. Estos simulacros ayudan a garantizar que todos sepan cómo responder y mantener la higiene en una emergencia.

Monitoreo y mantenimiento:

Inspecciones regulares: Realice inspecciones regulares de los sistemas de manejo de desechos para verificar si hay fugas, olores o signos de contaminación. Aborde cualquier problema de inmediato para evitar que empeore.

Control de suministros: Controle la disponibilidad de suministros para el manejo de desechos, como bolsas de basura, desinfectantes y productos químicos para inodoros. Reabastezca según sea necesario para asegurarse de estar siempre preparado.

La gestión eficaz de los residuos en un entorno cerrado es esencial para mantener un espacio seguro, higiénico y habitable durante una estancia prolongada en un refugio antiaéreo. Si establece sistemas adecuados para la eliminación y la gestión de los desechos humanos, la basura y el agua residual, podrá evitar la propagación de enfermedades, controlar los olores y mantener a raya las plagas.

Una preparación minuciosa, un mantenimiento regular y el cumplimiento de las prácticas de higiene ayudarán a garantizar que su refugio siga siendo un entorno saludable para todos los ocupantes. Con un plan de gestión de residuos bien pensado, podrá centrarse en la supervivencia y el bienestar, sabiendo que este aspecto fundamental de la vida en el refugio está bajo control.

Preparación psicológica para el confinamiento prolongado

La preparación psicológica para el confinamiento prolongado en un refugio antiaéreo es esencial para mantener la salud mental y garantizar el bienestar general durante un período prolongado de aislamiento. Los desafíos únicos de estar confinado en un espacio pequeño con interacción social, recursos y estímulos externos limitados pueden afectar significativamente la salud mental. Este capítulo explorará estrategias para la preparación psicológica, los mecanismos de afrontamiento y el mantenimiento de la resiliencia mental mientras se vive en un refugio antiaéreo.

Comprensión de los desafíos psicológicos

Aislamiento y confinamiento: el confinamiento prolongado puede generar sentimientos de aislamiento, soledad y aburrimiento. Estar aislado de las interacciones sociales normales y las rutinas diarias puede afectar la salud mental, lo que puede provocar ansiedad, depresión y una sensación de impotencia.

Espacio y recursos limitados: el entorno restringido de un refugio antiaéreo puede generar estrés y frustración. El espacio limitado, la privacidad mínima y los recursos limitados pueden exacerbar los sentimientos de incomodidad y claustrofobia. Falta de estímulos externos: la falta de exposición a la luz natural, al aire fresco y a los estímulos externos puede afectar el estado de ánimo y la función cognitiva. La ausencia de cambios ambientales normales puede contribuir a una sensación de monotonía y estancamiento.

Conflicto y tensión: los espacios reducidos y las interacciones prolongadas con otras personas pueden provocar conflictos interpersonales y un mayor estrés. Las diferencias de personalidad, las estrategias de afrontamiento y las expectativas pueden provocar tensión dentro del grupo confinado.

Resiliencia mental y adaptación

Desarrollo de una mentalidad positiva:

Concéntrese en los objetivos: establezca objetivos a corto y largo plazo para mantener un sentido de propósito y dirección. Estos objetivos pueden incluir tareas diarias, desarrollo de habilidades o proyectos personales. Lograr estos objetivos puede proporcionar una sensación de logro y motivación.

Adopte la rutina: establezca una rutina diaria para crear estructura y estabilidad. Los horarios regulares para las comidas, el ejercicio, el trabajo y las actividades de ocio ayudan a mantener una sensación de normalidad y pueden reducir los sentimientos de caos o falta de rumbo.

Practique la gratitud: cultive el hábito de la gratitud reconociendo regularmente los aspectos positivos de su situación. Llevar un diario de gratitud o compartir pensamientos positivos con otras personas puede ayudar a desviar la atención del estrés y fomentar una perspectiva más optimista.

Técnicas de manejo del estrés:

Ejercicios de relajación: incorpore técnicas de relajación como la respiración profunda, la relajación muscular progresiva o la meditación en su rutina diaria. Estas prácticas pueden ayudar a reducir el estrés, mejorar la calidad del sueño y mejorar el bienestar mental general.

Actividad física: realice ejercicio físico con regularidad para liberar endorfinas, mejorar el estado de ánimo y aliviar la ansiedad. Cree un régimen de ejercicios que se ajuste a las limitaciones de su refugio, como ejercicios con el peso corporal, yoga o estiramientos.

Salidas creativas: realice actividades creativas como dibujar, escribir o hacer manualidades para canalizar las emociones y aliviar el aburrimiento. La expresión creativa puede ser terapéutica y brindar una sensación de logro y autoexpresión.

CONSTRUIR Y MANTENER relaciones

Comunicación eficaz:

Diálogo abierto: fomente una comunicación abierta y honesta con los demás ocupantes para abordar problemas, expresar sentimientos y resolver conflictos. Consultar regularmente con los demás puede fortalecer las relaciones y fomentar un entorno de apoyo.

Escucha activa: practique la escucha activa prestando atención a las preocupaciones y emociones de los demás. Muestre empatía y validación para generar confianza y reducir los malentendidos.

Resolución de conflictos:

Resolución de problemas: aborde los conflictos con calma y de manera constructiva centrándose en las soluciones en lugar de en las culpas. Colabore con los demás para llegar a acuerdos y resolver los problemas de una manera que respete las necesidades y perspectivas de todos.

Recesos: si los conflictos se intensifican, tómese un descanso para calmarse y recuperar la compostura. Alejarse de la situación temporalmente puede ayudar a prevenir la escalada y permitir una resolución de problemas más reflexiva.

Interacción social:

Actividades grupales: planifique y participe en actividades grupales para fortalecer los vínculos sociales y crear experiencias compartidas. Actividades como juegos, debates en grupo o proyectos colaborativos pueden fomentar el trabajo en equipo y la camaradería.

Espacio personal: respete la necesidad de espacio personal y privacidad de los demás. Establezca límites para garantizar que todos tengan tiempo y espacio para recargar energías y mantener su salud mental.

Mantenimiento y apoyo para la salud mental

Búsqueda de apoyo:

Recursos de salud mental: si es posible, acceda a recursos de salud mental como libros de autoayuda, materiales educativos o servicios de asesoramiento virtual. Estos recursos pueden brindar orientación, apoyo y estrategias de afrontamiento.

Apoyo de pares: comuníquese con otros ocupantes para obtener apoyo y aliento. Compartir experiencias, desafíos y estrategias de afrontamiento puede crear un sentido de comunidad y comprensión mutua.

Control de la salud mental:

Autoevaluación: evalúe regularmente su salud mental controlando el estado de ánimo, los niveles de estrés y la eficacia de afrontamiento. Esté atento a los signos de problemas de salud mental, como ansiedad persistente, depresión o dificultad para funcionar.

Ayuda profesional: si está disponible, busque ayuda profesional para problemas de salud mental. Incluso en un entorno confinado, la orientación profesional puede ser crucial para manejar problemas psicológicos graves y mantener el bienestar general.

Preparación para los desafíos psicológicos antes del confinamiento

Educación y capacitación:

Educación sobre salud mental: infórmese sobre los desafíos psicológicos asociados con el confinamiento y el aislamiento. Comprender estos problemas con anticipación puede ayudarlo a prepararse y desarrollar estrategias de afrontamiento efectivas.

Desarrollo de habilidades: desarrolle habilidades como la atención plena, la regulación emocional y la resolución de problemas antes de ingresar al refugio. Estas habilidades pueden mejorar la resiliencia y mejorar su capacidad para enfrentar el estrés del confinamiento.

Desarrollar la resiliencia:

Capacitación previa al refugio: participe en actividades que desarrollen la resiliencia mental y la adaptabilidad. Las técnicas como la capacitación en manejo del estrés, los ejercicios de inteligencia emocional y los talleres de estrategias de afrontamiento pueden ser beneficiosas.

Red de apoyo social: establezca una red de apoyo social sólida fuera del refugio. Tener conexiones y sistemas de apoyo establecidos antes del confinamiento puede brindar una sensación de estabilidad y tranquilidad.

La preparación psicológica para el confinamiento a largo plazo implica comprender los desafíos potenciales, desarrollar estrategias de afrontamiento y mantener la resiliencia mental. Si se concentra en desarrollar una mentalidad positiva, controlar el estrés, fomentar relaciones saludables y prepararse con anticipación, puede mejorar su capacidad para enfrentar las tensiones únicas de vivir en un refugio antiaéreo. Mantener la salud mental y el bienestar es crucial para sobrevivir y prosperar en un entorno confinado, lo que garantiza que usted y sus compañeros de habitación puedan enfrentar los desafíos del aislamiento a largo plazo con fortaleza y adaptabilidad.

Cómo crear un espacio habitable cómodo en su refugio

Crear un espacio habitable cómodo en su refugio antiaéreo es esencial para garantizar el bienestar de sus ocupantes durante una estadía prolongada. Si bien el propósito principal de un refugio es brindar protección, es igualmente importante hacer que el entorno sea lo más habitable y reconfortante posible. Este capítulo lo guiará a través de los pasos para diseñar y organizar un espacio de refugio que promueva la comodidad física, el bienestar mental y una sensación de normalidad, incluso en circunstancias difíciles.

Maximizar la eficiencia del espacio

Planificación del espacio:

Zonificación: divida el refugio en diferentes zonas o áreas dedicadas a actividades específicas, como dormir, comer, trabajar y relajarse. Una zonificación clara ayuda a crear una sensación de orden y hace que el refugio se sienta más espacioso y funcional.

Áreas multifuncionales: use muebles y espacios que sirvan para múltiples propósitos. Por ejemplo, una mesa de comedor también puede funcionar como un espacio de trabajo, o los contenedores de almacenamiento pueden funcionar también como asientos. El diseño multifuncional ayuda a maximizar el uso de un espacio limitado.

Soluciones de almacenamiento:

Almacenamiento vertical: utilice el espacio vertical instalando estantes, ganchos y rejillas en las paredes para almacenar suministros, equipos y artículos personales. El almacenamiento vertical ayuda a liberar espacio en el piso y mantiene el refugio organizado.

Almacenamiento debajo de la cama: aproveche el espacio debajo de las camas o catres para almacenar artículos en contenedores o cajones. Esta área es ideal para almacenar artículos que se usan con menos frecuencia, como ropa de repuesto o mantas adicionales.

Unidades de almacenamiento modulares: considere unidades de almacenamiento modulares que se puedan reconfigurar según sea necesario. Estas unidades permiten una organización flexible y se pueden adaptar a las necesidades cambiantes a lo largo del tiempo.

Ordenar:

Minimalismo: Adopte un enfoque minimalista para reducir el desorden y mantener el espacio ordenado. Lleve solo los artículos esenciales al refugio y evalúe y retire periódicamente los artículos que ya no sean necesarios.

Organización periódica: Reserve tiempo para la organización y la limpieza periódicas para mantener un entorno libre de desorden. Mantener el refugio limpio y organizado contribuye a una atmósfera más cómoda y relajante.

Mejorar la comodidad física

Disposición para dormir:

Ropa de cama cómoda: Invierta en ropa de cama de alta calidad, como colchones de espuma viscoelástica, colchonetas gruesas para dormir o catres cómodos. Asegúrese de que cada ocupante tenga suficientes mantas, almohadas y sacos de dormir para mantenerse abrigado y cómodo.

Particiones de privacidad: Cree particiones de privacidad entre las áreas de dormir utilizando cortinas, separadores de ambientes o biombos portátiles. La privacidad ayuda a los ocupantes a relajarse y dormir mejor, especialmente en un espacio compartido.

Iluminación:

Iluminación en capas: Utilice una combinación de iluminación cenital, iluminación de trabajo e iluminación ambiental para crear un entorno bien iluminado y acogedor. Las luces LED son energéticamente eficientes e ideales para usar en un refugio.

Simulación de luz natural: si el refugio carece de luz natural, considere usar lámparas de terapia de luz o bombillas de luz diurna que simulen la luz solar natural. Estas luces pueden ayudar a regular los ritmos circadianos y mejorar el estado de ánimo.

Interruptores reguladores de intensidad: instale interruptores reguladores de intensidad para ajustar el brillo de las luces según sea necesario. La iluminación atenuada puede crear una atmósfera relajante por la noche, lo que ayuda a la relajación y al sueño.

Control de temperatura:

Aislamiento: asegúrese de que el refugio esté bien aislado para mantener una temperatura estable. Use materiales aislantes en las paredes, pisos y techos para evitar la pérdida de calor en el invierno y mantener el refugio fresco en el verano.

Calefacción y refrigeración: equipe el refugio con calentadores portátiles, ventiladores o un sistema de control de clima para controlar las temperaturas extremas. Asegúrese de que todos los dispositivos de calefacción sean seguros para uso en interiores y tengan una ventilación adecuada.

Ropa en capas: anime a los ocupantes a vestirse en capas para adaptarse fácilmente a los cambios de temperatura. Tenga mantas adicionales y ropa térmica disponibles para condiciones más frías.

Calidad del aire:

Ventilación: asegúrese de que haya una ventilación adecuada para mantener una buena calidad del aire. Los sistemas de ventilación deben proporcionar un suministro continuo de aire fresco y eliminar el aire viciado, los olores y el exceso de humedad.

Purificadores de aire: utilice purificadores de aire con filtros HEPA para eliminar el polvo, los alérgenos y las partículas transportadas por el aire del refugio. Esto es especialmente importante si el refugio está sellado o tiene ventilación limitada.

Control de la humedad: mantenga un nivel de humedad equilibrado (idealmente entre el 30 % y el 50 %) utilizando deshumidificadores o humidificadores según sea necesario. Un control adecuado de la humedad evita el crecimiento de moho y mantiene el aire agradable para respirar.

Creando una sensación de hogar

Personalización:

Decoración: Permita que cada ocupante personalice su espacio con fotos, obras de arte o pequeños objetos personales. Las decoraciones familiares ayudan a crear una sensación de hogar y brindan comodidad durante los momentos estresantes.

Recuerdos familiares: Lleve recuerdos familiares, como recuerdos, cartas o reliquias, para recordarles a los ocupantes a sus seres queridos y la vida fuera del refugio. Estos elementos pueden brindar apoyo emocional y una conexión con la normalidad.

Elementos de confort:

Muebles: Incorpore muebles suaves como cojines, alfombras y mantas para que el espacio sea más acogedor y atractivo. Estos elementos agregan calidez y comodidad al entorno del refugio.

Entretenimiento: Ofrezca opciones de entretenimiento como libros, juegos de mesa, rompecabezas o un reproductor de DVD portátil. Participar en actividades de ocio ayuda a pasar el tiempo y reduce el estrés.

Fragancias calmantes: Use aceites esenciales, velas perfumadas (si es seguro) o ambientadores para introducir aromas calmantes como lavanda o manzanilla. La aromaterapia puede tener un efecto relajante y mejorar el ambiente general del refugio.

Gestión del ruido:

Insonorización: considere la posibilidad de insonorizar el refugio para reducir el ruido externo y crear un entorno más tranquilo. Utilice materiales como paneles de espuma, cortinas pesadas o alfombras para absorber el sonido.

Máquinas de ruido blanco: utilice máquinas o aplicaciones de ruido blanco para enmascarar los sonidos no deseados y crear una atmósfera tranquila. El ruido blanco también puede ayudar a mejorar la calidad del sueño al ahogar el ruido de fondo.

Rutina y rituales:

Rituales diarios: establezca rituales diarios, como el café de la mañana, las oraciones de la tarde o las comidas familiares, para crear una sensación de rutina y normalidad. Estos rituales brindan estructura y pueden ser reconfortantes en tiempos de incertidumbre.

Preparación de las comidas: haga de la hora de la comida una actividad comunitaria en la que todos participen cocinando, poniendo la mesa o limpiando. Las comidas compartidas crean oportunidades para crear vínculos y mantener un sentido de unidad familiar.

Mantener el bienestar mental y emocional

Estrategias para aliviar el estrés:

Atención plena y meditación: incorpore prácticas de atención plena y meditación en las rutinas diarias para ayudar a los ocupantes a controlar el estrés y mantenerse centrados. Las aplicaciones de meditación guiada o los ejercicios de respiración pueden ser herramientas útiles.

Ejercicio y movimiento: fomente la actividad física regular, incluso en un espacio reducido. Ejercicios simples como estiramientos, yoga o ejercicios con el peso corporal pueden mejorar el estado de ánimo y reducir la tensión.

Diario: proporcione diarios o cuadernos para que los ocupantes expresen sus pensamientos, sentimientos y experiencias. Escribir puede ser una salida terapéutica para procesar las emociones y mantener la claridad mental.

Interacción social:

Actividades grupales: planifique actividades grupales regulares para fomentar la interacción social y fortalecer los vínculos entre los ocupantes. Actividades como noches de películas, juegos grupales o proyectos colaborativos pueden brindar entretenimiento y generar camaradería.

Comunicación: fomente la comunicación abierta y los controles regulares para garantizar que todos se sientan escuchados y apoyados. Mantener canales de comunicación sólidos ayuda a prevenir malentendidos y resolver conflictos rápidamente.

Recursos de salud mental:

Libros de autoayuda: abastezca el refugio con libros de autoayuda, guías para lidiar con el estrés o recursos sobre salud mental. Estos materiales pueden brindar consejos y apoyo valiosos durante momentos difíciles.

Acceso a asesoramiento: si es posible, organice sesiones de asesoramiento virtual o teleterapia para los ocupantes que puedan necesitar apoyo adicional de salud mental. La orientación profesional puede ser fundamental para controlar la ansiedad, la depresión u otros problemas de salud mental.

Preparación del refugio para la comodidad antes del confinamiento

Preparación del refugio:

Preubicación de suministros: asegúrese de que todos los suministros, muebles y elementos de confort necesarios estén preubicados en el refugio antes de que comience el confinamiento. Esto incluye ropa de cama, opciones de entretenimiento y artículos personales.

Prueba de los sistemas: prueba todos los sistemas del refugio, como la iluminación, el control del clima y la ventilación, para asegurarte de que funcionan correctamente. Haz los ajustes o reparaciones necesarios antes de ocupar el refugio.

Orientación de los ocupantes:

Familiarización: permite que los ocupantes se familiaricen con el diseño y las comodidades del refugio antes del confinamiento. Esto puede ayudar a reducir la ansiedad y hacer que la transición a vivir en el refugio sea más sencilla.

Asignación de roles: asigna roles o responsabilidades a cada ocupante para darles un sentido de propósito y participación en el mantenimiento del entorno del refugio. Los roles pueden incluir tareas como cocinar, limpiar o administrar suministros.

Crear un espacio habitable cómodo en tu refugio antiaéreo es clave para garantizar el bienestar físico y emocional de sus ocupantes durante una estadía prolongada. Al maximizar la eficiencia del espacio, mejorar la comodidad física y fomentar una sensación de hogar, puedes transformar el refugio en un entorno habitable y acogedor.

Atender las necesidades mentales y emocionales de los ocupantes mediante estrategias para aliviar el estrés, interacción social y recursos de salud mental es igualmente importante para mantener la moral y la resiliencia. Con una preparación minuciosa y atención a los detalles, su refugio puede convertirse en un refugio seguro y cómodo, capaz de sustentar tanto el cuerpo como el espíritu incluso en las circunstancias más difíciles.

Preparación familiar: funciones y responsabilidades

La preparación familiar es fundamental para garantizar que todos los miembros de una familia estén listos para responder de manera eficaz durante una estadía prolongada en un refugio antiaéreo. Asignar funciones y responsabilidades específicas a cada miembro de la familia no solo mejora la eficiencia de las operaciones del refugio, sino que también ayuda a mantener el orden, reducir el estrés y fomentar un sentido de propósito y trabajo en equipo. Este capítulo explorará cómo prepararse como familia, asignar funciones y establecer rutinas que contribuyan a un entorno bien organizado y de apoyo durante una crisis.

La importancia de la preparación familiar

Mayor seguridad y eficiencia: cuando cada miembro de la familia conoce su función y sus responsabilidades, aumenta la seguridad y la eficiencia generales del refugio. Cada persona contribuye al funcionamiento del refugio, asegurando que se completen las tareas y que todos estén al tanto de lo que se debe hacer.

Menos estrés y ansiedad: saber qué esperar y tener deberes claros puede reducir el estrés y la ansiedad de todos los miembros de la familia. Un entorno estructurado con funciones definidas ayuda a crear una sensación de control y normalidad, incluso en circunstancias difíciles.

Fomentar la unidad y la cooperación: la asignación de roles fomenta la cooperación y el trabajo en equipo. Cuando todos participan en las operaciones del refugio, se fomenta un sentido de unidad y responsabilidad compartida, que es esencial para mantener la moral durante una estadía prolongada.

Preparación en familia

Reuniones y debates familiares:

Comunicación abierta: antes de que ocurra una emergencia, realice reuniones familiares periódicas para analizar posibles escenarios, planes para el refugio y responsabilidades individuales. Asegúrese de que todos comprendan la importancia de su papel en el mantenimiento del refugio.

Simulacros de práctica: realice simulacros de práctica para simular situaciones de emergencia, como una necesidad repentina de ingresar al refugio o una tarea específica que debe completarse rápidamente. Los simulacros ayudan a reforzar lo que se debe hacer y garantizan que todos estén preparados para actuar con rapidez y eficacia.

Asignación de roles según las habilidades e intereses:

Evaluación de habilidades: identifique las fortalezas, las habilidades y los intereses de cada miembro de la familia. Asigne roles que se alineen con sus habilidades, como primeros auxilios, cocina, comunicación o mantenimiento. Esto no solo garantiza que las tareas se completen de manera eficiente, sino que también ayuda a que las personas se sientan seguras de sus contribuciones.

Flexibilidad de roles: si bien los roles principales deben asignarse en función de las fortalezas, asegúrese de que todos los miembros de la familia estén capacitados para realizar múltiples tareas. Esta flexibilidad es crucial en caso de que alguien no pueda cumplir con su función debido a una enfermedad u otras circunstancias.

Creación de un plan de emergencia familiar:

Plan escrito: desarrolle un plan de emergencia escrito que describa las responsabilidades de cada persona, el diseño del refugio y los procedimientos para varios escenarios. Incluya información de contacto, detalles médicos y cualquier otra información importante.

Revisión y actualización: revise y actualice periódicamente el plan de emergencia familiar para reflejar cualquier cambio en las capacidades, necesidades o condiciones del refugio de los miembros de la familia. Asegúrese de que todos estén familiarizados con la versión más actualizada del plan.

Funciones y responsabilidades

Líder del refugio:

Toma de decisiones: el líder del refugio es responsable de tomar decisiones clave sobre el funcionamiento del refugio, la gestión de los recursos y la seguridad. Por lo general, esta función se asigna a un adulto o al miembro de la familia con más experiencia.

Coordinación: el líder coordina las tareas, se asegura de que todos cumplan con sus responsabilidades y aborda cualquier problema o conflicto que surja. También supervisa el bienestar general de la familia.

Funcionario médico:

Primeros auxilios y atención médica: el oficial médico se encarga de todas las tareas relacionadas con la salud, incluida la administración de primeros auxilios, la gestión de medicamentos y el control de la salud de los ocupantes del refugio. Debe estar capacitado en primeros auxilios básicos y tener acceso a suministros médicos.

Registros médicos: mantenga un registro del estado de salud de cada miembro de la familia, los medicamentos y cualquier incidente médico que ocurra. Este registro debe mantenerse actualizado y accesible.

Funcionario de comunicaciones:

Mantenimiento de la comunicación: el oficial de comunicaciones es responsable de operar y mantener los dispositivos de comunicación, como radios, teléfonos satelitales o radioaficionados. Monitorean los canales de comunicación externos para obtener actualizaciones y transmitir información importante a la familia.

Controles diarios: Realizar controles periódicos con contactos externos, como familiares, vecinos o servicios de emergencia, para mantenerse informado sobre la situación fuera del refugio.

Gerente de suministros:

Gestión de inventario: El gerente de suministros supervisa el inventario de alimentos, agua y otros suministros esenciales. Realiza un seguimiento del uso, administra los niveles de existencias y se asegura de que los recursos estén racionados adecuadamente para que duren la estadía en el refugio.

Reposición y rotación: Responsable de rotar los suministros para evitar que se estropeen y reponer los artículos según sea necesario. También debe gestionar la organización de las áreas de almacenamiento del refugio.

Cocinero/Chef:

Preparación de comidas: El cocinero está a cargo de preparar las comidas para la familia, asegurándose de que las comidas sean nutritivas, equilibradas y utilicen los recursos de manera eficiente. Debe estar familiarizado con el inventario de almacenamiento de alimentos y planificar las comidas en consecuencia.

Seguridad y limpieza de la cocina: Mantener un área de cocina limpia y segura, asegurándose de que los alimentos se preparen de manera higiénica. También debe gestionar la eliminación adecuada de los desechos de alimentos para evitar atraer plagas.

Oficial de Saneamiento:

Gestión de Residuos: El oficial de saneamiento es responsable de la gestión de los desechos humanos, la basura y las tareas de limpieza. Se asegura de que los desechos se eliminen correctamente y de que el refugio se mantenga limpio e higiénico.

Control de Plagas: Controla el refugio para detectar señales de plagas y toma medidas preventivas para evitar infestaciones. También debe gestionar la limpieza y el mantenimiento de los sistemas de eliminación de desechos.

Oficial de mantenimiento y seguridad:

Mantenimiento del refugio: el oficial de mantenimiento se encarga del mantenimiento del refugio, incluidas las reparaciones, la verificación de los sistemas de ventilación y la garantía de que todo el equipo funcione correctamente. También realiza inspecciones periódicas de la estructura del refugio.

Protocolos de seguridad: supervisa los protocolos de seguridad, como la prevención de incendios, los planes de evacuación de emergencia y el control de posibles peligros. También debe ser responsable de la gestión y el mantenimiento del equipo de emergencia, como los extintores y los botiquines de primeros auxilios.

Funciones de los niños:

Tareas adecuadas a la edad: asigna tareas adecuadas a la edad de los niños para involucrarlos en las operaciones del refugio y darles un sentido de responsabilidad. Tareas sencillas como clasificar los suministros, ayudar con la preparación de las comidas o ayudar con la limpieza pueden ser contribuciones valiosas.

Educación y juego: designa tiempo para actividades educativas y juegos para garantizar que se satisfagan las necesidades de desarrollo de los niños. Los niños mayores pueden ayudar a los hermanos menores con el aprendizaje o dirigir juegos y actividades.

Establecer rutinas y horarios

Horario diario:

Rutina estructurada: Establezca un horario diario que incluya tiempo para trabajar, comer, hacer ejercicio, ocio y descansar. Una rutina estructurada brinda una sensación de normalidad y ayuda a administrar el tiempo de manera eficaz.

Flexibilidad: si bien las rutinas son importantes, permita la flexibilidad para adaptarse a eventos imprevistos o cambios en las circunstancias. La flexibilidad ayuda a prevenir la frustración y mantiene la moral.

Rotación de tareas:

Responsabilidades compartidas: Rote las tareas entre los miembros de la familia periódicamente para evitar el agotamiento y asegurarse de que todos estén familiarizados con múltiples roles. La rotación de tareas también promueve el trabajo en equipo y mantiene a todos comprometidos.

Descansos y tiempo libre: Asegúrese de que todos los miembros de la familia tengan descansos y tiempo libre regulares para relajarse y recargar energías. El exceso de trabajo puede provocar estrés y fatiga, por lo que es importante equilibrar las responsabilidades con el descanso.

Resolución de conflictos y apoyo

Abordaje de conflictos:

Comunicación abierta: Fomente la comunicación abierta para abordar los conflictos a medida que surjan. Cree un entorno en el que los miembros de la familia se sientan cómodos expresando inquietudes o frustraciones.

Mediación: El líder del refugio o una parte neutral pueden actuar como mediadores para ayudar a resolver conflictos. Concéntrese en encontrar soluciones que satisfagan las necesidades de todos y en mantener la armonía en el refugio.

Apoyo emocional:

Apoyo mutuo: Fomente un entorno de apoyo en el que los miembros de la familia puedan confiar unos en otros para recibir apoyo emocional. Controle regularmente el bienestar de los demás y ofrezca aliento y empatía.

Estrategias de afrontamiento: Enseñe y practique estrategias de afrontamiento, como la respiración profunda, la atención plena o hablar sobre los sentimientos, para controlar el estrés y las emociones durante momentos difíciles.

Preparación para emergencias dentro del refugio

Simulacros de emergencia:

Simulacros específicos de función: Realice simulacros de emergencia que se centren en escenarios específicos de función, como una emergencia médica, una falla de comunicación o un mal funcionamiento del equipo. Los simulacros ayudan a garantizar que todos sepan cómo responder de manera rápida y eficaz.

Evacuación del refugio: Practique los procedimientos de evacuación en caso de que el refugio se vuelva inseguro o sea necesario salir rápidamente. Asegúrese de que todos conozcan el plan de evacuación y su función específica para ejecutarlo.

Planes de respaldo:

Roles secundarios: Asigne roles secundarios a cada miembro de la familia en caso de que alguien no pueda cumplir con su responsabilidad principal. Tener planes de respaldo garantiza que las tareas críticas siempre estén cubiertas.

Redundancia en los sistemas: Incorpore redundancia en los sistemas esenciales, como comunicación, energía y saneamiento, para proporcionar respaldo en caso de falla. Esto puede incluir tener equipo de repuesto, métodos alternativos o capacitación adicional.

La preparación familiar es un componente clave de la gestión eficaz de refugios antiaéreos. Al asignar roles y responsabilidades, crear rutinas estructuradas y fomentar un entorno de apoyo, las familias pueden trabajar juntas para garantizar la seguridad, la eficiencia y el bienestar durante una estadía prolongada en un refugio.

Prepararse como familia implica no solo una planificación logística, sino también preparación emocional, comunicación y apoyo mutuo. Con roles claros, práctica regular y un fuerte sentido de trabajo en equipo, las familias pueden enfrentar los desafíos del confinamiento a largo plazo con resiliencia y unidad, convirtiendo la experiencia en el refugio en una de responsabilidad compartida y cooperación.

Simulacros de emergencia: la práctica hace al maestro

Los simulacros de emergencia son un aspecto vital de la preparación en un refugio antiaéreo, ya que garantizan que cada miembro de la familia sepa cómo responder de manera efectiva en diversas situaciones de crisis. La práctica regular a través de simulacros ayuda a reforzar los roles y las responsabilidades, genera confianza e identifica posibles debilidades en los planes de emergencia de su refugio. Este capítulo lo guiará a través del proceso de planificación, ejecución y evaluación de simulacros de emergencia para garantizar que usted y su familia estén listos para manejar cualquier situación que pueda surgir durante una estadía prolongada en un refugio.

La importancia de los simulacros de emergencia

Refuerzo de procedimientos: los simulacros ayudan a reforzar los procedimientos de emergencia descritos en el plan de su refugio, lo que garantiza que cada miembro de la familia esté familiarizado con sus funciones específicas y sepa exactamente qué hacer en diferentes situaciones.

Generar confianza: practicar respuestas de emergencia en un entorno controlado genera confianza y reduce el pánico durante emergencias reales. Cuando los miembros de la familia saben qué esperar y cómo reaccionar, es más probable que permanezcan tranquilos y concentrados.

Identificar debilidades: los simulacros le permiten identificar posibles debilidades o brechas en sus planes de emergencia, equipos o sistemas de comunicación. Al reconocer estos problemas durante la práctica, puede abordarlos antes de que se vuelvan críticos durante una emergencia real.

Promover el trabajo en equipo: los simulacros regulares fomentan el trabajo en equipo y la coordinación entre los ocupantes del refugio. Trabajar juntos para resolver problemas y ejecutar procedimientos fortalece los vínculos y mejora la eficiencia general del grupo.

Planificación de simulacros de emergencia

Identifique los escenarios clave:

Escenarios comunes: identifique los escenarios de emergencia más probables que podrían ocurrir en su refugio, como cortes de energía, emergencias médicas, fallas de comunicación, peligros de incendio o eventos de contaminación. Concéntrese en estos escenarios para sus simulacros.

Escenarios de peor caso: también considere los escenarios de peor caso, como una violación de la integridad del refugio, un desastre natural que afecte al refugio o la necesidad de evacuar. Prepararse para lo peor ayuda a garantizar la preparación para cualquier situación.

Establezca objetivos claros:

Metas del simulacro: defina objetivos específicos para cada simulacro, como probar el tiempo de respuesta para la evacuación, garantizar que todos los suministros de emergencia estén accesibles o practicar el uso del equipo de primeros auxilios. Los objetivos claros ayudan a medir la efectividad del simulacro.

Capacitación específica para cada rol: adapte los simulacros a los roles y responsabilidades de cada miembro de la familia. Por ejemplo, el oficial médico puede centrarse en los simulacros de primeros auxilios, mientras que el oficial de comunicaciones practica cómo mantener el contacto con fuentes externas.

PROGRAMACIÓN DE SIMULACROS:

Práctica regular: programe simulacros regulares para mantener la preparación. Los simulacros deben realizarse con la frecuencia suficiente para mantener los procedimientos frescos en la mente de todos, pero no tan a menudo como para que se vuelvan rutinarios y pierdan su impacto.

Variedad y sorpresa: varíe los escenarios y el momento de los simulacros para mantener a todos alerta. Ocasionalmente, realice simulacros sorpresa para simular la imprevisibilidad de las emergencias reales.

Preparación y recursos:

Lista de verificación de recursos: antes de realizar un simulacro, asegúrese de que todos los recursos y equipos necesarios estén disponibles y en funcionamiento. Esto incluye botiquines de emergencia, dispositivos de comunicación, suministros de primeros auxilios y cualquier herramienta específica necesaria para el escenario.

Instrucciones e instrucciones: proporcione instrucciones claras y una sesión informativa antes de comenzar el simulacro. Asegúrese de que todos comprendan el escenario, los objetivos y sus roles durante el simulacro.

Realización de simulacros de emergencia

Simulación de condiciones realistas:

Factores ambientales: simule condiciones ambientales realistas que podrían ocurrir durante una emergencia, como apagar las luces para un simulacro de corte de energía o crear obstáculos para un simulacro de evacuación. Cuanto más realistas sean las condiciones, mejor preparada estará su familia.

Restricciones de tiempo: introduzca restricciones de tiempo para agregar urgencia al simulacro. Por ejemplo, simule un escenario en el que se debe evacuar el refugio dentro de un período de tiempo específico o una emergencia médica en la que se requiere una acción inmediata.

Participación activa:

Involucre a todos los miembros de la familia: asegúrese de que todos los miembros de la familia participen activamente en el simulacro, incluso si su papel es secundario. La participación ayuda a que todos se mantengan comprometidos y refuerza su comprensión de los procedimientos.

Rotación de roles: ocasionalmente, alterne los roles durante los simulacros para asegurarse de que cada miembro de la familia esté familiarizado con múltiples responsabilidades. Esta capacitación cruzada puede ser invaluable si alguien no puede cumplir con su rol principal durante una emergencia real.

Resolución de problemas y adaptación:

Desafíos inesperados: presente desafíos o complicaciones inesperados durante el simulacro, como una salida bloqueada o un equipo que no funciona correctamente. Aliente a los miembros de la familia a resolver problemas y adaptarse a estos desafíos en tiempo real.

Toma de decisiones: enfatice la importancia de tomar decisiones rápidas durante los simulacros. En algunos escenarios, el líder del refugio puede necesitar tomar decisiones rápidas que afecten a todo el grupo, por lo que practicar estas decisiones es crucial.

Evaluación y sesión informativa

Evaluación posterior al simulacro:

Sesión informativa: después del simulacro, realice una sesión informativa donde todos los participantes puedan hablar sobre sus experiencias, los desafíos que enfrentaron y lo que aprendieron. Esta discusión abierta ayuda a reforzar las lecciones del simulacro y brinda comentarios valiosos.

Identificar fortalezas y debilidades: Evalúe la eficacia del simulacro identificando qué funcionó bien y qué necesita mejorar. Preste atención a los tiempos de respuesta, la eficacia de la comunicación y la funcionalidad del equipo.

Comentarios prácticos:

Implementación de cambios: Utilice los comentarios del simulacro para realizar los cambios necesarios en sus planes, procedimientos o equipos de emergencia. Aborde cualquier debilidad o problema identificado durante el simulacro para mejorar la preparación general.

Mejora continua: Mejore continuamente su preparación para emergencias incorporando las lecciones aprendidas de cada simulacro. Actualice regularmente sus planes de emergencia en función de nuevos conocimientos, condiciones cambiantes o necesidades cambiantes.

Mantenimiento de registros:

Documentación de simulacros: Mantenga un registro de cada simulacro, incluida la fecha, el escenario, los participantes, los objetivos y los resultados. Documentar los simulacros ayuda a realizar un seguimiento del progreso a lo largo del tiempo y proporciona una referencia para futuras capacitaciones.

Actualización del plan de emergencia: En función de los resultados de los simulacros, actualice su plan de emergencia familiar para reflejar cualquier cambio o procedimiento nuevo. Asegúrese de que todos los miembros de la familia estén al tanto de estas actualizaciones y comprendan sus funciones.

Escenarios específicos de simulacro

Simulacro de evacuación:

Objetivo: Practicar la evacuación segura y eficiente del refugio en caso de una emergencia que requiera abandonar el refugio, como un incendio o un daño estructural.

Acciones clave: Asegurarse de que todos los miembros de la familia conozcan las rutas de evacuación, la ubicación de las salidas de emergencia y el punto de reunión fuera del refugio. Probar el funcionamiento de la iluminación de emergencia y las señales de salida.

Simulacro de emergencia médica:

Objetivo: Probar la respuesta a una emergencia médica, como una lesión grave, un ataque cardíaco o una reacción alérgica.

Acciones clave: El oficial médico debe realizar los primeros auxilios o administrar el tratamiento necesario, mientras que el oficial de comunicaciones se comunica con los servicios de emergencia si es posible. Asegúrese de que los suministros de primeros auxilios sean de fácil acceso y de que todos sepan cómo ayudar.

Simulacro de corte de energía:

Objetivo: Simular un corte de energía para practicar el mantenimiento de las funciones esenciales, como la iluminación, la ventilación y la comunicación.

Acciones clave: Probar los sistemas de energía de respaldo, como generadores o baterías de respaldo, y asegurarse de que todos sepan cómo operarlos. Practicar la conservación de energía y la gestión de recursos durante el corte de energía.

Simulacro de falla de comunicación:

Objetivo: Practique cómo mantener la comunicación durante una situación en la que fallan los sistemas de comunicación principales, como un mal funcionamiento de la radio o la pérdida de la señal del teléfono satelital.

Acciones clave: Pruebe métodos de comunicación alternativos, como radios de respaldo o mensajes escritos, y asegúrese de que todos los miembros de la familia sepan cómo usarlos. Practique la transmisión de información importante sin dispositivos electrónicos.

Simulacro de seguridad contra incendios:

Objetivo: Prepárese para una emergencia de incendio dentro del refugio, centrándose en la prevención, detección y evacuación de incendios.

Acciones clave: Pruebe los detectores de humo y los extintores de incendios, y practique su uso. Asegúrese de que todos los miembros de la familia sepan cómo evacuar el refugio de manera segura y dónde reunirse afuera. Pruebe el sistema de ventilación del refugio para evitar la inhalación de humo.

Preparación para emergencias de larga duración

Simulacro de estadía prolongada:

Objetivo: Simular una estadía prolongada en un refugio para practicar la gestión de recursos, mantener la moral y abordar los desafíos del confinamiento prolongado.

Acciones clave: Poner a prueba el racionamiento de alimentos y agua, la rotación de roles y la gestión de desechos durante un período prolongado. Concéntrese en mantener la salud mental y el bienestar a través de actividades, comunicación y rutinas.

Simulacro de redundancia:

Objetivo: Poner a prueba los sistemas de redundancia del refugio para garantizar que las opciones de respaldo funcionen y se puedan activar si es necesario.

Acciones clave: Simular la falla de sistemas críticos, como energía, ventilación o saneamiento, y practicar el cambio a sistemas de respaldo. Asegúrese de que todos estén familiarizados con la ubicación y el funcionamiento de los sistemas redundantes.

Los simulacros de emergencia son un componente esencial de la preparación familiar en un refugio antiaéreo. La práctica regular a través de escenarios realistas genera confianza, refuerza los roles y los procedimientos, y garantiza que todos estén listos para responder de manera efectiva en una emergencia real. Al planificar, realizar y evaluar simulacros con objetivos claros y participación activa, puede identificar y abordar posibles debilidades, mejorando la seguridad y la eficiencia generales. Con un plan de emergencia bien practicado y la capacidad de adaptarse a diversas situaciones, su familia estará mejor preparada para enfrentar los desafíos de la vida a largo plazo en un refugio, sabiendo que pueden manejar cualquier emergencia con confianza y trabajo en equipo.

Almacenamiento de suministros médicos: lo que necesitará

El almacenamiento de suministros médicos es un componente fundamental de la preparación para la vida a largo plazo en un refugio. En un refugio antiaéreo, el acceso a la atención médica puede ser limitado o inexistente, por lo que es esencial tener los suministros necesarios para abordar una amplia gama de posibles problemas de salud. Este capítulo lo guiará a través del proceso de identificación, adquisición y organización de suministros médicos para garantizar que esté bien equipado para manejar emergencias médicas, necesidades de salud de rutina y los desafíos del confinamiento prolongado.

Evaluación de las necesidades médicas

Consideraciones de salud individuales:

Condiciones crónicas: comience por evaluar las necesidades de salud específicas de cada ocupante del refugio. Esto incluye cualquier condición crónica como diabetes, asma, hipertensión o enfermedad cardíaca. Asegúrese de almacenar medicamentos, equipos de monitoreo y suministros necesarios para controlar estas afecciones.

Alergias e intolerancias: tome nota de cualquier alergia o intolerancia a medicamentos, alimentos o factores ambientales. Abastézcase de antihistamínicos, autoinyectores de epinefrina (EpiPens) y otros tratamientos necesarios para las reacciones alérgicas.

Dolencias comunes:

Infecciones: almacene antibióticos, antimicóticos y medicamentos antivirales para tratar infecciones comunes. Estos pueden incluir opciones de venta libre, así como medicamentos recetados para infecciones más graves.

Lesiones: esté preparado para lesiones como cortes, quemaduras, esguinces y fracturas. Asegúrese de tener un suministro adecuado de vendajes, férulas, antisépticos y analgésicos.

Problemas gastrointestinales: almacene medicamentos para tratar problemas gastrointestinales comunes, como náuseas, diarrea, estreñimiento e indigestión. Incluya antiácidos, medicamentos antidiarreicos y soluciones electrolíticas.

Suministros médicos esenciales

Botiquín de primeros auxilios:

Suministros básicos: cada refugio debe tener un botiquín de primeros auxilios bien provisto que incluya vendas adhesivas, gasas, cinta médica, toallitas antisépticas, pinzas, tijeras y un termómetro digital. Estos suministros básicos son esenciales para tratar lesiones menores y prevenir infecciones.

Suministros avanzados: considere agregar suministros más avanzados, como suturas, agentes hemostáticos (para controlar el sangrado), una máscara de RCP y un manguito para medir la presión arterial. Estos artículos son particularmente importantes si alguien en el refugio tiene capacitación médica.

Medicamentos recetados:

Suministro extendido: trabaje con su proveedor de atención médica para obtener un suministro extendido de medicamentos recetados para cada miembro de la familia. Trate de tener un suministro de al menos 30 días, pero lo ideal es almacenar lo suficiente para varios meses.

Almacenamiento y rotación: almacene los medicamentos en un lugar fresco y seco y controle regularmente las fechas de vencimiento. Rote su stock para asegurarse de usar primero los medicamentos más antiguos y reponerlos con suministros nuevos.

Medicamentos de venta libre (OTC):

Analgésicos: almacene una variedad de analgésicos, como acetaminofeno, ibuprofeno y aspirina. Estos son esenciales para controlar el dolor, la inflamación y la fiebre.

Medicamentos para la gripe y el resfriado: incluya descongestionantes, supresores de la tos, pastillas para la garganta y antifebriles en su reserva para tratar los síntomas de la gripe y el resfriado.

Ayudas digestivas: los antiácidos, los medicamentos antidiarreicos, los laxantes y los medicamentos contra las náuseas son importantes para controlar los problemas digestivos que pueden surgir durante un confinamiento prolongado.

Suministros para el cuidado de heridas:

Vendas y apósitos: tenga en su inventario una variedad de vendajes, incluidos vendajes adhesivos, gasas y vendajes elásticos para envolver esguinces. Incluya apósitos estériles para cubrir heridas más grandes.

Antisépticos: tenga un suministro de antisépticos como peróxido de hidrógeno, yodo, toallitas con alcohol y ungüento antibiótico para limpiar las heridas y prevenir infecciones.

Guantes estériles: incluya un suministro de guantes estériles para proteger tanto al paciente como al cuidador durante el cuidado de heridas o al manipular suministros médicos.

Equipo médico:

Monitor de presión arterial: un monitor de presión arterial digital es esencial para controlar la salud de las personas con hipertensión o problemas cardíacos.

Monitor de glucosa: para los diabéticos, un monitor de glucosa y un suministro de tiras reactivas y lancetas son fundamentales para controlar los niveles de azúcar en sangre.

Termómetro: es necesario un termómetro digital confiable para controlar la fiebre y evaluar la enfermedad.

Nebulizador/inhalador: si alguien en el refugio tiene asma o problemas respiratorios, asegúrese de tener un nebulizador o inhalador con un suministro suficiente de medicamento.

Suministros de saneamiento e higiene:

Desinfectante de manos: abastézcase de desinfectantes de manos a base de alcohol para mantener la higiene cuando no haya agua y jabón disponibles.

Jabón y desinfectantes: asegúrese de tener un suministro abundante de jabón, desinfectantes y toallitas limpiadoras para mantener la limpieza en el refugio.

Mascarillas y guantes: mantenga un suministro de mascarillas y guantes desechables para prevenir la propagación de enfermedades, especialmente durante la temporada de resfriados y gripe o en caso de una enfermedad contagiosa.

Suministros médicos especializados

Suministros respiratorios:

Suministro de oxígeno: si alguien en el refugio necesita oxígeno suplementario, asegúrese de tener un suministro de tanques o concentradores de oxígeno. Además, incluya máscaras de oxígeno, tubos y un oxímetro de pulso para controlar los niveles de oxígeno.

Suministros de nebulizador: tenga kits de nebulizador adicionales, que incluyan boquillas, máscaras y tubos, para personas con afecciones respiratorias.

Aparatos de ayuda para la movilidad:

Muletas y aparatos ortopédicos: tenga muletas, rodilleras o férulas para muñecas disponibles para tratar esguinces, fracturas o problemas de movilidad.

Silla de ruedas o andador: si alguien en el refugio necesita ayuda con la movilidad, asegúrese de que haya una silla de ruedas, un andador o un bastón disponibles y en buenas condiciones.

Dispositivos médicos de emergencia:

Desfibrilador (DEA): si es posible, incluya un desfibrilador externo automático (DEA) en su reserva médica, especialmente si alguien en el refugio corre el riesgo de sufrir eventos cardíacos.

EpiPen: Para las personas con alergias graves, tenga a mano un suministro de autoinyectores de epinefrina (EpiPens) y asegúrese de que todos los miembros de la familia sepan cómo usarlos.

Organización y almacenamiento de suministros médicos

Soluciones de almacenamiento:

Botiquín o kit médico: Use un botiquín o kit médico designado para almacenar todos los suministros médicos de manera organizada. Asegúrese de que el lugar de almacenamiento sea de fácil acceso pero seguro para los niños pequeños.

Etiquetado: Etiquete claramente todos los estantes, contenedores y recipientes para que sea fácil encontrar los suministros rápidamente en caso de emergencia. Incluya fechas de vencimiento en las etiquetas para facilitar la rotación de existencias.

Control de temperatura:

Control del clima: Almacene los medicamentos en un entorno con temperatura controlada para evitar su degradación. Evite almacenar medicamentos en áreas propensas a fluctuaciones de temperatura, como áticos o sótanos.

Refrigeración: Si ciertos medicamentos requieren refrigeración, asegúrese de que su refugio esté equipado con un sistema de refrigeración confiable o tenga un plan para mantener una cadena de frío durante un corte de energía (por ejemplo, una hielera con paquetes de hielo).

Acceso de emergencia:

Accesibilidad: Asegúrese de que los suministros médicos esenciales sean fácilmente accesibles en caso de emergencia. Considere crear un botiquín de primeros auxilios al que pueda acceder rápidamente y llevarse con usted si es necesario evacuar.

Gestión de inventario: Mantenga una lista de inventario de todos los suministros médicos, incluidas las cantidades, las fechas de vencimiento y las ubicaciones de almacenamiento. Actualice regularmente el inventario y revíselo para identificar los artículos que deben reponerse.

Capacitación y educación

Capacitación en primeros auxilios:

RCP y primeros auxilios básicos: Asegúrese de que todos los ocupantes del refugio reciban capacitación en RCP y primeros auxilios básicos. Saber cómo realizar estas habilidades puede salvar vidas en una emergencia.

Capacitación avanzada: si es posible, tome cursos avanzados de primeros auxilios o capacitación en medicina en áreas silvestres para prepararse mejor para emergencias médicas en un entorno confinado.

Manejo de medicamentos:

Comprensión de las dosis: Eduque a todos los miembros de la familia sobre las dosis y métodos de administración correctos para los medicamentos comunes. Guarde una tabla de dosis en el botiquín para referencia.

Seguridad de los medicamentos: Enseñe a todos sobre la importancia de la seguridad de los medicamentos, incluido cómo almacenar, manipular y desechar adecuadamente los medicamentos.

Uso de equipos médicos:

Capacitación de operación: Asegúrese de que todos sepan cómo operar equipos médicos críticos, como un monitor de presión arterial, un medidor de glucosa o un desfibrilador. Practique el uso de estos dispositivos durante los simulacros de emergencia.

Procedimientos de emergencia: Desarrolle y practique procedimientos de emergencia para situaciones médicas, como administrar un EpiPen, realizar RCP o manejar una lesión grave.

Mantenimiento de su reserva médica

Controles regulares:

Fechas de vencimiento: Verifique regularmente las fechas de vencimiento de todos los medicamentos y suministros. Reemplace los artículos que se acerquen a su fecha de vencimiento para asegurarse de que su reserva siga siendo efectiva.

Estado de los suministros: Inspeccione los suministros médicos para detectar signos de desgaste, daño o contaminación. Reemplace cualquier artículo que esté dañado o que ya no esté en buenas condiciones.

Reposición:

Plan de reposición: Desarrolle un plan para reponer los suministros médicos, en particular los medicamentos recetados y otros consumibles. Lleve un registro de lo que necesita reemplazarse y realice compras regularmente para mantener sus existencias.

Rotación de existencias: Rote sus existencias regularmente para asegurarse de utilizar primero los suministros más antiguos. Esta práctica ayuda a prevenir el desperdicio y garantiza que sus suministros siempre estén frescos y sean efectivos.

Adaptación a las necesidades cambiantes:

Cambios de salud: si las necesidades de salud de un miembro de la familia cambian, ajuste su reserva médica en consecuencia. Esto puede implicar agregar nuevos medicamentos, equipos o suministros para abordar problemas de salud emergentes.

Educación continua: manténgase informado sobre nuevos productos médicos, tratamientos o mejores prácticas que podrían mejorar su preparación. Incorpore nuevos conocimientos y recursos al plan médico de su refugio según sea necesario.

La reserva de suministros médicos es un aspecto crucial para garantizar la salud y la seguridad de todos en su refugio antiaéreo durante una estadía prolongada. Al evaluar cuidadosamente las necesidades de salud individuales, reunir suministros médicos esenciales y especializados y organizarlos de manera eficaz, puede estar bien preparado para manejar una amplia gama de situaciones médicas. La capacitación y la educación periódicas son clave para garantizar que todos los miembros de la familia sean capaces de usar los suministros y equipos médicos de manera correcta y con confianza. Mantener y actualizar regularmente su reserva médica ayudará a garantizar que sus suministros estén siempre listos para usar cuando sea necesario. Además de estar preparado para emergencias médicas, es esencial centrarse en la atención preventiva y el control de enfermedades crónicas, ya que esto contribuirá al bienestar general de los ocupantes del refugio.

Ropa y equipo de protección a prueba de radiación

La ropa y el equipo de protección a prueba de radiación son componentes esenciales del plan de preparación de un refugio contra la radiación, especialmente si es necesario aventurarse fuera del refugio después de un evento nuclear. El equipo de protección adecuado puede reducir significativamente el riesgo de exposición a la radiación, lo que ayuda a proteger la salud y la seguridad de los ocupantes del refugio. Este capítulo explorará los diferentes tipos de ropa y equipo de protección a prueba de radiación, sus usos y cómo seleccionarlos, usarlos y mantenerlos correctamente.

Comprensión de la radiación y la necesidad de protección

Tipos de radiación:

Partículas alfa: son grandes y de movimiento lento, y pueden ser detenidas por una hoja de papel o la capa externa de la piel humana. Sin embargo, son muy peligrosas si se inhalan, se ingieren o si entran en contacto con heridas abiertas.

Partículas beta: las partículas beta son más pequeñas y rápidas que las partículas alfa y pueden penetrar la piel, causando quemaduras por radiación o daños internos si se inhalan o se ingieren.

Rayos gamma y rayos X: son formas de radiación muy penetrantes que pueden atravesar el cuerpo y requieren materiales densos como el plomo o el hormigón para su protección.

Radiación de neutrones: este tipo de radiación es muy penetrante y es difícil protegerse de ella, por lo que se necesitan materiales como agua, hormigón o materiales especiales que absorban neutrones para su protección.

El papel del equipo de protección: la ropa y el equipo de protección a prueba de radiación proporcionan una capa fundamental de defensa contra la radiación, en particular las partículas beta y los rayos gamma. Si bien no pueden ofrecer una protección completa, pueden reducir los niveles de exposición y ayudar a prevenir la contaminación radiactiva en la piel y la ropa.

Tipos de ropa y equipo a prueba de radiación

Trajes a prueba de radiación:

Trajes para materiales peligrosos: los trajes para materiales peligrosos (Hazmat) son trajes de cuerpo entero diseñados para proteger contra una variedad de peligros químicos, biológicos y radiológicos. A menudo están hechos de materiales como Tyvek o PVC y pueden incluir un respirador para proteger contra la inhalación de partículas radiactivas. Trajes NBC: Los trajes NBC (nucleares, biológicos y químicos) están diseñados específicamente para brindar protección contra amenazas nucleares, biológicas y químicas. Por lo general, están hechos de telas de varias capas que bloquean la radiación y evitan la contaminación. Estos trajes generalmente incluyen una capucha, guantes y botas para cubrir todo el cuerpo.

Protección respiratoria:

Máscaras de gas: Las máscaras de gas con filtros adecuados (como filtros P3 o NBC) protegen contra la inhalación de polvo, humo y partículas radiactivas. Deben usarse siempre que exista riesgo de contaminación en el aire.

Respiradores de cara completa: Estos brindan una protección más integral que los respiradores de media máscara al cubrir toda la cara. Por lo general, vienen con filtros reemplazables que se pueden seleccionar según la amenaza específica (por ejemplo, partículas radiactivas, vapores químicos).

Respiradores purificadores de aire motorizados (PAPR): Los PAPR brindan un mayor nivel de protección respiratoria al usar un soplador a batería para impulsar el aire a través de un filtro y hacia una máscara o capucha de cara completa. Esto reduce la resistencia a la respiración y proporciona un flujo constante de aire filtrado.

Guantes protectores:

Guantes resistentes a la radiación: Estos guantes están hechos de materiales que bloquean la radiación, como plomo o telas sintéticas especiales. Son esenciales para manipular materiales contaminados o cuando existe riesgo de exposición de la piel a la radiación.

Guantes desechables: Además de los guantes resistentes a la radiación, se pueden usar guantes desechables debajo para proporcionar una barrera adicional contra la contaminación. Deben cambiarse con frecuencia para evitar la acumulación de partículas radiactivas.

Calzado:

Botas a prueba de radiación: Las botas hechas de materiales resistentes a la radiación o de goma resistente pueden proteger los pies y la parte inferior de las piernas de la exposición a la radiación. A menudo incluyen punteras y cañas de acero para una protección adicional.

Cubrebotas desechables: Se utilizan para evitar la contaminación del calzado. Se pueden quitar y desechar fácilmente después de la exposición a materiales radiactivos, lo que evita la propagación de la contaminación.

Protección de la cabeza y los ojos:

Capuchas de protección contra la radiación: Estas capuchas están diseñadas para proteger la cabeza, el cuello y los hombros de la exposición a la radiación. Por lo general, se usan junto con otro equipo de protección, como trajes para materiales peligrosos.

Gafas o visores revestidos de plomo: la protección ocular es esencial cuando se trabaja con radiación gamma, ya que puede penetrar en los ojos y causar daños. Las gafas o visores revestidos de plomo ayudan a bloquear la radiación y proteger los ojos.

Dosímetros y detectores de radiación:

Dosímetros personales: estos pequeños dispositivos portátiles miden la exposición de una persona a la radiación a lo largo del tiempo. Proporcionan información en tiempo real, lo que le permite controlar su exposición y tomar medidas si los niveles se vuelven peligrosos.

Contadores Geiger: los contadores Geiger son dispositivos portátiles que se utilizan para detectar y medir la radiación en el entorno. Son esenciales para evaluar la seguridad de un área antes de ingresar y para el monitoreo continuo durante y después de la exposición.

Selección del equipo de protección adecuado

Evaluación del riesgo:

Tipo de radiación: elija el equipo de protección según el tipo de radiación con el que es probable que se encuentre. Por ejemplo, la radiación gamma requiere una protección más sólida, como materiales revestidos de plomo, mientras que la radiación alfa y beta se puede bloquear con telas más livianas.

Duración de la exposición: considere cuánto tiempo podría necesitar usar el equipo de protección. Durante períodos prolongados, la comodidad y la facilidad de movimiento se convierten en factores importantes, al igual que la capacidad de controlar la acumulación de calor y humedad dentro del traje.

Comodidad y ajuste:

Talla adecuada: asegúrese de que todo el equipo de protección se ajuste correctamente. Un equipo que no se ajuste bien puede reducir la eficacia y causar incomodidad, lo que puede provocar un uso inadecuado o un mayor riesgo de exposición.

Capacidad de ajuste: busque equipo que sea ajustable, en particular en el caso de respiradores, trajes y guantes. Las correas y los cierres ajustables ayudan a crear un ajuste seguro y mejoran la protección.

Calidad y certificación:

Equipo certificado: elija siempre equipo de protección que esté certificado para la protección radiológica por organizaciones de confianza, como el Instituto Nacional de Seguridad y Salud Ocupacional (NIOSH) o el Comité Europeo de Normalización (CEN).

Durabilidad: asegúrese de que el equipo esté fabricado con materiales duraderos y de alta calidad que puedan soportar los rigores del uso en un entorno contaminado. El equipo debe ser resistente a desgarros, perforaciones y degradación química.

Uso y mantenimiento adecuados del equipo de protección

Cómo ponerse y quitarse el equipo:

Procedimientos seguros: practique cómo ponerse y quitarse el equipo de protección para asegurarse de que puede hacerlo de manera segura y eficiente. La extracción incorrecta del equipo puede provocar la contaminación de su piel o ropa.

Sistema de compañeros: siempre que sea posible, utilice un sistema de compañeros para ponerse y quitarse el equipo de protección. Contar con la ayuda de otra persona puede ayudar a garantizar que todo el equipo esté correctamente asegurado y que no quede piel expuesta.

Descontaminación:

Protocolos de descontaminación: después de su uso, el equipo de protección debe descontaminarse de acuerdo con los protocolos establecidos. Esto generalmente implica lavar con agua y jabón, seguido de enjuagar con una solución descontaminante.

Equipo desechable: use elementos desechables como guantes, cubrebotas y mascarillas siempre que sea posible. Estos se pueden desechar de manera segura después del uso, lo que reduce el riesgo de propagación de la contaminación.

Almacenamiento:

Condiciones adecuadas de almacenamiento: guarde el equipo de protección en un lugar limpio, seco y seguro, lejos de la luz solar directa, los productos químicos y las temperaturas extremas. Esto ayuda a mantener la integridad de los materiales y garantiza que estén listos para su uso cuando sea necesario.

Inspecciones periódicas: inspeccione periódicamente todo el equipo de protección para detectar signos de desgaste, daño o degradación. Reemplace cualquier equipo que muestre signos de debilidad o que haya llegado a su fecha de vencimiento.

Capacitación y simulacros:

Capacitación periódica: asegúrese de que todos los ocupantes del refugio estén capacitados en el uso adecuado de la ropa y el equipo de protección a prueba de radiación. La capacitación debe incluir cómo ponerse, quitarse y descontaminar el equipo, así como cómo responder a diferentes escenarios de exposición a la radiación. Simulacros de emergencia: incorpore el uso de equipo de protección en los simulacros de emergencia para garantizar que todos estén familiarizados con el equipo y puedan usarlo de manera eficaz en situaciones de estrés.

Preparación para el uso a largo plazo

Equipo de respaldo:

Varios juegos: almacene varios juegos de equipo de protección para asegurarse de tener repuestos disponibles en caso de daño o contaminación. Esto es particularmente importante para elementos como guantes, máscaras y trajes.

Variaciones de tamaño: incluya equipo en varios tamaños para adaptarse a diferentes tipos de cuerpo y garantizar que todos en el refugio tengan acceso a protección que se ajuste correctamente.

Mantenimiento a largo plazo:

Limpieza periódica: Incluso si el equipo no se ha utilizado, debe limpiarse e inspeccionarse periódicamente para evitar su deterioro. Siga las instrucciones del fabricante para la limpieza y el mantenimiento.

Reemplazo de componentes: Algunos equipos de protección, como los respiradores, pueden requerir el reemplazo periódico de componentes como filtros o sellos. Tenga a mano un suministro de piezas de repuesto y verifique periódicamente que estén en buenas condiciones.

La ropa y el equipo de protección a prueba de radiación son componentes esenciales de un plan integral de preparación para refugios antiaéreos. Al seleccionar, usar y mantener cuidadosamente el equipo de protección adecuado, puede reducir significativamente el riesgo de exposición a la radiación y garantizar la seguridad de los ocupantes del refugio si necesitan aventurarse al exterior o manipular materiales contaminados. Es fundamental comprender los diferentes tipos de radiación y las medidas de protección adecuadas para cada uno. Con la capacitación adecuada, la práctica regular y el mantenimiento diligente, su refugio estará equipado para enfrentar los desafíos de la exposición a la radiación, lo que le permitirá concentrarse en la supervivencia y el bienestar en un entorno seguro.

Entender los refugios antiatómicos: lecciones históricas

Entender la historia y la evolución de los refugios antiatómicos proporciona información valiosa sobre su diseño, eficacia y las lecciones aprendidas de experiencias pasadas. Estas lecciones pueden guiar los esfuerzos modernos para preparar y mantener refugios antiatómicos que estén mejor equipados para proteger contra la lluvia radiactiva y otros eventos catastróficos. Este capítulo explorará el desarrollo histórico de los refugios antiatómicos, examinando eventos clave, diseños de refugios y las lecciones que se pueden aplicar a los esfuerzos de preparación actuales.

Los orígenes de los refugios antiatómicos

Conceptos tempranos de refugios:

Refugios antiaéreos de la Segunda Guerra Mundial: El concepto de refugios para proteger a los civiles de los bombardeos aéreos se implementó ampliamente durante la Segunda Guerra Mundial. En ciudades como Londres, la gente usaba refugios subterráneos, estaciones de metro y sótanos reforzados para sobrevivir a los bombardeos. Estos primeros refugios sentaron las bases para la idea de protegerse contra amenazas más avanzadas como la lluvia radiactiva. Temores nucleares de posguerra: tras los bombardeos atómicos de Hiroshima y Nagasaki, se hizo evidente el potencial destructivo de las armas nucleares. Esto estimuló el desarrollo de refugios diseñados específicamente para protegerse contra la lluvia radiactiva, en lugar de solo los bombardeos convencionales.

Refugios de la era de la Guerra Fría:

Iniciativas de defensa civil: durante la Guerra Fría, especialmente en las décadas de 1950 y 1960, el temor a una guerra nuclear entre los Estados Unidos y la Unión Soviética condujo a iniciativas generalizadas de defensa civil. Los gobiernos alentaron a los ciudadanos a construir refugios contra la lluvia radiactiva en sus hogares, y se construyeron refugios públicos en ciudades de todo el mundo.

Campañas de concienciación pública: los gobiernos utilizaron campañas de concienciación pública, como los simulacros estadounidenses "Duck and Cover", para educar a la gente sobre los peligros de la lluvia radiactiva y la importancia de refugiarse. Estas campañas enfatizaron la necesidad de estar preparados y el papel de los refugios contra la lluvia radiactiva para sobrevivir a un ataque nuclear.

Evolución de los diseños de refugios antiaéreos

Diseños iniciales:

Refugios en sótanos: una de las formas más antiguas y sencillas de refugios antiaéreos consistía en reforzar una sección del sótano de una casa. Se aconsejaba a los propietarios que almacenaran alimentos, agua y suministros médicos básicos en estos refugios, que a menudo estaban revestidos con hormigón o plomo para reducir la exposición a la radiación.

Búnkeres subterráneos: se construían refugios más elaborados bajo tierra, que ofrecían una mayor protección tanto contra los efectos de la explosión como contra la radiación. Estos búnkeres se diseñaban con paredes gruesas, sistemas de ventilación y entradas seguras para soportar la onda expansiva inicial de una explosión nuclear.

Refugios antiaéreos públicos:

Refugios escolares y de oficina: muchas escuelas, edificios gubernamentales y complejos de oficinas estaban equipados con refugios antiaéreos designados, a menudo ubicados en sótanos o áreas subterráneas. Estos refugios estaban provistos de suministros básicos y estaban destinados a albergar a grandes grupos de personas durante períodos cortos.

Refugios comunitarios: algunas comunidades construyeron refugios antiaéreos más grandes capaces de albergar a cientos de personas. Estos refugios se ubicaban generalmente en edificios públicos, como bibliotecas, juzgados y estaciones de metro, y estaban equipados con suministros y comodidades más amplios.

Avances en la tecnología de los refugios:

Sistemas de filtración de aire: a medida que mejoraba la comprensión de la lluvia radiactiva, también lo hacía el diseño de los refugios. Los refugios modernos suelen incluir sistemas avanzados de filtración de aire capaces de eliminar partículas radiactivas del aire, lo que garantiza un suministro de aire limpio para los ocupantes.

Materiales de protección contra la radiación: los avances en la ciencia de los materiales llevaron al desarrollo de un blindaje radiológico más eficaz, utilizando materiales como plomo, hormigón y tejidos sintéticos especializados. Estas mejoras mejoraron las capacidades de protección de los refugios, haciéndolos más eficaces para bloquear la radiación dañina.

Acontecimientos históricos clave y lecciones aprendidas

La crisis de los misiles de Cuba (1962):

Mayor conciencia: la crisis de los misiles de Cuba puso la amenaza de una guerra nuclear en el primer plano de la conciencia pública. Durante este período, hubo un aumento en la construcción de refugios contra la lluvia radiactiva, tanto privados como públicos, ya que la gente temía un intercambio nuclear inminente. Importancia de la preparación: La crisis puso de relieve la importancia de estar preparados para amenazas repentinas y graves. Subrayó la necesidad de que los refugios estén listos en cualquier momento, con suministros y sistemas en funcionamiento para soportar estancias prolongadas.

El desastre de Chernóbil (1986):

Exposición a la lluvia radiactiva en el mundo real: Aunque no fue un ataque nuclear, el desastre de Chernóbil proporcionó valiosas lecciones sobre los peligros de la lluvia radiactiva. La contaminación generalizada en toda Europa demostró hasta qué punto y con qué rapidez se podían propagar las partículas radiactivas, lo que puso de relieve la necesidad de contar con refugios eficaces.

Contaminación a largo plazo: Chernóbil también enseñó al mundo acerca de los impactos ambientales y sanitarios a largo plazo de la contaminación radiactiva. Este evento reforzó la importancia de los procedimientos de descontaminación adecuados y la posible necesidad de refugios prolongados después de un incidente nuclear.

El desastre nuclear de Fukushima Daiichi (2011):

Desafíos de los refugios modernos: El desastre de Fukushima, causado por un tsunami tras un terremoto de gran magnitud, reveló los desafíos que plantea el refugio contra la lluvia radiactiva en la era moderna. Resaltó la importancia de no solo contar con refugios, sino también de garantizar que sean resistentes a múltiples tipos de desastres.

Preparación y respuesta: El desastre mostró la necesidad de contar con planes de respuesta de emergencia sólidos que incluyan ropa a prueba de radiación, equipo de protección y procedimientos de evacuación adecuados. También destacó la importancia de la concienciación y la educación del público sobre cómo responder a las emergencias nucleares.

Lecciones para el diseño de refugios modernos contra la lluvia radiactiva

Planificación integral:

Sistemas integrados: Los refugios modernos contra la lluvia radiactiva deben diseñarse con sistemas integrados que aborden todos los aspectos de la supervivencia, incluida la filtración de aire, la purificación del agua, la gestión de residuos y la comunicación. Estos sistemas deben ser robustos y confiables, capaces de funcionar de manera independiente durante períodos prolongados. Modularidad y escalabilidad: los refugios deben ser modulares y escalables, lo que permite la expansión o adaptación en función de la cantidad de ocupantes o la gravedad de la situación. Esta flexibilidad puede ser fundamental para responder a desafíos inesperados.

Ubicación y accesibilidad:

Ubicación estratégica: la ubicación de un refugio antiaéreo es crucial. Debe ser de fácil acceso desde la sala de estar, idealmente dentro o junto a la casa, para permitir un ingreso rápido en caso de emergencia. Además, los refugios deben ubicarse en áreas que minimicen la exposición a peligros externos, como lejos de llanuras aluviales o zonas de posible explosión.

Múltiples puntos de acceso: los refugios deben tener múltiples puntos de acceso o rutas de escape para garantizar que los ocupantes puedan entrar y salir de manera segura, incluso si una entrada está bloqueada o comprometida.

Durabilidad y resiliencia:

Integridad estructural: los refugios modernos deben construirse para resistir no solo explosiones nucleares y radiación, sino también otros desastres naturales, como terremotos o inundaciones. Esto requiere una consideración cuidadosa de los materiales y las técnicas de construcción.

Mantenimiento y conservación: el mantenimiento y las inspecciones periódicas son esenciales para garantizar que los refugios se mantengan en buenas condiciones y que todos los sistemas funcionen correctamente. Esto incluye probar los sistemas de ventilación, filtración y energía, así como rotar los suministros.

Concientización y educación del público:

Educación continua: una de las lecciones más importantes de la historia es la importancia de la concientización y la educación del público. Las personas deben comprender los riesgos de la lluvia radiactiva y cómo usar y mantener adecuadamente los refugios. Las iniciativas de educación continua, que incluyen simulacros y capacitación, son cruciales para una preparación eficaz.

Participación de la comunidad: alentar la participación de la comunidad en la planificación y preparación de los refugios puede mejorar la resiliencia general. Las comunidades con refugios compartidos o planes de respuesta coordinados están mejor equipadas para apoyarse entre sí durante una crisis.

Refugios modernos contra la radiación: una síntesis de lecciones históricas

Avances tecnológicos:

Refugios inteligentes: la tecnología moderna ofrece la posibilidad de contar con refugios "inteligentes" contra la radiación equipados con sistemas automatizados de filtración de aire, purificación de agua y control de la radiación. Estos sistemas se pueden conectar a sensores externos y controlar de forma remota, lo que proporciona datos en tiempo real y mejora la seguridad.

Energía renovable: la incorporación de fuentes de energía renovable, como paneles solares o turbinas eólicas, en el diseño de los refugios puede proporcionar un suministro de energía sostenible, lo que reduce la dependencia de fuentes de combustible externas y mejora la supervivencia a largo plazo.

Preparación psicológica:

Consideraciones sobre la salud mental: las experiencias históricas han demostrado que el confinamiento prolongado en un refugio puede afectar la salud mental. Los refugios modernos deben incluir características que favorezcan el bienestar psicológico, como espacios habitables cómodos, opciones de entretenimiento y oportunidades de interacción social.

Manejo del estrés: la preparación para los desafíos psicológicos de vivir en un refugio es tan importante como la preparación física. Esto incluye capacitación en manejo del estrés, establecimiento de rutinas y la garantía de que los ocupantes tengan acceso a recursos de salud mental.

La historia de los refugios antiaéreos ofrece lecciones valiosas que pueden servir de base para los esfuerzos de preparación modernos. Al comprender la evolución del diseño de los refugios, los desafíos que se enfrentaron durante eventos históricos clave y los avances en tecnología y materiales, podemos construir refugios que sean más efectivos, resistentes y cómodos. Los refugios antiaéreos modernos deben tener un diseño integral, que integre las lecciones del pasado con la última tecnología y las mejores prácticas. Esta síntesis de conocimiento histórico e innovación moderna garantizará que los refugios estén equipados para proteger contra una amplia gama de amenazas, brindando un refugio seguro para los ocupantes en caso de un incidente nuclear u otros eventos catastróficos.

Cómo han evolucionado los refugios antiatómicos con el tiempo

———

La evolución de los refugios antiatómicos con el tiempo refleja los avances tecnológicos, los cambios en las actitudes sociales hacia las amenazas nucleares y las lecciones aprendidas de los acontecimientos históricos. A medida que nuestra comprensión de la radiación y la guerra nuclear se ha profundizado, el diseño, la construcción y el propósito de los refugios antiatómicos también han evolucionado. Este capítulo explorará las etapas clave de esta evolución, desde los primeros refugios rudimentarios hasta las instalaciones sofisticadas y modernas diseñadas para proteger contra una variedad de eventos catastróficos.

El nacimiento de los refugios antiatómicos: primeros diseños y conceptos

La Segunda Guerra Mundial y los refugios antiaéreos:

Orígenes de los refugios: el concepto de refugios civiles ganó prominencia durante la Segunda Guerra Mundial, cuando se construyeron refugios antiaéreos para protegerse contra los bombardeos. Estos refugios, a menudo construidos a toda prisa, proporcionaban protección básica contra explosiones y escombros, pero no estaban diseñados teniendo en cuenta la radiación.

Sótanos y espacios subterráneos: muchos de los primeros refugios eran simplemente sótanos reforzados o espacios subterráneos. El énfasis estaba puesto en proporcionar un lugar seguro para esperar a que pasara un ataque aéreo, sin prestar demasiada atención a la posibilidad de una vivienda a largo plazo o de protección radiológica.

Temores nucleares de posguerra y la Guerra Fría:

El amanecer de la era nuclear: el desarrollo de armas nucleares y los bombardeos de Hiroshima y Nagasaki pusieron de relieve la necesidad de una protección más especializada contra los peligros únicos de la lluvia radiactiva. En el período de posguerra se produjeron los primeros intentos de crear refugios diseñados específicamente para proteger contra la radiación.

Iniciativas gubernamentales: durante los primeros años de la Guerra Fría, los gobiernos, en particular en los Estados Unidos y la Unión Soviética, comenzaron a promover la construcción de refugios antiaéreos. Las campañas públicas alentaron a los ciudadanos a construir sus propios refugios en casa, a menudo utilizando diseños simples que se podían construir con materiales fácilmente disponibles.

Refugios antiaéreos de la Guerra Fría: producción en masa y estandarización

El auge de la construcción de refugios en los años 50:

Programas de defensa civil: en los años 50 se produjo un aumento masivo de la construcción de refugios antiaéreos, impulsado por los programas de defensa civil del gobierno. En los EE. UU., la Administración Federal de Defensa Civil (FCDA, por sus siglas en inglés) proporcionó planes y pautas para construir refugios antinucleares en el hogar, y muchas familias asumieron la tarea de construir los suyos propios.

Diseños estandarizados: para que la construcción de refugios fuera más accesible, se desarrollaron diseños estandarizados. Estos a menudo incluían estructuras de hormigón armado con paredes gruesas para proteger contra la radiación y estaban equipados con sistemas básicos de ventilación y saneamiento.

Refugios públicos y preparación comunitaria:

Refugios públicos a gran escala: junto con los refugios privados, los gobiernos comenzaron a construir refugios antinucleares públicos en escuelas, edificios gubernamentales y otros espacios públicos. Estos refugios estaban destinados a proteger a un gran número de personas en caso de un ataque nuclear.

Acumulación de suministros: los refugios públicos generalmente estaban provistos de suministros básicos como alimentos, agua, botiquines de primeros auxilios y equipos de detección de radiación. La idea era proporcionar alojamiento a los ocupantes durante unos días o una semana hasta que fuera seguro irse o hasta que llegara ayuda.

Impacto cultural:

Refugios en los medios populares: La proliferación de refugios antinucleares tuvo un impacto cultural significativo, ya que a menudo se los representaba en películas, programas de televisión y literatura de la época. Estas representaciones iban desde retratos optimistas de preparación hasta visiones más oscuras y distópicas de un mundo posnuclear.

Avances tecnológicos en el diseño de refugios

La década de 1960 y más allá: Innovación en materiales y sistemas:

Materiales avanzados: A medida que mejoraba la comprensión de la protección radiológica, también lo hacían los materiales utilizados en la construcción de refugios. Las paredes revestidas de plomo, las barreras de hormigón más gruesas y los revestimientos especializados se volvieron más comunes, ofreciendo una mejor protección contra los rayos gamma y otras formas de radiación.

Sistemas de filtración de aire: El desarrollo de sistemas de filtración de aire más sofisticados permitió que los refugios protegieran mejor a los ocupantes de las partículas radiactivas transportadas por el aire. Estos sistemas, que a menudo incorporaban filtros HEPA y carbón activado, se convirtieron en estándar en los refugios más nuevos.

Búnkeres subterráneos más profundos:

Búnkeres militares: Las aplicaciones militares de los refugios antiatómicos ampliaron los límites en términos de profundidad y protección. Instalaciones como el Complejo Cheyenne Mountain de NORAD se construyeron a gran profundidad y se diseñaron para resistir ataques nucleares directos. Estos búnkeres contaban con amplios sistemas de filtración de aire, purificación de agua y generación de energía.

Refugios subterráneos civiles: Inspirados en diseños militares, algunos refugios civiles también se trasladaron bajo tierra. Estos refugios ofrecían una protección superior al utilizar la propia tierra como barrera contra la radiación y las ondas de choque. A menudo incluían puertas blindadas reforzadas, múltiples capas de protección y sistemas de soporte vital más avanzados.

Decadencia y resurgimiento de los refugios antiatómicos

Decadencia posterior a la Guerra Fría:

Reducción de la amenaza percibida: Con el fin de la Guerra Fría, la amenaza percibida de una guerra nuclear disminuyó, lo que llevó a una disminución en la construcción y el mantenimiento de refugios antiatómicos. Muchos refugios públicos fueron reutilizados, desmantelados o simplemente olvidados.

Cambio de enfoque: durante la década de 1990 y principios de la década de 2000, el enfoque de la defensa civil se desplazó hacia otras amenazas, como el terrorismo y los desastres naturales. La preparación para emergencias pasó a centrarse más en la resiliencia general que en la protección específica contra la lluvia radiactiva.

Resurgimiento en el siglo XXI:

Preocupaciones nucleares renovadas: en los últimos años, las preocupaciones sobre la proliferación nuclear, la inestabilidad geopolítica y la posibilidad de ataques terroristas con armas nucleares o radiológicas han provocado un resurgimiento del interés en los refugios contra la lluvia radiactiva.

Preparacionistas modernos y refugios privados: el movimiento "preparacionista" moderno ha visto un aumento en la cantidad de personas y familias que construyen refugios privados, a menudo con características avanzadas y diseñados para la supervivencia a largo plazo. Estos refugios suelen estar bien provistos y equipados con comodidades modernas, lo que refleja las lecciones aprendidas de diseños anteriores.

Refugios modernos contra la radiación: diseño de vanguardia

Refugios inteligentes e integración de tecnología:

Automatización y monitoreo: los refugios modernos contra la radiación suelen incorporar tecnología inteligente, con sistemas automatizados de filtración de aire, administración de energía y monitoreo de radiación. Estos sistemas se pueden controlar de forma remota, lo que proporciona datos y alertas en tiempo real.

Energía renovable: para reducir la dependencia de fuentes de energía externas, muchos refugios modernos están equipados con sistemas de energía renovable, como paneles solares o turbinas eólicas, junto con almacenamiento de baterías para garantizar un funcionamiento continuo.

Vida sustentable en refugios:

Gestión de agua y desechos: los avances en los sistemas de purificación de agua y gestión de desechos permiten una vida sustentable en refugios durante períodos prolongados. El reciclaje de aguas grises, los inodoros de compostaje y la recolección de agua de lluvia se integran comúnmente en los diseños de refugios.

Producción de alimentos: algunos refugios modernos incluyen sistemas hidropónicos o acuapónicos para cultivar alimentos, lo que reduce la dependencia de suministros almacenados y mejora las perspectivas de supervivencia a largo plazo.

Mayor comodidad y habitabilidad:

Diseño ergonómico: los refugios modernos ponen mayor énfasis en la comodidad y la habitabilidad, con diseños ergonómicos que maximizan la eficiencia del espacio y minimizan el estrés psicológico del confinamiento a largo plazo. La iluminación, el control del clima y la reducción del ruido son consideraciones clave.

Apoyo a la salud mental: reconociendo los desafíos psicológicos de vivir en un refugio, muchos diseños modernos incluyen características para apoyar la salud mental, como sistemas de entretenimiento, equipos de ejercicio y espacios para la relajación y la interacción social.

Lecciones del pasado y direcciones futuras

Incorporación de lecciones históricas:

Preparación y flexibilidad: una de las lecciones clave de la historia de los refugios antinucleares es la importancia de la preparación y la flexibilidad. Los refugios deben diseñarse para adaptarse a una variedad de amenazas, no solo a la lluvia radiactiva, y deben actualizarse y mantenerse periódicamente.

Comunidad y colaboración: históricamente, las iniciativas de refugios más exitosas implicaron un fuerte apoyo y colaboración de la comunidad. Los esfuerzos de refugios modernos pueden beneficiarse de enfoques similares, fomentando los recursos compartidos y la ayuda mutua entre vecinos.

Tendencias futuras en el diseño de refugios:

Refugios híbridos: los futuros refugios antiaéreos pueden seguir evolucionando hacia diseños híbridos que combinen características de los búnkeres tradicionales con tecnologías modernas, ecológicas y sostenibles. Estos refugios podrán proteger contra una amplia gama de amenazas y, al mismo tiempo, permitir un estilo de vida autosuficiente.

Realidad virtual y salud mental: a medida que avance la tecnología, la realidad virtual (RV) podría desempeñar un papel en la mejora del bienestar mental de los ocupantes de los refugios, proporcionando entornos inmersivos que reduzcan la sensación de confinamiento y aislamiento.

Preparación mundial: es probable que la evolución de los refugios antiaéreos continúe a medida que aumente la conciencia mundial sobre las amenazas nucleares y otros desastres. La cooperación internacional y el intercambio de mejores prácticas serán esenciales para desarrollar la próxima generación de refugios.

La evolución de los refugios antiaéreos a lo largo del tiempo refleja una combinación de avances tecnológicos, lecciones históricas y necesidades sociales cambiantes. Desde simples sótanos hasta sofisticados búnkeres subterráneos, los refugios se han adaptado continuamente para enfrentar los desafíos de la época.

Los refugios antiaéreos modernos son la culminación de décadas de aprendizaje e innovación, incorporando lo mejor de los diseños anteriores y adoptando nuevas tecnologías y prácticas sustentables.

Pautas y recursos gubernamentales para refugios antiaéreos

Las pautas y recursos gubernamentales para refugios antiaéreos han evolucionado a lo largo de las décadas en respuesta a la naturaleza cambiante de las amenazas y los avances en la tecnología. Estas pautas están diseñadas para ayudar a los ciudadanos a prepararse para la posibilidad de una lluvia radiactiva al proporcionar información estandarizada sobre cómo construir, equipar y mantener refugios antiaéreos. Este capítulo explorará las principales iniciativas, pautas y recursos gubernamentales disponibles para que las personas y las comunidades preparen sus propios refugios antiaéreos.

Contexto histórico: El nacimiento de las directrices gubernamentales

Iniciativas de la era de la Guerra Fría:

Administración Federal de Defensa Civil (FCDA): establecida en 1950, la FCDA fue uno de los primeros organismos gubernamentales de los Estados Unidos dedicados a la defensa civil. Produjo materiales extensos, incluidos folletos, manuales y anuncios de servicio público, para educar al público sobre la construcción y el abastecimiento de refugios antiaéreos. Los esfuerzos de la FCDA fueron parte de una estrategia de defensa civil más amplia destinada a preparar a la población para un posible ataque nuclear.

La Oficina de Defensa Civil (OCD): en 1961, se estableció la Oficina de Defensa Civil bajo el Departamento de Defensa, asumiendo muchas responsabilidades de la FCDA. La OCD amplió las directrices anteriores, brindando instrucciones más detalladas sobre la construcción de refugios, así como la organización de refugios comunitarios en edificios públicos.

Campañas de educación pública:

Agáchate y cúbrete: una de las campañas de educación pública más famosas, "Agáchate y cúbrete", se lanzó a principios de la década de 1950. Enseñó a los escolares y al público en general cómo protegerse durante una explosión nuclear, haciendo hincapié en la importancia de refugiarse de inmediato.

Manuales de construcción de refugios: Durante la Guerra Fría, el gobierno de los EE. UU. publicó numerosos manuales y guías sobre cómo construir refugios contra la radiación. Estas guías proporcionaban instrucciones paso a paso para construir refugios utilizando materiales de construcción comunes y ofrecían consejos sobre cómo abastecerlos con suministros esenciales.

Directrices gubernamentales clave para los refugios antiaéreos

Estándares de diseño y construcción:

Estándares del Departamento de Defensa (DoD): El DoD desarrolló directrices detalladas para la construcción de refugios antiaéreos que pudieran soportar explosiones nucleares y proteger a los ocupantes de la radiación. Estas directrices abarcaban todo, desde el grosor de las paredes hasta el tipo de materiales que se utilizarían para la protección contra la radiación.

Directrices de la Agencia Federal para el Manejo de Emergencias (FEMA): La FEMA, que absorbió las responsabilidades de defensa civil de las agencias anteriores, ha seguido proporcionando directrices para los refugios antiaéreos. Estas incluyen recomendaciones sobre el diseño de los refugios, la ventilación, el saneamiento y el almacenamiento de alimentos y agua. Los documentos de la "Base de planificación de ataques nucleares" (NAPB) de la FEMA ofrecen información detallada sobre las ubicaciones de los refugios y los requisitos en función de diferentes escenarios de amenaza.

Programas de refugios comunitarios:

Identificación de refugios públicos: Durante la Guerra Fría, el gobierno de los EE. UU. identificó y marcó miles de edificios públicos como refugios antiaéreos designados. Estos edificios estaban provistos de suministros básicos y estaban destinados a proporcionar refugio a un gran número de personas. Los carteles amarillos y negros que indican los refugios antiaéreos se convirtieron en un símbolo icónico de esta era.

Programas de preparación comunitaria: los gobiernos alentaron a las comunidades a organizarse y prepararse para emergencias nucleares mediante la creación de equipos de defensa civil locales. Estos equipos eran responsables de garantizar que los refugios públicos se mantuvieran y que la comunidad estuviera informada y preparada.

Recursos para construir y abastecer refugios antiaéreos

Recursos de la Agencia Federal para el Manejo de Emergencias (FEMA):

Guía "En tiempos de emergencia": uno de los recursos clave de la FEMA, esta guía ofrece instrucciones completas sobre cómo prepararse para un desastre nuclear, incluido cómo construir y equipar un refugio antiaéreos. Abarca todo, desde la selección de una ubicación y materiales hasta la garantía de una ventilación adecuada y el abastecimiento del refugio con suministros esenciales.

Guía "¿Está listo?": esta guía para todos los riesgos incluye una sección específicamente sobre la preparación nuclear. Proporciona consejos prácticos sobre qué hacer antes, durante y después de un evento nuclear, incluido cómo usar un refugio antiaéreos de manera eficaz.

Ready.gov:

Preparación para explosiones nucleares: el sitio web Ready.gov, mantenido por FEMA, proporciona información actualizada sobre cómo prepararse para una explosión nuclear. Incluye pautas sobre qué suministros se deben tener, cómo refugiarse en el lugar y cómo protegerse contra la exposición a la radiación.

Listas de suministros de emergencia: Ready.gov también ofrece listas de verificación para suministros de emergencia, incluidas recomendaciones específicas para refugios contra la radiación. Estas listas cubren alimentos, agua, suministros médicos y otros elementos esenciales necesarios para un refugio a largo plazo.

Departamento de Energía (DOE) y laboratorios nacionales:

Información sobre protección contra la radiación: el DOE y sus laboratorios nacionales asociados han realizado una amplia investigación sobre protección contra la radiación, que ha servido de base para las pautas gubernamentales sobre la construcción de refugios. Esta investigación está disponible para el público y puede ayudar a las personas a diseñar refugios que brinden una protección eficaz contra la radiación.

EQUIPOS DE RESPUESTA a incidentes nucleares (NIRT): el NIRT del DOE proporciona conocimientos técnicos y apoyo en caso de incidente nuclear o radiológico. Si bien se centra principalmente en la respuesta, la investigación y los recursos del equipo contribuyen a un conjunto más amplio de conocimientos sobre seguridad nuclear y refugios.

Directrices y recursos internacionales

Organismo Internacional de Energía Atómica (OIEA):

Normas de seguridad: el OIEA establece normas internacionales de seguridad para la protección radiológica, incluidas directrices para la construcción de refugios para protegerse contra la lluvia radiactiva. Los gobiernos de todo el mundo utilizan estas normas para desarrollar sus propias directrices sobre refugios.

Publicaciones y recursos: el OIEA publica una amplia gama de recursos sobre seguridad nuclear, protección radiológica y preparación para emergencias. Estos recursos están disponibles para el público y se pueden utilizar para informar sobre la construcción y el mantenimiento de refugios contra la lluvia radiactiva.

Oficina de las Naciones Unidas para la Reducción del Riesgo de Desastres (UNDRR):

Marcos de reducción del riesgo de desastres: la UNDRR proporciona marcos y directrices para reducir el riesgo de desastres, incluido el riesgo de lluvia radiactiva. Aunque no se centran específicamente en los refugios contra la radiación, sus recursos destacan la importancia de la preparación y la resiliencia, que son fundamentales para un refugio eficaz.

Plataforma mundial para la reducción del riesgo de desastres: esta plataforma facilita el intercambio de mejores prácticas y conocimientos entre países y comunidades. Incluye debates sobre la seguridad nuclear y el papel de los refugios en la reducción del riesgo de desastres.

Directrices de la Unión Europea (UE):

Seguridad nuclear y protección radiológica: la UE ha elaborado directrices para los Estados miembros sobre seguridad nuclear y protección radiológica. Estas directrices incluyen recomendaciones para los refugios contra la radiación, en particular en regiones cercanas a centrales nucleares u otras posibles fuentes de contaminación radiactiva.

Cooperación transfronteriza: la UE promueve la cooperación transfronteriza en materia de preparación para desastres, incluida la seguridad nuclear. Los Estados miembros comparten recursos e información para mejorar la eficacia de los refugios contra la radiación y otras medidas de protección.

Avances modernos en las directrices gubernamentales

Avances en la tecnología de los refugios:

Incorporación de tecnología inteligente: las directrices gubernamentales modernas hacen cada vez más hincapié en el uso de tecnología inteligente en los refugios contra la radiación. Esto incluye sistemas automatizados de filtración de aire, monitoreo de radiación y administración de energía, que pueden mejorar la seguridad y comodidad de los ocupantes de los refugios.

Sostenibilidad y autosuficiencia: Los gobiernos también están promoviendo la integración de prácticas sostenibles en el diseño de refugios, como fuentes de energía renovables, reciclaje de agua y sistemas de producción de alimentos. Estas características son fundamentales para los escenarios de refugios a largo plazo.

———————————

CAMPAÑAS Y SIMULACROS de preparación:

Mes Nacional de Preparación: En los Estados Unidos, septiembre es designado como el Mes Nacional de Preparación. Durante este tiempo, FEMA y otras agencias promueven la conciencia pública sobre la preparación para desastres, incluida la importancia de los refugios antiaéreos. Se proporcionan recursos, simulacros y ejercicios para ayudar a las personas y las comunidades a prepararse de manera efectiva.

Ejercicios y simulacros internacionales: los países de todo el mundo realizan simulacros y ejercicios con regularidad para poner a prueba sus planes de preparación nuclear. Estos ejercicios suelen incluir escenarios que involucran refugios antiaéreos, lo que ayuda a garantizar que las pautas sean prácticas y efectivas en situaciones del mundo real.

Accesibilidad e inclusión:

Pautas para poblaciones vulnerables: las pautas modernas abordan cada vez más las necesidades de las poblaciones vulnerables, como los ancianos, los discapacitados y los niños, en la planificación de refugios antiaéreos. Esto incluye recomendaciones para diseños de refugios accesibles, suministros médicos especiales y estrategias de comunicación personalizadas.

Recursos multilingües: para garantizar que la información sea accesible para todos, los gobiernos están elaborando pautas y recursos en varios idiomas. Esto es especialmente importante en comunidades diversas donde el inglés puede no ser el idioma principal.

Cómo acceder y utilizar los recursos gubernamentales

Recursos en línea:

Sitios web oficiales: acceda a las últimas pautas y recursos gubernamentales para refugios antiaéreos a través de sitios web oficiales como FEMA.gov, Ready.gov y el sitio web del OIEA. Estos sitios ofrecen guías, listas de verificación y herramientas de planificación descargables.

Aplicaciones y herramientas digitales: algunos gobiernos ofrecen aplicaciones móviles que brindan actualizaciones en tiempo real, alertas y recursos para la preparación ante desastres, incluidos refugios antiaéreos. Estas aplicaciones pueden ser invaluables durante una emergencia, ya que ofrecen orientación sobre la marcha.

Gobiernos locales y programas comunitarios:

Talleres y capacitación comunitarios: muchos gobiernos locales ofrecen talleres y programas de capacitación sobre preparación ante desastres, que incluyen cómo construir y abastecer un refugio antiaéreo. Estos programas suelen brindar orientación práctica y lo conectan con recursos locales.

Oficinas de gestión de emergencias: comuníquese con su oficina local de gestión de emergencias para obtener información sobre pautas regionales, ubicaciones de refugios públicos e iniciativas de preparación comunitaria. También pueden brindar asesoramiento sobre cómo adaptar las pautas nacionales a las condiciones locales.

Expertos consultores:

Ingenieros civiles y arquitectos: para quienes construyen un nuevo refugio antiaéreo, consultar con ingenieros civiles o arquitectos que se especializan en estructuras resistentes a desastres puede garantizar que el refugio cumpla o supere las pautas gubernamentales.

Consultores de preparación para emergencias: estos profesionales pueden ayudarlo a evaluar sus necesidades, desarrollar un plan de refugio personalizado y garantizar que su refugio esté equipado y mantenido adecuadamente.

Las directrices y los recursos gubernamentales para los refugios contra la radiación son herramientas fundamentales para prepararse ante emergencias nucleares. Al comprender y utilizar estos recursos, las personas y las comunidades pueden construir refugios que sean eficaces, seguros y adaptados a sus necesidades específicas. Desde iniciativas históricas hasta avances modernos, la evolución de estas directrices refleja el esfuerzo continuo por proteger a los ciudadanos de los peligros de la radiación nuclear. Mantenerse informado y ser proactivo en la planificación de refugios es clave para garantizar que usted y sus seres queridos estén preparados para enfrentar cualquier amenaza nuclear potencial con confianza y resiliencia.

El impacto de la lluvia radiactiva en el medio ambiente

La lluvia radiactiva tiene efectos devastadores y duraderos en el medio ambiente. La liberación de materiales radiactivos durante una explosión o accidente nuclear contamina el aire, el suelo, el agua y los organismos vivos, lo que provoca daños ecológicos generalizados. Comprender el impacto de la lluvia radiactiva en el medio ambiente es esencial para desarrollar estrategias de mitigación eficaces y prepararse para las consecuencias a largo plazo de un evento nuclear. Este capítulo explora las diversas formas en que la lluvia radiactiva afecta al medio ambiente, los mecanismos de contaminación y las posibles consecuencias a largo plazo para los ecosistemas y la salud humana.

Comprender la lluvia radiactiva

¿Qué es la lluvia radiactiva?:

Residuos radiactivos: La lluvia radiactiva se refiere a las partículas radiactivas que se lanzan a la atmósfera superior después de una explosión o accidente nuclear. Estas partículas finalmente caen de nuevo a la Tierra, contaminando el medio ambiente a medida que se depositan. Tipos de lluvia radiactiva: la lluvia radiactiva se puede dividir en dos categorías: la lluvia radiactiva temprana, que se produce en las primeras 24 horas y está más concentrada cerca del lugar de la explosión, y la lluvia radiactiva retardada, que se produce a lo largo de días, semanas o incluso meses y puede extenderse por zonas extensas.

Fuentes de la lluvia radiactiva:

Explosiones nucleares: tanto las explosiones nucleares atmosféricas como las subterráneas liberan grandes cantidades de material radiactivo. Las pruebas atmosféricas, en particular, dispersan la lluvia radiactiva en zonas extensas debido a la gran altitud a la que se liberan las partículas.

Accidentes nucleares: los accidentes en las centrales nucleares, como el desastre de Chernóbil en 1986 y el desastre de Fukushima Daiichi en 2011, también producen una lluvia radiactiva significativa. Estos eventos liberan materiales radiactivos directamente al medio ambiente, lo que provoca una contaminación generalizada.

Impacto ambiental inmediato

Contaminación en el aire:

Nubes radiactivas: Inmediatamente después de una explosión o accidente nuclear, se forma una nube radiactiva que contiene partículas de distintos tamaños. Estas partículas pueden ser transportadas por las corrientes de viento a grandes distancias, según la altitud y las condiciones climáticas.

Riesgos de inhalación: cuando estas partículas radiactivas caen al suelo, contaminan el aire y suponen importantes riesgos para la salud de los seres humanos y los animales por inhalación. Las partículas radiactivas inhaladas pueden alojarse en los pulmones, lo que aumenta el riesgo de cáncer y otros problemas de salud.

Contaminación del suelo:

Deposición de la lluvia radiactiva: cuando la lluvia radiactiva se asienta, contamina el suelo con isótopos radiactivos como el cesio-137, el yodo-131 y el estroncio-90. Estos isótopos tienen vidas medias variables, que van desde días hasta décadas, lo que significa que siguen siendo peligrosos durante períodos prolongados.

Absorción por las plantas: las partículas radiactivas depositadas en el suelo pueden ser absorbidas por las plantas y entrar en la cadena alimentaria. Este proceso no sólo afecta a las plantas, sino también a los animales y a los seres humanos que las consumen.

Contaminación del agua:

Aguas superficiales: La precipitación radiactiva puede contaminar ríos, lagos y océanos, ya que las partículas radiactivas se depositan en la superficie del agua o son transportadas a los cuerpos de agua por la lluvia. Esta contaminación plantea riesgos para la vida acuática y puede hacer que las fuentes de agua no sean seguras para el consumo humano.

Aguas subterráneas: Las partículas radiactivas pueden filtrarse en el suelo y contaminar los suministros de agua subterránea. Esta contaminación es particularmente preocupante porque el agua subterránea es una fuente importante de agua potable para muchas comunidades.

Impacto sobre la vida silvestre:

Exposición aguda a la radiación: La vida silvestre en las inmediaciones de un evento nuclear puede sufrir una enfermedad aguda por radiación, lo que lleva a altas tasas de mortalidad. Los animales expuestos a altos niveles de radiación pueden sufrir quemaduras, insuficiencia orgánica y mutaciones genéticas.

Alteración de los ecosistemas: La muerte de plantas y animales debido a la exposición a la radiación puede alterar ecosistemas enteros, lo que afecta a la diversidad de especies y conduce a desequilibrios ecológicos a largo plazo.

Consecuencias ambientales a largo plazo

Degradación del suelo:

Contaminación persistente: Los isótopos radiactivos con vidas medias prolongadas, como el cesio-137 y el estroncio-90, pueden persistir en el suelo durante décadas. Estos isótopos emiten radiación de forma continua, lo que plantea riesgos permanentes para los organismos vivos y hace que la tierra no sea apta para la agricultura o la vivienda.

Erosión del suelo: En algunos casos, la eliminación de la vegetación debido a la exposición a la radiación puede provocar una mayor erosión del suelo. Esto degrada aún más la tierra, lo que dificulta la recuperación de los ecosistemas.

IMPACTO EN LA AGRICULTURA:

Cultivos contaminados: Los cultivos que crecen en suelos contaminados o que se riegan con agua contaminada pueden acumular isótopos radiactivos. Esto hace que los cultivos no sean seguros para el consumo y puede provocar una escasez generalizada de alimentos.

Exposición del ganado: El ganado que pasta en pasto contaminado o bebe agua contaminada también puede acumular isótopos radiactivos en sus cuerpos. Esto representa un riesgo no solo para los propios animales, sino también para las personas que consumen carne, leche y otros productos animales.

Ecosistemas acuáticos:

Bioacumulación: Los isótopos radiactivos pueden acumularse en los cuerpos de los organismos acuáticos, en particular en los peces y otras especies que se encuentran en la cima de la cadena alimentaria. Esta bioacumulación puede provocar daños ecológicos importantes y hacer que los productos del mar no sean seguros para el consumo.

Contaminación del agua a largo plazo: Los cuerpos de agua contaminados pueden seguir siendo peligrosos durante años, ya que las partículas radiactivas se depositan en los sedimentos y continúan filtrándose en el agua. Esta contaminación a largo plazo puede alterar los ecosistemas acuáticos y afectar la calidad del agua.

Pérdida de biodiversidad:

Disminución de las especies: Los efectos combinados de la exposición a la radiación, la destrucción del hábitat y la contaminación pueden provocar la disminución de las poblaciones de especies. Algunas especies pueden llegar a estar en peligro o incluso extinguirse si no pueden adaptarse al entorno cambiante. Mutaciones genéticas: La exposición a la radiación puede causar mutaciones genéticas en plantas, animales y microorganismos. Si bien algunas mutaciones pueden ser inofensivas, otras pueden provocar malformaciones, reducir la fertilidad o aumentar la susceptibilidad a las enfermedades, lo que amenaza aún más la biodiversidad.

Estudios de caso de impacto ambiental

Desastre de Chernóbil (1986):

La zona de exclusión: El desastre de Chernóbil creó una zona de exclusión de 30 kilómetros alrededor de la planta nuclear, donde los niveles de radiación siguen siendo peligrosamente altos. Esta área se ha convertido en un caso de estudio sobre el impacto ambiental a largo plazo de la lluvia radiactiva, con una contaminación continua del suelo, el agua y la vida silvestre.

Recuperación ecológica: A pesar de los altos niveles de radiación, algunas áreas dentro de la zona de exclusión han experimentado un sorprendente grado de recuperación ecológica. La ausencia de actividad humana ha permitido que algunas especies prosperen, aunque viven en un entorno altamente radiactivo.

Desastre de Fukushima Daiichi (2011):

Contaminación marina: El desastre de Fukushima provocó una importante contaminación del océano Pacífico, con isótopos radiactivos detectados en la vida marina lejos del lugar del accidente. El impacto a largo plazo en los ecosistemas marinos sigue siendo una preocupación, en particular para las especies que migran a través de aguas contaminadas.

Impacto agrícola: El desastre también tuvo un impacto severo en la agricultura de las regiones circundantes, ya que las tierras agrícolas quedaron inutilizables y los cultivos se destruyeron debido a la contaminación. El gobierno japonés continúa monitoreando y gestionando las áreas afectadas para mitigar el daño ambiental a largo plazo.

Sitios de pruebas nucleares:

Sitio de pruebas de Nevada (Estados Unidos): El sitio de pruebas de Nevada, donde se realizaron numerosas pruebas nucleares durante la Guerra Fría, sigue contaminado con isótopos radiactivos. El sitio es un tema de estudio continuo, que brinda información sobre el impacto ambiental a largo plazo de las pruebas nucleares.

Atolón de Bikini (Islas Marshall): El atolón de Bikini, el sitio de múltiples pruebas nucleares por parte de los Estados Unidos, sigue estando altamente contaminado. La población local fue reubicada y el atolón es en gran parte inhabitable debido a la presencia persistente de isótopos radiactivos en el suelo y el agua.

Mitigación del impacto ambiental de la lluvia radiactiva

Esfuerzos de descontaminación:

Remediación del suelo: Varias técnicas, como la eliminación de la tierra, el lavado y el uso de agentes químicos, pueden reducir la contaminación del suelo. La fitorremediación, que utiliza plantas para absorber isótopos radiactivos, es otro enfoque prometedor.

Tratamiento del agua: El agua contaminada se puede tratar mediante sistemas de filtración, ósmosis inversa y tratamientos químicos para eliminar partículas radiactivas. Estos métodos son fundamentales para garantizar agua potable segura y proteger los ecosistemas acuáticos.

Protección de la vida silvestre:

Programas de conservación: Los esfuerzos de conservación en áreas contaminadas se centran en la protección de las especies vulnerables y el monitoreo de la salud de las poblaciones de vida silvestre. Esto incluye la creación de áreas protegidas y la realización de investigaciones sobre los efectos a largo plazo de la radiación en diferentes especies.

Monitoreo de la radiación: El monitoreo continuo de los niveles de radiación en el medio ambiente ayuda a identificar áreas de preocupación y rastrear la propagación de la contaminación. Esta información es crucial para guiar los esfuerzos de conservación y proteger tanto a las poblaciones humanas como a las animales.

Vigilancia ambiental a largo plazo:

Programas de vigilancia: Los gobiernos y las organizaciones internacionales realizan una vigilancia a largo plazo de las zonas afectadas por la lluvia radiactiva. Esta vigilancia incluye el seguimiento de los niveles de radiación en el suelo, el agua y el aire, así como el estudio de la salud de los ecosistemas y las poblaciones humanas.

INTERCAMBIO DE DATOS y colaboración: La colaboración internacional y el intercambio de datos son esenciales para comprender el impacto global de la lluvia radiactiva. Organizaciones como el Organismo Internacional de Energía Atómica (OIEA) y el Programa de las Naciones Unidas para el Medio Ambiente (PNUMA) desempeñan un papel fundamental en la coordinación de estos esfuerzos.

Preparación para futuros riesgos ambientales

Cambio climático y riesgos nucleares:

Aumento del nivel del mar: El cambio climático plantea nuevos riesgos para las instalaciones nucleares, en particular las situadas cerca de las costas. El aumento del nivel del mar y el aumento de la actividad de las tormentas podrían provocar más accidentes nucleares, lo que agravaría el impacto ambiental de la lluvia radiactiva.

Eventos meteorológicos extremos: La creciente frecuencia de los eventos meteorológicos extremos, como huracanes e incendios forestales, podría comprometer la seguridad de las centrales nucleares y las instalaciones de almacenamiento, lo que daría lugar a posibles liberaciones de material radiactivo.

Fortalecimiento de las protecciones ambientales:

Marcos regulatorios: El fortalecimiento de los marcos regulatorios nacionales e internacionales es esencial para minimizar el riesgo de la lluvia radiactiva y su impacto ambiental. Esto incluye normas de seguridad más estrictas para las instalaciones nucleares y una mejor preparación para emergencias nucleares.

Concienciación y educación del público: Educar al público sobre los riesgos ambientales de la lluvia radiactiva y cómo mitigarlos es fundamental para fomentar una cultura de preparación y resiliencia. Las campañas de concienciación pública pueden ayudar a las comunidades a comprender las consecuencias a largo plazo de la lluvia radiactiva y la importancia de las medidas de protección ambiental.

El papel de la cooperación internacional para abordar el impacto de la lluvia radiactiva

Sistemas de vigilancia mundial:

Organismo Internacional de Energía Atómica (OIEA): El OIEA desempeña un papel crucial en la vigilancia de los niveles de radiación a nivel mundial y en la prestación de apoyo técnico a los países afectados por la lluvia radiactiva. El OIEA también facilita el intercambio de las mejores prácticas para la rehabilitación ambiental y la respuesta a los desastres.

Organización del Tratado de Prohibición Completa de los Ensayos Nucleares (TPCE): La TPCEN opera una red mundial de estaciones de vigilancia que detectan explosiones nucleares y rastrean la propagación de materiales radiactivos. Estos datos son esenciales para comprender el impacto ambiental de la lluvia radiactiva y coordinar los esfuerzos de respuesta internacionales.

Tratados y acuerdos ambientales:

Tratado de no proliferación nuclear (TNP): El TNP tiene por objeto prevenir la propagación de las armas nucleares y promover el desarme. Al reducir el número de armas nucleares y las actividades de ensayo, el tratado ayuda indirectamente a minimizar el riesgo de lluvia radiactiva y su impacto ambiental. Acuerdo de París y nexo entre el clima y la energía nuclear: Si bien el Acuerdo de París se centra principalmente en el cambio climático, alienta a las naciones a considerar los riesgos ambientales que plantean las instalaciones nucleares en el contexto de un clima cambiante. La integración de la seguridad nuclear en los planes de adaptación climática se reconoce cada vez más como un componente vital de la seguridad ambiental global.

Investigación e innovación colaborativas:

Iniciativas de investigación conjuntas: las iniciativas de investigación colaborativa entre países, instituciones académicas y organizaciones ambientales son esenciales para desarrollar nuevas tecnologías y estrategias para mitigar el impacto de la lluvia radiactiva en el medio ambiente. Esto incluye avances en descontaminación, cultivos resistentes a la radiación y herramientas de monitoreo ambiental.

Conferencias y talleres internacionales: las conferencias y talleres internacionales regulares reúnen a expertos, formuladores de políticas y partes interesadas para discutir los últimos avances en seguridad nuclear y protección ambiental. Estas reuniones son oportunidades clave para compartir conocimientos, coordinar esfuerzos y generar un consenso global sobre las mejores prácticas.

Preparación para el largo plazo: Prácticas sostenibles y desarrollo de políticas

Uso sostenible de la tierra y recuperación:

Rehabilitación de tierras contaminadas: Los esfuerzos a largo plazo para rehabilitar las tierras afectadas por la lluvia radiactiva implican una combinación de descontaminación, reforestación y prácticas de gestión sostenible de la tierra. Estos esfuerzos tienen como objetivo restaurar los ecosistemas y hacer que la tierra sea segura para su uso futuro, ya sea para la agricultura, la vivienda o la conservación.

Promoción de la biodiversidad: En las zonas donde los niveles de radiación han disminuido, la reintroducción de especies nativas y la promoción de la biodiversidad pueden ayudar a restablecer el equilibrio ecológico. Los programas de conservación que se centran en las especies y los ecosistemas resilientes son fundamentales para la recuperación a largo plazo de los entornos contaminados.

Desarrollo de políticas y reglamentaciones:

Fortalecimiento de las normas de seguridad nuclear: Los responsables de las políticas deben actualizar y fortalecer continuamente las normas de seguridad nuclear para abordar las amenazas emergentes, como el cambio climático y los avances tecnológicos. Esto incluye una supervisión más estricta de las instalaciones nucleares, protocolos de seguridad mejorados y planes de respuesta de emergencia sólidos.

Incorporación de evaluaciones de impacto ambiental: las evaluaciones de impacto ambiental (EIA) deberían ser un componente obligatorio de cualquier proyecto relacionado con la energía nuclear, incluida la construcción de nuevas centrales eléctricas, instalaciones de almacenamiento de residuos o instalaciones militares. Las evaluaciones de impacto ambiental ayudan a identificar posibles riesgos ambientales y orientan la implementación de medidas de mitigación.

Participación comunitaria y resiliencia:

Empoderamiento de las comunidades locales: las comunidades locales deben participar activamente en los procesos de toma de decisiones relacionados con la seguridad nuclear y la protección del medio ambiente. Empoderar a las comunidades con conocimientos y recursos les permite defender prácticas sostenibles y prepararse para posibles incidentes nucleares.

Planificación de la resiliencia: las comunidades en riesgo de sufrir una lluvia radiactiva deben desarrollar planes integrales de resiliencia que incluyan estrategias para proteger el medio ambiente, mantener la seguridad alimentaria y del agua y garantizar la salud pública. Estos planes deben integrarse en esfuerzos más amplios de preparación para desastres y adaptación climática. El impacto de la lluvia radiactiva en el medio ambiente es profundo y duradero, y afecta el aire, el suelo, el agua y los organismos vivos de maneras que pueden persistir durante décadas o incluso siglos.

Agricultura y ganadería: cómo proteger sus recursos

La agricultura y la ganadería son componentes vitales para la supervivencia durante y después de un desastre nuclear. Proteger estos recursos es esencial para garantizar la seguridad alimentaria y mantener la autosuficiencia a largo plazo en un escenario de refugio nuclear. Este capítulo explora estrategias para proteger los cultivos y el ganado de la contaminación radiactiva, gestionar los recursos de manera eficaz y garantizar la seguridad y la sostenibilidad de los suministros de alimentos en un entorno posterior a la radiación.

Comprensión de los riesgos para la agricultura y la ganadería

Contaminación radiactiva:

Exposición directa a la radiación radiactiva: los cultivos y el ganado pueden estar expuestos directamente a la radiación radiactiva cuando las partículas se depositan en el suelo, las plantas y los animales. Esta contaminación plantea importantes riesgos para la salud y puede hacer que los suministros de alimentos no sean seguros para el consumo.

Contaminación del suelo y el agua: las partículas radiactivas pueden filtrarse en el suelo y contaminar los cultivos y los suministros de agua subterránea. El suelo contaminado puede tardar décadas en recuperarse, lo que afecta el rendimiento de los cultivos y la seguridad de los productos agrícolas durante años.

Bioacumulación: los isótopos radiactivos pueden acumularse en plantas y animales con el tiempo. Este proceso, conocido como bioacumulación, produce mayores concentraciones de radiación en la cadena alimentaria, lo que supone mayores riesgos para la salud humana cuando se consumen alimentos contaminados.

Impacto en el ganado:

Riesgos para la salud: El ganado expuesto a la radiación puede sufrir enfermedades agudas por radiación, reducción de la fertilidad, defectos de nacimiento y aumento de la mortalidad. Estos problemas de salud pueden reducir drásticamente la productividad de los rebaños de ganado y comprometer la seguridad alimentaria.

Alimentos y agua contaminados: el ganado que consume alimentos o agua contaminados corre el riesgo de exposición a la radiación interna, lo que puede provocar la contaminación de la carne, la leche, los huevos y otros productos animales.

Protección de los cultivos contra la lluvia radiactiva

Preparaciones previas a la lluvia radiactiva:

Cultivo en invernaderos y en interiores: una de las formas más eficaces de proteger los cultivos contra la lluvia radiactiva es cultivarlos en entornos controlados, como invernaderos o granjas interiores. Estas estructuras proporcionan una barrera física contra las partículas radiactivas y pueden estar equipadas con sistemas de filtración de aire para mantener un entorno limpio.

Análisis y enmiendas del suelo: analice periódicamente los niveles de radiación del suelo y enmiéndelo con tierra limpia y no contaminada según sea necesario. El uso de lechos elevados con tierra importada también puede ayudar a proteger los cultivos al reducir su exposición al suelo contaminado.

Cultivos de cobertura y mantillo: plante cultivos de cobertura y aplique mantillo para proteger el suelo de la contaminación directa por lluvia radiactiva. Estas prácticas ayudan a proteger el suelo, reducir la erosión y mantener la salud del suelo.

Medidas posteriores a la lluvia radiactiva:

Descontaminación de plantas: si los cultivos se ven expuestos a la lluvia radiactiva, se pueden lavar con agua para eliminar algunas de las partículas radiactivas de sus superficies. Sin embargo, este método es solo parcialmente eficaz y puede que no elimine por completo la contaminación.

Cosecha selectiva: en los casos en que solo una parte del cultivo está contaminada, es posible cosechar selectivamente las áreas no afectadas. Sin embargo, es esencial realizar pruebas exhaustivas para garantizar que el producto cosechado sea seguro para el consumo.

Rotación de cultivos y períodos de barbecho: rote los cultivos y deje que los campos permanezcan en barbecho durante un período para reducir la acumulación de isótopos radiactivos en el suelo. Con el tiempo, algunos isótopos radiactivos se desintegrarán y reducirán su impacto nocivo, lo que hará que la tierra sea más segura para el cultivo futuro.

Cultivos resistentes a la radiación:

Elección de variedades resistentes: algunas variedades de cultivos son más resistentes a los factores estresantes ambientales, incluida la radiación. Investigue y seleccione cultivos que sean conocidos por su resistencia, como ciertos tipos de cereales, legumbres y tubérculos. Reproducción e ingeniería genética: los avances en la reproducción y la ingeniería genética pueden producir cultivos más resistentes a la radiación. Si bien se trata de un campo emergente, tiene potencial para mejorar la resiliencia agrícola en entornos contaminados.

Protección del ganado

Refugio del ganado:

Alojamiento en interiores: mantener al ganado en interiores durante y después de un evento de lluvia radiactiva es fundamental para minimizar la exposición a partículas radiactivas. Los graneros resistentes o los refugios subterráneos equipados con sistemas de ventilación y filtración de aire pueden proporcionar un entorno seguro para los animales.

Almacenamiento de alimentos y agua: almacene un suministro de alimentos y agua limpios en recipientes sellados para garantizar que el ganado tenga acceso a alimentos y agua no contaminados. Este suministro debería ser suficiente para durar varias semanas o meses, según la duración prevista de los efectos de la lluvia radiactiva.

Control de la salud y atención veterinaria:

Síntomas de enfermedad por radiación: controle al ganado para detectar signos de enfermedad por radiación, como letargo, pérdida de apetito, lesiones cutáneas y comportamiento anormal. La detección temprana y la intervención son clave para controlar los problemas de salud y prevenir la propagación de la contaminación.

Asistencia veterinaria: asegúrese de tener acceso a atención veterinaria o de tener conocimientos veterinarios básicos para tratar enfermedades comunes y controlar la salud de sus animales. Almacene suministros veterinarios, incluidos medicamentos, vendajes y antisépticos.

Cría y gestión genética:

Cría selectiva: después de un evento de radiación, puede ser necesario criar selectivamente al ganado para garantizar la continuidad de animales sanos y libres de radiación. Concéntrese en criar animales que hayan demostrado resiliencia a los factores estresantes ambientales y mantenga la diversidad genética para evitar la endogamia.

Eliminación de animales contaminados: en casos de contaminación grave, puede ser necesario sacrificar animales que hayan estado muy expuestos a la radiación para evitar la propagación de la contaminación a través de la cadena alimentaria.

Manejo de los recursos alimentarios de la agricultura y la ganadería

Pruebas de contaminación:

Detectores de radiación: utilice detectores de radiación para analizar cultivos, productos animales y suelos en busca de contaminación. Las pruebas periódicas son esenciales para garantizar que los alimentos sean seguros para el consumo y para controlar los niveles de radiación a lo largo del tiempo.

Pruebas de muestras: recopile y analice muestras de diferentes áreas de su granja o jardín para identificar puntos críticos de contaminación. Esta información puede orientar las decisiones sobre qué áreas cosechar, abandonar o descontaminar.

Técnicas de conservación de alimentos:

Enlatado y encurtido: conserve cultivos y productos animales seguros y no contaminados mediante el enlatado y el encurtido. Estos métodos prolongan la vida útil de los alimentos y proporcionan una protección contra la escasez futura de alimentos.

Secado y ahumado: secar y ahumar carnes y productos agrícolas son formas efectivas de conservar los alimentos sin refrigeración. Estos métodos también pueden ayudar a reducir el volumen de alimentos, lo que facilita su almacenamiento y transporte.

Racionamiento y gestión de recursos:

Planes de racionamiento: desarrolle un plan de racionamiento que garantice una distribución justa de los recursos alimentarios entre los ocupantes del refugio. El racionamiento ayuda a extender los suministros de alimentos y reduce el desperdicio durante períodos de escasez.

Rotación de existencias: rotar regularmente los suministros de alimentos almacenados para garantizar la frescura y evitar que se echen a perder. Implementar un sistema de "primero en entrar, primero en salir" (FIFO) para utilizar los suministros más antiguos antes que los nuevos.

Estrategias a largo plazo para la recuperación agrícola y ganadera

Remediación del suelo:

Fitorremediación: utilizar plantas que absorban isótopos radiactivos para limpiar el suelo contaminado. Estas plantas se pueden cosechar y desechar de forma segura, lo que reduce los niveles de radiación en el suelo con el tiempo.

Enmienda y reemplazo del suelo: agregar tierra limpia o enmiendas como cal, arcilla o materia orgánica a los campos contaminados para reducir los niveles de radiación y mejorar la salud del suelo. En casos graves, puede ser necesario reemplazar la capa superior del suelo.

Prácticas de agricultura sostenible:

Diversificación de cultivos: diversifique los cultivos para reducir el riesgo de fracaso total de los cultivos y mejorar la salud del suelo. Un plan de rotación de cultivos variado ayuda a mantener el equilibrio de nutrientes y reduce el impacto de la contaminación de un cultivo.

Agricultura regenerativa: implemente prácticas agrícolas regenerativas, como la agricultura sin labranza, los cultivos de cobertura y el compostaje, para restaurar la salud del suelo y aumentar la resiliencia a los factores de estrés ambiental.

Programas de recuperación del ganado:

Programas de repoblación: si las poblaciones de ganado se ven gravemente afectadas, considere participar en programas de repoblación que proporcionen animales sanos para reponer los rebaños. Estos programas a menudo se centran en restaurar la diversidad genética y reconstruir poblaciones de ganado sostenibles.

Educación sobre cría de animales: invierta en educación y capacitación sobre técnicas modernas de cría de animales que prioricen la salud, la productividad y la resiliencia. Este conocimiento puede ayudar a mejorar la gestión del ganado en un entorno posterior a la lluvia radiactiva.

Planificación para la resiliencia agrícola futura

Planes de preparación para emergencias:

Planificación de contingencia agrícola: desarrollar planes de contingencia integrales que describan cómo proteger, gestionar y restaurar los recursos agrícolas y ganaderos en caso de una lluvia radiactiva. Estos planes deben incluir protocolos para albergar animales, realizar pruebas de contaminación y descontaminar las áreas afectadas.

Colaboración comunitaria: trabajar con granjas y comunidades vecinas para desarrollar recursos y estrategias compartidas para proteger la agricultura y la ganadería. Los esfuerzos de colaboración pueden mejorar la resiliencia y brindar apoyo mutuo durante y después de una crisis.

Investigación e innovación:

Invertir en investigación agrícola: apoyar la investigación sobre cultivos resistentes a la radiación, razas de ganado y técnicas de remediación del suelo. La innovación en estas áreas puede mejorar significativamente la resiliencia de la agricultura y la ganadería frente a amenazas nucleares.

Adopción de nuevas tecnologías: adoptar nuevas tecnologías que mejoren la resiliencia agrícola, como herramientas agrícolas de precisión, sistemas de monitoreo automatizados y cultivos genéticamente modificados. Estas tecnologías pueden ayudar a los agricultores a gestionar mejor los recursos y responder a los desafíos ambientales.

Proteger la agricultura y la ganadería de la radiación radiactiva es esencial para garantizar la seguridad alimentaria y la sostenibilidad a largo plazo en un entorno posterior a la radiación radiactiva. Al comprender los riesgos, implementar medidas de protección y planificar la recuperación, las personas y las comunidades pueden proteger sus recursos vitales y mantener un suministro estable de alimentos. La gestión eficaz de los cultivos y el ganado, combinada con un seguimiento y unas pruebas constantes, será fundamental para afrontar los desafíos que plantea la contaminación radiactiva. Mediante una planificación cuidadosa, prácticas sostenibles y colaboración, es posible construir un sistema agrícola resiliente que pueda soportar y recuperarse de los impactos de la radiación radiactiva.

Preparación para una guerra nuclear: qué esperar

La preparación para una guerra nuclear implica comprender los posibles escenarios, las consecuencias inmediatas y a largo plazo, y los pasos necesarios para protegerse a sí mismo y a su familia. Este capítulo le guiará sobre lo que puede esperar antes, durante y después de un evento nuclear, incluidos consejos prácticos para preparar su hogar, construir un refugio antiaéreo, abastecerse de suministros esenciales y mantener el bienestar mental y físico durante una crisis de este tipo.

Comprensión de la amenaza: escenarios de guerra nuclear

Tipos de eventos nucleares:

Guerra nuclear a gran escala: una guerra nuclear a gran escala implica el uso generalizado de armas nucleares por parte de dos o más naciones. Este escenario podría dar lugar a múltiples detonaciones en varias regiones, lo que provocaría una pérdida catastrófica de vidas, infraestructura y daños ambientales. Las consecuencias de una guerra de este tipo podrían afectar a todo el planeta.

Intercambio nuclear limitado: un intercambio nuclear limitado se refiere al uso de una pequeña cantidad de armas nucleares en un conflicto localizado. Aunque menos devastadoras que una guerra a gran escala, las consecuencias serían igualmente graves, con importantes repercusiones regionales, destrucción e impacto ambiental a largo plazo.

Terrorismo nuclear: la detonación de un dispositivo nuclear por parte de un actor no estatal, como un grupo terrorista, plantea un tipo diferente de amenaza. Este escenario podría implicar una única explosión nuclear en una zona urbana, lo que daría lugar a una destrucción y una repercusión localizadas pero intensas.

Sistemas de alerta y detección:

Sistemas de alerta gubernamentales: los gobiernos de todo el mundo han establecido sistemas de alerta para detectar y alertar al público sobre un ataque nuclear inminente. Estos sistemas pueden incluir sirenas, mensajes de difusión de emergencia y alertas móviles. Familiarícese con los sistemas de alerta de su zona y asegúrese de estar registrado en los servicios de notificación disponibles.

Tiempo de reacción: en muchos casos, el tiempo entre una advertencia y la detonación de un arma nuclear podría ser tan breve como de 10 a 30 minutos. Se requiere una acción inmediata, sin tiempo para reunir suministros o hacer preparativos de último momento.

Preparación de su hogar y refugio

Construcción o selección de un refugio antiaéreo:

Tipos de refugios: la opción más segura es contar con un refugio antiaéreo exclusivo, ya sea subterráneo o reforzado en gran medida, para protegerse contra la explosión y la radiación. Si no es posible construir un refugio nuevo, designe un sótano o una habitación interior como su espacio de refugio, reforzándolo tanto como sea posible con materiales pesados como hormigón, plomo o tierra.

Abastecimiento de su refugio: su refugio debe estar abastecido con suficientes suministros para que duren al menos dos semanas, aunque es preferible más tiempo. Los suministros esenciales incluyen alimentos no perecederos, agua, suministros médicos, detectores de radiación y artículos sanitarios. Incluya artículos para la comodidad y la salud mental, como libros, juegos u otro entretenimiento.

Ventilación y filtración de aire: asegúrese de que su refugio tenga una ventilación adecuada y un sistema de filtración de aire para eliminar las partículas radiactivas. Si su refugio está bajo tierra, considere instalar una bomba de aire o un sistema de ventilación manual para mantener la calidad del aire.

Preparativos en el hogar:

Sella tu casa: si no tienes acceso a un refugio antiaéreo, puedes preparar tu casa sellando ventanas, puertas y rejillas de ventilación con láminas de plástico y cinta adhesiva. Esto ayuda a evitar que el polvo radiactivo entre en tu espacio vital.

Almacenamiento de agua: almacena grandes cantidades de agua limpia, ya que es probable que los suministros de agua se contaminen después de un evento nuclear. Considera almacenar agua en recipientes aptos para alimentos y aprende a purificarla mediante filtración, ebullición o tratamientos químicos.

Energía de emergencia: en caso de una guerra nuclear, es probable que las redes eléctricas fallen. Prepárate para esto con fuentes de energía de respaldo, como un generador, paneles solares o baterías. Asegúrate de tener suficiente combustible y suministros para mantener los sistemas esenciales en funcionamiento.

Acumulación de suministros esenciales

Alimentos y agua:

Alimentos no perecederos: almacena alimentos no perecederos que sean fáciles de almacenar y preparar, como alimentos enlatados, frutas secas, nueces, arroz, pasta y comidas liofilizadas. Asegúrese de tener una variedad de alimentos para satisfacer las necesidades nutricionales durante un período prolongado.

Suministro de agua: planifique al menos un galón de agua por persona por día. Incluya agua adicional para el saneamiento, la cocina y las mascotas. Considere la posibilidad de utilizar barriles de almacenamiento de agua u otros recipientes grandes a los que se pueda acceder y rellenar fácilmente.

Conservación de alimentos: aprenda a conservar los alimentos mediante métodos como enlatado, secado y ahumado. Este conocimiento será invaluable para extender sus suministros de alimentos a largo plazo.

Suministros médicos y de primeros auxilios:

Botiquín de primeros auxilios: un botiquín de primeros auxilios completo debe incluir vendas, antisépticos, analgésicos, ungüentos para quemaduras, férulas y otros suministros médicos básicos. Considere incluir artículos adicionales para la exposición a la radiación, como tabletas de yoduro de potasio, que pueden ayudar a proteger la tiroides del yodo radiactivo.

Medicamentos recetados: asegúrese de tener un suministro adecuado de cualquier medicamento recetado que necesiten los miembros de la familia. Trabaje con su proveedor de atención médica para obtener un suministro a largo plazo si es posible. Detección de radiación: equipe su refugio con dispositivos de detección de radiación, como contadores Geiger o dosímetros, para controlar los niveles de radiación y determinar cuándo es seguro abandonar el refugio.

Saneamiento e higiene:

Baños portátiles: si su refugio no tiene un inodoro incorporado, considere un inodoro portátil o un sistema de baldes con revestimientos de plástico y materiales absorbentes. Almacene suficientes suministros para controlar los desechos durante su estadía en el refugio.

Suministros de higiene: abastézcase de artículos de higiene personal, incluidos jabón, desinfectante para manos, pasta de dientes, papel higiénico y productos de higiene femenina. Estos artículos son esenciales para mantener la salud y la moral durante una estadía prolongada en un refugio.

Eliminación de desechos: planifique la eliminación de desechos al tener bolsas de basura, desinfectantes y métodos para almacenar y eliminar los desechos de manera segura. Mantener su espacio vital limpio y libre de desechos es crucial para prevenir enfermedades.

Salud mental y física durante un evento nuclear

Manejo del estrés y la ansiedad:

Preparación para la salud mental: el impacto psicológico de un evento nuclear puede ser grave. Prepárese aprendiendo técnicas de manejo del estrés, como respiración profunda, meditación y atención plena. Mantener un sentido de rutina y participar en pasatiempos o entretenimiento también puede ayudar a aliviar el estrés.

Apoyo social: si es posible, mantenga la comunicación con sus seres queridos y vecinos. El apoyo social es fundamental para el bienestar mental, especialmente durante un confinamiento prolongado. Utilice radios u otros dispositivos de comunicación para mantenerse conectado con el mundo exterior.

Aptitud física:

Ejercicio en espacios confinados: el espacio limitado en un refugio puede dificultar la actividad física, pero el ejercicio regular es esencial para mantener la salud y la moral. Realice ejercicios de peso corporal, estiramientos o yoga para mantener el cuerpo en movimiento.

Nutrición e hidratación: una nutrición e hidratación adecuadas son cruciales para mantener la salud física. Asegúrese de consumir comidas equilibradas y beber suficiente agua para mantenerse hidratado, incluso en condiciones estresantes.

Cómo afrontar enfermedades y lesiones:

Habilidades de primeros auxilios: Las habilidades básicas de primeros auxilios son esenciales para tratar lesiones menores y manejar emergencias médicas durante un evento nuclear. Considere tomar un curso de primeros auxilios y practicar habilidades clave, como RCP, cuidado de heridas y entablillado.

Cuarentena y control de infecciones: En caso de enfermedad, aísle a la persona afectada tanto como sea posible para prevenir la propagación de la infección. Use equipo de protección, como máscaras y guantes, cuando atienda a familiares enfermos.

Qué esperar durante y después de un evento nuclear

Las consecuencias inmediatas:

Efectos de la explosión y el calor: Los efectos inmediatos de una explosión nuclear incluyen un destello de luz cegador, calor intenso y una onda expansiva capaz de destruir edificios e infraestructura. Si se encuentra dentro del alcance, busque refugio de inmediato y evite mirar la explosión.

LLUVIA RADIACTIVA Y radiación: La lluvia radiactiva comenzará a asentarse en minutos u horas después de la explosión. Es fundamental permanecer en el interior, preferiblemente en un refugio bien protegido, para evitar la exposición a esta lluvia radiactiva. Los niveles de radiación serán más altos inmediatamente después de la explosión y disminuirán con el tiempo, aunque algunas áreas pueden seguir siendo peligrosas durante años.

Cómo sobrevivir los primeros días:

Refugio en el lugar: permanezca en su refugio durante al menos 48 horas, ya que este es el período en el que los niveles de radiación son más peligrosos. Después de este tiempo, use un detector de radiación para evaluar si es seguro abandonar el refugio por períodos cortos.

Comunicación e información: sintonice transmisiones de emergencia o use una radio a batería para mantenerse informado sobre la situación en el exterior. Las agencias gubernamentales pueden proporcionar actualizaciones sobre los niveles de radiación, las zonas seguras y las tareas de socorro.

Consideraciones a largo plazo:

Salir del refugio: una vez que los niveles de radiación hayan disminuido a niveles seguros, es posible que pueda salir del refugio por períodos limitados. Sin embargo, es necesario tener precaución, ya que algunas áreas pueden seguir siendo peligrosas. Continúe controlando los niveles de radiación y siga las pautas del gobierno.

Reconstrucción y recuperación: las consecuencias de un evento nuclear implicarán desafíos importantes, que incluyen la reconstrucción de viviendas, la restauración de la infraestructura y el manejo de la contaminación ambiental a largo plazo. Esté preparado para un proceso de recuperación lento y difícil, y considere trabajar con su comunidad para compartir recursos y apoyarse mutuamente.

Elaboración de un plan de supervivencia a largo plazo

Vida sustentable:

Producción de alimentos: considere estrategias a largo plazo para producir sus propios alimentos, como comenzar un jardín (una vez que el suelo sea seguro) o criar ganado pequeño. Estas actividades pueden ayudarlo a usted y a su familia a mantenerse durante períodos prolongados de inestabilidad.

Seguridad hídrica: desarrolle un plan para asegurar una fuente confiable de agua limpia, como instalar un pozo, recolectar agua de lluvia o purificar agua de fuentes naturales. La seguridad hídrica será uno de los aspectos más críticos de la supervivencia a largo plazo.

Desarrollo de habilidades:

Habilidades de autosuficiencia: Invierta tiempo en aprender habilidades de autosuficiencia, como jardinería, caza, pesca y construcción básica. Estas habilidades serán invaluables en un mundo posnuclear donde el acceso a bienes y servicios puede ser limitado. Además, aprender a reparar y mantener su refugio, herramientas y equipo puede ayudarlo a mantenerse autosuficiente.

Primeros auxilios y capacitación médica: Ampliar su conocimiento de primeros auxilios y atención médica básica es crucial, especialmente en una situación en la que la ayuda médica profesional puede no estar disponible. Considere tomar cursos avanzados de primeros auxilios, aprender a usar equipo médico y comprender cómo tratar enfermedades y lesiones comunes que podrían surgir durante la supervivencia a largo plazo.

TRUEQUE Y COMERCIO:

Habilidades y artículos valiosos: En un mundo posnuclear, la moneda tradicional puede perder su valor y el trueque podría convertirse en un medio principal para obtener bienes y servicios. Habilidades como la carpintería, la mecánica y la medicina, así como artículos como agua potable, alimentos y herramientas, podrían convertirse en productos valiosos para el comercio. Construir redes comunitarias: establecer conexiones con vecinos y otros sobrevivientes para formar una red de apoyo mutuo e intercambio. Las comunidades que trabajan juntas para reunir recursos y compartir habilidades estarán mejor equipadas para enfrentar los desafíos de un panorama posnuclear.

Resiliencia mental y emocional:

Cómo afrontar el trauma: el costo psicológico de sobrevivir a un evento nuclear puede ser inmenso, y los sobrevivientes pueden enfrentar traumas, dolor e incertidumbre. Desarrollar la resiliencia mental es tan importante como la preparación física. Realice prácticas como llevar un diario, meditar y mantenerse conectado con sus seres queridos para controlar el estrés y las emociones.

Cómo mantener la esperanza y el propósito: después de una guerra nuclear, encontrar la esperanza y el propósito es vital para la supervivencia a largo plazo. Establecer metas, mantener rutinas y concentrarse en el bienestar de su familia y comunidad puede brindar la motivación necesaria para perseverar en tiempos difíciles.

Preparación para diferentes escenarios

Supervivencia urbana vs. rural:

Desafíos urbanos: En las áreas urbanas, la densidad de edificios y población puede hacer que sobrevivir a un evento nuclear sea más difícil debido a la mayor probabilidad de lluvia radiactiva, acceso limitado a agua potable y potencial de disturbios civiles. Los preparadores urbanos deben centrarse en construir refugios fuertes y bien equipados y tener planes de evacuación si es necesario.

Ventajas rurales: Las áreas rurales pueden ofrecer más oportunidades de autosuficiencia, como acceso a tierras para la agricultura y menos amenazas inmediatas de lluvia radiactiva. Sin embargo, los preparadores rurales deben asegurarse de tener los recursos y las habilidades para sobrevivir en un aislamiento relativo.

Consideraciones sobre el invierno nuclear:

Tiempo prolongado en refugio: Un invierno nuclear, causado por el hollín y los escombros de las explosiones nucleares que bloquean la luz solar, podría provocar temperaturas drásticamente más bajas y una reducción de la producción de alimentos en todo el mundo. En tal escenario, es posible que deba permanecer en su refugio durante un período prolongado, posiblemente meses o más. Supervivencia en climas fríos: prepárese para el clima frío asegurándose de que su refugio esté bien aislado y aprovisionándose de ropa de invierno, mantas y fuentes de calor. Aprender a encender fuego, crear estufas improvisadas y mantener el calor en su refugio será fundamental para sobrevivir durante un invierno nuclear.

Pasos finales: revisión y perfeccionamiento de su plan

Simulacros y prácticas regulares:

Simulacros de refugio: practique regularmente simulacros de refugio en el lugar con su familia para asegurarse de que todos sepan qué hacer en caso de un ataque nuclear. Estos simulacros deben incluir sellar el refugio, administrar los suministros y usar equipo de detección de radiación.

Planificación basada en escenarios: considere diferentes escenarios de guerra nuclear y adapte sus preparativos en consecuencia. Practique qué hacer si está en el trabajo, la escuela o lejos de casa cuando ocurre un evento nuclear y asegúrese de que su familia tenga un plan para la reunificación.

Aprendizaje continuo:

Manténgase informado: manténgase actualizado sobre eventos globales, políticas nucleares y avances en seguridad nuclear. Comprender el panorama geopolítico y los riesgos potenciales puede ayudarlo a anticipar las amenazas y ajustar sus preparativos según sea necesario.

Actualización de conocimientos: actualice periódicamente sus conocimientos sobre técnicas de supervivencia nuclear, primeros auxilios y otras habilidades esenciales. Mantenerse alerta e informado le garantizará que puede responder de manera eficaz en caso de emergencia.

Adaptación a circunstancias cambiantes:

Planificación flexible: esté preparado para adaptar sus planes a medida que cambien las circunstancias. Esto podría implicar mudarse a una nueva ubicación, ajustar su reserva de suministros o repensar el diseño de su refugio en función de nueva información o experiencias.

Preparación comunitaria: trabaje con su comunidad para desarrollar un plan de preparación colectivo. Tener una red de personas de confianza puede brindar seguridad, recursos y apoyo adicionales en caso de una guerra nuclear.

Prepararse para una guerra nuclear es una tarea compleja y desafiante que requiere una planificación cuidadosa, una gestión de recursos y resiliencia mental. Si comprende los posibles escenarios, prepara su hogar y refugio, almacena suministros esenciales y mantiene su salud mental y física, puede aumentar sus posibilidades de sobrevivir y prosperar en un mundo posnuclear.

Recuerde que la supervivencia no consiste solo en soportar las consecuencias inmediatas de un evento nuclear; también se trata de planificar a largo plazo, reconstruir su vida y ayudar a su comunidad a recuperarse. Con una preparación minuciosa y una mentalidad resiliente, puede afrontar los desafíos de una guerra nuclear y protegerse a sí mismo y a sus seres queridos de los peores efectos de un evento tan catastrófico.

Supervivencia a largo plazo: más allá de las consecuencias iniciales

La supervivencia a largo plazo después de un evento nuclear va más allá de las consecuencias iniciales y requiere esfuerzos sostenidos para adaptarse, reconstruirse y prosperar en un entorno que ha cambiado drásticamente. Una vez que ha pasado el peligro inmediato de exposición a la radiación, el enfoque se centra en mantener la salud física y mental, asegurar alimentos y agua, reconstruir refugios e infraestructuras y fomentar la resiliencia de la comunidad. Este capítulo explorará estrategias para la supervivencia a largo plazo, abordando los desafíos que surgen después de la lluvia radiactiva inicial y brindando orientación práctica para navegar por la vida en un mundo posnuclear.

Evaluación del entorno después de la lluvia radiactiva

Niveles de radiación y áreas seguras:

Monitoreo continuo de la radiación: incluso después de que se haya asentado la lluvia radiactiva inicial, los niveles de radiación pueden permanecer peligrosamente altos en ciertas áreas. Utilice equipos de detección de radiación, como contadores Geiger y dosímetros, para monitorear continuamente su entorno. Comprender los niveles de radiación en su área lo ayudará a tomar decisiones informadas sobre dónde vivir, trabajar y recolectar recursos.

Mapeo de zonas seguras: Identifique y mapee áreas con niveles de radiación más bajos donde sea más seguro pasar períodos prolongados. Estas zonas seguras se pueden utilizar para la agricultura, la recolección de recursos y la posible reconstrucción de hogares y comunidades. Evite los puntos críticos conocidos donde los niveles de radiación sean persistentemente altos.

Cambios ambientales:

Impacto del invierno nuclear: Si se ha producido un invierno nuclear, es posible que se enfrente a temperaturas mucho más frías, una reducción de la luz solar y períodos de oscuridad más prolongados. Estas condiciones pueden afectar gravemente a la agricultura, los suministros de agua y las condiciones de vida en general. Prepárese para adaptar sus estrategias de supervivencia para hacer frente a estos cambios extremos.

Contaminación del suelo y el agua: evalúe el grado de contaminación del suelo y el agua en su zona. Es posible que sea necesario remediar el suelo contaminado antes de que sea seguro para el cultivo de cultivos, y es posible que sea necesario filtrar o tratar las fuentes de agua antes de consumirlas. El análisis y la purificación regulares del agua son fundamentales para la supervivencia a largo plazo.

Producción de alimentos a largo plazo:

Agricultura: una vez que los niveles de radiación lo permitan, comience a cultivar cultivos que sean resistentes y capaces de crecer en suelos potencialmente contaminados. Las hortalizas de raíz, los cereales resistentes y las legumbres son buenas opciones, ya que son relativamente fáciles de cultivar y proporcionan nutrientes esenciales. Implemente la rotación de cultivos, enmiendas del suelo y técnicas de fitorremediación para mejorar gradualmente la salud del suelo.

Ganadería: si es posible, críe ganado pequeño, como pollos, conejos o cabras. Estos animales pueden proporcionar un suministro constante de proteínas a través de la carne, los huevos y la leche. Asegúrese de que sus fuentes de alimento y agua estén libres de contaminación y controle su salud con regularidad.

Forrajeo y caza: en algunas áreas, el forrajeo de plantas silvestres y la caza pueden ser opciones viables para complementar su suministro de alimentos. Tenga cuidado, ya que las plantas y los animales en áreas contaminadas pueden transportar isótopos radiactivos. Utilice equipos de detección de radiación para evaluar la seguridad de los alimentos forrajeros o cazados.

Seguridad hídrica:

Sistemas de recolección de agua: Instale o mantenga sistemas para recolectar y almacenar agua, como sistemas de recolección de agua de lluvia, pozos y cisternas. Asegúrese de que toda el agua recolectada esté filtrada y tratada para eliminar partículas radiactivas y otros contaminantes.

Técnicas de purificación: Utilice múltiples métodos de purificación de agua, que incluyen filtración, ebullición y tratamientos químicos, para garantizar que su agua sea segura para beber. Analice regularmente sus fuentes de agua para detectar radiación y otros contaminantes para mantener un suministro de agua confiable y limpia.

Conservación y almacenamiento de alimentos:

Enlatado y encurtido: Conserve los alimentos mediante el enlatado y encurtido para extender su vida útil y asegurarse de tener un suministro constante de alimentos durante épocas de escasez. Los recipientes debidamente sellados pueden mantener los alimentos a salvo de la contaminación durante meses o incluso años.

Secado y ahumado: El secado y ahumado de carnes, frutas y verduras son formas efectivas de conservar los alimentos sin necesidad de refrigeración. Estos métodos también reducen el volumen de los alimentos, lo que facilita su almacenamiento y transporte. Almacenamiento de granos: almacene granos, legumbres y otros alimentos secos en recipientes herméticos para protegerlos de la humedad, las plagas y la contaminación. Los granos son una excelente fuente de alimentos a largo plazo debido a su alto contenido calórico y su larga vida útil.

Reconstrucción del refugio y la infraestructura

Mantenimiento y mejoras del refugio:

Reparación de daños: con el tiempo, su refugio puede sufrir daños debido a factores ambientales, desgaste o exposición a la radiación en el pasado. Inspeccione y repare regularmente cualquier daño para asegurarse de que su refugio permanezca seguro y habitable. Preste especial atención a la integridad estructural, el aislamiento y los sistemas de ventilación.

Expansión de la capacidad del refugio: a medida que las condiciones mejoren, considere ampliar su refugio para acomodar a más personas o proporcionar espacio adicional para almacenar alimentos, recolectar agua o para el ganado. Construir habitaciones o dependencias adicionales puede aumentar su capacidad de supervivencia a largo plazo.

Soluciones energéticas y eléctricas:

Fuentes de energía renovable: En un escenario de supervivencia a largo plazo, la dependencia de fuentes de energía renovables, como paneles solares, turbinas eólicas y energía hidroeléctrica, se vuelve cada vez más importante. Estas fuentes de energía pueden proporcionar una forma sostenible de alimentar sistemas esenciales como iluminación, calefacción y purificación de agua.

Conservación de energía: Practique la conservación de energía utilizando electrodomésticos de bajo consumo, reduciendo el uso de energía durante el día y almacenando el exceso de energía para uso nocturno o de emergencia. El uso eficiente de los recursos energéticos extenderá la vida útil de su equipo y reducirá la necesidad de reparaciones o reemplazos frecuentes.

Reconstrucción de infraestructura:

Proyectos comunitarios: Trabaje con otros sobrevivientes para reconstruir infraestructura esencial, como carreteras, redes de comunicación y servicios públicos. Los esfuerzos colectivos pueden acelerar la recuperación y mejorar las condiciones de vida de todos.

Reutilización y readaptación de materiales: En un entorno posnuclear, los materiales nuevos pueden ser escasos, por lo que debe concentrarse en reutilizar y readaptar los materiales existentes. Recupere materiales de construcción de estructuras dañadas, readapte equipos viejos y recicle recursos para reducir los desechos y maximizar su utilidad.

Mantenimiento de la salud y la higiene

Asistencia sanitaria y suministros médicos:

Gestión de las reservas médicas: gestione y reponga continuamente sus reservas de suministros médicos, incluidos botiquines de primeros auxilios, medicamentos recetados y remedios de venta libre. Establezca un sistema de rotación de suministros para garantizar que sigan siendo eficaces.

Habilidades básicas de atención sanitaria: en ausencia de ayuda médica profesional, las habilidades básicas de atención sanitaria se vuelven vitales. Aprenda a tratar lesiones y enfermedades comunes, administrar primeros auxilios y realizar procedimientos médicos básicos. Tener en su grupo a alguien con conocimientos médicos avanzados, como una enfermera o un paramédico, puede ser invaluable.

Saneamiento y gestión de residuos:

Prácticas de saneamiento: mantener la limpieza y el saneamiento es fundamental para prevenir la propagación de enfermedades. Limpie regularmente sus espacios habitables, elimine los residuos de forma adecuada y asegúrese de que las fuentes de agua estén protegidas de la contaminación.

Eliminación de residuos: desarrolle un sistema de eliminación de residuos que minimice el impacto ambiental y evite la contaminación de los suministros de alimentos y agua. El compostaje de residuos orgánicos, el enterramiento de residuos no peligrosos y el sellado adecuado de los materiales peligrosos son prácticas eficaces.

Salud mental y bienestar:

Cómo afrontar el aislamiento: la supervivencia a largo plazo puede generar sentimientos de aislamiento, depresión y ansiedad. Combata estos sentimientos manteniendo conexiones sociales, estableciendo rutinas y participando en actividades que le proporcionen un sentido de propósito y normalidad.

Entrenamiento de resiliencia mental: practique técnicas de resiliencia mental, como la atención plena, la meditación y el pensamiento positivo, para ayudarle a afrontar el estrés y la incertidumbre. Fomente la comunicación abierta dentro de su grupo para abordar los desafíos emocionales y brindar apoyo mutuo.

Desarrollo de la comunidad y estructuras sociales

Formación de alianzas:

Generar confianza: Establezca confianza con otros sobrevivientes compartiendo recursos, conocimientos y habilidades. La confianza es esencial para formar alianzas sólidas y garantizar que todos trabajen juntos por el bien común.

Trueque y comercio: Participe en trueques y comercio con otros grupos o individuos para adquirir los suministros o servicios necesarios. El trueque también puede fortalecer las relaciones y brindar acceso a recursos que pueden ser escasos en su área inmediata.

ESTABLECIMIENTO DE estructuras sociales:

Liderazgo y gobernanza: A medida que su grupo crezca, considere establecer una estructura de liderazgo o consejo para tomar decisiones, resolver disputas y coordinar esfuerzos. La comunicación clara y los procesos de toma de decisiones justos son clave para mantener la armonía y la cooperación.

Normas y valores comunitarios: Desarrolle un conjunto de normas y valores comunitarios que guíen el comportamiento, el intercambio de recursos y la resolución de conflictos. Estas normas ayudan a crear un sentido de orden y propósito compartido, que es vital para la supervivencia a largo plazo.

Educación y desarrollo de habilidades:

Intercambio de conocimientos: Fomente el intercambio de conocimientos y habilidades dentro de su comunidad. Enseñar a otras personas habilidades esenciales de supervivencia, como agricultura, caza, primeros auxilios y mecánica, ayuda a garantizar que todos contribuyan al bienestar del grupo.

Aprendizaje permanente: Promueva una cultura de aprendizaje permanente mediante la búsqueda continua de nuevos conocimientos y habilidades. Mantenerse adaptable y abierto a nuevas ideas le ayudará a usted y a su comunidad a afrontar los desafíos de un mundo cambiante.

Planificación y adaptación a largo plazo

Adaptación a condiciones cambiantes:

Flexibilidad en la planificación: La supervivencia a largo plazo requiere la capacidad de adaptarse a condiciones cambiantes, ya sea debido a factores ambientales, disponibilidad de recursos o dinámicas sociales. Reevalúe periódicamente su situación y esté preparado para modificar sus planes según sea necesario.

Planes de contingencia: Desarrolle planes de contingencia para diversos escenarios, como mudarse a una nueva área, lidiar con la escasez de recursos o responder a nuevas amenazas. Tener planes de respaldo establecidos garantiza que no lo tomen por sorpresa los acontecimientos inesperados.

Prácticas sostenibles:

Cuidado del medio ambiente: Practique el cuidado del medio ambiente utilizando los recursos de manera responsable, minimizando los desechos y protegiendo los hábitats naturales. Las prácticas sostenibles no solo garantizan la salud a largo plazo de su entorno, sino que también respaldan la regeneración de los recursos.

Autosuficiencia: Trate de lograr la autosuficiencia en alimentos, agua, energía y vivienda. Cuanto más autosuficiente sea, menos dependiente será de los recursos externos, que pueden ser escasos o no estar disponibles en un mundo posnuclear.

Mirando hacia el futuro:

Reconstruir la civilización: A medida que las condiciones mejoren y su comunidad se vuelva más estable, considere el objetivo a largo plazo de reconstruir la civilización a mayor escala. Esto puede implicar el desarrollo de infraestructura, sistemas educativos, estructuras de gobierno e instituciones culturales que respalden una sociedad próspera. Si bien el camino hacia la reconstrucción será desafiante, concentrarse en estos esfuerzos puede ayudar a restablecer una sensación de normalidad y progreso.

Transmisión de conocimientos:

Educación para las generaciones futuras: A medida que su comunidad crece y nacen nuevas generaciones, es esencial transmitir los conocimientos y las habilidades que han sido cruciales para la supervivencia. Establezca programas educativos que enseñen a los niños sobre supervivencia, agricultura, ciencia e historia, asegurándose de que estén preparados para enfrentar los desafíos del futuro.

Documentación de experiencias: Registre sus experiencias, desafíos y soluciones en un formato que pueda preservarse y compartirse con otros. Esta documentación puede estar en diarios escritos, medios digitales (si están disponibles) o tradiciones orales. Al compartir su conocimiento, contribuye a la sabiduría colectiva de la que pueden valerse las generaciones futuras.

Construir una comunidad resiliente:

Cohesión social: Una comunidad fuerte y cohesionada está mejor preparada para enfrentar desafíos juntos. Promueva la inclusión, la cooperación y el apoyo mutuo dentro de su grupo. Celebre los éxitos y los hitos, y encuentre formas de mantener la moral, incluso en tiempos difíciles.

Preservación cultural e innovación: Fomente la preservación de las prácticas culturales, las artes y las tradiciones que dan sentido a la vida y fomentan un sentido de identidad. Al mismo tiempo, esté abierto a la innovación y a nuevas formas de hacer las cosas que puedan mejorar la resiliencia y la calidad de vida de su comunidad.

Preparación para las generaciones futuras

Establecimiento de objetivos de legado:

Visión para el futuro: Como comunidad, desarrolle una visión compartida para el futuro. Esta visión puede incluir objetivos de crecimiento, sostenibilidad, educación y desarrollo cultural. Un propósito colectivo claro guiará los esfuerzos de su comunidad y mantendrá a todos enfocados en resultados positivos a largo plazo.

Planificación intergeneracional: Planifique no solo para la supervivencia inmediata sino también para el bienestar de las generaciones futuras. Piense en cómo sus acciones de hoy afectarán el medio ambiente, los recursos y las estructuras sociales que heredarán sus hijos y nietos.

Gestión y regeneración de recursos:

Uso sostenible de los recursos: Implemente prácticas que aseguren el uso sostenible de los recursos. Por ejemplo, practique la agricultura rotativa, la pesca sostenible y la caza responsable para evitar el agotamiento de los recursos naturales. La reforestación de áreas y la gestión responsable de las fuentes de agua ayudarán a regenerar los ecosistemas.

Energía renovable y tecnología: Invierta en tecnologías de energía renovable que puedan proporcionar un suministro de energía continuo sin agotar los recursos. Los paneles solares, las turbinas eólicas y los sistemas de bioenergía pueden ser la columna vertebral de una estrategia energética autosuficiente. Además, explore nuevas tecnologías que puedan mejorar las condiciones de vida, la agricultura y la comunicación.

Educación continua e innovación:

Fomento de la innovación: Fomentar una cultura de innovación en la que los miembros de la comunidad se sientan motivados a encontrar nuevas soluciones a los desafíos actuales. La innovación puede surgir de la mejora de las herramientas, la creación de nuevas técnicas agrícolas o el desarrollo de sistemas energéticos más eficientes.

Instituciones educativas: Si las condiciones lo permiten, considere la posibilidad de establecer instituciones educativas formales en las que pueda llevarse a cabo un aprendizaje estructurado. La educación es clave para el desarrollo social y será crucial para la formación de futuros líderes, ingenieros, médicos y otros roles esenciales.

La supervivencia a largo plazo después de un evento nuclear requiere algo más que simplemente superar las consecuencias iniciales; exige resiliencia, adaptabilidad y una mentalidad con visión de futuro. A medida que las amenazas inmediatas disminuyen, el enfoque se desplaza a la reconstrucción, no solo para sobrevivir sino para prosperar. Sus esfuerzos de hoy darán forma al mundo que heredarán las generaciones futuras. A través de una planificación cuidadosa, prácticas sostenibles y un compromiso con la comunidad, es posible no solo sobrevivir a una catástrofe nuclear, sino emerger de ella más fuerte, más unido y con un renovado sentido de propósito. Al planificar a largo plazo, recuerde que la fortaleza de su comunidad, la sostenibilidad de sus prácticas y la resiliencia de su espíritu son las claves para prosperar en un mundo posnuclear.

Planificación comunitaria: trabajar juntos por la seguridad

La planificación comunitaria es esencial para garantizar la seguridad, la resiliencia y la supervivencia a largo plazo después de un evento nuclear. Al trabajar juntas, las comunidades pueden aunar recursos, compartir conocimientos y crear sistemas que respalden el bienestar colectivo. Este capítulo explorará la importancia de la planificación comunitaria, las estrategias para organizar y coordinar esfuerzos y los beneficios de un enfoque unido para la seguridad y la supervivencia.

La importancia de la comunidad en un mundo posnuclear

Recursos y habilidades compartidos:

Agrupamiento de recursos: después de un evento nuclear, los recursos como alimentos, agua, suministros médicos y herramientas pueden escasear. Al agrupar recursos, las comunidades pueden garantizar que todos tengan acceso a los elementos esenciales necesarios para la supervivencia. Este enfoque colectivo puede prevenir la escasez y reducir el desperdicio. Intercambio de habilidades: los distintos miembros de la comunidad tienen distintas habilidades, como conocimientos médicos, de ingeniería, de agricultura o de caza. Al compartir estas habilidades, la comunidad puede funcionar de manera más eficaz y cada persona contribuye a la supervivencia general del grupo.

Mayor seguridad:

Defensa colectiva: trabajar juntos permite a las comunidades establecer una estrategia de defensa colectiva. Esto puede incluir la organización de turnos de vigilancia, la creación de barreras o el establecimiento de sistemas de alerta temprana. Una comunidad unida está mejor equipada para protegerse de amenazas externas, ya sean de otros supervivientes desesperados o de peligros ambientales.

Información compartida: las comunidades que se comunican y comparten información pueden responder más rápidamente a las amenazas emergentes, como puntos calientes de radiación, fuentes de agua contaminadas o la presencia de grupos peligrosos. Mantenerse informado y actuar como una unidad mejora la seguridad general.

Apoyo psicológico y emocional:

Beneficios para la salud mental: Sobrevivir a un evento nuclear no se trata solo de supervivencia física; también requiere mantener el bienestar mental y emocional. Ser parte de una comunidad brinda apoyo social, reduciendo los sentimientos de aislamiento, miedo y desesperanza. La interacción regular, las actividades compartidas y el estímulo mutuo pueden mejorar significativamente la moral.

Propósito compartido: Una comunidad fuerte fomenta un sentido de propósito y responsabilidad compartidos. Esto puede ayudar a las personas a mantenerse motivadas y enfocadas en el objetivo colectivo de reconstruir y prosperar después de un desastre.

Organización de esfuerzos comunitarios

Formación de un consejo comunitario:

Estructura de liderazgo: Establecer una estructura de liderazgo o consejo comunitario para guiar la toma de decisiones, coordinar recursos y gestionar conflictos. El consejo debe incluir representantes con diversas habilidades y perspectivas para garantizar que se escuchen todas las voces.

Proceso de toma de decisiones: Desarrollar un proceso de toma de decisiones claro y justo. Esto podría ser a través del consenso, la votación por mayoría o un sistema de liderazgo rotativo. La clave es garantizar que las decisiones se tomen de manera eficiente y reflejen las necesidades y los valores de la comunidad.

Planificación y simulacros de emergencia:

Creación de un plan de emergencia comunitario: Trabaje en conjunto para desarrollar un plan de emergencia integral que aborde posibles escenarios, como más incidentes nucleares, escasez de recursos o amenazas a la seguridad. El plan debe incluir protocolos de comunicación, evacuación, distribución de recursos y atención médica.

Simulacros regulares: Realice simulacros de emergencia regulares para asegurarse de que todos los miembros de la comunidad sepan qué hacer en diversas situaciones. Estos simulacros deben incluir ejercicios de refugio en el lugar, simulacros de incendio, capacitación en primeros auxilios y pruebas de comunicación. La práctica de estos simulacros ayuda a identificar las debilidades del plan y mantiene a todos preparados.

Gestión de recursos:

Inventario y distribución: Mantenga un inventario de todos los recursos de la comunidad, incluidos alimentos, agua, suministros médicos, herramientas y equipos. Establezca un sistema de distribución justa, asegurando que los recursos se asignen según la necesidad y la disponibilidad. Actualice regularmente el inventario para reflejar los cambios en las existencias.

Uso sustentable: Promueva el uso sustentable de los recursos mediante la implementación de sistemas de racionamiento, reciclaje y prácticas de conservación. Aliente a los miembros de la comunidad a compartir ideas y estrategias para extender la vida útil de los recursos y reducir el desperdicio.

Creación y mantenimiento de un entorno comunitario seguro

Establecimiento de zonas seguras:

Designación de áreas seguras: Identifique y designe zonas seguras dentro de la comunidad para vivir, almacenar alimentos, recibir atención médica y recreación. Estas zonas deben estar en áreas con niveles bajos de radiación y bien protegidas de amenazas externas. Los límites claros y la señalización pueden ayudar a mantener el orden y la seguridad.

Procedimientos de descontaminación: Desarrolle y haga cumplir los procedimientos de descontaminación para cualquier persona o cosa que ingrese a la comunidad desde áreas potencialmente contaminadas. Esto incluye lavar la ropa, el equipo y los vehículos, y usar detectores de radiación para verificar la contaminación.

Salud y saneamiento comunitarios:

Iniciativas de salud pública: Implementar iniciativas de salud pública para prevenir la propagación de enfermedades y mantener el bienestar general. Esto incluye controles de salud regulares, vacunas si están disponibles y educación sobre prácticas de higiene. Abordar los problemas de salud de manera temprana puede prevenir brotes más grandes.

Infraestructura de saneamiento: Construir y mantener infraestructura de saneamiento, como letrinas, sistemas de eliminación de desechos e instalaciones de agua potable. El saneamiento adecuado es crucial para prevenir enfermedades y mantener un entorno de vida saludable.

RESOLUCIÓN DE CONFLICTOS y gobernanza:

Desarrollo de reglas y normas: Establecer reglas y normas comunitarias que rijan el comportamiento, el uso de recursos y las interacciones. Estas reglas deben desarrollarse con el aporte de todos los miembros de la comunidad y deben reflejar los valores y prioridades de la comunidad.

Mecanismos de resolución de conflictos: Crear mecanismos para resolver conflictos de manera pacífica y justa. Esto podría incluir un comité de mediación, reuniones comunitarias periódicas o un sistema de apelaciones. La resolución eficaz de conflictos ayuda a mantener la armonía y la confianza dentro de la comunidad.

Planificación y resiliencia comunitaria a largo plazo

Educación y desarrollo de habilidades:

Programas de capacitación: Implementar programas de capacitación que enseñen habilidades esenciales de supervivencia, como agricultura, primeros auxilios, carpintería y purificación de agua. Estos programas ayudan a garantizar que todos los miembros de la comunidad puedan contribuir a la supervivencia y la resiliencia a largo plazo.

Tutoría y aprendizaje: Fomentar las oportunidades de tutoría y aprendizaje, donde los miembros experimentados de la comunidad enseñan a otros. Esto no solo preserva el conocimiento crítico, sino que también fortalece los vínculos entre los miembros de la comunidad.

Sistemas económicos y comerciales:

Redes de trueque y comercio: Establecer un sistema de trueque y comercio dentro de la comunidad y con las comunidades vecinas. Una red comercial bien organizada puede proporcionar acceso a bienes y servicios que son escasos o no están disponibles localmente.

Proyectos comunitarios: Iniciar proyectos comunitarios, como reconstruir infraestructura, crear jardines comunitarios o desarrollar fuentes de energía renovable. Estos proyectos brindan trabajo, fortalecen la autosuficiencia de la comunidad y fomentan un sentido de orgullo y logro.

Crecimiento y desarrollo de la comunidad:

Planificación para la expansión: A medida que su comunidad se estabilice, considere la posibilidad de planificar el crecimiento y la expansión. Esto podría implicar dar la bienvenida a nuevos miembros, construir refugios adicionales o ampliar las áreas agrícolas. Se necesita una planificación cuidadosa para garantizar que el crecimiento sea sostenible y no agote los recursos.

Fomento de la innovación: Fomente la innovación y la creatividad en la resolución de problemas. A medida que surgen nuevos desafíos, una comunidad que está abierta a nuevas ideas y dispuesta a adaptarse tiene más probabilidades de prosperar. Fomente una cultura de mejora y aprendizaje continuos.

Preservación cultural y cohesión social:

Mantenimiento de las tradiciones: Conserve las tradiciones culturales, los rituales y las celebraciones que le dan a la comunidad un sentido de identidad y continuidad. Estas prácticas pueden brindar comodidad y estabilidad en tiempos de incertidumbre.

Construcción de vínculos sociales: Promueva actividades y eventos que fortalezcan los vínculos sociales, como comidas comunitarias, proyectos grupales y reuniones sociales. Un fuerte sentido de comunidad y pertenencia es esencial para la resiliencia y el bienestar colectivo.

Comunicación e intercambio de información

Establecimiento de sistemas de comunicación:

Comunicación interna: Desarrolle un sistema de comunicación interna confiable para compartir información de manera rápida y eficiente dentro de la comunidad. Esto podría implicar radios, tableros de mensajes o reuniones periódicas.

Comunicación externa: Establezca formas de comunicarse con las comunidades vecinas, otros grupos de sobrevivientes y cualquier organización gubernamental o de ayuda que quede. Mantenerse conectado con el mundo exterior puede brindar información y apoyo valiosos.

Gestión de la información:

Recopilación y uso compartido de datos: Recopile y comparta información sobre los niveles de radiación, la disponibilidad de recursos, los patrones climáticos y otros factores críticos que afectan la supervivencia. Tener información precisa y actualizada permite a la comunidad tomar decisiones informadas.

Material educativo: Cree y distribuya materiales educativos que ayuden a los miembros de la comunidad a comprender los riesgos que enfrentan, la importancia de la preparación y los pasos que pueden tomar para protegerse y contribuir al bienestar de la comunidad.

Preparación para desafíos futuros

Adaptación y flexibilidad:

Evaluación continua: Evalúe periódicamente las fortalezas, debilidades, oportunidades y amenazas de la comunidad (análisis FODA). Esto ayuda a identificar áreas de mejora y prepara a la comunidad para desafíos futuros.

Planificación flexible: desarrollar planes flexibles que puedan adaptarse a condiciones cambiantes. Esto podría incluir planes de contingencia para nuevas amenazas, fuentes alternativas de recursos o sistemas de respaldo para infraestructura esencial.

Recuperación de desastres y gestión de riesgos:

Estrategias de mitigación de riesgos: implementar estrategias para mitigar riesgos, como asegurar el suministro de alimentos y agua, fortalecer las estructuras de los refugios y mantener un estado de preparación para posibles emergencias. La gestión de riesgos es un proceso continuo que requiere vigilancia y planificación proactiva.

Planificación de recuperación de desastres: prepararse para la posibilidad de desastres adicionales, ya sean naturales, tecnológicos o provocados por el hombre. Una comunidad bien preparada puede recuperarse más rápida y eficazmente de los reveses.

Desarrollo de liderazgo:

Planificación de sucesión: desarrollar un plan de sucesión para garantizar que los roles de liderazgo puedan transicionar sin problemas si es necesario. Esto garantiza que la comunidad se mantenga estable y bien administrada, incluso cuando las circunstancias cambien.

Empoderar a los futuros líderes: fomentar el desarrollo de habilidades de liderazgo entre los miembros de la comunidad. Esto no solo fortalece el liderazgo actual, sino que también garantiza que las generaciones futuras estén preparadas para asumir roles de liderazgo.

LA PLANIFICACIÓN COMUNITARIA es vital para garantizar la seguridad, la resiliencia y la supervivencia a largo plazo en un mundo posnuclear. Una comunidad bien organizada y cohesionada es más que un mero mecanismo de supervivencia: es una fuente de fortaleza, resiliencia y esperanza. La capacidad de responder a nuevos desafíos, adoptar nuevas ideas y aprender de la experiencia será crucial para el éxito a largo plazo de la comunidad. Recuerde que la clave para la supervivencia en un mundo posnuclear no es sólo la preparación individual, sino la acción colectiva y la solidaridad.

Evacuación vs. refugio en el lugar: Cómo tomar la decisión correcta

Tras un evento nuclear, una de las decisiones más críticas que puede enfrentar es si evacuar o refugiarse en el lugar. Esta decisión puede tener consecuencias de vida o muerte, ya que cada opción conlleva sus propios riesgos y beneficios según las circunstancias específicas. Comprender los factores involucrados en la toma de esta decisión y estar preparado para actuar rápidamente es esencial para maximizar su seguridad y la de su familia y comunidad. Este capítulo lo guiará a través de las consideraciones, riesgos y estrategias asociadas con la evacuación y el refugio en el lugar, ayudándolo a tomar una decisión informada en una crisis.

Comprensión de los escenarios: cuándo evacuar y cuándo refugiarse

Escenarios de evacuación:

Explosión nuclear inminente: si recibe información creíble de que una explosión nuclear es inminente y se encuentra dentro de la zona de impacto probable, la evacuación podría ser necesaria si puede llegar a un lugar más seguro antes de la detonación. Sin embargo, el margen de tiempo para una evacuación segura suele ser muy corto (normalmente menos de 30 minutos), dependiendo de la distancia y las condiciones del tráfico.

Niveles altos de radiación: si los niveles de radiación en su zona son peligrosamente altos y es poco probable que disminuyan rápidamente, la evacuación a una zona con menor radiación puede ser su mejor opción, siempre que pueda hacerlo de forma segura y tenga un destino claro.

Riesgos ambientales: otros riesgos ambientales, como incendios, inundaciones o daños estructurales en su refugio, también pueden requerir la evacuación. Si su ubicación actual ya no es sostenible, trasladarse a una zona más segura se vuelve esencial.

Situaciones en las que debe refugiarse en el lugar:

Riesgo inmediato de lluvia radiactiva: si ya se ha producido una detonación nuclear y usted no se encuentra en la zona de explosión inmediata, refugiarse en el lugar suele ser la opción más segura. La lluvia radiactiva inicial es más peligrosa en las primeras 24 a 48 horas, y permanecer en el interior durante este período minimiza su exposición a la radiación.

Rutas de evacuación limitadas: si es probable que las rutas de evacuación estén congestionadas, bloqueadas o sean inseguras, generalmente es preferible refugiarse en el lugar. Intentar evacuar en estas condiciones podría exponerlo a más peligro que quedarse en el lugar.

Condiciones inciertas: si no está seguro sobre la magnitud del daño o la seguridad de otras áreas, a menudo es más seguro refugiarse en el lugar hasta que haya más información disponible. Apresurarse a evacuar sin un plan o destino claro puede generar riesgos innecesarios.

Factores a considerar al decidir evacuar o refugiarse

Proximidad a la zona de la explosión:

Radio de la explosión: su proximidad a la zona de la explosión es un factor crítico para decidir si evacuar o refugiarse en el lugar. Las personas que se encuentran a unas pocas millas del lugar de la detonación pueden enfrentar graves peligros por la explosión, el calor y la radiación inicial. La evacuación podría ser necesaria si puede moverse lo suficientemente rápido para escapar de estos peligros. Zonas de radiación: conocer los patrones de viento y las posibles zonas de radiación puede ayudarle a determinar si corre riesgo de sufrir daños por desechos radiactivos. Si se encuentra a sotavento del lugar de la explosión, puede enfrentarse a niveles más altos de radiación, lo que hace que la evacuación sea una posible opción.

Tiempo disponible:

Tiempo hasta el impacto: si recibe una advertencia anticipada de un evento nuclear, el tiempo disponible antes del impacto determinará en gran medida su curso de acción. Con solo unos minutos de sobra, refugiarse en el lugar suele ser la única opción viable. Si tiene horas o más, la evacuación podría ser posible, pero solo si puede hacerlo de manera segura y rápida.

Tiempo de viaje: considere el tiempo que le llevará llegar a un lugar seguro. Tenga en cuenta el tráfico potencial, las condiciones de la carretera y la posibilidad de encontrarse con otros evacuados. Si el tiempo de viaje excede el margen de seguridad para la evacuación, es mejor refugiarse en el lugar.

Comunicación e información:

Acceso a la información: la información confiable es crucial para tomar la decisión correcta. Controle las fuentes oficiales, como las alertas del gobierno, las transmisiones de emergencia y los detectores de radiación, para mantenerse informado sobre la situación. En ausencia de información clara, sea precavido y considere refugiarse en el lugar.

Comunicación con la familia y la comunidad: asegúrese de tener una forma de comunicarse con los miembros de la familia y su comunidad para coordinar su decisión. Una comunicación clara ayuda a evitar el pánico y garantiza que todos comprendan el plan, ya sea para evacuar o refugiarse.

Recursos y suministros:

Preparación para el refugio: evalúe las condiciones de su refugio y la disponibilidad de suministros. Si su refugio está bien provisto de alimentos, agua, suministros médicos y protección radiológica, estará mejor equipado para refugiarse en el lugar durante un período prolongado. Si los suministros son limitados, la evacuación puede volverse necesaria después del período inicial de lluvia radiactiva.

Kit de evacuación: si la evacuación es la mejor opción, es fundamental tener un kit de evacuación preparado con anticipación (también conocido como "bolsa de emergencia"). Este kit debe incluir elementos esenciales como agua, alimentos no perecederos, suministros médicos, documentos importantes, dispositivos de comunicación y ropa protectora. Estar preparado permite una evacuación más rápida y organizada.

Cómo refugiarse en el lugar de manera efectiva

Elegir la mejor ubicación en su hogar:

Sótanos y habitaciones interiores: los lugares más seguros para refugiarse dentro de su hogar son los sótanos o las habitaciones interiores sin ventanas. Estas áreas ofrecen la mayor protección contra la radiación y los posibles escombros. Si es posible, refuerce estos espacios con materiales de protección adicionales, como tierra densa, hormigón o muebles pesados.

Sellado del refugio: utilice láminas de plástico y cinta adhesiva para sellar ventanas, puertas y rejillas de ventilación en el espacio del refugio. Esto ayuda a evitar que el polvo radiactivo entre en su área de estar. Asegúrese de tener una forma de ventilar el espacio sin comprometer el sellado.

Minimización de la exposición a la radiación:

Protección: cuanto más material haya entre usted y el exterior, mejor. Amontone bolsas de arena, libros, colchones u otros materiales densos alrededor del espacio del refugio para aumentar el efecto de protección. Cada pizca de protección adicional reduce la dosis de radiación que recibe.

Tiempo y distancia: recuerde los principios de tiempo, distancia y protección. Cuanto menos tiempo pase expuesto, mayor será la distancia de la fuente y cuanto más protección tenga, menor será su exposición a la radiación. Permanezca en su refugio durante al menos 48 horas o hasta que reciba información confiable de que es seguro salir.

Cómo mantenerse mientras se refugia:

Alimentos y agua: racione sus suministros de alimentos y agua para que duren lo máximo posible. Cada persona necesita aproximadamente un galón de agua por día para beber y para el saneamiento básico. Los alimentos no perecederos y ricos en calorías son ideales para el refugio a largo plazo.

Saneamiento: mantenga el saneamiento mediante el uso de inodoros portátiles, bolsas de basura o letrinas improvisadas. Mantenga su espacio vital lo más limpio posible para prevenir enfermedades y mantener la moral. Asegúrese de que los desechos se almacenen de forma segura y se aíslen de las áreas habitables.

Comunicación e información:

Manténgase informado: controle continuamente las transmisiones de emergencia, las alertas del gobierno y cualquier otra fuente de información disponible. Mantenerse informado sobre los niveles de radiación, las condiciones climáticas y la situación en general lo ayudará a tomar decisiones informadas sobre cuándo es seguro abandonar su refugio.

Comuníquese con otros: si es posible, manténgase en contacto con familiares, vecinos o grupos comunitarios. Compartir información y recursos puede mejorar la seguridad y brindar apoyo emocional durante el período de refugio.

Cómo evacuar de forma segura

Planificación de la ruta de evacuación:

Identifique lugares seguros: antes de que se produzca una crisis, identifique posibles lugares seguros a los que evacuar, como la casa de un amigo o familiar en una región diferente, un refugio comunitario designado u otro lugar planificado previamente. Asegúrese de que estos lugares estén fuera de la zona de radiación prevista y puedan acomodar a su familia.

Varias rutas: planifique varias rutas de evacuación para tener en cuenta posibles cierres de carreteras, tráfico o peligros. Conozca los caminos alternativos que eviten las carreteras principales, que pueden congestionarse. Tenga mapas a mano en caso de que el GPS u otros sistemas de navegación digital fallen.

Evacuación rápida y eficiente:

Preparación de la bolsa de emergencia: tenga su bolsa de emergencia lista y accesible en todo momento. Incluya elementos esenciales como alimentos, agua, ropa, suministros médicos, documentos importantes y dispositivos de comunicación. Una bolsa de emergencia bien preparada le permite evacuar rápidamente sin perder tiempo reuniendo suministros.

Preparación del vehículo: mantenga su vehículo en buenas condiciones de funcionamiento, con el tanque de gasolina lleno, suministros de emergencia y un botiquín de primeros auxilios. Asegúrese de que su vehículo tenga espacio suficiente para todos los miembros de su hogar y para los suministros esenciales. Si utiliza el transporte público, conozca los horarios y las rutas con antelación.

Cómo evitar los peligros durante la evacuación:

Puntos calientes de radiación: Evite los puntos calientes de radiación conocidos, que son áreas con altas concentraciones de radiación radiactiva. Si debe pasar por una zona potencialmente contaminada, limite el tiempo que pasa allí, utilice equipo de protección y mantenga las ventanas cerradas. Los niveles de radiación se pueden controlar mediante dispositivos de detección portátiles.

Cómo lidiar con las multitudes y el pánico: En una evacuación masiva, puede encontrarse con multitudes y pánico. Mantenga la calma y respete su plan. Evite las áreas congestionadas si es posible y esté preparado para tomar desvíos o ajustar su ruta para mantener la seguridad y evitar demoras innecesarias.

Llegada a su destino:

Descontaminación: Al llegar a su destino, tome medidas para descontaminarse a sí mismo y a sus pertenencias. Quítese la ropa exterior y guárdela en una bolsa de plástico sellada, lave la piel expuesta con agua y jabón y utilice un equipo de detección de radiación para comprobar si hay contaminación residual.

Evaluación de la nueva ubicación: Una vez que haya evacuado a una nueva ubicación, evalúe su seguridad y su idoneidad para un refugio a largo plazo. Asegúrese de tener acceso a agua limpia, alimentos y suministros médicos, y de que la zona esté protegida de posibles amenazas.

Adaptación a las condiciones cambiantes

Reevaluación de su decisión:

Monitoreo continuo: Las condiciones pueden cambiar rápidamente después de un evento nuclear. Reevalúe continuamente su situación en función de nueva información, como cambios en los niveles de radiación, patrones climáticos o amenazas a la seguridad. Lo que antes era una decisión segura de refugiarse en el lugar o evacuar podría tener que reconsiderarse si las condiciones cambian inesperadamente.

Flexibilidad y planificación de contingencias:

Esté preparado para adaptarse: Manténgase flexible y listo para cambiar de estrategia si es necesario. Si se encuentra refugiado en el lugar pero recibe información creíble de que la evacuación ahora es más segura, prepárese para irse rápidamente. Por el contrario, si está evacuando y se encuentra con peligros o bloqueos inesperados, tenga un plan de respaldo que le permita encontrar un refugio temporal o desviarse.

Planes de contingencia: Desarrolle planes de contingencia para diferentes escenarios. Por ejemplo, si su ruta de evacuación principal está bloqueada, conozca rutas secundarias o lugares seguros donde pueda esperar hasta que sea seguro continuar. Del mismo modo, si debe refugiarse en el lugar por más tiempo de lo previsto, tenga un plan para racionar los suministros y administrar los recursos.

Desafíos posteriores a la evacuación:

Reintegración: Si se evacua a un refugio comunitario u otra ubicación grupal, prepárese para los desafíos de la reintegración en un nuevo entorno comunitario. Puede haber diferentes reglas, acuerdos para compartir recursos y dinámicas sociales que abordar. Manténgase cooperativo y contribuya positivamente al grupo.

Regreso a casa: Una vez que se considere seguro regresar a casa, hágalo con cautela. Los niveles de radiación y los peligros ambientales deben evaluarse cuidadosamente antes de volver a ingresar a su hogar. Prepárese para la posibilidad de daños a la infraestructura, contaminación o saqueos, y tome las precauciones necesarias.

Consideraciones a largo plazo:

Reconstrucción: ya sea que se haya refugiado en el lugar o haya evacuado, el enfoque a largo plazo eventualmente pasará a ser la reconstrucción. Esto podría implicar reparar o construir nuevos refugios, restaurar la infraestructura o mudarse a una zona más segura. Planifique las necesidades a largo plazo de su familia y su comunidad a medida que supere la crisis inmediata.

Colaboración comunitaria: interactúe con otras personas que hayan enfrentado decisiones similares sobre refugiarse o evacuar. Al compartir experiencias y lecciones aprendidas, puede construir una red más sólida de apoyo y conocimiento colectivo que beneficie a todos en el período posterior a la crisis.

Bienestar psicológico y emocional

Manejo del estrés y la ansiedad:

Prácticas de salud mental: La decisión de evacuar o refugiarse en el lugar puede ser estresante, con una ansiedad significativa sobre si ha tomado la decisión correcta. Practique técnicas de manejo del estrés, como la respiración profunda, la atención plena y el mantenimiento de una rutina, para ayudar a controlar estos sentimientos.

Apoyo a los demás: Brinde apoyo emocional a los miembros de la familia u otras personas de su comunidad que puedan estar teniendo dificultades con el proceso de toma de decisiones. La comunicación abierta, las responsabilidades compartidas y la tranquilidad mutua pueden aliviar el estrés y fomentar un sentido de solidaridad.

Cómo lidiar con la incertidumbre:

Aceptación de la incertidumbre: Comprenda que en un evento nuclear, la certeza absoluta puede ser imposible. Aceptar esta incertidumbre y concentrarse en lo que puede controlar, como su preparación, acciones y actitud, puede ayudar a reducir la ansiedad y mejorar la toma de decisiones.

Búsqueda de información: Manténgase informado pero evite la sobrecarga de información. Confíe en fuentes confiables y equilibre la necesidad de información con la importancia de mantener la calma y concentrarse en las prioridades inmediatas.

La decisión de evacuar o refugiarse en el lugar durante un evento nuclear es una de las decisiones más críticas que puede tomar, con profundas implicaciones para su seguridad y supervivencia. Si comprende los factores involucrados, como la proximidad a la explosión, el tiempo disponible, la disponibilidad de recursos y la evolución de la situación, puede tomar decisiones informadas que maximicen sus posibilidades de supervivencia.

Recuerde que ambas opciones (evacuar o refugiarse en el lugar) requieren una planificación cuidadosa, preparación y adaptabilidad. Ya sea que decida quedarse donde está o mudarse a un lugar más seguro, su éxito dependerá de su capacidad para evaluar la situación con precisión, actuar rápidamente y responder de manera flexible a las condiciones cambiantes. En última instancia, la decisión correcta es la que lo mantiene a usted y a sus seres queridos a salvo, y es posible que deba revisar esa decisión a medida que se disponga de nueva información. Mantenga la calma, manténgase informado y prepárese, y estará mejor equipado para enfrentar los desafíos de un evento nuclear con resiliencia y confianza.

Reforzar su refugio: mejoras para una máxima protección

Reforzar su refugio es fundamental para garantizar la máxima protección contra los diversos peligros que pueden surgir durante y después de un evento nuclear. Ya sea que se refugie en un sótano, modernice una estructura existente o construya un refugio específico contra la radiación, mejorar su espacio puede aumentar significativamente su seguridad y comodidad. Este capítulo lo guiará a través de las mejoras, los materiales y las estrategias esenciales para fortalecer su refugio contra la radiación, los efectos de la explosión y otras amenazas potenciales.

Comprender las amenazas

Radiación:

Radiación directa: después de una explosión nuclear, la radiación directa de la explosión puede representar una amenaza inmediata para quienes se encuentran dentro de un radio determinado. Si bien puede estar fuera de la zona de explosión inmediata, la radiación residual de la radiación radiactiva es un riesgo significativo a largo plazo contra el cual su refugio debe protegerse.

Partículas de la radiación radiactiva: la radiación radiactiva consiste en polvo y escombros que se vuelven radiactivos después de ser lanzados a la atmósfera. A medida que estas partículas se depositan, pueden contaminar todo lo que tocan, incluido el exterior de su refugio. Un blindaje eficaz es esencial para minimizar la exposición.

Efectos de la explosión:

Ondas de choque: Incluso si se encuentra fuera de la zona de explosión directa, las ondas de choque pueden causar daños estructurales importantes. Estas ondas de aire a alta presión pueden romper ventanas, derrumbar paredes y convertir escombros en proyectiles mortales.

Sobrepresión: La fuerza ejercida por una explosión nuclear crea una sobrepresión que puede aplastar edificios, arrancar puertas de sus bisagras y causar graves daños a las estructuras. Reforzar su refugio contra estas fuerzas es crucial para la supervivencia.

Calor e incendio:

Radiación térmica: El calor intenso generado por una explosión nuclear puede provocar incendios a kilómetros de distancia del lugar de la explosión. Su refugio debe ser resistente al fuego, tanto del entorno externo como de posibles fuentes internas.

Amenazas a largo plazo:

Exposición prolongada a la radiación: Cuanto más tiempo permanezca en un área contaminada, más probabilidades tendrá de sufrir problemas de salud relacionados con la radiación. Su refugio debe estar diseñado para soportar una vivienda a largo plazo con una exposición mínima a la radiación.

Agotamiento de recursos: en una crisis prolongada, su refugio debe estar equipado para hacer frente a la escasez de recursos, incluidos alimentos, agua y energía. Los refuerzos deben incluir sistemas de sostenibilidad y autosuficiencia.

Mejorar la estructura de su refugio

Refuerzo de las paredes:

Barreras de hormigón y tierra: La forma más eficaz de protegerse contra la radiación y los efectos de las explosiones es engrosando las paredes de su refugio con hormigón o tierra compactada. Se recomienda un espesor mínimo de 12 pulgadas de hormigón o 36 pulgadas de tierra compactada para reducir significativamente la exposición a la radiación.

Sacos de arena: Los sacos de arena son una forma práctica y relativamente económica de añadir protección. Se pueden apilar alrededor de las paredes exteriores o interiores para proporcionar un blindaje adicional. Los sacos de arena llenos de materiales densos, como grava o tierra, ofrecen una mejor protección contra la radiación.

Blindaje de plomo: Para una mayor protección contra la radiación, considere la posibilidad de añadir láminas de plomo a sus paredes. El plomo es muy eficaz para bloquear los rayos gamma, pero es caro y pesado, por lo que debe utilizarse de forma selectiva en las zonas más críticas, como alrededor de los dormitorios o cerca de los conductos de ventilación.

Refuerzo del techo:

Materiales pesados para el techo: El techo de su refugio debe ser tan fuerte como las paredes. Considere reforzarlo con capas adicionales de hormigón o acero. Si se construye desde cero, lo ideal es un techo de losa de hormigón, sostenido por vigas de acero para soportar la sobrepresión y los impactos de escombros.

Recubrimiento de tierra: agregar una capa gruesa de tierra o grava sobre el refugio puede mejorar su resistencia a la radiación y los efectos de las explosiones. Esta cubierta actúa como un aislante natural y proporciona una barrera adicional contra la radiación radiactiva.

Refuerzo de puertas y ventanas:

Puertas resistentes a explosiones: reemplace las puertas estándar por otras resistentes a explosiones hechas de acero o madera reforzada. Estas puertas deben tener múltiples mecanismos de bloqueo y sellos para evitar que el aire y las partículas radiactivas ingresen al refugio.

Sellado de ventanas: lo ideal es que un refugio antiaéreo no tenga ventanas, ya que son puntos débiles en la estructura. Si es inevitable tener ventanas, refuércelas con contraventanas de acero, bolsas de arena o plexiglás grueso. Asegúrese de que estén bien selladas para evitar que penetre la radiación.

Sistemas de ventilación:

Ventilación filtrada: instale un sistema de ventilación filtrada que pueda proporcionar aire fresco y bloquear las partículas radiactivas. Los filtros de aire de partículas de alta eficiencia (HEPA) o los filtros de carbón activado son esenciales para eliminar los contaminantes del aire.

Ventilación manual: en caso de corte de energía, asegúrese de tener un sistema de ventilación manual, como bombas de aire accionadas manualmente o respiraderos de aire impulsados por gravedad. Estos sistemas deben ser fáciles de operar y mantener durante una crisis prolongada.

Mejorar la protección contra la radiación

Protección interior:

Sala de protección: designe salas específicas dentro de su refugio para una máxima protección contra la radiación. Estas deben ser áreas donde pase la mayor parte del tiempo, como los dormitorios o la cocina. Refuerce estas salas con capas adicionales de material denso, como paneles de plomo u hormigón.

Protección móvil: considere usar soluciones de protección móviles, como mantas de plomo o barreras portátiles, que se puedan mover según sea necesario para protegerse contra fuentes de radiación inesperadas. Estas son particularmente útiles en refugios improvisados o si necesita reubicarse dentro de su refugio.

Blindaje de suelo y cimientos:

Refugios subterráneos: Si es posible, construya su refugio bajo tierra. La tierra proporciona un excelente blindaje natural contra la radiación y protege contra los efectos de las explosiones. Si su refugio está sobre el suelo, refuerce el suelo con hormigón o capas de tierra adicionales.

Suelos elevados: En algunos casos, crear un suelo elevado con aislamiento adicional puede ayudar a reducir la exposición a la radiación de la lluvia radiactiva que se ha depositado en el suelo. Esta técnica también ayuda a controlar la humedad, que es esencial para la vivienda a largo plazo.

Sistemas de esclusas de aire:

Esclusas de aire en la entrada: Instale un sistema de esclusas de aire en la entrada de su refugio. Este espacio entre el exterior y el área principal del refugio le permite descontaminarse antes de entrar, lo que reduce el riesgo de llevar partículas radiactivas al interior. Equipe la esclusa de aire con cepillos, rociadores de agua y almacenamiento para ropa contaminada.

Esclusas de aire internas: Si su refugio tiene varias habitaciones, considere instalar esclusas de aire internas entre las áreas de alto riesgo (como una entrada o un conducto de ventilación) y las habitaciones. Esta capa adicional de protección puede minimizar aún más los riesgos de contaminación.

Preparación para la protección contra explosiones e incendios

Mitigación de ondas expansivas:

Materiales que absorben los impactos: utilice materiales que puedan absorber las ondas expansivas, como almohadillas de goma, aislamiento de espuma o polímeros flexibles, en la construcción de su refugio. Estos materiales pueden ayudar a reducir la fuerza de una onda expansiva y proteger la integridad estructural de su refugio.

Entradas reforzadas: la entrada es un punto vulnerable durante una explosión. Refuércela con puertas pesadas y un marco seguro, y considere agregar una puerta interna secundaria para mayor protección. Esta configuración puede evitar que la onda expansiva ingrese al refugio y cause daños en el interior.

Ignífugo:

Materiales resistentes al fuego: utilice materiales de construcción resistentes al fuego, como concreto, ladrillo y madera tratada, para su refugio. Evite materiales inflamables en la construcción y el mobiliario de su refugio para minimizar los riesgos de incendio.

Sistemas de extinción de incendios: equipe su refugio con extintores, mantas ignífugas y un pequeño sistema de extinción de incendios, como un sistema de agua nebulizada. Estas herramientas son esenciales para abordar rápidamente cualquier incendio que pueda producirse dentro del refugio.

Protección térmica:

Aislamiento: un aislamiento adecuado puede proteger contra el calor extremo generado por una explosión nuclear. Utilice materiales aislantes resistentes al fuego, como lana mineral o fibra de vidrio, en las paredes y los techos. Este aislamiento también ayuda a mantener una temperatura estable dentro del refugio, lo que es crucial para la ocupación a largo plazo.

Recubrimientos reflectantes del calor: considere aplicar recubrimientos reflectantes del calor en el exterior de su refugio, especialmente si está sobre el suelo. Estos recubrimientos pueden ayudar a desviar la radiación térmica y reducir el riesgo de ignición.

Mejora de la habitabilidad a largo plazo

Sistemas de suministro de agua:

Almacenamiento de agua filtrada: almacene grandes cantidades de agua en su refugio, idealmente en tanques o barriles hechos de materiales aptos para uso alimentario. Asegúrese de que estos sistemas de almacenamiento estén conectados a un sistema de filtración que pueda eliminar los contaminantes radiactivos.

Recolección de agua de lluvia: si es posible, integre un sistema de recolección de agua de lluvia en su refugio. Este sistema debe incluir un proceso de filtración y purificación para garantizar que el agua recolectada sea segura para beber.

Almacenamiento y preparación de alimentos:

Almacenamiento de alimentos a largo plazo: almacene alimentos no perecederos que puedan durar meses o años. Guárdelos en un lugar fresco, seco y oscuro para maximizar su vida útil. Rote sus suministros de alimentos con regularidad para mantenerlos frescos.

Opciones de cocina: equipe su refugio con un método de cocción confiable y seguro. Las estufas de propano, las cocinas solares o las estufas de leña con la ventilación adecuada son buenas opciones. Asegúrese de tener suficiente combustible almacenado para que dure toda su estadía en el refugio.

Energía e iluminación:

Fuentes de energía de respaldo: Instale sistemas de energía de respaldo, como paneles solares, turbinas eólicas o generadores manuales. Estos sistemas deben ser capaces de alimentar dispositivos esenciales, como equipos de comunicación, sistemas de ventilación e iluminación.

Iluminación eficiente: Use luces LED de bajo consumo en su refugio para reducir el consumo de energía. Considere luces que funcionen con baterías o energía solar como opciones de respaldo.

Saneamiento y manejo de desechos:

Baños portátiles: Si su refugio no tiene un baño incorporado, considere usar un sistema de baño portátil con tratamientos químicos para manejar los desechos. Asegúrese de tener suficientes suministros para mantener el saneamiento durante un período prolongado.

Eliminación de desechos: Planifique la eliminación de desechos dentro del refugio utilizando contenedores sellados para el almacenamiento de desechos. Si es posible, designe una habitación separada y sellada para los desechos para minimizar el riesgo de contaminación y olor.

Pruebas y mantenimiento

Inspecciones regulares:

Integridad estructural: Inspeccione regularmente su refugio para detectar signos de desgaste, daño o debilidades estructurales. Revise si hay grietas en las paredes o el techo, signos de infiltración de agua y cualquier deterioro en los materiales que pueda comprometer la protección del refugio. Programe estas inspecciones al menos dos veces al año, o con mayor frecuencia si el refugio está en uso activo.

Blindaje contra la radiación: Pruebe periódicamente la eficacia del blindaje contra la radiación utilizando un contador Geiger u otros dispositivos de detección de radiación. Si nota un aumento en los niveles de radiación dentro del refugio, puede ser necesario agregar más materiales de protección o reparar las barreras existentes.

Ventilación y filtración de aire: Asegúrese de que sus sistemas de ventilación y filtración de aire estén funcionando correctamente. Reemplace los filtros según lo recomendado por el fabricante y verifique si hay bloqueos o fugas que puedan reducir la eficacia de su sistema.

Mantenimiento de sistemas:

Sistemas de energía: Pruebe sus sistemas de energía de respaldo con regularidad para asegurarse de que estén en funcionamiento. Esto incluye hacer funcionar los generadores, verificar los niveles de batería y asegurarse de que los sistemas de energía renovable, como los paneles solares, se estén cargando correctamente. Mantenga los suministros de combustible para los generadores frescos y reemplácelos según sea necesario.

Agua y saneamiento: Inspeccione sus sistemas de almacenamiento de agua para detectar fugas o contaminación y asegúrese de que todos los sistemas de purificación estén funcionando correctamente. Pruebe el agua con regularidad para confirmar que sea segura para beber. Verifique el estado de los baños portátiles y los sistemas de eliminación de desechos, y reponga los tratamientos químicos y otros suministros según sea necesario.

Simulacros de emergencia:

Simulacros de refugio: Realice simulacros con regularidad para asegurarse de que todos los miembros de su hogar sepan cómo ingresar al refugio de manera rápida y segura en caso de emergencia. Practique el sellado del refugio, la activación de los sistemas de ventilación y el uso del equipo de emergencia. Estos simulacros deben realizarse trimestralmente, como mínimo, para mantener la preparación.

Protocolos de evacuación: En caso de que su refugio se vuelva insostenible, practique los procedimientos de evacuación. Asegúrese de que todos conozcan las rutas más rápidas y seguras para llegar a un refugio alternativo o una ubicación segura. Revise los bolsos de emergencia y asegúrese de que estén completamente abastecidos y sean accesibles.

Sistemas de comunicación:

Prueba de los dispositivos de comunicación: Pruebe periódicamente todos los dispositivos de comunicación, como radios, teléfonos satelitales o radios bidireccionales, para asegurarse de que funcionen. Reemplace las baterías según sea necesario y tenga un suministro de baterías de repuesto o fuentes de energía alternativas disponibles.

Actualización de las listas de contactos: Mantenga una lista actualizada de contactos de emergencia, incluidos familiares, vecinos y autoridades locales. Asegúrese de que todos los canales de comunicación estén probados y de que todos sepan cómo usarlos en caso de emergencia.

Preparación para la resiliencia psicológica y emocional

Creación de un espacio habitable cómodo:

Comodidad interior: Haga que su refugio sea lo más cómodo posible para reducir el estrés durante estadías prolongadas. Incluya ropa de cama cómoda, asientos y artículos personales que hagan que el espacio se sienta más como un hogar. Considere decorar el refugio con objetos familiares o relajantes, como fotografías, obras de arte o iluminación suave.

Entretenimiento y actividades: Llene su refugio con opciones de entretenimiento como libros, juegos de mesa, cartas o rompecabezas para ayudar a pasar el tiempo y mantener la moral. Si es posible, incluya dispositivos para reproducir música o ver películas, que pueden proporcionar un escape mental del estrés de la situación.

Mantenimiento de la salud mental:

Rutina y estructura: establezca una rutina diaria para brindar una sensación de normalidad y control. Las actividades regulares, como los horarios de las comidas, el ejercicio y la higiene personal, pueden ayudar a mantener un estado mental estable.

Técnicas de atención plena y relajación: practique la atención plena, la meditación o ejercicios de relajación para controlar el estrés y la ansiedad. Los ejercicios de respiración profunda, la meditación guiada o incluso los estiramientos simples pueden ayudar a reducir la tensión y mantener la mente concentrada.

Apoyo social:

Mantenerse conectado: si se encuentra en un refugio con otras personas, asegúrese de comunicarse regularmente y realizar actividades grupales para mantener los vínculos sociales. Las conversaciones abiertas sobre miedos, preocupaciones y experiencias pueden ayudar a aliviar la ansiedad y generar cohesión grupal.

Redes comunitarias: si es posible, establezca una red de comunicación con otros refugios o comunidades cercanas. Compartir información, recursos y apoyo emocional puede ser crucial durante períodos prolongados de aislamiento.

Planificación para situaciones posteriores a una emergencia

Salir del refugio de manera segura:

Monitoreo de la radiación: antes de salir del refugio, utilice un equipo de detección de radiación para evaluar la seguridad del entorno exterior. Salga del refugio solo cuando los niveles de radiación hayan bajado a un nivel seguro, según lo indiquen fuentes confiables o sus propias mediciones.

Reingreso gradual: cuando sea seguro salir del refugio, hágalo gradualmente. Limite la exposición inicial al entorno exterior y use ropa y máscaras protectoras para reducir el riesgo de inhalar o entrar en contacto con partículas radiactivas residuales.

Evaluación y reconstrucción:

Evaluación de daños: después de abandonar el refugio, evalúe el estado de su hogar y el área circundante. Busque daños estructurales, contaminación y otros peligros. Determine qué reparaciones o esfuerzos de reconstrucción son necesarios y priorice las tareas esenciales, como restablecer la energía, el agua y el saneamiento.

PLANIFICACIÓN DE RECUPERACIÓN a largo plazo: desarrolle un plan para la recuperación a largo plazo, que incluya la reconstrucción de la infraestructura, el restablecimiento del suministro de alimentos y agua y la reconexión con la comunidad en general. Considere qué recursos necesitará y cómo puede obtenerlos.

Colaboración comunitaria:

Reunión de recursos: si es posible, trabaje con los vecinos o las comunidades locales para reunir recursos y mano de obra para los esfuerzos de reconstrucción. Un enfoque coordinado puede ayudar a restablecer la normalidad de manera más rápida y eficiente.

Redes de apoyo: mantenga y fortalezca las redes de apoyo establecidas durante la crisis. Estas relaciones pueden brindar apoyo emocional y práctico continuo a medida que pasa del modo de supervivencia a la recuperación a largo plazo.

Reforzar su refugio para lograr la máxima protección implica un enfoque integral que aborde la integridad estructural, el blindaje contra la radiación, la protección contra explosiones e incendios y la habitabilidad a largo plazo. Si realiza mejoras estratégicas y realiza un mantenimiento periódico de su refugio, podrá aumentar significativamente sus posibilidades de sobrevivir a un evento nuclear y soportar los desafíos a largo plazo que se presenten después. Recuerde que un refugio bien preparado no solo implica protección física; también implica planificar la resiliencia psicológica y la capacidad de adaptarse a condiciones cambiantes.

El mantenimiento regular, los simulacros de emergencia y la colaboración de la comunidad son componentes clave de una estrategia exitosa para el refugio. Al invertir en estas mejoras y prácticas, no solo está salvaguardando su supervivencia inmediata, sino que también está sentando las bases para un futuro más seguro después de un evento nuclear.

Cómo afrontar la ansiedad por la lluvia radiactiva: estrategias de salud mental

La ansiedad por la lluvia radiactiva es una preocupación importante después de un evento nuclear, ya que el miedo a la exposición a la radiación, la incertidumbre sobre el futuro y el estrés de un confinamiento prolongado pueden tener graves consecuencias para la salud mental. Para afrontar esta ansiedad se necesitan estrategias proactivas y atención de salud mental constante para mantener el bienestar emocional durante y después de la crisis. En este capítulo se analizarán las estrategias de salud mental para afrontar la ansiedad por la lluvia radiactiva y se ofrecerán consejos prácticos sobre cómo gestionar el estrés, ayudar a los demás y desarrollar resiliencia en circunstancias difíciles.

Entender la ansiedad por la lluvia radiactiva

Fuentes de ansiedad:

Miedo a la exposición a la radiación: la naturaleza invisible y generalizada de la radiación puede provocar una mayor ansiedad, ya que es algo que no se puede detectar fácilmente sin un equipo especializado. Este miedo se ve agravado por los posibles efectos a largo plazo de la exposición a la radiación en la salud.

Incertidumbre y falta de control: La naturaleza impredecible de un evento nuclear, incluida la duración de la lluvia radiactiva y su impacto a largo plazo en el medio ambiente y la salud, contribuye a una profunda sensación de incertidumbre. Esta falta de control sobre la situación puede exacerbar los sentimientos de ansiedad e impotencia.

Aislamiento y confinamiento: El confinamiento a largo plazo, especialmente en espacios reducidos con interacción social limitada, puede generar sentimientos de aislamiento, soledad y claustrofobia. El estrés del confinamiento puede aumentar la ansiedad y provocar un deterioro de la salud mental.

Síntomas de ansiedad por lluvia radiactiva:

Síntomas físicos: La ansiedad puede manifestarse físicamente a través de síntomas como dolores de cabeza, tensión muscular, fatiga, dificultad para dormir y problemas gastrointestinales. Estos síntomas pueden estresar aún más el cuerpo, lo que lleva a un ciclo de empeoramiento de la ansiedad.

Síntomas emocionales: Los síntomas emocionales de la ansiedad por lluvia radiactiva incluyen preocupación persistente, miedo, irritabilidad, cambios de humor y dificultad para concentrarse. Estas respuestas emocionales pueden interferir con el funcionamiento diario y el bienestar general.

Síntomas conductuales: Los cambios de conducta, como evitar ciertas actividades, retirarse de las interacciones sociales o volverse demasiado vigilante, son respuestas comunes a la ansiedad. Estos comportamientos pueden llevar a un mayor aislamiento y reforzar los sentimientos de ansiedad.

Estrategias de afrontamiento inmediatas

Técnicas de respiración y relajación:

Respiración profunda: Practique ejercicios de respiración profunda para ayudar a calmar el sistema nervioso. Concéntrese en tomar respiraciones lentas y profundas, inhalando por la nariz contando hasta cuatro, reteniendo la respiración contando hasta cuatro y exhalando por la boca contando hasta cuatro. Repita este ciclo varias veces hasta que se sienta más relajado.

Relajación muscular progresiva: La relajación muscular progresiva implica tensar y luego relajar lentamente cada grupo muscular del cuerpo. Comience desde los dedos de los pies y avance hasta la cabeza, prestando atención a la sensación de relajación a medida que libera la tensión.

Atención plena y conexión a tierra:

Meditación de atención plena: la meditación de atención plena le ayuda a concentrarse en el momento presente, lo que reduce la ansiedad sobre el futuro o el pasado. Siéntese en silencio, cierre los ojos y concéntrese en su respiración, observando cada inhalación y exhalación sin juzgar. Si su mente divaga, vuelva suavemente a su respiración.

Ejercicios de conexión a tierra: los ejercicios de conexión a tierra pueden ayudarlo a mantenerse conectado con el momento presente. Use la técnica "5-4-3-2-1": identifique cinco cosas que pueda ver, cuatro cosas que pueda tocar, tres cosas que pueda oír, dos cosas que pueda oler y una cosa que pueda saborear. Esta técnica puede ayudarlo a anclarse en el presente y reducir la ansiedad.

Técnicas cognitivo-conductuales:

Cuestionar los pensamientos negativos: las técnicas de terapia cognitivo-conductual (TCC) pueden ser efectivas para controlar la ansiedad. Cuando note pensamientos negativos o irracionales, cuestione estos pensamientos preguntándose si se basan en hechos o suposiciones. Reformule estos pensamientos de una manera más positiva o realista.

Afirmaciones positivas: use afirmaciones positivas para contrarrestar el diálogo interno negativo. Repetir afirmaciones como "Estoy seguro en mi refugio", "Estoy preparado y soy capaz" o "Puedo manejar esta situación" puede ayudar a cambiar su mentalidad y reducir la ansiedad.

Crear un entorno de apoyo

Apoyo social:

Mantenerse conectado: Mantenga una comunicación regular con familiares, amigos u otras personas en su refugio. El apoyo social es una herramienta poderosa para reducir la ansiedad, ya que lo ayuda a sentirse conectado y tranquilo. Comparta sus sentimientos, preocupaciones y estrategias de afrontamiento con otras personas, y escuche también sus experiencias.

Actividades grupales: Participe en actividades grupales, como jugar, cocinar juntos u organizar pequeños proyectos. Estas actividades brindan una distracción de la ansiedad y fomentan un sentido de comunidad y apoyo mutuo.

Crear un espacio tranquilo:

Ambiente cómodo: Haga que su refugio sea lo más cómodo y tranquilo posible. Use iluminación suave, mantas cálidas y objetos familiares como fotos o recuerdos personales para crear una sensación de seguridad y comodidad. Un entorno relajante puede ayudar a reducir los niveles de ansiedad.

Rutina y estructura: Establezca una rutina diaria que incluya horarios regulares para las comidas, el sueño, el ejercicio y la relajación. Una rutina predecible puede brindar una sensación de normalidad y control, lo que ayuda a reducir la ansiedad y el estrés.

Recursos de salud mental:

Acceso a asesoramiento: si es posible, acceda a servicios de apoyo o asesoramiento de salud mental, ya sea en persona o a través de medios remotos, como llamadas telefónicas o videollamadas. El asesoramiento profesional puede brindar herramientas adicionales para controlar la ansiedad y afrontar los desafíos de un entorno posnuclear.

Grupos de apoyo entre pares: si no hay asesoramiento disponible, considere formar o unirse a un grupo de apoyo entre pares dentro de su refugio o comunidad. Compartir experiencias y estrategias de afrontamiento con otras personas que enfrentan desafíos similares puede ser increíblemente beneficioso.

Estrategias de salud mental a largo plazo

Ejercicio y actividad física:

Ejercicio diario: La actividad física regular es una de las formas más efectivas de reducir la ansiedad. Incluso en un espacio reducido, puede realizar ejercicios con el peso corporal, estiramientos, yoga u otras formas de movimiento. El ejercicio libera endorfinas, que mejoran el estado de ánimo y reducen el estrés.

Ejercicios en grupo: Organice sesiones de ejercicio en grupo si se encuentra en un refugio con otras personas. Los ejercicios en grupo pueden hacer que el ejercicio sea más agradable y brindar interacción social, lo cual es importante para la salud mental.

Dieta y nutrición:

Dieta equilibrada: Mantenga una dieta equilibrada rica en vitaminas, minerales y otros nutrientes que favorezcan la salud mental. Una dieta rica en alimentos integrales, como frutas, verduras, cereales integrales y proteínas magras, puede ayudar a estabilizar el estado de ánimo y los niveles de energía.

Hidratación: Mantenerse hidratado es fundamental para el bienestar mental y físico. La deshidratación puede exacerbar los sentimientos de ansiedad y fatiga, así que asegúrese de beber suficiente agua durante el día.

Higiene del sueño:

Horario de sueño constante: mantén un horario de sueño regular, acostándote y despertándote a la misma hora todos los días. Una rutina de sueño constante ayuda a regular el reloj interno del cuerpo y mejora la calidad del sueño.

Creación de un entorno propicio para el sueño: haz que tu zona de dormir sea lo más cómoda y oscura posible. Utiliza tapones para los oídos o una máquina de ruido blanco para bloquear los sonidos que te molesten y evita actividades estimulantes, como ver películas intensas o leer noticias estresantes, antes de acostarte.

Estimulación y participación mental:

Aprende nuevas habilidades: participa en actividades que estimulen tu mente, como aprender una nueva habilidad o pasatiempo. Puede ser algo práctico, como primeros auxilios, o algo creativo, como dibujar o escribir. Mantener la mente activa puede ayudar a distraerte de la ansiedad y generar una sensación de logro.

Lectura y rompecabezas: leer libros, resolver rompecabezas o jugar juegos de estrategia pueden mantener tu mente ocupada y proporcionar un escape saludable de las preocupaciones sobre el futuro.

Ayudar a otros a afrontar la situación

Apoyo a los miembros de la familia:

Comunicación abierta: fomente la comunicación abierta con los miembros de la familia, especialmente con los niños, sobre sus sentimientos y temores. Tranquilícelos con información objetiva y recuérdeles que están a salvo. Valide sus emociones y bríndeles consuelo y apoyo.

Modelado de conducta: demuestre estrategias de afrontamiento saludables, como respirar profundamente, pensar en positivo y mantener una rutina. Cuando los demás vean que maneja el estrés de manera eficaz, puede inspirarlos a adoptar estrategias similares.

LIDERAZGO Y ORIENTACIÓN:

Brindar estructura: si tiene un rol de liderazgo, brinde estructura y pautas claras a las personas bajo su cuidado. Es más probable que las personas se sientan seguras y menos ansiosas cuando saben qué se espera de ellas y qué hacer en diferentes situaciones.

Fomentar la participación: involucre a otros en los procesos de toma de decisiones, especialmente aquellos que afectan la vida diaria en el refugio. Sentirse involucrado y tener voz y voto en las decisiones puede reducir los sentimientos de impotencia y ansiedad.

Cómo abordar la ansiedad grupal:

Discusiones grupales: mantenga discusiones grupales periódicas para abordar las inquietudes colectivas y brindar actualizaciones sobre la situación. La transparencia y el intercambio de información pueden aliviar la ansiedad al reducir la incertidumbre.

Resolución de conflictos: pueden surgir tensiones y conflictos en un entorno confinado, lo que exacerba la ansiedad. Aborde los conflictos de manera rápida y justa, utilizando la mediación o técnicas de resolución de problemas grupales para resolver los problemas y restablecer la armonía.

Planificación para el futuro

Esperanza y resiliencia:

Planificación para el futuro: fomente un enfoque en el futuro y en los pasos positivos que se pueden tomar una vez que haya terminado la crisis inmediata. Establecer metas a largo plazo, incluso pequeñas, puede brindar un sentido de propósito y dirección, lo cual es vital para la salud mental.

Desarrollo de la resiliencia: enfatice el desarrollo de la resiliencia, tanto a nivel individual como grupal. Analice los desafíos pasados que se han superado y aproveche estas experiencias para reforzar la creencia de que también puede manejar las dificultades futuras.

Atención psicológica a largo plazo:

Crecimiento postraumático: comprenda que experimentar y superar una crisis puede conducir al crecimiento personal. Reflexione sobre lo que ha aprendido sobre usted mismo y los demás durante la crisis, y cómo se pueden aplicar estas lecciones a los desafíos futuros.

Apoyo continuo de salud mental: planifique la atención continua de salud mental después de que haya pasado la crisis inmediata. Pueden surgir efectos a largo plazo de ansiedad y trauma, y el apoyo continuo es esencial para controlar estos efectos. Busque recursos de salud mental, como asesoramiento o terapia, una vez que estén disponibles, y manténgase conectado con redes de apoyo que puedan ayudarlo a atravesar el proceso de recuperación.

Resiliencia y sanación comunitaria:

Reconstrucción conjunta: concéntrese en la sanación y la resiliencia de la comunidad a medida que comienza el proceso de reconstrucción después de la crisis. Organice actividades comunitarias, grupos de apoyo y esfuerzos colectivos que fomenten un sentido de unidad y propósito compartido. Esta puede ser una forma poderosa de ayudar a todos a enfrentar las secuelas y avanzar juntos.

Celebración de hitos: a medida que su comunidad avanza en la recuperación, tómese un tiempo para celebrar los hitos, sin importar cuán pequeños sean. Reconocer los logros y el progreso puede elevar la moral y brindar una sensación de normalidad y esperanza para el futuro.

Educación y preparación para eventos futuros:

Lecciones aprendidas: utilice las experiencias adquiridas durante el evento nuclear para educarse a sí mismo y a los demás sobre la preparación para crisis futuras. Revise lo que funcionó bien y lo que se podría mejorar en su respuesta a la situación. Compartir estas lecciones puede ayudar a construir una comunidad más resiliente.

Preparación continua: haga de la salud mental un componente clave de la preparación continua para emergencias. Del mismo modo que almacenaría alimentos, agua y suministros médicos, considere formas de prepararse psicológicamente para eventos futuros. Esto incluye tener acceso a recursos de salud mental, mantener conexiones sociales y practicar estrategias de afrontamiento con regularidad.

Para afrontar la ansiedad por la radiación radiactiva es necesario adoptar un enfoque integral que incluya estrategias de afrontamiento inmediatas, atención de salud mental a largo plazo y un entorno de apoyo. Si comprende las fuentes de ansiedad y emplea técnicas prácticas para controlar el estrés, podrá mantener el bienestar emocional durante una crisis nuclear. Construir una comunidad de apoyo, crear un espacio de vida cómodo y centrarse en la esperanza y la resiliencia son claves para superar los desafíos psicológicos de la ansiedad por la radiación radiactiva. Tanto si se ocupa de sí mismo como de ayudar a los demás, estas estrategias le ayudarán a superar el desgaste emocional de un evento nuclear y a salir fortalecido del otro lado. Recuerde que la salud mental es tan importante como la salud física en una crisis. Si prioriza ambas, podrá asegurarse de que usted y sus seres queridos estén mejor preparados para afrontar los desafíos que se avecinan, recuperarse del trauma y construir un futuro más seguro y resiliente.

El papel de la tecnología en los refugios antinucleares

La tecnología desempeña un papel crucial a la hora de mejorar la seguridad, la comodidad y la sostenibilidad de los refugios antinucleares. Desde la detección de radiación y la filtración del aire hasta los sistemas de comunicación y la energía renovable, la tecnología moderna puede mejorar significativamente las posibilidades de supervivencia durante y después de un evento nuclear. Este capítulo explora las diversas herramientas y sistemas tecnológicos que se pueden integrar en los refugios antiaéreos para garantizar la máxima protección, eficiencia y habitabilidad a largo plazo.

Detección y monitoreo de radiación

Contadores Geiger y dosímetros:

Contadores Geiger: los contadores Geiger son herramientas esenciales para detectar y medir los niveles de radiación tanto dentro como fuera del refugio. Estos dispositivos proporcionan información en tiempo real sobre la presencia de partículas radiactivas, lo que le permite evaluar la seguridad de su entorno y tomar decisiones informadas sobre cuándo es seguro salir del refugio.

Dosímetros: los dosímetros personales rastrean la dosis de radiación acumulada que una persona ha recibido a lo largo del tiempo. Esta información es crucial para monitorear la exposición a largo plazo y garantizar que las personas no excedan los límites seguros de radiación. Los dosímetros se pueden usar en el cuerpo y son especialmente útiles en situaciones en las que las personas necesitan salir del refugio por períodos cortos.

Alarmas y alertas de radiación:

Alarmas de radiación: algunos sistemas avanzados de detección de radiación vienen equipados con alarmas que suenan cuando los niveles de radiación exceden un umbral predeterminado. Estas alarmas pueden proporcionar una advertencia inmediata si los niveles de radiación aumentan repentinamente, lo que le permite tomar medidas de protección rápidamente.

Sistemas de monitoreo automatizados: se pueden instalar sistemas automatizados que monitorean continuamente los niveles de radiación y envían alertas a su teléfono u otros dispositivos dentro y alrededor del refugio. Estos sistemas proporcionan un flujo constante de datos, lo que lo ayuda a mantenerse informado sin la necesidad de realizar controles manuales.

Sistemas de filtración y ventilación de aire

Filtros HEPA y de carbón:

Filtros HEPA: los filtros de aire de partículas de alta eficiencia (HEPA) están diseñados para eliminar el 99,97 % de las partículas en suspensión, incluido el polvo radiactivo, del aire. La integración de filtros HEPA en el sistema de ventilación de su refugio garantiza que el aire que respira esté libre de contaminantes dañinos. El mantenimiento y el reemplazo regulares de estos filtros son necesarios para mantener su eficacia.

Filtros de carbón activado: Los filtros de carbón activado son muy eficaces para eliminar contaminantes químicos y yodo radiactivo del aire. Estos filtros funcionan mediante la adsorción de gases y vapores, lo que los convierte en un componente esencial de un sistema integral de filtración de aire.

SISTEMAS DE VENTILACIÓN:

Ventilación motorizada: Un sistema de ventilación motorizada es fundamental para hacer circular aire fresco por el refugio y filtrar las partículas radiactivas. Estos sistemas pueden funcionar con electricidad, energía solar o generadores manuales, lo que garantiza un suministro continuo de aire limpio incluso durante cortes de energía.

Ventilación manual: En caso de corte de energía, se pueden utilizar sistemas de ventilación manual, como bombas de aire manuales o respiraderos de aire impulsados por gravedad, para mantener el flujo de aire. Estos sistemas deben ser fáciles de operar y capaces de proporcionar una ventilación adecuada para evitar la acumulación de dióxido de carbono y otros gases nocivos.

Sistemas de comunicación e información

Radios de emergencia:

Radios de onda corta y HAM: Las radios de onda corta y HAM son vitales para recibir transmisiones de emergencia, actualizaciones meteorológicas y comunicaciones de otros sobrevivientes o autoridades. Estas radios pueden funcionar en múltiples frecuencias, lo que las convierte en herramientas versátiles para mantenerse informado durante una crisis.

Radios de manivela y de energía solar: las radios de manivela y de energía solar son ideales para los refugios antiaéreos, ya que no dependen de fuentes de energía externas. Estas radios pueden alimentarse manualmente o con luz solar, lo que garantiza que pueda recibir información crítica incluso si no hay otras fuentes de energía disponibles.

Comunicación por satélite:

Teléfonos satelitales: los teléfonos satelitales brindan una comunicación confiable en áreas remotas o afectadas por desastres donde las redes telefónicas tradicionales pueden no funcionar. Estos teléfonos se pueden usar para comunicarse con los servicios de emergencia, coordinarse con otros sobrevivientes o recibir actualizaciones de agencias gubernamentales.

Internet satelital: en algunos casos, se pueden instalar sistemas de Internet satelital en refugios antiaéreos para brindar acceso a Internet. Si bien esta tecnología puede no estar disponible o no ser práctica para todos los refugios, puede ser un recurso valioso para acceder a la información, mantenerse en contacto con otros y coordinar los esfuerzos de recuperación a largo plazo.

Sistemas de control y monitoreo digital:

Sistemas de refugios inteligentes: los refugios avanzados pueden equiparse con sistemas inteligentes que monitorean y controlan varios aspectos del entorno del refugio, como la temperatura, la humedad, la calidad del aire y la seguridad. Estos sistemas pueden administrarse a través de un panel de control central o de forma remota a través de un teléfono inteligente o tableta.

Cámaras de vigilancia: las cámaras de vigilancia ubicadas alrededor del exterior del refugio pueden proporcionar transmisiones de video en tiempo real, lo que le permite monitorear el área en busca de posibles amenazas o cambios en el entorno. Estos sistemas pueden vincularse a detectores de movimiento y alarmas para mejorar la seguridad.

Soluciones energéticas y de energía

Fuentes de energía renovable:

Paneles solares: los paneles solares son una fuente de energía sostenible y confiable para los refugios antiaéreos. Se pueden instalar en el techo del refugio o en un área cercana con buena exposición a la luz solar. Los paneles solares pueden alimentar sistemas esenciales como iluminación, dispositivos de comunicación y ventilación. Junto con el almacenamiento de baterías, la energía solar puede proporcionar energía incluso durante la noche o en condiciones nubladas.

Turbinas eólicas: se pueden usar pequeñas turbinas eólicas junto con paneles solares para generar energía adicional. Estas turbinas son especialmente útiles en áreas con patrones de viento constantes y pueden proporcionar energía cuando la luz solar es limitada.

Generadores de respaldo:

Generadores diésel y de gas: los generadores diésel y de gas brindan una fuente de energía de respaldo confiable para los refugios, especialmente durante cortes de energía prolongados. Asegúrese de tener suficiente combustible almacenado de manera segura para hacer funcionar el generador durante un período prolongado y considere usar estabilizadores de combustible para prolongar la vida útil del combustible.

Sistemas de almacenamiento de baterías: los sistemas de almacenamiento de baterías son esenciales para almacenar energía generada por fuentes renovables. Estos sistemas garantizan que tenga un suministro de energía continuo incluso cuando no haya energía solar o eólica disponible. Elija baterías de ciclo profundo de alta capacidad diseñadas para un uso a largo plazo.

Eficiencia energética:

Iluminación LED: utilice iluminación LED de bajo consumo en todo el refugio. Los LED consumen menos energía y tienen una vida útil más larga que las bombillas incandescentes tradicionales, lo que los hace ideales para situaciones en las que la conservación de la energía es fundamental.

Sistemas de gestión de la energía: un sistema de gestión de la energía puede ayudar a controlar y optimizar el uso de la energía dentro del refugio. Estos sistemas rastrean el consumo de energía y ajustan la distribución de la energía para garantizar que los sistemas críticos permanezcan operativos y minimicen el desperdicio.

Tecnologías de suministro de agua y alimentos

Filtración y purificación de agua:

Purificadores de agua UV: los purificadores de agua UV utilizan luz ultravioleta para matar bacterias, virus y otros patógenos en el agua. Estos sistemas son eficaces para garantizar que el agua almacenada o recolectada siga siendo segura para beber. Los purificadores UV son particularmente útiles en combinación con otros métodos de filtración para eliminar contaminantes físicos.

Sistemas de ósmosis inversa: los sistemas de ósmosis inversa son muy eficaces para eliminar sólidos disueltos, productos químicos y partículas radiactivas del agua. Estos sistemas se pueden integrar al suministro de agua de su refugio para garantizar un suministro continuo de agua potable limpia.

Conservación y almacenamiento de alimentos:

Deshidratadores y liofilizadores: los deshidratadores y liofilizadores son herramientas valiosas para conservar alimentos para su almacenamiento a largo plazo. Estos dispositivos eliminan la humedad de los alimentos, lo que evita que se echen a perder y prolonga la vida útil. Los alimentos deshidratados y liofilizados son livianos, requieren un espacio de almacenamiento mínimo y conservan la mayor parte de su valor nutricional.

Selladores al vacío: los selladores al vacío son útiles para conservar alimentos al eliminar el aire de las bolsas o recipientes de almacenamiento. Este proceso reduce el riesgo de deterioro y extiende la vida útil de los alimentos perecederos. Los alimentos sellados al vacío están protegidos de la humedad, el oxígeno y las plagas, lo que los hace ideales para el almacenamiento a largo plazo.

Sistemas hidropónicos automatizados:

Jardinería de interior: Los sistemas hidropónicos automatizados le permiten cultivar verduras y hierbas frescas dentro de su refugio, lo que proporciona una fuente sostenible de alimentos. Estos sistemas utilizan soluciones de nutrientes a base de agua en lugar de tierra, lo que los hace ideales para entornos cerrados. Los sistemas automatizados pueden regular la luz, el agua y los nutrientes, lo que garantiza un crecimiento óptimo con una mínima intervención manual.

Cultivo vertical: Si el espacio es limitado, los sistemas de cultivo vertical pueden maximizar su producción de alimentos al cultivar plantas en capas apiladas. Esta tecnología es particularmente eficaz en refugios con espacio limitado en el suelo, ya que le permite producir una cantidad significativa de alimentos en un área pequeña.

Saneamiento y gestión de residuos

Sanitarios de compostaje:

Eliminación de residuos ecológica: Los sanitarios de compostaje convierten los desechos humanos en abono, que se puede eliminar de forma segura o utilizar como fertilizante. Estos sanitarios no requieren agua, lo que los hace ideales para refugios con suministros de agua limitados. Los sanitarios de compostaje también ayudan a reducir los olores y minimizar el riesgo de contaminación.

Mantenimiento y funcionamiento: Asegúrese de que los inodoros de compostaje reciban el mantenimiento adecuado para evitar problemas como olores o fugas. Vacíe regularmente el contenedor de compostaje y siga las pautas del fabricante para agregar materiales de compostaje, como aserrín o fibra de coco, para ayudar al proceso de descomposición.

Sistemas de reciclaje de aguas grises:

Conservación del agua: Los sistemas de reciclaje de aguas grises capturan y tratan el agua de lavabos, duchas y otras fuentes no relacionadas con el inodoro para reutilizarla en tareas como descargar inodoros o regar plantas. Estos sistemas ayudan a conservar el agua y reducen la demanda de su suministro principal de agua.

Filtración y tratamiento: Los sistemas de aguas grises generalmente incluyen componentes de filtración y tratamiento para eliminar contaminantes antes de su reutilización. Asegúrese de que el sistema reciba un mantenimiento regular para evitar obstrucciones y garantizar que el agua siga siendo segura para el uso previsto.

Incineradores de residuos:

Eliminación de residuos: Los incineradores de residuos se pueden utilizar para eliminar de manera segura los residuos no compostables, como plástico, papel y materiales peligrosos. Estos dispositivos queman los desechos a altas temperaturas, reduciéndolos a cenizas y minimizando el volumen de desechos que se deben almacenar o gestionar.

Filtración de aire: cuando utilice un incinerador, asegúrese de que esté equipado con una filtración de aire adecuada para evitar la liberación de contaminantes nocivos. Algunos incineradores vienen con filtros o depuradores incorporados para limpiar los gases de escape antes de que se liberen al medio ambiente. Esto es particularmente importante en un espacio confinado como un refugio antiaéreo, donde la calidad del aire debe controlarse cuidadosamente para garantizar la seguridad y la salud de sus ocupantes.

Sistemas de seguridad y vigilancia

Seguridad perimetral:

Sensores de movimiento y alarmas: se pueden instalar sensores de movimiento y alarmas alrededor del perímetro de su refugio para detectar entradas o movimientos no autorizados. Estos sistemas pueden alertarlo sobre posibles amenazas, ya sean humanas o animales, y darle tiempo para responder adecuadamente. Las luces activadas por movimiento también pueden disuadir a los intrusos.

Puntos de entrada reforzados: asegúrese de que todos los puntos de entrada a su refugio, incluidas las puertas y las trampillas, estén reforzados con materiales resistentes como el acero y equipados con mecanismos de bloqueo seguros. Considere instalar cerrojos, barras de seguridad y bisagras a prueba de manipulaciones para mejorar la protección.

Cámaras de vigilancia:

Monitoreo exterior: Instale cámaras de vigilancia fuera de su refugio para monitorear el área circundante. Estas cámaras pueden proporcionar transmisiones de video en tiempo real a un sistema de monitoreo central, lo que le permite vigilar su entorno sin exponerse a posibles peligros.

Visualización remota: Algunos sistemas de vigilancia ofrecen capacidades de visualización remota, lo que le permite acceder a las transmisiones de las cámaras desde un teléfono inteligente o una computadora. Esta función es particularmente útil si necesita monitorear el exterior del refugio mientras permanece seguro en el interior.

Seguridad interna:

Detección de intrusos: Además de la seguridad exterior, considere instalar medidas de seguridad internas como alarmas en las puertas o cámaras de vigilancia dentro del propio refugio. Estas pueden ayudarlo a monitorear diferentes secciones del refugio, especialmente si es grande o tiene varias habitaciones.

Habitaciones seguras: Si es posible, designe un área segura dentro del refugio como una "habitación segura" a la que pueda retirarse en caso de una violación de la seguridad interna. Esta habitación debe tener paredes reforzadas, una puerta segura y herramientas de comunicación para pedir ayuda o monitorear la situación.

Automatización y tecnología inteligente

Integración de hogares inteligentes:

Sistemas de control automatizados: integre la tecnología de hogares inteligentes en su refugio antiaéreo para automatizar varios sistemas, como iluminación, control de clima, seguridad y ventilación. Estos sistemas se pueden controlar a través de un concentrador central o de forma remota a través de un teléfono inteligente, lo que le permite administrar el entorno del refugio de manera eficiente.

Gestión de la energía: utilice tecnología inteligente para monitorear y optimizar el uso de energía dentro del refugio. Los sistemas automatizados pueden priorizar la energía para funciones esenciales durante la escasez y reducir el consumo de energía ajustando la iluminación, la calefacción y otros sistemas no esenciales.

Monitoreo ambiental:

Control de temperatura y humedad: los sensores automatizados pueden monitorear continuamente los niveles de temperatura y humedad dentro del refugio, haciendo ajustes según sea necesario para mantener un entorno de vida cómodo y seguro. Estos sistemas también pueden ayudar a prevenir el crecimiento de moho y otros problemas asociados con la alta humedad.

Sensores de calidad del aire: instale sensores que detecten los niveles de dióxido de carbono, monóxido de carbono y otros gases potencialmente dañinos. Estos sensores pueden activar los sistemas de ventilación o las alarmas si la calidad del aire cae por debajo de los niveles seguros, lo que garantiza que usted y su familia puedan tomar medidas correctivas de inmediato.

Alertas de mantenimiento:

Mantenimiento predictivo: Se puede utilizar tecnología inteligente para monitorear el estado de los sistemas críticos dentro del refugio, como generadores de energía, unidades de filtración de aire y sistemas de purificación de agua. Estos sistemas pueden proporcionar alertas cuando se requiere mantenimiento o cuando un componente está llegando al final de su vida útil, lo que ayuda a prevenir averías.

Informes automatizados: Los sistemas automatizados pueden generar informes sobre el estado de varios componentes del refugio, como el uso de energía, los niveles de suministro de agua y la eficiencia del filtro. Estos informes pueden ser invaluables para la planificación a largo plazo y para garantizar que todos los sistemas funcionen de manera óptima.

Preparación para una vivienda a largo plazo

Soluciones de vida sostenible:

Acuaponía e hidroponía: considere incorporar la acuaponía (un sistema que combina la cría de peces con el cultivo de plantas) en el diseño de su refugio. Este sistema puede proporcionar una fuente renovable de proteínas y vegetales frescos, creando un suministro de alimentos autosostenible. La hidroponía, mencionada anteriormente, se puede complementar con peces en un sistema de acuaponía para crear una configuración de producción de alimentos más diversa y eficiente.

Almacenamiento de energía renovable: invierta en soluciones avanzadas de almacenamiento de energía, como baterías de iones de litio o de flujo, para almacenar la energía generada por paneles solares o turbinas eólicas. Estos sistemas pueden proporcionar una fuente de energía confiable durante períodos prolongados, incluso cuando el aporte de energía renovable es bajo.

COMODIDAD PSICOLÓGICA:

Sistemas de entretenimiento: incluya opciones de entretenimiento como una biblioteca digital, juegos, música y películas para mantener la moral alta durante períodos prolongados en el refugio. Considere opciones de medios sin conexión, como DVD o libros, en caso de que no haya acceso a Internet. Herramientas de comunicación: mantenga la comunicación con el mundo exterior a través de canales seguros, aunque sea de manera esporádica. La capacidad de conectarse con otras personas, recibir noticias y compartir experiencias puede aliviar significativamente la tensión psicológica del aislamiento.

Salud y bienestar:

Equipo para hacer ejercicio: si el espacio lo permite, incluya equipo para hacer ejercicio, como bandas de resistencia, pesas de mano o una bicicleta fija, para ayudar a mantener la salud física. El ejercicio regular también es fundamental para el bienestar mental, la reducción del estrés y el mantenimiento de una sensación de normalidad.

Tecnología médica: considere equipar su refugio con dispositivos médicos básicos, como un desfibrilador, un monitor de presión arterial y suministros de primeros auxilios, para manejar emergencias de salud. Las opciones de telemedicina, si están disponibles, pueden proporcionar consultas médicas a distancia.

La tecnología juega un papel fundamental en la transformación de un refugio antiaéreo de un refugio básico a un espacio habitable completamente equipado y sostenible capaz de soportar una habitación a largo plazo. Al integrar sistemas avanzados de detección de radiación, filtración de aire, comunicación, gestión de energía y seguridad, puede mejorar significativamente la seguridad, la comodidad y la eficiencia de su refugio.

Al preparar su refugio antinuclear, tenga en cuenta los desafíos específicos a los que puede enfrentarse y cómo la tecnología puede abordarlos. Desde mantener la calidad del aire y la energía hasta garantizar un suministro confiable de alimentos y agua, las soluciones tecnológicas adecuadas pueden marcar la diferencia para sobrevivir y prosperar durante un evento nuclear. Recuerde que la tecnología también incluye la capacidad de mantener su salud mental y su bienestar, que es tan importante como la supervivencia física.

Refugio antiatómico casero: construcción con un presupuesto limitado

Construir un refugio antiatómico con un presupuesto limitado es un objetivo práctico y alcanzable para muchas personas, especialmente si se tiene en cuenta la posible necesidad de protección contra la radiación nuclear u otros desastres. Si bien construir un refugio de última generación y alta tecnología puede estar fuera del alcance de algunas personas, existen numerosas formas de crear un refugio antiatómico eficaz y funcional sin gastar una fortuna. Este capítulo le guiará a través de los pasos para construir un refugio antiatómico casero con un presupuesto limitado, centrándose en materiales asequibles, métodos de construcción rentables y características esenciales para garantizar su seguridad y comodidad.

Planificación de su refugio antiatómico casero

Evaluación de sus necesidades y presupuesto:

Determine el propósito del refugio: antes de comenzar la construcción, defina el propósito principal de su refugio. ¿Está destinado a brindar protección a corto plazo durante un evento nuclear o está destinado a ser habitado a largo plazo? Su respuesta influirá en el tamaño, la ubicación y las características del refugio.

Establezca un presupuesto: determine cuánto puede gastar en el refugio. Considere todos los costos potenciales, incluidos los materiales, las herramientas, la mano de obra (si no lo hace todo usted mismo) y los permisos o tarifas requeridos por las autoridades locales. Priorice las características esenciales como la integridad estructural, el blindaje contra la radiación y la ventilación, y asigne fondos en consecuencia.

Consideraciones de ubicación y diseño:

Elección de la ubicación adecuada: la ubicación de su refugio es crucial para su eficacia. Idealmente, el refugio debe estar bajo tierra o parcialmente enterrado para aprovechar el blindaje natural de la tierra. Si no es posible excavar, considere construir el refugio en un sótano o convertir una habitación existente en un refugio.

Diseño simple y funcional: opte por un diseño simple y funcional que priorice la seguridad y la facilidad de uso. Un plano de planta rectangular o cuadrado suele ser el más rentable y el más fácil de construir. Concéntrese en las características esenciales, como paredes gruesas, una puerta segura y una ventilación adecuada.

Obtención de permisos y aprobaciones:

Consulte las regulaciones locales: antes de comenzar la construcción, consulte los códigos y regulaciones de construcción locales para asegurarse de que su refugio cumpla con los requisitos legales. Algunas áreas pueden requerir permisos para la construcción subterránea, y es importante abordar estos asuntos con anticipación para evitar multas o complicaciones más adelante.

Consulte con expertos: si no está seguro sobre algún aspecto del proceso de construcción, considere consultar con un ingeniero estructural u otros expertos que puedan brindarle orientación sobre seguridad y mejores prácticas. Si bien esto puede implicar un costo adicional, puede ahorrar dinero y evitar errores costosos a largo plazo.

Materiales asequibles para construir su refugio

Uso de materiales fácilmente disponibles:

Bloques de hormigón: los bloques de hormigón son un material asequible y eficaz para construir las paredes de su refugio. Proporcionan una buena protección contra la radiación y son fáciles de apilar y unir con mortero. Si es posible, refuerce las paredes con varillas de refuerzo y rellene los bloques con hormigón para mejorar su resistencia.

Tierra y arena: si está construyendo un refugio subterráneo o parcialmente enterrado, use la tierra o arena excavada como parte de la construcción. La tierra proporciona una excelente protección contra la radiación y la arena se puede usar para llenar bolsas o crear barreras alrededor del refugio.

Madera y madera contrachapada: la madera y la madera contrachapada son materiales rentables que se pueden usar para armazones, pisos y paredes interiores. Si bien no brindan mucha protección contra la radiación por sí solos, son útiles para crear una estructura que luego se puede reforzar con otros materiales.

Materiales reciclados y recuperados:

Madera y metal recuperados: busque madera recuperada, vigas de metal y otros materiales en sitios de demolición, depósitos de chatarra o anuncios clasificados. Estos materiales pueden ser significativamente más baratos que los nuevos y aún pueden brindar un excelente soporte estructural.

Contenedores de envío: los contenedores de envío son una opción popular y asequible para los refugios de bricolaje. Son duraderos, seguros y relativamente fáciles de enterrar o reforzar. Si usa un contenedor de envío, agregue aislamiento interior y protección contra la radiación adicional para que sea más adecuado para habitarlo a largo plazo.

Blindaje contra la radiación rentable:

Bolsas de arena: las bolsas de arena son una forma económica y muy eficaz de añadir protección contra la radiación a su refugio. Se pueden apilar alrededor de las paredes exteriores o incluso se pueden utilizar para crear una barrera protectora en el techo. La arena es lo suficientemente densa como para reducir significativamente la exposición a la radiación, y las bolsas de arena son fáciles de conseguir y utilizar.

Barriles de agua: el agua es un excelente escudo contra la radiación, y almacenar agua en barriles dentro de su refugio puede cumplir una doble función. Los barriles proporcionan protección contra la radiación y, al mismo tiempo, garantizan un suministro de agua potable. Colóquelos estratégicamente alrededor del refugio para maximizar su efecto de protección.

Técnicas de construcción con un presupuesto limitado

Construcción de un refugio subterráneo:

Excavación: si está construyendo un refugio subterráneo, la excavación es una de las partes del proceso que más mano de obra requiere. Para ahorrar dinero, considere hacer la excavación usted mismo o contratar mano de obra local a un costo menor. También puede alquilar equipo de excavación, pero asegúrese de estar familiarizado con su funcionamiento para evitar errores costosos.

Diseño de techo simple: para el techo de un refugio subterráneo, utilice un diseño simple con hormigón armado o vigas de madera gruesas cubiertas con tierra. Agregar una capa de láminas de plástico o una membrana impermeable entre el techo y la tierra puede ayudar a prevenir la infiltración de humedad.

REFUGIOS SOBRE EL SUELO:

Reforma de estructuras existentes: una de las formas más rentables de construir un refugio antiaéreo es reformar una estructura existente, como un sótano, un garaje o un edificio anexo. Refuerce las paredes con bloques de hormigón o bolsas de arena y selle las ventanas o puertas para evitar que entre la radiación.

Bermas de tierra: para los refugios sobre el suelo, considere la posibilidad de construir bermas de tierra alrededor de la estructura. Se trata de montículos de tierra apilados contra las paredes, que proporcionan protección y aislamiento contra la radiación adicionales. Este método es particularmente útil si no puede enterrar el refugio por completo.

Soluciones de puertas y ventilación:

Puertas reforzadas: la puerta es uno de los componentes más críticos de su refugio. Utilice una puerta de madera maciza o de metal reforzada con placas de acero o bolsas de arena. Asegúrese de que tenga un mecanismo de bloqueo seguro y un sello hermético para evitar la entrada de radiación.

Ventilación casera: para la ventilación, puede crear un sistema de intercambio de aire simple utilizando tuberías de PVC, ventiladores de manivela y filtros HEPA. Asegúrese de que el sistema de ventilación incluya una forma de filtrar las partículas radiactivas y considere agregar un respaldo manual en caso de falla de energía.

Características esenciales y complementos

Servicios básicos:

Almacenamiento y purificación de agua: incluya un sistema confiable para almacenar y purificar agua. Los barriles o contenedores grandes aptos para alimentos son opciones asequibles para el almacenamiento de agua. Agregue un filtro de agua alimentado por gravedad o tabletas purificadoras portátiles para garantizar que su suministro de agua siga siendo seguro para beber.

Almacenamiento de alimentos: abastezca su refugio con alimentos no perecederos, como alimentos enlatados, arroz, frijoles y comidas liofilizadas. Guarde los alimentos en recipientes herméticos para protegerlos de la humedad y las plagas. Se puede usar una pequeña estufa de propano o alcohol para cocinar, siempre que tenga una ventilación adecuada.

Soluciones de saneamiento:

Inodoro portátil: un inodoro portátil para acampar o un sistema de baldes revestido con bolsas de plástico resistentes puede servir como una solución de saneamiento simple y asequible. Asegúrese de tener un suministro de bolsas de basura, desinfectantes y materiales absorbentes como aserrín o arena para gatos para gestionar los desechos.

Eliminación de desechos: planifique la eliminación de desechos estableciendo un área designada dentro del refugio para almacenar bolsas de basura selladas. Si es posible, cree un pequeño compartimento ventilado para el almacenamiento de desechos para mantenerlos separados de las áreas habitables y reducir los olores.

Energía e iluminación:

Luces a batería: las luces LED a batería son una opción asequible y de bajo consumo para la iluminación del refugio. Abastézcase de baterías adicionales o baterías recargables con un cargador solar para garantizar una fuente de energía constante.

Energía de respaldo: si su presupuesto lo permite, considere invertir en un generador pequeño y portátil o un sistema de energía solar para hacer funcionar dispositivos esenciales como radios, ventiladores y luces. Los cargadores solares también se pueden usar para recargar baterías y pequeños dispositivos electrónicos.

Pruebas y mantenimiento con un presupuesto limitado

Inspecciones regulares:

Verifique la integridad estructural: incluso si está construyendo con un presupuesto limitado, las inspecciones regulares son cruciales para garantizar que su refugio siga siendo seguro y funcional. Busque señales de desgaste, como grietas en las paredes, acumulación de humedad u óxido en los componentes metálicos, y haga las reparaciones necesarias.

Prueba de los sistemas: Pruebe periódicamente todos los sistemas de su refugio, incluidos los de ventilación, almacenamiento de agua e iluminación, para asegurarse de que funcionan correctamente. Reemplace cualquier componente defectuoso de inmediato para evitar problemas durante una emergencia.

Mantenimiento por cuenta propia:

Reparaciones sencillas: Aprenda a realizar tareas de mantenimiento básicas usted mismo, como sellar grietas, reemplazar filtros o reparar fugas. Tener las habilidades para realizar su propio mantenimiento puede ahorrar dinero y garantizar que su refugio esté siempre listo para su uso.

Suministros de emergencia: Mantenga un suministro de herramientas básicas, repuestos y materiales de reparación en su refugio para que pueda abordar rápidamente cualquier problema que surja. Elementos como cinta adhesiva, masilla, láminas de plástico y una herramienta múltiple pueden ser invaluables durante una emergencia.

Consejos finales para construir con un presupuesto limitado

Priorice la seguridad:

No escatime en elementos esenciales: si bien es importante ahorrar dinero, nunca comprometa las características de seguridad esenciales de su refugio, como la integridad estructural, el blindaje contra la radiación y la ventilación. Estos elementos son fundamentales para su supervivencia y deben ser el foco de su presupuesto.

Recoja y reutilice:

Use lo que tenga: antes de comprar materiales nuevos, busque en su casa, garaje o propiedad elementos que se puedan reutilizar para el refugio. Puertas viejas, láminas de metal, madera e incluso muebles se pueden modificar para que sirvan como parte de su refugio.

Recursos comunitarios: consulte grupos comunitarios locales, mercados en línea o depósitos de chatarra para encontrar materiales de construcción gratuitos o de bajo costo. A veces, puede encontrar materiales de calidad que otros están regalando, lo que reduce significativamente sus costos

CONSTRUYA EN ETAPAS:

Comience de a poco: si su presupuesto es ajustado, considere construir su refugio en etapas. Comience con los componentes más críticos, como la estructura básica y el blindaje contra la radiación, y agregue características como sistemas de ventilación, seguridad mejorada o comodidades a medida que tenga fondos disponibles. Este enfoque por fases le permite priorizar la seguridad y distribuir los costos a lo largo del tiempo.

Actualice con el tiempo: a medida que su situación financiera mejore o encuentre materiales adicionales, puede continuar mejorando su refugio. Las mejoras pueden incluir un mejor aislamiento, sistemas de filtración más avanzados o la incorporación de fuentes de energía renovable.

Bricolaje y trueque:

Hágalo usted mismo: los costos de mano de obra pueden acumularse rápidamente, por lo que hacer la mayor parte del trabajo usted mismo es una excelente manera de ahorrar dinero. Hay muchos recursos en línea, incluidos videos, foros y guías, que pueden enseñarle las habilidades necesarias, desde técnicas de construcción básicas hasta la instalación de sistemas de ventilación.

Habilidades de trueque: si carece de ciertas habilidades, considere la posibilidad de intercambiarlas con otras personas de su comunidad. Tal vez usted sea bueno en trabajos de electricidad, mientras que un vecino se destaca en carpintería. Intercambiar servicios puede ayudarlos a ambos a ahorrar dinero mientras completan su refugio.

Manténgase informado:

Investigación y aprendizaje: manténgase informado sobre las últimas técnicas de bricolaje, materiales de construcción asequibles y estrategias de preparación para emergencias. Cuanto más sepa, mejor preparado estará para tomar decisiones inteligentes y encontrar soluciones rentables.

Ejemplos prácticos de refugios antiaéreos hechos en casa

Ejemplo 1: conversión de sótano:

Descripción general: Convertir un sótano en un refugio antiaéreo es una de las opciones más prácticas y económicas para quienes ya tienen un espacio adecuado. Refuerce las paredes con bloques de hormigón o sacos de arena, selle las ventanas o puertas y agregue un sistema de ventilación simple.

Estimación de costos: Dependiendo del tamaño del sótano y los materiales utilizados, este proyecto podría costar desde unos pocos cientos hasta un par de miles de dólares. El uso de materiales recuperados o reciclados puede reducir significativamente los costos.

Ejemplo 2: Refugio de contenedores de envío:

Descripción general: Los contenedores de envío son robustos, se consiguen fácilmente y son relativamente económicos. Se pueden enterrar o rodear con bermas de tierra para una protección adicional contra la radiación. En el interior, se puede añadir aislamiento, un sistema de ventilación y suministros esenciales.

Estimación de costos: Un contenedor de envío usado puede costar entre $1500 y $4500, según su estado y tamaño. Los costos adicionales incluyen el aislamiento, el refuerzo y cualquier personalización necesaria para convertir el contenedor en un espacio habitable.

Ejemplo 3: Refugio subterráneo en el patio trasero:

Descripción general: Para quienes tengan el espacio y la capacidad de excavar, se puede construir un refugio subterráneo simple utilizando bloques de hormigón o madera para las paredes y una losa de hormigón o un techo cubierto de tierra. Este tipo de refugio proporciona una excelente protección a un costo relativamente bajo.

Estimación de costos: Los costos de excavación pueden variar ampliamente según si hace el trabajo usted mismo o contrata a alguien. En general, este proyecto podría oscilar entre $2000 y $10 000, según la profundidad, el tamaño y los materiales utilizados.

Preparación para el uso en caso de emergencia

Abastecimiento del refugio:

Suministros esenciales: asegúrese de que su refugio esté abastecido con suministros esenciales, incluidos alimentos, agua, suministros médicos y herramientas. Concéntrese en los artículos no perecederos y considere soluciones de almacenamiento a largo plazo para mantener estos suministros seguros y listos para usar.

Artículos personales: agregue artículos personales que puedan ayudar a mantener la moral durante una crisis, como libros, juegos o artículos de confort como mantas y almohadas. Estos pequeños detalles pueden marcar una diferencia significativa durante períodos prolongados en el refugio.

Simulacros y práctica:

Simulacros regulares: practique ingresar al refugio de manera rápida y eficiente, especialmente con miembros de la familia. Familiarice a todos con la ubicación de los suministros de emergencia, el funcionamiento de los sistemas de ventilación y el uso de cualquier dispositivo de comunicación.

Revisión de procedimientos: revise y actualice periódicamente sus procedimientos de emergencia. Asegúrese de que todos sepan qué hacer en diversas situaciones, desde una necesidad repentina de refugiarse en el lugar hasta una estadía prolongada.

Reparaciones de emergencia:

Soluciones rápidas: tenga materiales a mano para reparaciones de emergencia, como cinta adhesiva, materiales de parcheo y herramientas básicas. Poder solucionar rápidamente problemas como filtraciones o paredes dañadas puede ser fundamental durante una estadía prolongada en el refugio.

Kit de mantenimiento: Prepare un kit de mantenimiento que incluya piezas de repuesto para sistemas esenciales como ventilación e iluminación. Verifique regularmente que todo lo que contiene el kit esté en buenas condiciones y sea de fácil acceso.

Adaptación y ampliación de su refugio

Adaptación a las necesidades cambiantes:

Diseño flexible: diseñe su refugio teniendo en cuenta la flexibilidad. Por ejemplo, incluya espacio que pueda utilizarse para múltiples propósitos, como un espacio de almacenamiento que también pueda servir como área para dormir. A medida que sus necesidades evolucionen, su refugio puede adaptarse en consecuencia.

Espacio para el crecimiento: si es posible, deje espacio para una futura expansión. Puede comenzar con un refugio pequeño y básico y ampliarlo gradualmente según lo permitan los recursos. Esto podría incluir la incorporación de espacio de almacenamiento adicional, áreas para dormir o sistemas mejorados.

Planificación a largo plazo:

Sustentabilidad: planifique la sustentabilidad a largo plazo considerando opciones de energía renovable, como la incorporación de paneles solares o turbinas eólicas a medida que haya fondos disponibles. Además, piense en formas de cultivar alimentos o recolectar agua dentro o cerca del refugio.

Apoyo de la comunidad: a medida que desarrolla su refugio, considere cómo encaja en un plan de preparación comunitaria más amplio. Trabajar con los vecinos o un grupo de preparación local puede brindar apoyo mutuo y recursos, lo que hará que sus esfuerzos sean más efectivos y sustentables.

Construir un refugio antiaéreo con un presupuesto limitado es un proyecto factible y gratificante que puede proporcionar protección crítica en caso de un desastre nuclear u otras emergencias. Si planifica cuidadosamente, utiliza materiales asequibles y emplea técnicas de construcción rentables, puede crear un refugio que satisfaga sus necesidades de seguridad sin requerir una inversión financiera significativa. Si bien es esencial priorizar la seguridad y la funcionalidad, recuerde que incluso con un presupuesto limitado, existen formas creativas de mejorar la comodidad y la sostenibilidad de su refugio. Con paciencia, ingenio y un enfoque en las características más críticas, puede construir un refugio antiaéreo confiable que ofrezca tranquilidad y seguridad para usted y sus seres queridos.

Ingeniería avanzada para refugios antiaéreos

Construir un refugio antiaéreo que ofrezca máxima protección, sostenibilidad y comodidad requiere la aplicación de principios de ingeniería avanzados. Si bien los refugios básicos pueden ser efectivos para la protección a corto plazo, las técnicas de ingeniería avanzada pueden elevar las capacidades de un refugio, haciéndolo adecuado para ser habitado a largo plazo en las condiciones más desafiantes. Este capítulo explorará los diversos conceptos y tecnologías de ingeniería avanzada que se pueden integrar en los refugios antiaéreos para mejorar su durabilidad, seguridad y habitabilidad.

Ingeniería estructural para una mayor durabilidad

Diseño resistente a los terremotos:

Hormigón armado: En zonas propensas a terremotos, es esencial diseñar un refugio que pueda soportar la actividad sísmica. El hormigón armado es un material robusto que puede diseñarse para resistir fuerzas laterales y verticales causadas por eventos sísmicos. Reforzar el hormigón con barras de refuerzo de acero, diseñadas en un patrón de cuadrícula, aumenta la capacidad de la estructura para absorber y disipar energía sin colapsar.

Sistemas de aislamiento de la base: El aislamiento de la base implica colocar apoyos flexibles o aisladores entre la base del refugio y la estructura misma. Esta tecnología permite que el refugio se mueva independientemente del suelo durante un terremoto, lo que reduce significativamente el impacto de las fuerzas sísmicas en la estructura.

Construcción resistente a explosiones:

Materiales que absorben los impactos: incorpore materiales que absorban los impactos, como caucho laminado o cojinetes elastoméricos, en las paredes y los cimientos para mitigar los efectos de una explosión cercana. Estos materiales ayudan a absorber y disipar la energía de las ondas de choque, lo que reduce la probabilidad de daños estructurales.

Estructuras de panal o compuestas: las estructuras de panal, hechas de materiales como aluminio o acero, brindan una excelente resistencia a las explosiones debido a su capacidad de deformarse bajo presión y absorber energía. Los materiales compuestos, como los polímeros reforzados con fibra de carbono, ofrecen una alta relación resistencia-peso y se pueden usar para reforzar áreas críticas del refugio.

Estabilidad del refugio subterráneo:

Ingeniería geotécnica: comprender la composición del suelo y las condiciones geológicas en el sitio del refugio es crucial para diseñar una estructura subterránea estable. Realice pruebas de suelo para determinar la capacidad de carga y el potencial de licuefacción del suelo. Con base en estos resultados, los ingenieros pueden diseñar sistemas de cimentación adecuados, como cimentaciones profundas, pilotes o muros de contención, para garantizar que el refugio permanezca estable a lo largo del tiempo.

Estabilización de pendientes: si el refugio se construye en una ladera o pendiente, es esencial estabilizar la tierra circundante para evitar deslizamientos de tierra o erosión. Se pueden emplear técnicas como muros de contención, geotextiles y clavos de tierra para reforzar la pendiente y proteger el refugio.

Técnicas avanzadas de protección contra la radiación

Sistemas de protección multicapa:

Protección por capas: utilice un enfoque multicapa para la protección contra la radiación combinando materiales con diferentes propiedades. Por ejemplo, una capa de plomo (que bloquea los rayos gamma) puede ir seguida de una capa de hormigón (que proporciona soporte estructural y absorbe la radiación de neutrones) y, por último, una capa de agua o polietileno (que absorbe aún más los neutrones y las partículas beta).

Protección activa contra la radiación: si bien todavía es en gran medida experimental, la protección activa contra la radiación implica la creación de campos electromagnéticos para desviar o reducir la radiación. Esta tecnología está inspirada en la investigación sobre viajes espaciales y podría adaptarse a los refugios terrestres en el futuro.

Sistemas de ventilación blindados:

Filtros HEPA y de carbón: incorporan filtros de aire de partículas de alta eficiencia (HEPA) en el sistema de ventilación para eliminar partículas radiactivas del aire. Estos filtros se pueden combinar con filtros de carbón activado para absorber gases radiactivos como el yodo-131.

Sistemas deflectores: un sistema deflector en las rejillas de entrada y salida de aire puede atrapar partículas radiactivas y evitar que entren en el refugio. Este sistema implica una serie de placas o paredes en ángulo que obligan al aire a cambiar de dirección varias veces, lo que hace que las partículas más pesadas caigan fuera del flujo de aire.

Materiales resistentes a la radiación:

Hormigón que absorbe la radiación: los ingenieros pueden diseñar hormigón con aditivos como boro o barita para mejorar su capacidad de absorber la radiación de neutrones. Este tipo de hormigón se utiliza a menudo en plantas de energía nuclear y se puede adaptar para refugios antinucleares para proporcionar una protección superior contra la radiación. Ventanas de vidrio con plomo: si su refugio incluye ventanas o mirillas, considere utilizar vidrio con plomo, que contiene una alta concentración de óxido de plomo. Este material proporciona una excelente visibilidad y, al mismo tiempo, ofrece una protección sustancial contra la radiación gamma.

Filtración y ventilación avanzadas de aire

Ventilación con presión positiva:

Mantenimiento de la presión positiva: los sistemas de ventilación con presión positiva están diseñados para mantener la presión del aire dentro del refugio ligeramente más alta que la del exterior. Esto evita que el aire contaminado se filtre a través de pequeñas grietas o huecos, ya que el aire fluye hacia afuera en lugar de hacia adentro. Una combinación de bombas de aire y filtros HEPA garantiza que el aire que ingresa al refugio esté limpio y seguro.

Sistemas de energía de respaldo: para mantener una presión positiva constante, es vital tener sistemas de energía de respaldo confiables, como generadores o baterías de almacenamiento, para mantener el sistema de ventilación en funcionamiento incluso durante cortes de energía.

Controles ambientales automatizados:

Sistemas de control climático: los sistemas avanzados de control climático pueden regular la temperatura y la humedad dentro del refugio automáticamente. Estos sistemas utilizan sensores para monitorear el entorno y ajustar los sistemas de calefacción, refrigeración y deshumidificación según sea necesario, lo que garantiza un espacio habitable cómodo independientemente de las condiciones externas.

Sensores de calidad del aire: instale sensores que monitoreen continuamente la calidad del aire dentro del refugio, detectando niveles de dióxido de carbono, monóxido de carbono y otros gases potencialmente dañinos. Estos sensores pueden activar ajustes de ventilación o alarmas si la calidad del aire cae por debajo de los niveles seguros.

Generación y reciclaje de oxígeno:

Concentradores de oxígeno: En escenarios a largo plazo donde el aire fresco es limitado, se pueden utilizar concentradores de oxígeno para extraer oxígeno del aire circundante, concentrándolo para su uso en el refugio. Estos dispositivos son especialmente útiles en refugios subterráneos donde la circulación del aire puede estar restringida.

Sistemas de electrólisis: Los sistemas de electrólisis pueden generar oxígeno dividiendo las moléculas de agua en hidrógeno y oxígeno. Este método proporciona una fuente renovable de oxígeno, particularmente útil en entornos sellados, aunque requiere un suministro de energía constante.

Innovaciones en la gestión del agua y los residuos

Reciclaje y filtración de agua:

Sistemas de reciclaje de aguas grises: Los sistemas avanzados de reciclaje de aguas grises tratan y reutilizan el agua de lavabos, duchas y otras fuentes no sanitarias para descargar los inodoros o regar las plantas. Estos sistemas utilizan procesos de filtración de múltiples etapas, que incluyen tratamientos biológicos, mecánicos y químicos, para garantizar que el agua reciclada sea segura para el uso previsto.

Unidades de desalinización: si su refugio está ubicado cerca de una fuente de agua de mar, considere instalar una unidad de desalinización para convertir el agua de mar en agua potable. La ósmosis inversa es el método de desalinización más común, pero requiere una cantidad significativa de energía, por lo que es recomendable combinarlo con fuentes de energía renovables.

Inodoros de compostaje e incineración:

Inodoros de compostaje avanzados: los inodoros de compostaje modernos utilizan procesos aeróbicos para descomponer los desechos en abono de manera eficiente. Estos sistemas están diseñados para minimizar el olor, requieren un mantenimiento mínimo y pueden funcionar fuera de la red, lo que los hace ideales para el uso en refugios a largo plazo.

Sistemas de incineración de desechos: los inodoros de incineración utilizan electricidad o gas para quemar desechos a altas temperaturas, reduciéndolos a cenizas estériles. Este método es eficaz para eliminar patógenos y reducir el volumen de desechos, pero requiere una fuente de energía constante y una ventilación adecuada.

Gestión automatizada de residuos:

Eliminación inteligente de residuos: los sistemas de eliminación automática de residuos pueden clasificar y procesar distintos tipos de residuos, dirigiendo el material compostable a unidades de compostaje y los residuos no orgánicos a la incineración o el almacenamiento. Estos sistemas reducen la necesidad de manipulación manual de los residuos, mejorando la higiene y la eficiencia.

Procesamiento de biosólidos: para refugios más grandes, considere sistemas de procesamiento de biosólidos que conviertan los desechos humanos en subproductos seguros y reutilizables, como fertilizantes. Estos sistemas son complejos y requieren una gestión cuidadosa, pero ofrecen una solución sostenible para la gestión de residuos a largo plazo.

Generación y almacenamiento de energía avanzados

Sistemas híbridos de energía renovable:

Sistemas híbridos solar-eólicos: combine paneles solares con turbinas eólicas para crear un sistema híbrido de energía renovable que pueda generar energía de forma continua, incluso cuando una fuente no esté disponible. Este enfoque garantiza un suministro de energía más confiable y se puede adaptar a las condiciones ambientales específicas de la ubicación de su refugio.

Energía geotérmica: si su refugio está ubicado en un área con actividad geotérmica, considere aprovechar esta fuente de energía. Los sistemas geotérmicos utilizan el calor de la Tierra para generar electricidad o proporcionar calefacción, ofreciendo un suministro de energía estable y constante.

Soluciones de almacenamiento de energía:

Almacenamiento avanzado en baterías: las baterías de iones de litio se utilizan comúnmente para el almacenamiento de energía, pero las tecnologías más nuevas, como las baterías de estado sólido o las baterías de flujo, ofrecen mayor eficiencia, mayor vida útil y mayor seguridad. Estas baterías almacenan el exceso de energía generada por fuentes renovables para su uso durante períodos de baja generación.

Almacenamiento de energía de aire comprimido (CAES): los sistemas CAES almacenan energía comprimiendo aire en cavernas o tanques subterráneos, que luego se puede liberar para impulsar turbinas y generar electricidad cuando sea necesario. Esta tecnología es escalable y puede proporcionar almacenamiento de energía a largo plazo para grandes refugios.

Integración de redes inteligentes:

Microrredes: una microrred es una red de energía localizada que puede funcionar independientemente de la red eléctrica principal. Al integrar fuentes de energía renovables, almacenamiento de energía y sistemas de distribución inteligentes, una microrred puede proporcionar energía confiable a su refugio incluso durante fallas generalizadas de la red.

Sistemas de gestión de energía: los sistemas de gestión de energía inteligente monitorean y controlan el uso de electricidad dentro del refugio, optimizando la distribución de energía y reduciendo el desperdicio. Estos sistemas pueden priorizar cargas críticas y cambiar automáticamente a fuentes de energía de respaldo cuando sea necesario.

Tecnología inteligente y automatización

Sistemas de control integrados:

Automatización de refugios: los refugios avanzados pueden equiparse con sistemas de control integrados que le permiten monitorear y administrar todos los aspectos del entorno del refugio, desde la temperatura y la iluminación hasta la seguridad y el uso de energía, desde una única interfaz. Estos sistemas se pueden controlar a través de pantallas táctiles o de forma remota usando un teléfono inteligente o tableta.

IA Y APRENDIZAJE AUTOMÁTICO: la incorporación de IA y aprendizaje automático en los sistemas de automatización de su refugio puede mejorar su eficiencia y adaptabilidad. La IA puede analizar datos de varios sensores para optimizar el uso de energía, predecir las necesidades de mantenimiento del equipo y ajustar los controles ambientales en función de

Condiciones cambiantes. Los algoritmos de aprendizaje automático pueden aprender sus preferencias y hábitos con el tiempo, personalizando aún más el entorno del refugio para mejorar la comodidad y la eficiencia.

Robótica y automatización:

Robots de mantenimiento automatizados: los robots equipados con IA pueden realizar tareas de mantenimiento de rutina dentro del refugio, como limpieza, inspección de la integridad estructural y monitoreo de equipos. Estos robots reducen la necesidad de trabajo manual, especialmente en condiciones peligrosas, y pueden alertarlo sobre posibles problemas antes de que se vuelvan críticos.

Sistemas de seguridad robóticos: los refugios avanzados pueden incorporar sistemas de seguridad robóticos que patrullan el perímetro o monitorean áreas específicas. Estos robots pueden estar equipados con cámaras, sensores de movimiento y otros equipos de detección para brindar vigilancia en tiempo real y responder a posibles amenazas automáticamente.

Impresión 3D para fabricación a pedido:

Impresión 3D de piezas de repuesto: las impresoras 3D se pueden usar dentro del refugio para fabricar piezas de repuesto para equipos o herramientas según sea necesario. Esta capacidad es especialmente valiosa en escenarios a largo plazo donde los suministros externos pueden ser limitados. Con los materiales adecuados, las impresoras 3D pueden producir componentes duraderos y de alta calidad. Construcción y reparaciones: la tecnología de impresión 3D a gran escala puede incluso utilizarse para construir espacios de refugio adicionales o reforzar estructuras existentes. El hormigón impreso en 3D, por ejemplo, permite la construcción rápida de muros o barreras, proporcionando una capa adicional de protección.

Realidad virtual (RV) y realidad aumentada (RA) para capacitación y mantenimiento:

Entornos de capacitación virtual: la RV se puede utilizar para simular diversos escenarios de emergencia, lo que permite que usted y su familia practiquen respuestas en un entorno seguro y controlado. Este tipo de capacitación es invaluable para prepararse para crisis del mundo real sin los riesgos asociados.

Mantenimiento con realidad aumentada: los dispositivos de RA pueden ayudar en las tareas de mantenimiento superponiendo instrucciones o información de diagnóstico en el entorno físico. Por ejemplo, con gafas de RA, puede ver la ubicación exacta del cableado o las tuberías dentro de una pared, lo que hace que las reparaciones sean más precisas y eficientes.

Sistemas avanzados de seguridad y vigilancia

Redes de seguridad integradas:

Seguridad en capas: los refugios avanzados pueden emplear un enfoque de seguridad en capas, integrando barreras físicas, vigilancia electrónica y medidas de ciberseguridad. Las barreras físicas incluyen puertas reforzadas, vidrio a prueba de balas y puntos de entrada seguros, mientras que los sistemas electrónicos pueden incluir controles de acceso biométricos y cámaras de detección de movimiento.

Ciberseguridad para sistemas inteligentes: a medida que los refugios se vuelven más automatizados y conectados, también se vuelven más vulnerables a los ciberataques. Implemente medidas de ciberseguridad sólidas para proteger los sistemas de su refugio, incluidos firewalls, cifrado y sistemas de detección de intrusiones.

Control de acceso biométrico:

Escáneres de huellas dactilares: se pueden instalar escáneres de huellas dactilares en los puntos de entrada para garantizar que solo las personas autorizadas puedan acceder al refugio. Esta tecnología proporciona un alto nivel de seguridad al tiempo que permite un acceso rápido y conveniente.

Reconocimiento facial y de retina: para una seguridad aún mayor, considere la posibilidad de integrar escáneres de retina o sistemas de reconocimiento facial. Estas tecnologías se pueden combinar con otros sistemas biométricos para la autenticación multifactor, lo que reduce el riesgo de entrada no autorizada.

Tecnología de vigilancia avanzada:

Drones para vigilancia perimetral: los drones equipados con cámaras y sensores pueden patrullar el área alrededor de su refugio, lo que proporciona vigilancia aérea y transmisiones de video en tiempo real. Estos drones se pueden programar para seguir rutas específicas o responder al movimiento detectado, lo que mejora su capacidad de monitorear el entorno sin exponerse a posibles amenazas.

Cámaras térmicas y de visión nocturna: instale cámaras termográficas y de visión nocturna para monitorear los alrededores de su refugio en condiciones de poca luz o a través de obstrucciones como niebla o humo. Estas cámaras pueden detectar señales de calor de humanos o animales, lo que proporciona una capa adicional de seguridad.

Diseño psicológico y ambiental

Principios de diseño biofílico:

Incorporación de la naturaleza: el diseño biofílico se centra en incorporar elementos de la naturaleza en entornos construidos para mejorar el bienestar mental. En un refugio antiaéreo, esto podría significar agregar plantas que puedan prosperar con luz artificial, usar materiales naturales como madera y piedra en el diseño interior o incluso integrar fuentes de agua que creen una atmósfera relajante. Luz natural simulada: utilice sistemas de iluminación avanzados que imiten la luz solar natural para regular los ritmos circadianos y mejorar el estado de ánimo. Las luces LED que cambian de color e intensidad a lo largo del día pueden ayudar a crear un entorno de vida más natural en un refugio que carece de acceso a la luz natural.

Técnicas de reducción del estrés:

Control del ruido: diseñe el refugio para minimizar el ruido de los sistemas mecánicos, la ventilación u otros ocupantes. Se pueden utilizar materiales de insonorización y máquinas de ruido blanco para crear un entorno más tranquilo y pacífico, lo que reduce el estrés y mejora la calidad del sueño.

Espacios privados: incluso en un refugio compacto, es importante diseñar áreas donde las personas puedan tener privacidad. Estos espacios se pueden utilizar para meditar, leer o simplemente tomar un descanso del grupo, lo que es crucial para la salud mental durante estadías prolongadas.

Enriquecimiento ambiental:

Espacios de vida personalizables: permita espacios personalizables dentro del refugio, donde los ocupantes puedan personalizar su entorno con arte, fotos u otros elementos personales. Esta personalización puede ayudar a que el entorno se sienta más como en casa, lo que es importante para mantener la moral.

Sistemas de entretenimiento: incluya sistemas de entretenimiento avanzados, como cascos de realidad virtual o sistemas de proyección, para brindar experiencias inmersivas que puedan servir como un escape mental. El acceso a películas, juegos y otros medios puede mejorar significativamente la calidad de vida durante el confinamiento a largo plazo.

Sostenibilidad y autosuficiencia

Sistemas de circuito cerrado:

Reciclaje de agua: diseñe un sistema de agua de circuito cerrado que recicle las aguas grises para su uso en inodoros, riego u otras aplicaciones no potables. Los sistemas de filtración avanzados pueden purificar esta agua a un nivel seguro para el consumo humano si es necesario.

Conversión de residuos en energía: integre sistemas de conversión de residuos en energía que conviertan los desechos orgánicos en biogás, que se puede utilizar para cocinar o calentar. Esto reduce el volumen de desechos al tiempo que proporciona una fuente de energía renovable, lo que contribuye a la autosuficiencia del refugio.

Sistemas agrícolas avanzados:

Acuaponía: la acuaponía combina la piscicultura con la hidroponía, creando un entorno simbiótico donde los desechos de los peces proporcionan nutrientes a las plantas, y las plantas ayudan a filtrar el agua para los peces. Este sistema puede producir tanto verduras como proteínas, lo que lo hace ideal para la producción de alimentos a largo plazo en un refugio.

Cultivo vertical: utilice técnicas de cultivo vertical para maximizar la producción de alimentos en un espacio limitado. Los sistemas automatizados de iluminación, riego y suministro de nutrientes garantizan condiciones óptimas de crecimiento, lo que permite la producción continua de verduras y hierbas frescas.

Integración de energía renovable:

Soluciones solares avanzadas: incorpore paneles solares de alta eficiencia que puedan generar energía incluso en condiciones de poca luz. Junto con sistemas de almacenamiento de energía, estos paneles pueden proporcionar un suministro de energía constante para sistemas esenciales.

Células de combustible microbianas: una tecnología emergente, las células de combustible microbianas generan electricidad a partir de materia orgánica, como desechos o tierra, mediante la acción de microorganismos. Esta tecnología podría integrarse en un refugio para proporcionar una fuente de energía pequeña pero continua a partir de desechos orgánicos u otros materiales.

La ingeniería avanzada para refugios antiatómicos va más allá de la supervivencia básica, ya que apunta a crear un entorno que sea seguro, sostenible y cómodo para vivir a largo plazo. Al integrar tecnologías de vanguardia y principios de diseño innovadores, es posible construir un refugio que no solo proteja contra los peligros inmediatos de un evento nuclear, sino que también respalde una alta calidad de vida durante estadías prolongadas.

Desde mejoras estructurales que mejoran la durabilidad y la resistencia a las explosiones hasta sistemas avanzados de protección contra la radiación, filtración de aire y gestión de la energía, estas soluciones de ingeniería pueden transformar un refugio antiatómico en un refugio autosuficiente y resistente. Además, la incorporación de tecnología inteligente, automatización y consideraciones de diseño psicológico garantiza que el refugio siga siendo habitable y propicio para el bienestar mental y físico.

En última instancia, si bien la construcción de un refugio antiatómico avanzado requiere una inversión y experiencia significativas, los beneficios en términos de seguridad y comodidad son incomparables. Para quienes están comprometidos con la preparación para los peores escenarios, la ingeniería avanzada ofrece las herramientas y técnicas necesarias para crear un santuario capaz de soportar los desafíos de un mundo posnuclear.

Comprensión de los protocolos internacionales de seguridad en caso de lluvia radiactiva

En un mundo en el que la amenaza de un conflicto nuclear sigue siendo una preocupación, comprender los protocolos internacionales de seguridad en caso de lluvia radiactiva es fundamental para garantizar la seguridad y la preparación de las poblaciones de todo el mundo. Estos protocolos son desarrollados por gobiernos, organizaciones internacionales y agencias de seguridad para mitigar los efectos de la lluvia radiactiva y proteger a los civiles durante y después de un evento nuclear. En este capítulo se analizarán los principales protocolos internacionales de seguridad en caso de lluvia radiactiva, las organizaciones responsables de su desarrollo e implementación, y cómo se pueden aplicar estas directrices tanto a nivel nacional como local.

El papel de las organizaciones internacionales

Las Naciones Unidas y el Organismo Internacional de Energía Atómica (OIEA):

El papel del OIEA: El Organismo Internacional de Energía Atómica (OIEA) es una organización clave dentro del sistema de las Naciones Unidas responsable de promover el uso seguro y pacífico de la energía nuclear. Desempeña un papel fundamental en el establecimiento de normas de seguridad mundiales para la protección radiológica, la seguridad nuclear y la preparación para emergencias.

Convenciones y directrices: El OIEA elabora y promueve diversas convenciones, directrices y normas de seguridad que se alienta a los Estados miembros a adoptar. Entre ellas se incluyen la Convención sobre la pronta notificación de accidentes nucleares y la Convención sobre asistencia en caso de accidente nuclear o emergencia radiológica. Estos documentos describen los procedimientos para la cooperación internacional, el intercambio de información y la respuesta de emergencia durante un evento nuclear.

Organización Mundial de la Salud (OMS):

Preparación en materia de salud pública: La Organización Mundial de la Salud (OMS) participa en la respuesta sanitaria mundial a las emergencias nucleares. Proporciona orientación sobre la protección de la salud pública, incluidos los protocolos para la exposición a la radiación, el tratamiento médico de la enfermedad por radiación y la gestión de los suministros de alimentos y agua contaminados.

Reglamento Sanitario Internacional (RSI): El Reglamento Sanitario Internacional de la OMS proporciona un marco para coordinar las respuestas internacionales de salud pública a las emergencias, incluidos los eventos nucleares. El RSI garantiza que los países tengan la capacidad de detectar, evaluar, informar y responder a los riesgos para la salud pública, incluidos los que plantea la contaminación radiactiva.

Organización Internacional de Defensa Civil (OCID):

Medidas de protección civil: La OCID ayuda a los Estados miembros a desarrollar e implementar medidas de defensa civil, incluidas las relacionadas con la lluvia radiactiva. Proporciona capacitación, recursos y asistencia técnica para mejorar la preparación nacional y regional para emergencias nucleares.

Marcos de seguridad globales: La OCID colabora con otras organizaciones internacionales para crear marcos globales para la protección civil, centrándose en armonizar los protocolos de seguridad, estandarizar las respuestas de emergencia y garantizar que los países estén preparados para proteger a sus poblaciones en caso de un desastre nuclear.

Principales protocolos internacionales de seguridad

Las normas básicas de seguridad (NBS):

Directrices de protección radiológica: Las normas básicas de seguridad (NBS) del OIEA proporcionan directrices integrales para proteger a las personas y al medio ambiente de los efectos nocivos de la radiación ionizante. Estas normas son ampliamente adoptadas por los países para regular el uso de la energía nuclear, la radiación médica y los materiales radiactivos.

Principios de protección radiológica: Las NBS se basan en tres principios fundamentales: justificación (garantizar que cualquier exposición a la radiación tenga más beneficios que riesgos), optimización (mantener las dosis de radiación tan bajas como sea razonablemente posible) y limitación de la dosis (garantizar que ningún individuo esté expuesto a la radiación más allá de los límites de seguridad prescritos).

El Plan conjunto de gestión de emergencias radiológicas de las organizaciones internacionales (JPLAN):

Respuesta coordinada a emergencias: El JPLAN, desarrollado por el OIEA y otras organizaciones internacionales, proporciona un enfoque coordinado para gestionar las emergencias radiológicas. Describe las funciones y

responsabilidades de las organizaciones internacionales en la respuesta a accidentes e incidentes nucleares, asegurando una respuesta unificada y eficaz.

Intercambio de información: El JPLAN enfatiza la importancia del intercambio oportuno y preciso de información entre países y organizaciones internacionales durante una emergencia nuclear. Esto ayuda a minimizar el impacto de la exposición a la radiación en las poblaciones y facilita una respuesta global coordinada.

Escala Internacional de Sucesos Nucleares y Radiológicos (INES):

Clasificación de incidentes nucleares: La INES es una herramienta desarrollada por el OIEA para comunicar la importancia de los sucesos nucleares y radiológicos para la seguridad al público. Categoriza los incidentes en una escala de 1 (anomalía) a 7 (accidente importante) en función de su impacto en las personas, el medio ambiente y la instalación involucrada.

Comunicación global: La escala INES ayuda a garantizar una comunicación consistente sobre la gravedad de los incidentes nucleares, lo que permite a los gobiernos y organizaciones implementar medidas de seguridad apropiadas en función del nivel de riesgo.

Implementación nacional de protocolos internacionales

Adopción de estándares internacionales:

Organismos reguladores nacionales: Los países suelen tener organismos reguladores nacionales responsables de adoptar y hacer cumplir los protocolos internacionales de seguridad. Estos organismos, como la Comisión Reguladora Nuclear (NRC) de los Estados Unidos o la Oficina de Regulación Nuclear (ONR) del Reino Unido, desempeñan un papel crucial en la integración de las normas mundiales en las reglamentaciones nacionales.

Personalización de los protocolos: si bien los protocolos internacionales proporcionan un marco, las autoridades nacionales suelen personalizarlos para abordar condiciones locales específicas, como vulnerabilidades geográficas, densidad de población y recursos disponibles. Esto garantiza que las medidas de seguridad se adapten a los riesgos únicos que enfrenta cada país.

Concienciación y educación del público:

Iniciativas gubernamentales: los gobiernos son responsables de generar conciencia pública sobre los protocolos de seguridad nuclear y garantizar que los ciudadanos sepan cómo responder en caso de una emergencia nuclear. Esto puede implicar campañas de información pública, programas educativos y simulacros de emergencia periódicos.

Participación de la comunidad: involucrar a las comunidades en las actividades de preparación es vital para la implementación eficaz de los protocolos de seguridad. Los gobiernos pueden trabajar con las autoridades locales, las organizaciones no gubernamentales (ONG) y los grupos comunitarios para brindar capacitación, recursos y apoyo a las personas y las familias.

Planes de preparación para emergencias:

Planes nacionales de emergencia: Los países desarrollan planes nacionales de preparación para emergencias basados en protocolos de seguridad internacionales. Estos planes describen los procedimientos de evacuación, refugio, respuesta médica y comunicación pública durante un evento nuclear. También incluyen disposiciones para la coordinación con organizaciones internacionales y países vecinos.

Planes locales y regionales: Los gobiernos locales y regionales son responsables de implementar los planes nacionales de emergencia a nivel comunitario. Esto incluye identificar zonas seguras, establecer redes de comunicación y garantizar que los servicios de emergencia locales estén equipados para manejar un incidente nuclear.

Desafíos en la seguridad internacional de la lluvia radiactiva

Coordinación entre países:

Desafíos transfronterizos: La lluvia radiactiva no respeta las fronteras nacionales, por lo que la coordinación internacional es esencial. Sin embargo, las diferencias en los marcos regulatorios, los sistemas de comunicación y los recursos pueden complicar las respuestas transfronterizas. El desarrollo de protocolos estandarizados y el fomento de la cooperación entre países vecinos es fundamental para abordar estos desafíos.

Barreras lingüísticas y culturales: La comunicación eficaz durante una emergencia nuclear internacional puede verse obstaculizada por las diferencias lingüísticas y culturales. Asegurar que la información de seguridad esté disponible en varios idiomas y sea culturalmente apropiada es importante para proteger a las poblaciones diversas.

Disparidades de recursos:

Países desarrollados y en desarrollo: Las disparidades de recursos entre los países desarrollados y en desarrollo pueden afectar la implementación de protocolos de seguridad internacionales. Si bien las naciones más ricas pueden tener la infraestructura y la tecnología para cumplir con los estándares globales, los países más pobres pueden tener dificultades para lograr el mismo nivel de preparación. Se necesitan programas internacionales de asistencia y desarrollo de capacidades para superar estas brechas.

Acceso a la tecnología: Las tecnologías avanzadas para la detección de radiación, el tratamiento médico y la comunicación de emergencia no están disponibles de manera igualitaria en todo el mundo. Garantizar un acceso equitativo a estas tecnologías es un desafío clave para la seguridad mundial frente a la lluvia radiactiva.

CUMPLIMIENTO Y APLICACIÓN:

Naturaleza voluntaria de los protocolos: Muchos protocolos internacionales de seguridad son voluntarios y dependen de que los países los adopten y los apliquen dentro de sus fronteras. Esto puede generar inconsistencias en el cumplimiento, ya que algunos países adoptan plenamente las directrices mientras que otros pueden no darles prioridad.

Seguimiento y rendición de cuentas: Para garantizar que los países se adhieran a las normas internacionales de seguridad se requieren mecanismos eficaces de seguimiento y rendición de cuentas. El OIEA y otras organizaciones desempeñan un papel en la evaluación del cumplimiento, pero los factores políticos y diplomáticos pueden influir en la aplicación de estos protocolos.

Aplicación de los protocolos internacionales a nivel local

Iniciativas de preparación comunitaria:

Simulacros y ejercicios locales: La realización de simulacros y ejercicios periódicos a nivel comunitario ayuda a garantizar que los protocolos internacionales de seguridad se implementen de manera efectiva. Estas actividades deben simular diversos escenarios nucleares, lo que permite a las autoridades locales y a los residentes practicar su respuesta e identificar áreas de mejora. Programas de educación pública: Los gobiernos locales pueden adaptar las directrices de seguridad internacionales a los programas de educación pública que enseñan a los ciudadanos los conceptos básicos de la radiación, cómo utilizar medidas de protección como las tabletas de yodo y la importancia de refugiarse en el lugar donde se produce un evento nuclear.

Integración de la tecnología en las respuestas locales:

Redes de detección de radiación: El establecimiento de redes locales de equipos de detección de radiación, conectados a sistemas de monitoreo nacionales e internacionales, puede proporcionar datos en tiempo real sobre los niveles de radiación. Esta información es crucial para tomar decisiones informadas sobre evacuaciones, refugios y otras acciones de protección.

Aplicaciones móviles y alertas: El desarrollo de aplicaciones móviles que envíen alertas e información de seguridad en tiempo real a los ciudadanos puede mejorar la preparación local. Estas aplicaciones se pueden integrar con sistemas nacionales e internacionales de monitoreo de radiación.

Sistemas internacionales de emergencia, que garantizan que el público reciba información oportuna y precisa durante un evento nuclear.

Colaboración con organismos internacionales:

Acceso a recursos internacionales: los gobiernos locales pueden colaborar con organismos internacionales como el OIEA y la OMS para acceder a recursos, capacitación y experiencia. Esta asociación puede ayudar a mejorar las capacidades locales y garantizar que los protocolos internacionales de seguridad se implementen de manera efectiva a nivel comunitario.

Participación en ejercicios internacionales: las autoridades locales pueden participar en ejercicios internacionales de emergencia nuclear, que simulan respuestas globales a incidentes nucleares. Estos ejercicios brindan una experiencia valiosa y fomentan la colaboración entre diferentes niveles de gobierno y organizaciones internacionales.

Orientaciones futuras en materia de seguridad internacional contra la lluvia radiactiva

Avances en tecnología y protocolos:

Detección y monitoreo innovadores: es probable que los avances en tecnología, como los drones equipados con sensores de radiación, el modelado predictivo impulsado por IA y las redes de monitoreo global en tiempo real, mejoren la efectividad de los protocolos internacionales de seguridad contra la lluvia radiactiva. Estas innovaciones proporcionarán datos más precisos y respuestas más rápidas durante los eventos nucleares. Actualización de las normas mundiales: a medida que surjan nuevas tecnologías e investigaciones, las organizaciones internacionales deberán actualizar los protocolos y las normas de seguridad. La mejora y la adaptación continuas de estas directrices serán esenciales para seguir el ritmo del cambiante panorama de la seguridad nuclear.

Fortalecimiento de la cooperación internacional:

Asociaciones mundiales: el fortalecimiento de la cooperación internacional a través de asociaciones mundiales será crucial para mejorar los protocolos de seguridad en caso de lluvia radiactiva. Los países pueden trabajar juntos para compartir recursos, conocimientos y tecnología, creando una respuesta más unificada y eficaz a las emergencias nucleares. Esta colaboración también puede conducir al desarrollo de iniciativas de investigación conjuntas, programas de formación y acuerdos de ayuda mutua, asegurando que todas las naciones, independientemente de sus recursos, puedan alcanzar un alto nivel de preparación.

Redes regionales de seguridad: además de los esfuerzos mundiales, las redes regionales de seguridad pueden desempeñar un papel importante en la mejora de la seguridad en caso de lluvia radiactiva. Los países vecinos con riesgos geográficos compartidos pueden colaborar para crear planes regionales de respuesta a emergencias, coordinar evacuaciones transfronterizas y establecer recursos compartidos, como equipos de detección de radiación e instalaciones médicas. Estas redes también pueden ayudar a estandarizar los protocolos a través de las fronteras, reduciendo la confusión y mejorando la eficacia general de la respuesta. Mejor intercambio de información: el intercambio oportuno y transparente de información entre países y organizaciones internacionales es esencial para una respuesta global eficaz a las emergencias nucleares. Esto incluye el intercambio de datos en tiempo real sobre los niveles de radiación, los informes de incidentes y los impactos en la salud pública. La mejora de las redes de comunicación globales y el desarrollo de plataformas para el intercambio rápido de información ayudarán a los países a responder de manera más eficaz y minimizar el impacto de la lluvia radiactiva en las poblaciones.

PREPARACIÓN PARA ESCENARIOS de lluvia radiactiva global

Ejercicios globales simulados: la realización de ejercicios globales simulados a gran escala puede ayudar a los países y a las organizaciones internacionales a prepararse para los complejos desafíos que plantea la lluvia radiactiva. Estos ejercicios pueden simular una amplia gama de escenarios, desde incidentes localizados hasta eventos nucleares a gran escala con consecuencias globales.

Implicaciones. Al participar en estos ejercicios, los países pueden poner a prueba su preparación, identificar lagunas en sus planes de respuesta y mejorar la coordinación con los socios internacionales.

DESARROLLO DE RESERVAS mundiales de emergencia: el establecimiento de reservas mundiales de emergencia de recursos esenciales, como equipos de protección radiológica, suministros médicos y alimentos y agua, puede garantizar que estos artículos estén disponibles cuando se los necesite, independientemente de los recursos de un país. Las organizaciones internacionales, como las Naciones Unidas, podrían gestionar estas reservas y distribuirlas rápidamente a las regiones afectadas durante una emergencia nuclear. Promoción de la conciencia pública a escala mundial: aumentar la conciencia pública sobre los riesgos de la lluvia radiactiva y los protocolos de seguridad a escala mundial es vital para garantizar que las poblaciones estén preparadas para responder eficazmente en una emergencia. Las organizaciones internacionales pueden liderar campañas mundiales que eduquen al público sobre los peligros de la lluvia radiactiva, la importancia de seguir los protocolos de seguridad y las medidas que pueden adoptar las personas para protegerse a sí mismas y a sus familias. Estas campañas se pueden adaptar a diferentes contextos culturales e idiomas para llegar a una audiencia amplia.

El papel de la tecnología en los futuros protocolos de seguridad contra la lluvia radiactiva

Avances en análisis predictivos e inteligencia artificial: el análisis predictivo y la inteligencia artificial (IA) pueden desempeñar un papel importante en la mejora de los protocolos de seguridad contra la lluvia radiactiva. Estas tecnologías pueden analizar grandes cantidades de datos para predecir la propagación de la lluvia radiactiva, identificar poblaciones en riesgo y recomendar rutas de evacuación óptimas y estrategias de refugio. La IA también puede ayudar en la toma de decisiones en tiempo real durante una emergencia, ayudando a las autoridades a responder de manera más rápida y eficaz. Integración de drones y robótica: los drones y la robótica pueden ser herramientas invaluables para evaluar y responder a emergencias nucleares. Los drones equipados con sensores de radiación pueden inspeccionar rápidamente las áreas afectadas, proporcionando datos en tiempo real sobre los niveles de radiación y las condiciones ambientales. La robótica se puede utilizar para realizar tareas en entornos altamente radiactivos, como inspeccionar infraestructura dañada, reparar sistemas críticos o entregar suministros a áreas aisladas.

Tecnologías de comunicación mejoradas: el desarrollo de tecnologías de comunicación avanzadas, como los sistemas de comunicación de emergencia basados en satélites, puede garantizar que la información llegue incluso a las áreas más remotas o afectadas durante un evento nuclear. Estos sistemas pueden diseñarse para resistir los impactos de una explosión nuclear, proporcionando canales de comunicación fiables para coordinar las respuestas de emergencia y mantener informado al público. La comprensión y la aplicación de los protocolos internacionales de seguridad frente a la lluvia radiactiva es esencial para proteger a las poblaciones y minimizar el impacto de los eventos nucleares. Estos protocolos, desarrollados y promovidos por organizaciones como el OIEA, la OMS y la ICDO, proporcionan un marco para la cooperación mundial, el intercambio de información y la preparación para emergencias. Al adoptar estos protocolos e integrarlos en los planes de emergencia nacionales y locales, los países pueden mejorar su capacidad para responder eficazmente a las emergencias nucleares.

A medida que avance la tecnología y evolucione el panorama mundial de la seguridad nuclear, será necesario actualizar y fortalecer los protocolos internacionales. Las futuras direcciones en materia de seguridad frente a la lluvia radiactiva probablemente implicarán una mayor cooperación internacional, el desarrollo de redes de seguridad mundiales y regionales y la integración de tecnologías de vanguardia como la inteligencia artificial, los drones y los sistemas de comunicación avanzados. Al mantenerse informados sobre los protocolos internacionales de seguridad en caso de lluvia radiactiva y prepararse tanto a nivel nacional como local, los gobiernos, las organizaciones y las personas pueden contribuir a un mundo más seguro donde los riesgos de lluvia radiactiva se gestionen de manera eficaz y las poblaciones estén protegidas de los efectos devastadores de los eventos nucleares.

Perspectivas globales sobre la preparación para la lluvia radiactiva

La preparación para la lluvia radiactiva varía significativamente en todo el mundo, influenciada por la historia, la ubicación geográfica, los recursos económicos y el panorama político de cada nación. Comprender estas perspectivas globales proporciona información valiosa sobre cómo los diferentes países abordan el desafío de prepararse para eventos nucleares. Este capítulo explora los diversos enfoques de la preparación para la lluvia radiactiva, destaca las estrategias clave empleadas por varias naciones y examina los factores culturales, políticos y tecnológicos que dan forma a estas estrategias.

Contexto histórico y su influencia en la preparación

El legado de la Guerra Fría:

Estados Unidos y Rusia: La era de la Guerra Fría dejó un impacto duradero en la preparación para la lluvia radiactiva tanto en los Estados Unidos como en Rusia (antes Unión Soviética). Durante este período, ambas naciones desarrollaron amplios programas de defensa civil, incluidos refugios públicos contra la lluvia radiactiva, planes de evacuación masiva y educación pública generalizada sobre seguridad nuclear. Aunque la intensidad de estos programas ha disminuido desde el final de la Guerra Fría, la infraestructura y la conciencia cultural establecidas durante este tiempo continúan influyendo en los esfuerzos de preparación actuales. Europa del Este: Muchos países de Europa del Este, que antes formaban parte del bloque soviético, también mantienen un legado de medidas de defensa civil de la era de la Guerra Fría. Naciones como Polonia, Hungría y la República Checa han conservado algunos elementos de sus antiguos programas de defensa civil, aunque estos a menudo se han reducido o reutilizado en la era posterior a la Guerra Fría.

El impacto de los incidentes nucleares:

Japón y el desastre de Fukushima: El enfoque de Japón en materia de preparación para la lluvia radiactiva está muy influenciado por el desastre nuclear de Fukushima Daiichi en 2011. Este evento puso de relieve las vulnerabilidades de los protocolos de seguridad nuclear de Japón y condujo a reformas significativas, incluidas regulaciones más estrictas, mejores sistemas de alerta temprana y mayor educación pública sobre seguridad radiológica. Japón también se ha centrado en mejorar los planes de evacuación y las estrategias de refugio, en particular para las comunidades cercanas a las centrales nucleares.

Chernóbil y Ucrania: El desastre de Chernóbil de 1986 tuvo un profundo impacto en Ucrania y los países vecinos. Expuso los peligros de las medidas de seguridad inadecuadas y la mala planificación de la respuesta a emergencias. En respuesta, Ucrania y otros países afectados han trabajado desde entonces para mejorar sus estándares de seguridad nuclear, desarrollar mejores sistemas de monitoreo y educar al público sobre los riesgos de la exposición a la radiación.

Factores geopolíticos y económicos

Potencias nucleares y su preparación:

Estados Unidos: Como una de las principales potencias nucleares, Estados Unidos ha desarrollado un enfoque integral para la preparación ante la lluvia radiactiva. Esto incluye la Agencia Federal para el Manejo de Emergencias (FEMA, por sus siglas en inglés) que coordina los planes nacionales de respuesta, el Departamento de Seguridad Nacional (DHS, por sus siglas en inglés) que supervisa los programas de preparación y el Departamento de Energía (DOE, por sus siglas en inglés) que gestiona la seguridad nuclear. Las campañas de educación pública, los simulacros y el desarrollo de tecnología avanzada para la detección y protección contra la radiación son fundamentales para los esfuerzos de preparación de Estados Unidos.

Rusia: Rusia mantiene un sólido sistema de defensa civil, en el que el Ministerio de Situaciones de Emergencia (EMERCOM) desempeña un papel clave en la preparación y respuesta ante desastres. El enfoque de Rusia enfatiza los planes de evacuación a gran escala, los refugios públicos y el uso de recursos militares en caso de una emergencia nuclear. Dado el vasto territorio y el arsenal nuclear de Rusia, el país prioriza el mantenimiento de un alto nivel de preparación en todas sus regiones.

Estados no nucleares:

Suiza: Suiza es famosa por su programa integral de defensa civil, a pesar de no ser una potencia nuclear. El país ha invertido mucho en refugios públicos contra la radiación, con capacidad suficiente para proteger a toda su población. La ley suiza exige que todos los edificios nuevos incluyan espacio para refugios, y el gobierno actualiza periódicamente sus planes de preparación e iniciativas de educación pública.

Suecia: Suecia también tiene una sólida tradición de defensa civil, con amplias redes de refugios contra la radiación y programas de educación pública. La preparación de Suecia se basa en su política de neutralidad y autosuficiencia, con el objetivo de proteger a su población en caso de un conflicto o accidente nuclear, a pesar de no poseer armas nucleares.

Países en desarrollo:

India y Pakistán: Como vecinos con armas nucleares y una historia de conflictos, India y Pakistán enfrentan desafíos únicos en materia de preparación para la lluvia radiactiva. Ambos países han hecho esfuerzos para desarrollar medidas de defensa civil, incluidas campañas de concienciación pública y el establecimiento de agencias de respuesta a emergencias. Sin embargo, las limitaciones económicas y la necesidad de abordar otras cuestiones urgentes, como la pobreza y el desarrollo de infraestructura, limitan el alcance de sus programas de preparación.

África subsahariana: En gran parte del África subsahariana, la preparación para la lluvia radiactiva está menos desarrollada debido a los recursos limitados, la baja percepción del riesgo y otras preocupaciones apremiantes de salud pública y seguridad. Sin embargo, las organizaciones internacionales y las ONG han trabajado para mejorar el monitoreo de la radiación y las capacidades de respuesta a emergencias, particularmente en países con actividades de extracción de uranio o instalaciones de investigación nuclear.

Influencias culturales y sociales

Percepción pública y preparación:

Asia: En países como Japón y Corea del Sur, la percepción pública de los riesgos nucleares está determinada tanto por experiencias históricas (como Hiroshima, Nagasaki y Fukushima) como por las tensiones geopolíticas en curso. Como resultado, estos países dan mucha importancia a la educación pública, a los simulacros periódicos y a la disponibilidad de equipos de protección personal. El público de estos países tiende a ser más consciente de los riesgos nucleares y a participar más en actividades de preparación.

Europa occidental: En Europa occidental, la percepción pública de la lluvia radiactiva varía. Países como Alemania y Austria, que tienen fuertes movimientos antinucleares, tienden a centrarse en la eliminación gradual de la energía nuclear y en la inversión en energías renovables. Estos países también destacan la importancia de la cooperación internacional en materia de seguridad nuclear, pero la preparación pública para la lluvia radiactiva suele recibir menos atención que los países con un historial de programas de defensa civil.

Educación y difusión de información:

Países escandinavos: Países como Noruega y Finlandia enfatizan la educación pública sobre seguridad nuclear como parte de sus estrategias más amplias de defensa civil. La información sobre riesgos de radiación, medidas de protección y procedimientos de emergencia se integra en los programas escolares y campañas públicas. El enfoque en la transparencia y la confianza pública ayuda a garantizar que los ciudadanos estén bien informados y preparados para responder a emergencias nucleares.

América Latina: En los países latinoamericanos, la preparación para la lluvia radiactiva es generalmente menos prominente en el discurso público, en parte debido al menor riesgo percibido de conflicto o accidentes nucleares. Sin embargo, las naciones con programas de energía nuclear, como Brasil y Argentina, han hecho esfuerzos para educar al público sobre seguridad radiológica y respuesta a emergencias, a menudo en colaboración con agencias internacionales.

Consideraciones tecnológicas y de infraestructura

Tecnología avanzada en preparación:

Estados Unidos y Japón: Tanto Estados Unidos como Japón son líderes en el desarrollo y despliegue de tecnología avanzada para la preparación para la lluvia radiactiva. Esto incluye redes sofisticadas de detección de radiación, sistemas automatizados de alerta temprana y modelos predictivos impulsados por IA para la dispersión de la lluvia radiactiva. Estas tecnologías están integradas en los marcos nacionales de gestión de emergencias y proporcionan datos en tiempo real para orientar la toma de decisiones durante un evento nuclear.

Unión Europea: La Unión Europea (UE) promueve el uso de la tecnología en materia de seguridad nuclear a través de su Centro Común de Investigación (CCI) y otras iniciativas. La UE ha invertido en sistemas transfronterizos de vigilancia de la radiación, bases de datos compartidas e investigación colaborativa sobre tecnologías de seguridad nuclear. Los Estados miembros se benefician de estos recursos compartidos, mejorando su preparación general.

Infraestructura y asignación de recursos:

Australia y Nueva Zelanda: Australia y Nueva Zelanda, si bien están geográficamente distantes de las principales potencias nucleares, han invertido en infraestructura para protegerse contra la lluvia radiactiva. Esto incluye refugios públicos, instalaciones de respuesta a emergencias y reservas de suministros esenciales. Ambos países también destacan la importancia de una infraestructura resiliente, como redes eléctricas y redes de comunicación robustas, para mantener la funcionalidad durante un evento nuclear.

China: China ha realizado importantes inversiones en infraestructura de defensa civil, incluida la construcción de refugios urbanos contra la lluvia radiactiva y el desarrollo de planes de evacuación de emergencia para áreas densamente pobladas. El enfoque de China combina medidas tradicionales de defensa civil con tecnología moderna, como aplicaciones móviles para alertas de emergencia y plataformas digitales para educación pública.

Cooperación internacional e intercambio de conocimientos

Colaboraciones regionales:

OTAN y UE: Tanto la OTAN como la UE desempeñan papeles importantes en la facilitación de la cooperación regional en materia de preparación para la lluvia radiactiva. El Comité de Planificación de Emergencias Civiles (CEPC) de la OTAN coordina esfuerzos entre los estados miembros para desarrollar y compartir las mejores prácticas, realizar ejercicios conjuntos y estandarizar protocolos de respuesta a emergencias. Los mecanismos de la UE, como el Mecanismo Europeo de Protección Civil, apoyan respuestas coordinadas a incidentes nucleares en todos los estados miembros.

ASEAN: La Asociación de Naciones del Sudeste Asiático (ASEAN) también se ha centrado en mejorar la cooperación regional en materia de seguridad nuclear. A través de la Red de Organismos Reguladores de la ASEAN sobre Energía Atómica (ASEANTOM), los estados miembros colaboran en el desarrollo de marcos regulatorios, la realización de programas de capacitación conjuntos y el intercambio de información sobre seguridad nuclear.

Alianzas globales:

Organismo Internacional de Energía Atómica (OIEA): El OIEA sigue siendo la organización central para la cooperación global en materia de seguridad nuclear. Proporciona asistencia técnica, lleva a cabo revisiones por pares y facilita el intercambio de conocimientos y mejores prácticas entre los Estados miembros. El Centro de Respuesta a Incidentes y Emergencias (CEI) del OIEA desempeña un papel crucial en la coordinación de las respuestas internacionales a las emergencias nucleares.

Naciones Unidas y OMS: Las Naciones Unidas y la Organización Mundial de la Salud (OMS) también contribuyen a la preparación global para la lluvia radiactiva mediante iniciativas que promueven la salud pública, la vigilancia ambiental y la respuesta a emergencias. Estas organizaciones trabajan con los Estados miembros para implementar estándares internacionales de seguridad y mejorar la resiliencia global a las amenazas nucleares.

Orientaciones futuras en la preparación global para la lluvia radiactiva

Adaptación a nuevas amenazas:

Preocupaciones de ciberseguridad: A medida que las instalaciones nucleares y los sistemas de gestión de emergencias se vuelven más dependientes de la tecnología digital, la ciberseguridad ha surgido como un aspecto crítico de la preparación para la lluvia radiactiva. Los países deben invertir en la protección de su infraestructura nuclear contra ciberataques que podrían interrumpir los sistemas de seguridad o las respuestas de emergencia.

Cambio climático y desastres naturales: La intersección de la seguridad nuclear y el cambio climático es otra preocupación emergente. El aumento del nivel del mar, la mayor intensidad de las tormentas y otros riesgos relacionados con el clima podrían afectar a las instalaciones nucleares y complicar las respuestas de emergencia. Los países están teniendo cada vez más en cuenta estos riesgos en sus estrategias de preparación nuclear.

Promoción de la educación pública:

Campañas de educación mundial: Las organizaciones internacionales y los gobiernos nacionales están reconociendo la necesidad de realizar campañas de educación pública permanentes que aborden la naturaleza cambiante de las amenazas nucleares. Estas campañas tienen como objetivo mejorar la comprensión pública de los riesgos de la radiación, promover conductas de protección y empoderar a las comunidades para que tomen medidas proactivas en la preparación para la lluvia radiactiva. Al aprovechar las plataformas de comunicación modernas, incluidas las redes sociales, las aplicaciones móviles y el aprendizaje en línea, estas campañas pueden llegar a un público más amplio y proporcionar información accesible y actualizada sobre cómo responder de manera eficaz en una emergencia nuclear.

Incorporación de la preparación nuclear en los programas escolares: Para garantizar que las generaciones futuras estén mejor preparadas, algunos países están integrando la seguridad nuclear y la preparación para la lluvia radiactiva en sus programas escolares. Esta educación comienza a una edad temprana, enseñando a los estudiantes los conceptos básicos de la radiación, cómo protegerse durante un evento nuclear y la importancia de la preparación para emergencias. Estos programas ayudan a fomentar una cultura de seguridad y preparación que se puede transmitir a las familias y las comunidades.

Iniciativas impulsadas por la comunidad: Además de los esfuerzos liderados por el gobierno, existe un creciente reconocimiento del papel que las comunidades pueden desempeñar en la preparación para la lluvia radiactiva. Las iniciativas de base, como los grupos de preparación vecinales, las sesiones de capacitación locales y los equipos voluntarios de respuesta a emergencias, son cada vez más comunes. Estas iniciativas empoderan a las personas para que se responsabilicen de su seguridad y contribuyan a la resiliencia de sus comunidades.

Equidad mundial en la preparación para la lluvia radiactiva

Abordar las disparidades en los recursos:

Países en desarrollo: Uno de los desafíos más importantes en la preparación mundial para la lluvia radiactiva es la disparidad de recursos entre los países desarrollados y en desarrollo. Mientras que las naciones más ricas pueden invertir en tecnologías avanzadas, infraestructura y educación pública, muchos países en desarrollo tienen dificultades para asignar recursos a la seguridad nuclear. Para abordar estas disparidades se necesita asistencia internacional, programas de creación de capacidad y el intercambio de tecnología y conocimientos.

Ayuda y apoyo internacionales:

Fondos mundiales para la preparación: El establecimiento de fondos mundiales dedicados a la preparación para la lluvia radiactiva puede ayudar a cerrar la brecha entre las naciones con diferentes niveles de recursos. Estos fondos podrían apoyar la construcción de refugios, la distribución de equipos de protección y el desarrollo de planes de emergencia en países que carecen de los medios financieros para hacerlo de forma independiente.

Transferencia de conocimientos y tecnología: Las naciones más ricas y las organizaciones internacionales pueden ayudar a los países en desarrollo brindándoles acceso a equipos de detección de radiación, suministros médicos y programas de capacitación. Esta transferencia de conocimientos y tecnología puede mejorar significativamente la capacidad de las naciones en desarrollo para prepararse y responder a la lluvia radiactiva.

Promoción de estrategias de preparación inclusivas:

Enfoques culturalmente sensibles: Para que las estrategias de preparación para casos de lluvia radiactiva sean inclusivas y culturalmente sensibles, es fundamental garantizar su eficacia. Los planes de preparación deben tener en cuenta las necesidades específicas de las poblaciones vulnerables, incluidos los niños, los ancianos y las personas con discapacidades. La adaptación de las campañas de educación pública y los planes de emergencia para tener en cuenta las diferencias culturales y los idiomas locales puede mejorar la participación de la comunidad y garantizar que todos los miembros de la sociedad estén adecuadamente preparados.

Solidaridad y cooperación mundiales:

Construcción de la solidaridad internacional: Ante las amenazas nucleares mundiales, es esencial construir un sentido de solidaridad internacional. Los países deben reconocer que la lluvia radiactiva es un problema transnacional que requiere una acción colectiva. Al fomentar un espíritu de cooperación y apoyo mutuo, la comunidad mundial puede trabajar en conjunto para garantizar que todas las naciones, independientemente de su situación económica, estén equipadas para proteger a sus poblaciones de los peligros de la lluvia radiactiva.

Estudios de casos sobre la preparación mundial para la radiación radiactiva

El enfoque integral de Japón después de Fukushima:

Reformas e innovaciones: después del desastre de Fukushima, Japón emprendió reformas significativas para mejorar su seguridad nuclear y su preparación para la radiación radiactiva. Estas iniciativas incluyeron la introducción de normas regulatorias más estrictas, el desarrollo de sistemas avanzados de alerta temprana y un enfoque renovado en la educación pública y la participación de la comunidad. La experiencia de Japón proporciona lecciones valiosas para otros países que buscan mejorar su preparación tras un incidente nuclear.

La extensa red de refugios de Suiza:

Un modelo para los refugios públicos: el enfoque de Suiza para la preparación para la radiación radiactiva, caracterizado por su extensa red de refugios públicos, sirve como modelo para otras naciones. El compromiso del gobierno suizo de mantener una capacidad de refugio que pueda acomodar a toda su población, junto con campañas y simulacros de educación pública regulares, resalta la importancia de la infraestructura y la participación pública en estrategias de preparación efectivas.

SISTEMA DE DEFENSA civil integrado de Corea del Sur:

Equilibrio entre amenazas modernas y medidas tradicionales: Corea del Sur ha desarrollado un sofisticado sistema de defensa civil que integra tecnología moderna con medidas tradicionales de defensa civil. El enfoque del país incluye sistemas avanzados de alerta temprana, programas integrales de educación pública y una red de refugios y rutas de evacuación. Los esfuerzos de preparación de Corea del Sur están impulsados por su situación geopolítica única, lo que subraya la importancia de adaptar las estrategias a las condiciones locales.

La infraestructura resiliente y la participación pública de Finlandia:

La preparación en el contexto nórdico: El enfoque de Finlandia para la preparación ante la lluvia radiactiva enfatiza la infraestructura resiliente, la confianza pública y la participación comunitaria generalizada. El enfoque del país en la construcción de refugios robustos, la integración de la preparación en el sistema educativo y la participación del público a través de una comunicación transparente la han convertido en una de las naciones más preparadas de Europa.

El futuro de la preparación mundial para la lluvia radiactiva

Innovaciones en tecnología y políticas:

Tecnologías emergentes: El futuro de la preparación para la lluvia radiactiva probablemente estará determinado por los avances tecnológicos, incluidos los modelos predictivos impulsados por IA, la detección de radiación basada en drones y las plataformas de comunicación en tiempo real. Estas tecnologías mejorarán la capacidad de los gobiernos y las comunidades para responder de manera rápida y eficaz a las amenazas nucleares.

Evolución de las políticas mundiales: Las novedades en materia de políticas internacionales, como los nuevos tratados, convenciones y acuerdos sobre seguridad nuclear, también desempeñarán un papel fundamental en la configuración del futuro de la preparación para la lluvia radiactiva. Estas políticas pueden promover una mayor cooperación, estandarizar los protocolos de seguridad y garantizar que todas las naciones trabajen para alcanzar objetivos comunes en materia de seguridad nuclear.

Resiliencia frente a nuevos desafíos:

Cambio climático y seguridad nuclear: A medida que el cambio climático presente nuevos desafíos, como fenómenos meteorológicos extremos y el aumento del nivel del mar, los países deberán adaptar sus estrategias de preparación para la lluvia radiactiva. Esto puede implicar la reevaluación de la ubicación de las instalaciones nucleares, la actualización de la infraestructura para resistir los desastres naturales y la integración de las evaluaciones de riesgo climático en la planificación de emergencias.

Fortalecimiento de la cooperación internacional: La naturaleza global de las amenazas nucleares exige un compromiso renovado con la cooperación internacional. El fortalecimiento de las redes globales, la mejora del intercambio de información y el fomento del apoyo mutuo serán esenciales para generar resiliencia frente a los desafíos nucleares futuros.

Las perspectivas globales sobre la preparación para la lluvia radiactiva reflejan los diversos enfoques, desafíos e innovaciones que los países de todo el mundo han desarrollado en respuesta a la amenaza de eventos nucleares. Desde el legado de la Guerra Fría hasta las lecciones aprendidas de los incidentes nucleares recientes, las naciones han elaborado estrategias únicas basadas en sus experiencias históricas, realidades geopolíticas y recursos disponibles.

A medida que el mundo continúa enfrentando amenazas nucleares en constante evolución, la importancia de la cooperación internacional, la innovación tecnológica y la participación pública en la preparación para la lluvia radiactiva no se puede subestimar. Al aprender de las experiencias de los demás y trabajar juntos para abordar los desafíos comunes, la comunidad global puede mejorar su capacidad colectiva para proteger a las poblaciones y mitigar los riesgos asociados con la lluvia radiactiva.

El futuro de la preparación mundial para la lluvia radiactiva estará determinado por nuestra capacidad de adaptarnos a nuevas amenazas, adoptar tecnologías emergentes y promover la equidad en las iniciativas de preparación. Mediante una colaboración continua y un compromiso compartido con la seguridad, el mundo puede construir un futuro más resiliente y seguro para todos.

Mantenimiento de refugios antiaéreos: cómo mantenerlos en funcionamiento

El mantenimiento de un refugio antiaéreo es esencial para garantizar que siga funcionando y esté listo para usarse en caso de una emergencia nuclear. El mantenimiento regular no solo preserva la integridad estructural del refugio, sino que también garantiza que todos los sistemas, suministros y equipos estén en condiciones de funcionamiento. Este capítulo proporcionará una guía completa para el mantenimiento de refugios antiaéreos, que abarca aspectos clave como inspecciones estructurales, controles de sistemas, gestión de suministros y estrategias de mantenimiento a largo plazo.

Inspecciones estructurales

Evaluaciones estructurales de rutina:

Integridad de paredes y techo: inspeccione regularmente las paredes y el techo de su refugio para detectar cualquier signo de daño, como grietas, filtraciones o infiltración de agua. Estos problemas pueden comprometer la capacidad del refugio para proteger contra la radiación y los peligros ambientales. Aborde cualquier daño estructural de inmediato para evitar un mayor deterioro.

Estabilidad de los cimientos: verifique los cimientos para detectar signos de asentamiento, grietas o humedad. Una base estable es fundamental para la durabilidad a largo plazo de su refugio. Si nota algún cambio significativo, consulte a un ingeniero estructural para que evalúe la situación y recomiende las reparaciones necesarias.

Humedad e impermeabilización:

Sistemas de impermeabilización: asegúrese de que los sistemas de impermeabilización de su refugio, como drenaje, selladores y membranas, funcionen correctamente. La infiltración de agua puede provocar la aparición de moho, debilitar la estructura y dañar los suministros almacenados. Revise periódicamente si hay fugas y vuelva a sellar las áreas por donde pueda penetrar el agua.

Control de la humedad: mantenga los niveles de humedad adecuados dentro del refugio para evitar la condensación, que puede provocar óxido, moho y degradación del material. Considere la posibilidad de utilizar deshumidificadores o materiales que absorban la humedad, como gel de sílice, para controlar la humedad.

Ventilación y calidad del aire:

Control del sistema de ventilación: inspeccione y limpie periódicamente el sistema de ventilación para asegurarse de que no tenga obstrucciones y funcione de manera eficiente. Una ventilación adecuada es esencial para mantener la calidad del aire y eliminar los contaminantes del refugio. Reemplace los filtros de aire según sea necesario y asegúrese de que todos los ventiladores, conductos y rejillas de ventilación estén en buenas condiciones.

Control de la calidad del aire: utilice monitores de calidad del aire para verificar la presencia de gases nocivos, como monóxido de carbono o radón. Estos dispositivos pueden alertarlo sobre posibles peligros que pueden requerir atención inmediata. Asegúrese de que todo el equipo de detección esté calibrado y funcione correctamente.

Mantenimiento del sistema

Sistemas de suministro de energía:

Mantenimiento del generador: si su refugio depende de un generador para obtener energía, realice controles de mantenimiento regulares, incluidos cambios de aceite, reemplazos de filtros de combustible e inspecciones de la batería. Pruebe el generador periódicamente para asegurarse de que arranque y funcione sin problemas. Tenga a mano un suministro de combustible y utilice estabilizadores de combustible para evitar la degradación.

Sistemas de respaldo de batería: inspeccione los sistemas de respaldo de batería para asegurarse de que estén completamente cargados y en funcionamiento. Reemplace las baterías que muestren signos de desgaste o capacidad reducida. Pruebe el sistema con regularidad para verificar que pueda proporcionar energía en caso de una falla del generador.

Sistemas de agua y saneamiento:

Almacenamiento y filtración de agua: revise los contenedores de almacenamiento de agua para detectar fugas o signos de contaminación. Rote el agua almacenada periódicamente para garantizar su frescura. Inspeccione y mantenga los sistemas de filtración de agua, reemplazando los filtros según lo recomendado por el fabricante.

Equipo de saneamiento: inspeccione los baños portátiles, los sistemas de eliminación de desechos y los accesorios de plomería para verificar su funcionalidad y limpieza. Vacíe regularmente los contenedores de desechos y desinfecte todo el equipo para evitar la acumulación de bacterias dañinas. Asegúrese de que su refugio tenga un suministro adecuado de productos químicos de saneamiento y materiales de limpieza.

Calefacción, refrigeración y ventilación:

Sistemas de control del clima: pruebe los sistemas de calefacción, refrigeración y ventilación para asegurarse de que puedan mantener una temperatura agradable dentro del refugio. Limpie o reemplace los filtros de aire de las unidades de HVAC y verifique que no haya obstrucciones ni problemas mecánicos en el sistema. Si su refugio utiliza una estufa de leña u otra fuente de calor, inspecciónela para comprobar su seguridad y eficiencia.

Ventilación de emergencia: asegúrese de que todos los sistemas de ventilación manuales o de respaldo, como las bombas de aire con manivela, estén en buenas condiciones de funcionamiento. Estos sistemas son esenciales si falla su ventilación principal.

Gestión de suministros

Suministros de alimentos y agua:

Rotación e inventario de alimentos: controle regularmente sus suministros de alimentos para ver las fechas de vencimiento y rótelos para asegurarse de que todos los artículos permanezcan dentro de su vida útil. Mantenga un inventario actualizado de todos los alimentos, incluidas las cantidades y las fechas de vencimiento, y reemplace cualquier artículo que esté próximo a vencerse.

Reservas de agua: asegúrese de que sus reservas de agua sean suficientes para la duración prevista del uso del refugio. Reemplace el agua almacenada cada seis meses y considere la posibilidad de utilizar pastillas o filtros de tratamiento de agua para prolongar la vida útil del agua almacenada.

SUMINISTROS MÉDICOS:

Mantenimiento del botiquín de primeros auxilios: inspeccione su botiquín de primeros auxilios y los suministros médicos para asegurarse de que estén completos y en buenas condiciones. Reemplace los medicamentos, vendajes u otros artículos perecederos vencidos. Considere almacenar suministros médicos adicionales, como antibióticos, analgésicos y antisépticos, para abordar posibles problemas de salud durante las estadías prolongadas en el refugio.

Equipo médico especializado: si su refugio contiene equipo médico especializado, como desfibriladores o tanques de oxígeno, verifique regularmente que funcionen y estén completamente cargados o llenos. Asegúrese de que todo el equipo esté almacenado correctamente y sea de fácil acceso en caso de emergencia.

Herramientas y equipos de emergencia:

Inspección de herramientas: inspeccione todas las herramientas y equipos de emergencia, como linternas, radios, extintores de incendios y herramientas manuales, para asegurarse de que estén en buen estado de funcionamiento. Reemplace las baterías de los dispositivos electrónicos con regularidad y tenga un suministro de baterías de repuesto a mano.

Dispositivos de comunicación: Pruebe los dispositivos de comunicación, incluidas las radios bidireccionales, los teléfonos satelitales y las radios de transmisión de emergencia, para asegurarse de que estén en funcionamiento. Mantenga métodos de comunicación de respaldo en caso de que fallen los sistemas primarios.

Estrategias de mantenimiento a largo plazo

Simulacros y capacitación regulares:

Simulacros de emergencia: Realice simulacros de emergencia regulares para asegurarse de que todos los ocupantes del refugio sepan cómo usar el equipo, acceder a los suministros y responder a diversas situaciones de emergencia. Los simulacros deben simular condiciones realistas e incluir práctica en el uso de sistemas de respaldo, como ventilación manual o fuentes de energía alternativas.

Mantenimiento de habilidades: Mantenga sus habilidades en forma practicando regularmente tareas esenciales, como primeros auxilios, extinción de incendios y reparaciones de equipos. Considere tomar cursos de actualización o talleres para mantenerse actualizado sobre las mejores prácticas en preparación para emergencias.

Documentación y mantenimiento de registros:

Registro de mantenimiento: Mantenga un registro de mantenimiento detallado que registre todas las inspecciones, reparaciones y pruebas del sistema. Este registro debe incluir fechas, hallazgos y cualquier acción tomada. Revisar regularmente este registro puede ayudar a identificar patrones y problemas potenciales antes de que se vuelvan críticos.

Inventario de suministros: mantenga un inventario actualizado de todos los suministros, incluidos alimentos, agua, artículos médicos, herramientas y equipos. Actualice este inventario periódicamente a medida que se utilicen, reemplacen o agreguen artículos. Un inventario preciso garantiza que pueda evaluar rápidamente la preparación de su refugio en caso de emergencia.

Actualizaciones y mejoras del refugio:

Evaluaciones periódicas: evalúe periódicamente el estado general de su refugio e identifique las áreas en las que se pueden realizar mejoras. Esto podría incluir la actualización de los sistemas de ventilación, el refuerzo de los elementos estructurales o la incorporación de nueva tecnología para mejorar las capacidades del refugio.

Presupuesto para mejoras: reserve una parte de su presupuesto para el mantenimiento continuo y las posibles mejoras. Priorice las áreas críticas, como la integridad estructural y los sistemas esenciales, pero también considere invertir en mejoras de comodidad y sostenibilidad, como un mejor aislamiento o fuentes de energía renovables.

Preparación para los cambios estacionales

Preparación para el invierno:

Control del aislamiento: antes del invierno, inspeccione el aislamiento de su refugio para asegurarse de que sea adecuado para mantener el calor. Agregue aislamiento adicional a las paredes, los techos y las puertas si es necesario. Además, controle que no haya corrientes de aire alrededor de las puertas y ventanas y selle los espacios para evitar la pérdida de calor.

Mantenimiento del sistema de calefacción: pruebe y realice el mantenimiento de sus sistemas de calefacción, como estufas, calentadores o bombas de calor, para asegurarse de que estén listos para su uso durante el clima frío. Asegúrese de tener suficiente combustible o energía para un uso prolongado.

Preparación para el verano:

Mantenimiento del sistema de enfriamiento: asegúrese de que los sistemas de enfriamiento, como ventiladores o unidades de aire acondicionado, funcionen de manera eficiente. Limpie o reemplace los filtros, controle los niveles de refrigerante y pruebe la capacidad del sistema para mantener una temperatura agradable en climas cálidos.

Ajustes de la ventilación: ajuste los sistemas de ventilación para optimizar el flujo de aire y evitar el sobrecalentamiento. En climas cálidos, considere agregar sombreado o materiales reflectantes para reducir la ganancia de calor dentro del refugio.

Cómo afrontar los retos habituales de mantenimiento

Control de plagas:

Medidas preventivas: Implemente medidas preventivas para mantener las plagas fuera de su refugio, como sellar grietas y huecos, usar repelente de plagas y almacenar los alimentos en recipientes herméticos. Inspeccione regularmente el refugio para detectar señales de plagas, como excrementos o daños en los suministros.

Control de plagas: Si se detectan plagas, tome medidas inmediatas para eliminarlas y evitar una mayor infestación. Esto puede implicar colocar trampas, usar productos de control de plagas o buscar ayuda profesional si el problema es grave.

Prevención de moho y hongos:

Control de la humedad: Mantenga un control adecuado de la humedad mediante una ventilación eficaz, control de la humedad e impermeabilización. Utilice materiales resistentes al moho en la construcción y el acabado de su refugio e inspecciónelo regularmente para detectar señales de moho o hongos.

Limpieza y remediación: Si se detecta moho o hongos, limpie el área afectada de inmediato con productos para matar el moho. Retire y reemplace cualquier material que esté muy infestado. Aborde el problema de humedad subyacente para evitar el crecimiento futuro.

Infraestructura envejecida:

Mantenimiento proactivo: A medida que su refugio envejece, serán necesarias inspecciones más frecuentes y mantenimiento proactivo para mantenerlo en buenas condiciones. Actualice periódicamente los sistemas, materiales y equipos más antiguos para garantizar que sigan funcionando y sean seguros.

Inspecciones profesionales: Considere la posibilidad de que un profesional realice inspecciones periódicas, en particular si su refugio es antiguo o si le preocupan cuestiones específicas como la integridad estructural o la seguridad eléctrica. Una evaluación profesional puede identificar problemas que podrían no ser evidentes durante las inspecciones de rutina.

El mantenimiento de un refugio antinuclear es una responsabilidad fundamental que garantiza que el refugio siga funcionando, sea seguro y esté listo para su uso en caso de una emergencia nuclear. Las actividades de mantenimiento regulares, que incluyen inspecciones estructurales, controles del sistema y gestión de suministros, son esenciales para preservar la integridad y la preparación operativa del refugio. Al implementar estrategias de mantenimiento a largo plazo y abordar

Desafíos de mantenimiento comunes: puede extender la vida útil de su refugio y garantizar que brinde la protección adecuada cuando sea necesario.

Consideraciones finales

Compromiso con el mantenimiento continuo:

Rutina y consistencia: el mantenimiento no es una tarea que se realiza una sola vez, sino un proceso continuo que requiere atención de rutina. Establezca un cronograma regular para las inspecciones y pruebas del sistema para mantener el refugio en las mejores condiciones. La consistencia en estos esfuerzos evitará que los problemas menores se conviertan en problemas mayores.

Involucrar a todos los ocupantes: asegúrese de que todos los ocupantes del refugio estén familiarizados con las rutinas de mantenimiento y sepan cómo realizar controles y reparaciones básicas. Esta responsabilidad compartida aumenta la preparación general del refugio y garantiza que todos estén preparados para contribuir en una emergencia.

Prepararse para lo inesperado:

Reparaciones de emergencia: tenga a mano un kit de herramientas bien abastecido y repuestos para reparaciones de emergencia. Estar preparado para abordar problemas inesperados, como una tubería rota o un generador que funciona mal, es fundamental para mantener la funcionalidad del refugio durante una crisis. Adaptabilidad: Esté preparado para adaptar sus estrategias de mantenimiento a medida que surjan nuevos desafíos. Ya sea debido al envejecimiento de la infraestructura, las condiciones climáticas cambiantes o los nuevos desarrollos tecnológicos, la flexibilidad en su enfoque ayudará a garantizar que su refugio siga siendo eficaz a lo largo del tiempo.

Documentación y transferencia de conocimientos:

Registros detallados: Mantenga registros detallados de todas las actividades de mantenimiento, actualizaciones y reparaciones. Esta documentación será invaluable para realizar un seguimiento del estado del refugio y planificar futuras tareas de mantenimiento.

Transferencia de conocimientos: Asegúrese de que el conocimiento de las rutinas de mantenimiento del refugio se transmita a los futuros ocupantes o miembros de la familia. Esta transferencia de conocimientos garantiza que el refugio siga funcionando y que se respeten sus rutinas de mantenimiento, incluso si hay un cambio en la persona responsable de su mantenimiento.

Mejora continua:

Adopción de la innovación: A medida que surjan nuevos materiales, tecnologías y mejores prácticas, considere incorporarlos al plan de diseño y mantenimiento de su refugio. Mantenerse informado sobre los avances en la construcción de refugios y la preparación para emergencias puede ayudarlo a tomar decisiones informadas sobre actualizaciones y mejoras.

Comentarios y evaluación: después de cada ciclo de mantenimiento, evalúe qué funcionó bien y qué se podría mejorar. Recopilar comentarios de todos los ocupantes del refugio puede ayudar a refinar sus rutinas de mantenimiento y garantizar que el refugio satisfaga las necesidades de todos de manera eficaz.

El mantenimiento de un refugio antiaéreo es un compromiso proactivo y continuo que desempeña un papel fundamental para garantizar la seguridad y el bienestar de sus ocupantes. Si realiza con diligencia inspecciones periódicas, comprobaciones del sistema y gestión de suministros, y aborda los desafíos de mantenimiento a medida que surgen, puede mantener su refugio en condiciones óptimas. Mediante una planificación cuidadosa, un mantenimiento constante y la voluntad de adaptarse y mejorar, su refugio antiaéreo seguirá siendo un refugio confiable y seguro en caso de una emergencia nuclear.

Reingreso al mundo: ¿cuándo es seguro?

El reingreso al mundo después de un evento nuclear es una decisión crítica y compleja que requiere una consideración cuidadosa de varios factores, incluidos los niveles de radiación, las condiciones ambientales y la disponibilidad de recursos. Saber cuándo es seguro abandonar el refugio y cómo hacerlo de manera efectiva es vital para garantizar la salud y la seguridad de todos los ocupantes del refugio. Este capítulo lo guiará a través del proceso de determinar cuándo es seguro volver a ingresar al mundo exterior, qué precauciones tomar y cómo enfrentar los desafíos que pueden surgir durante esta transición.

Comprensión de la desintegración de la radiación y los niveles seguros

Proceso de desintegración de la radiación:

Lluvia radiactiva inicial: después de una detonación nuclear, el entorno fuera del refugio estará muy contaminado con partículas radiactivas. Estas partículas emiten radiación, lo que plantea riesgos significativos para la salud. La intensidad de la radiación disminuye con el tiempo, pero los primeros días y semanas después del evento son los más peligrosos.

La regla de los sietes: la "regla del 7 al 10" es un principio básico que se utiliza para estimar la desintegración de la radiación. Según esta regla, por cada aumento de siete veces en el tiempo después de la explosión, el nivel de radiación disminuye en un factor de diez. Por ejemplo, si el nivel de radiación es de 1000 roentgens por hora inmediatamente después de la explosión, bajará a 100 roentgens por hora después de 7 horas y a 10 roentgens por hora después de 49 horas. Sin embargo, incluso a niveles más bajos, la exposición prolongada puede ser dañina.

Niveles de radiación seguros para el reingreso:

Niveles umbral: la pauta general para un reingreso seguro al medio ambiente es cuando los niveles de radiación caen por debajo de 0,5 roentgens por hora (500 miliroentgens por hora). En este nivel, el riesgo de enfermedad aguda por radiación es mínimo y, con las precauciones adecuadas, es seguro pasar un tiempo limitado fuera del refugio.

Consideraciones sobre la exposición a largo plazo: si bien los niveles de radiación más bajos pueden permitir el reingreso temporal, la exposición a largo plazo incluso a pequeñas cantidades de radiación puede aumentar el riesgo de cáncer y otros problemas de salud. Es fundamental controlar los niveles de radiación de forma continua y limitar el tiempo que se pasa al aire libre hasta que se considere que los niveles son seguros para la habitación permanente.

Herramientas para medir la radiación

Equipo de detección de radiación:

Contadores Geiger: los contadores Geiger son las herramientas más comunes que se utilizan para medir los niveles de radiación en el medio ambiente. Detectan y miden la radiación ionizante, proporcionando datos en tiempo real sobre el nivel de contaminación. Asegúrese de que su contador Geiger esté calibrado y en buen estado de funcionamiento antes de usarlo para evaluar la seguridad del reingreso.

Dosímetros: los dosímetros personales miden la exposición a la radiación acumulada a lo largo del tiempo. Estos dispositivos los usan las personas y proporcionan un registro continuo de la cantidad de radiación a la que han estado expuestas. Esto es particularmente importante para controlar la exposición a largo plazo al comenzar el reingreso.

Medidores de medición: los medidores de medición son dispositivos de detección de radiación más avanzados que pueden proporcionar mediciones más precisas de diferentes tipos de radiación, incluidas la radiación alfa, beta, gamma y neutrónica. Son útiles para evaluar los peligros específicos del medio ambiente.

Uso de equipos de detección:

Establecer una línea de base: antes de salir del refugio, tome lecturas de referencia de los niveles de radiación tanto dentro como fuera del refugio. Esto le ayudará a comparar los cambios a lo largo del tiempo y determinar si las condiciones están mejorando.

Monitoreo del progreso: a medida que comience a explorar el área fuera del refugio, use su equipo de detección para monitorear los niveles de radiación de forma continua. Preste especial atención a las áreas donde la radiación podría estar más concentrada, como áreas bajas, fuentes de agua o lugares donde la radiación radiactiva podría haberse acumulado.

Preparación para el reingreso

Equipo de protección personal (EPP):

Ropa a prueba de radiación: antes de salir del refugio, asegúrese de que todos los ocupantes estén equipados con ropa a prueba de radiación, como trajes protectores especialmente diseñados o con revestimiento de plomo. Estas prendas ayudan a minimizar la exposición a partículas radiactivas y deben usarse siempre que se esté fuera del refugio hasta que se confirme que los niveles de radiación son seguros.

Protección respiratoria: use respiradores o máscaras con filtros de aire de partículas de alta eficiencia (HEPA) para protegerse contra la inhalación de polvo y partículas radiactivas. Asegúrese de que estas máscaras estén correctamente ajustadas y de que los filtros estén en buenas condiciones.

Procedimientos de descontaminación:

Descontaminación previa a la salida: antes de salir del refugio, lávese bien para eliminar cualquier partícula radiactiva potencial que pueda haber ingresado al refugio. Esto reduce el riesgo de contaminar su equipo de protección o aumentar la exposición mientras está afuera.

Descontaminación posterior al reingreso: al regresar al refugio, quítese la ropa protectora con cuidado y siga los procedimientos de descontaminación. Esto incluye lavarse la piel con agua y jabón, desechar de manera segura el equipo contaminado y monitorearse a sí mismo y a los demás para detectar cualquier signo de exposición a la radiación.

Comunicación y navegación:

Establecer comunicación: antes de volver a ingresar, asegúrese de tener dispositivos de comunicación confiables, como radios o teléfonos satelitales, para mantenerse en contacto con otros ocupantes del refugio o servicios de emergencia externos. Esto es crucial para coordinar movimientos, recibir actualizaciones sobre los niveles de radiación e informar cualquier problema.

Mapeo y planificación: cree un mapa del área alrededor de su refugio y planifique sus movimientos con cuidado. Evite las áreas que se sabe que tienen altos niveles de radiación o aquellas que son difíciles de navegar. Identifique posibles zonas o lugares seguros donde pueda encontrar refugio o recursos adicionales.

Evaluación de las condiciones ambientales

Seguridad del agua y los alimentos:

Fuentes de agua: analice las fuentes de agua locales para detectar contaminación por radiación antes de usarlas para beber, cocinar o limpiar. El agua contaminada con partículas radiactivas puede representar graves riesgos para la salud. Utilice sistemas de filtración de agua diseñados para eliminar contaminantes radiactivos o confíe en el agua almacenada hasta que esté seguro de que las fuentes naturales son seguras.

Seguridad alimentaria: evite consumir alimentos que puedan haber estado expuestos a la lluvia radiactiva. Esto incluye cultivos, plantas silvestres y animales. Si debe depender de fuentes de alimentos locales, analícelas para detectar contaminación con un contador Geiger u otros dispositivos de detección y priorice los alimentos que hayan sido almacenados o conservados en recipientes sellados.

Integridad estructural de los edificios:

Evaluación de daños: cuando comience a explorar el exterior del refugio, evalúe la integridad estructural de los edificios y la infraestructura. Muchas estructuras pueden haber resultado dañadas por la explosión inicial, la onda expansiva o la radiación, lo que hace que no sea seguro entrar en ellas. Evite entrar en edificios que muestren signos de daños graves, como grietas, paredes inclinadas o techos derrumbados.

Identificación de estructuras seguras: busque edificios que parezcan estructuralmente sólidos y libres de daños visibles. Estas estructuras pueden proporcionar refugio temporal o servir como áreas de preparación mientras regresa al mundo exterior. Sin embargo, continúe controlando los niveles de radiación dentro de estos edificios, ya que aún pueden albergar contaminación radiactiva.

Peligros ambientales:

Peligros químicos y biológicos: además de la radiación, tenga en cuenta otros peligros potenciales en el medio ambiente, como derrames de sustancias químicas, incendios o contaminación biológica. La alteración causada por un evento nuclear puede generar peligros secundarios que plantean riesgos adicionales para la salud y la seguridad.

Fauna y peligros naturales: tenga cuidado con la fauna que pueda haberse visto afectada por la radiación o los cambios en el medio ambiente. Los animales pueden comportarse de manera impredecible y algunas especies pueden ser más peligrosas debido a una mayor agresividad o enfermedad. Además, los peligros naturales como los deslizamientos de tierra, las inundaciones o los escombros caídos pueden suponer riesgos a medida que se desplaza por el entorno.

Consideraciones psicológicas y sociales

Manejo de la ansiedad y el estrés:

Concienciación sobre la salud mental: Volver al mundo después de un evento nuclear puede ser una experiencia estresante y que genere ansiedad. Es importante ser consciente de los impactos en la salud mental en uno mismo y en los demás. Brinde apoyo y aliento, y tome descansos si alguien se siente abrumado.

Cohesión grupal: Mantenga una comunicación sólida dentro de su grupo para asegurarse de que todos se sientan apoyados e informados. Las decisiones deben tomarse de manera colectiva, teniendo en cuenta el bienestar físico y emocional de todos los ocupantes del refugio.

DINÁMICA SOCIAL Y SEGURIDAD:

Interacción con otros: Si se encuentra con otros sobrevivientes, acérquese con precaución. Después de un evento nuclear, los recursos pueden escasear y algunas personas o grupos pueden reaccionar de manera impredecible. Establezca una relación de confianza con cuidado y esté preparado para defenderse si es necesario.

Desarrollo de la comunidad: a medida que se reincorpore al mundo, considere la importancia de reconstruir una comunidad. Trabajar junto con otros sobrevivientes puede mejorar la seguridad, brindar apoyo mutuo y mejorar las posibilidades de supervivencia a largo plazo. Compartir recursos, conocimientos y habilidades puede ayudar a crear una sociedad más estable y resiliente después del evento.

Estrategias de reingreso a largo plazo

Reingreso gradual:

Excursiones a corto plazo: inicialmente, limite el tiempo que pasa fuera del refugio a excursiones cortas para tareas esenciales, como reunir suministros, evaluar las condiciones y explorar zonas seguras. Esto reduce el riesgo de exposición prolongada a la radiación y le permite monitorear los cambios en las condiciones ambientales.

Exploración progresiva: a medida que los niveles de radiación continúan disminuyendo, aumente gradualmente la duración y el alcance de sus excursiones. Este enfoque gradual le permite adaptarse al entorno exterior y minimizar los riesgos.

Reingreso permanente:

Evaluación de habitabilidad: antes de comprometerse con el reingreso permanente, realice una evaluación exhaustiva del entorno para asegurarse de que sea seguro para la habitación a largo plazo. Esto incluye verificar que los niveles de radiación sean constantemente bajos, que las fuentes de agua y alimentos sean seguras y que el refugio y la infraestructura sean seguros.

Establecimiento de una nueva normalidad: reconstruir la vida después de un evento nuclear requiere crear nuevas rutinas, adaptarse a las condiciones cambiantes y priorizar la seguridad. Concéntrese en establecer fuentes estables de alimentos, agua y refugio, y trabaje gradualmente hacia la reconstrucción de la comunidad y la infraestructura.

Reconstrucción y recuperación:

Gestión de recursos: administre con cuidado los recursos que adquiera durante el reingreso. Priorice las prácticas sostenibles, como racionar los alimentos, purificar el agua y conservar la energía, para garantizar la supervivencia a largo plazo.

Planificación para el futuro: a medida que se asiente en un entorno posnuclear, comience a planificar la recuperación y la reconstrucción a largo plazo. Esto incluye considerar cómo restaurar la infraestructura, restablecer la agricultura y crear una comunidad autosuficiente. La recuperación será un proceso gradual que requiere una planificación cuidadosa, una gestión de los recursos y la colaboración con otras personas que han sobrevivido al evento.

Establecer una vida sostenible después de la catástrofe nuclear

Agricultura y producción de alimentos:

Evaluación de la seguridad del suelo: antes de intentar cultivar, analice el suelo para detectar la contaminación por radiación. Algunos tipos de radiación, como el cesio-137, pueden permanecer en el suelo durante años, lo que afecta a la seguridad de los alimentos que se cultivan en él. Si el suelo está contaminado, considere la posibilidad de utilizar lechos elevados con tierra limpia o sistemas hidropónicos para cultivar alimentos de forma segura.

Selección de cultivos: elija cultivos que sean conocidos por su resistencia y rápido crecimiento. Las hortalizas de raíz, por ejemplo, pueden ser más resistentes a la radiación, mientras que las verduras de hoja se pueden cultivar rápidamente en entornos controlados. Concéntrese en cultivos que proporcionen nutrientes y calorías esenciales.

Gestión del agua:

Garantizar la limpieza del agua: una fuente fiable de agua limpia es esencial para la supervivencia a largo plazo. Siga analizando las fuentes de agua con regularidad para detectar la contaminación y utilice métodos de filtración y purificación para garantizar la seguridad. Los sistemas de recolección de agua de lluvia también pueden proporcionar una fuente renovable de agua, aunque es importante asegurarse de que el agua de lluvia esté libre de partículas radiactivas transportadas por el aire.

Irrigación y conservación: desarrolle sistemas de irrigación que hagan un uso eficiente del agua disponible. El riego por goteo, por ejemplo, minimiza el desperdicio de agua y puede utilizarse para mantener los cultivos en un entorno posnuclear. Además, practique métodos de conservación del agua para garantizar que su suministro dure el mayor tiempo posible.

Desarrollo de refugios e infraestructura:

Materiales de construcción: al construir nuevos refugios o reparar los existentes, elija materiales de construcción que ofrezcan protección contra la radiación e integridad estructural. Los materiales como el hormigón, el ladrillo y la tierra proporcionan un buen blindaje contra la radiación residual.

Energía renovable: como las fuentes de energía tradicionales pueden ser poco fiables, invierta en opciones de energía renovable como paneles solares o turbinas eólicas. Estos sistemas pueden proporcionar la electricidad necesaria para la iluminación, la purificación del agua y los dispositivos de comunicación, lo que reduce su dependencia de suministros de combustible potencialmente escasos.

Salud y atención médica:

Vigilancia de la salud: continúe vigilando la salud de todos los miembros del grupo para detectar signos de enfermedad por radiación, desnutrición u otros problemas de salud que podrían surgir en un entorno posnuclear. La detección y el tratamiento tempranos son cruciales para mantener la salud de la comunidad.

Suministros médicos: mantenga un botiquín médico bien abastecido y busque suministros adicionales cuando sea posible. Concéntrese en adquirir antibióticos, analgésicos y tratamientos para la exposición a la radiación. Si es posible, establezca una relación con un profesional médico que pueda brindar orientación y atención.

Estructura social y comunitaria:

Construcción de la comunidad: después de un evento nuclear, reconstruir un sentido de comunidad es vital para el apoyo emocional y la ayuda mutua. Establezca estructuras claras de comunicación y toma de decisiones dentro de su grupo, y trabajen juntos para establecer metas y prioridades para la supervivencia y la recuperación.

Liderazgo y cooperación: un liderazgo y una cooperación efectivos son esenciales para afrontar los desafíos de un mundo posnuclear. Fomente la colaboración, distribuya las responsabilidades de manera justa y fomente un entorno de confianza y propósito compartido.

Planificación para riesgos futuros

Monitoreo continuo:

Monitoreo permanente de la radiación: incluso después del reingreso inicial, continúe monitoreando los niveles de radiación regularmente. Esto garantiza que pueda detectar cualquier cambio en las condiciones ambientales que pueda representar una nueva amenaza. Utilice una combinación de estaciones de monitoreo fijas y dispositivos portátiles para realizar un seguimiento de los niveles de radiación en diferentes áreas.

Cambios ambientales: manténgase alerta ante otros cambios ambientales, como cambios en los patrones climáticos, la aparición de nuevos peligros o el impacto de la vida silvestre en su asentamiento. Estar al tanto de estos cambios le permite adaptar sus estrategias y proteger a su comunidad.

Preparación para amenazas secundarias:

Posibles eventos secundarios: esté preparado para amenazas secundarias que podrían surgir después de un evento nuclear, como derrames químicos, desastres naturales o conflictos por recursos. Desarrolle planes de contingencia para estos escenarios y asegúrese de que su grupo sepa cómo responder.

Simulacros de emergencia: continúe realizando simulacros de emergencia regulares para mantener a todos en la comunidad preparados para amenazas potenciales. Estos simulacros deben cubrir una variedad de escenarios, incluyendo evacuación, refugio en el lugar y respuesta a emergencias médicas.

Resiliencia a largo plazo:

Diversificación de recursos: Para generar resiliencia a largo plazo, concéntrese en diversificar sus recursos. Esto incluye cultivar una variedad de cultivos, asegurar múltiples fuentes de agua y desarrollar opciones de energía alternativa. Una base de recursos diversificada reduce el riesgo de dependencia de un solo suministro, lo que hace que su comunidad sea más adaptable a los desafíos futuros.

Educación y desarrollo de habilidades: Invierta en educación y desarrollo de habilidades para todos los miembros de la comunidad. El conocimiento de primeros auxilios, agricultura, ingeniería y liderazgo será crucial para sobrevivir y prosperar en un mundo posnuclear. Fomente el aprendizaje continuo y el intercambio de conocimientos dentro del grupo.

Regresar al mundo después de un evento nuclear es un proceso complejo que requiere una planificación cuidadosa, preparación y vigilancia constante. A medida que reconstruye y se adapta a las nuevas realidades de un mundo posnuclear, concéntrese en la sostenibilidad, la gestión de recursos y la resiliencia de la comunidad.

Reconstrucción de la sociedad después de un evento nuclear

Reconstruir la sociedad después de un evento nuclear es una de las tareas más difíciles que se puedan imaginar. El proceso implica no solo restaurar la infraestructura física, sino también reconstruir las comunidades, los sistemas de gobierno y el orden social. El impacto psicológico y social de un evento de este tipo puede ser profundo, y requiere una consideración cuidadosa de cómo crear una sociedad estable, resiliente y sostenible después de un evento nuclear. Este capítulo explorará los pasos, desafíos y estrategias clave involucrados en la reconstrucción de la sociedad después de un evento nuclear.

Establecimiento de la gobernanza y el orden inmediatos

Restauración de la ley y el orden:

Liderazgo interino: Inmediatamente después de un evento nuclear, establecer un liderazgo interino es crucial para mantener el orden y coordinar los esfuerzos de recuperación. Este liderazgo puede basarse en las estructuras gubernamentales existentes si siguen funcionando, o puede implicar que los líderes de la comunidad asuman roles de responsabilidad. El enfoque debe estar en la comunicación clara, la toma de decisiones y el mantenimiento de la seguridad pública.

Leyes y regulaciones de emergencia: Implementar leyes y regulaciones de emergencia que aborden los desafíos específicos de un entorno posnuclear. Estas medidas pueden incluir toques de queda, sistemas de racionamiento y medidas para prevenir el acaparamiento o el saqueo. El objetivo es mantener el orden social y garantizar una distribución equitativa de los recursos.

Organización de las fuerzas de seguridad:

Seguridad local: establecer fuerzas de seguridad locales para proteger a las personas, las propiedades y los recursos. Estas fuerzas pueden estar compuestas por fuerzas del orden supervivientes, personal militar o voluntarios civiles organizados. Sus principales funciones incluirán mantener el orden público, prevenir el crimen y ayudar en las tareas de socorro.

Resolución de conflictos: desarrollar sistemas para resolver los conflictos que puedan surgir sobre recursos, territorio u otros asuntos. Esto puede implicar la creación de un poder judicial temporal o mecanismos de resolución de disputas basados en la comunidad. Asegurar que los conflictos se gestionen de forma pacífica es esencial para evitar una mayor desestabilización.

Restablecimiento de las redes de comunicación e información

Restablecimiento de los sistemas de comunicación:

Redes de radio: en ausencia de una infraestructura de comunicación tradicional, la creación de redes de radio puede proporcionar un medio vital de comunicación. Estas redes pueden utilizarse para la coordinación entre diferentes grupos, la difusión de información y la transmisión de actualizaciones de emergencia.

Comunicación por satélite: si están disponibles, los sistemas de comunicación por satélite pueden proporcionar un medio de comunicación más fiable y de mayor alcance. Es menos probable que estos sistemas se vean afectados por la lluvia radiactiva y pueden utilizarse para conectarse con otras regiones u organizaciones internacionales.

Difusión de información:

Campañas de información pública: Iniciar campañas de información pública para mantener a la población informada sobre los protocolos de seguridad, la distribución de recursos y los planes de recuperación. La información precisa y oportuna es esencial para evitar el pánico y garantizar que las personas sepan qué hacer para mantenerse a salvo.

Educación y capacitación: comenzar a educar a la población sobre las nuevas realidades de la vida en un mundo posnuclear. Esto incluye enseñar habilidades básicas de supervivencia, seguridad radiológica y la importancia de la cooperación comunitaria. También se deben establecer programas de capacitación para desarrollar habilidades que serán necesarias para la reconstrucción y la supervivencia a largo plazo.

Reconstrucción de la infraestructura física

Restauración de servicios esenciales:

Agua y saneamiento: la restauración de los servicios de agua y saneamiento es una prioridad máxima. Esto incluye reparar o establecer nuevos sistemas de suministro de agua, purificar las fuentes de agua y establecer instalaciones de saneamiento para prevenir la propagación de enfermedades.

Energía y electricidad: trabajar para restablecer el suministro de energía por todos los medios disponibles, incluida la reparación de la infraestructura dañada o la implementación de sistemas de energía renovable como paneles solares y turbinas eólicas. Priorizar la energía para servicios esenciales como hospitales, centros de comunicación e instalaciones de almacenamiento de alimentos.

Transporte y logística:

Limpieza de caminos y escombros: comenzar por limpiar caminos y retirar escombros para permitir el transporte de bienes y personas. Esto facilitará la distribución de recursos y ayudará en el movimiento de las fuerzas de seguridad y los servicios de emergencia. Restablecimiento de las líneas de suministro: reconstruir las líneas de suministro para garantizar el flujo de bienes esenciales, como alimentos, agua, medicamentos y combustible. Esto puede implicar la creación de depósitos de suministros temporales y el uso de cualquier vehículo o método de transporte disponible.

Refugio y vivienda:

Reparación o construcción de refugios: evaluar la disponibilidad y el estado de los refugios existentes. Repararlos según sea necesario y construir nuevos refugios si es necesario. El objetivo inmediato es proporcionar viviendas seguras y protegidas contra la radiación para todos los sobrevivientes.

Soluciones de vivienda a largo plazo: comenzar a planificar soluciones de vivienda a largo plazo. Esto puede implicar la reconstrucción de viviendas, la construcción de nuevas áreas residenciales y el uso de viviendas prefabricadas o modulares para alojar rápidamente a las poblaciones desplazadas.

Restablecimiento de la economía y el suministro de alimentos

Estabilización económica:

Trueque y comercio: en ausencia de un sistema monetario que funcione, el trueque y el comercio probablemente se convertirán en los principales medios de intercambio. Establecer mercados locales y sistemas de comercio que permitan a las personas intercambiar bienes y servicios. Esto ayudará a estabilizar la economía y garantizar que las personas tengan acceso a lo que necesitan.

RESTABLECIMIENTO DE la moneda: A medida que la sociedad se estabiliza, hay que trabajar para restablecer un sistema monetario. Esto podría implicar el uso de las monedas existentes si aún son válidas o la introducción de una nueva moneda con respaldo local. El objetivo es facilitar una actividad económica más amplia y los esfuerzos de reconstrucción.

Reactivación de la agricultura:

Evaluación de la seguridad del suelo: Realice pruebas para detectar la contaminación por radiación y evalúe su idoneidad para la agricultura. Las áreas con niveles de contaminación más bajos deben priorizarse para el uso agrícola.

Inicio de la agricultura: Comience a plantar cultivos que sean resistentes y puedan cosecharse rápidamente, como tubérculos y cereales. Concéntrese en los alimentos básicos que aportan nutrientes y calorías esenciales. Si la agricultura tradicional no es posible, explore métodos alternativos como la hidroponía o la agricultura de interior.

Aseguramiento del suministro de alimentos:

Distribución de alimentos: Establezca centros de distribución de alimentos para gestionar la distribución equitativa de los suministros de alimentos disponibles. Priorice a las poblaciones más vulnerables, como los niños, los ancianos y los enfermos.

Acopio y conservación: Comience a acumular suministros de alimentos para su uso futuro. Concéntrese en la conservación de los alimentos mediante métodos como el enlatado, el secado y el ahumado. Esto ayudará a crear una reserva de alimentos que se pueda utilizar en caso de escasez en el futuro.

Abordar la recuperación psicológica y social

Apoyo de salud mental:

Primeros auxilios psicológicos: Proporcionar primeros auxilios psicológicos para ayudar a las personas a afrontar el trauma del evento nuclear. Esto puede incluir asesoramiento, grupos de apoyo y actividades comunitarias que ayuden a las personas a procesar sus experiencias y comenzar a sanar.

Servicios de salud mental a largo plazo: Establecer servicios de salud mental a largo plazo para abordar problemas psicológicos persistentes, como el trastorno de estrés postraumático (TEPT), la ansiedad y la depresión. Estos servicios son esenciales para ayudar a las personas a recuperarse y reconstruir sus vidas.

Reconstrucción de estructuras sociales:

Participación comunitaria: Fomentar la participación y el compromiso comunitario en el proceso de reconstrucción. Involucrar a las personas en la toma de decisiones y en los esfuerzos de recuperación fomenta un sentido de pertenencia y ayuda a reconstruir la cohesión social.

Restaurar prácticas culturales: Apoyar la restauración de prácticas, tradiciones y rituales culturales que ayuden a las personas a conectarse con su identidad y comunidad. Esto puede desempeñar un papel vital en la recuperación social y la reconstrucción de un sentido de normalidad.

Restablecimiento de la gobernanza y el estado de derecho

Transición desde una gobernanza de emergencia:

Establecimiento de un gobierno permanente: A medida que la sociedad se estabiliza, se debe realizar una transición desde un liderazgo interino a una forma de gobernanza más permanente. Esto puede implicar la celebración de elecciones, el restablecimiento de los órganos legislativos y la reconstrucción de las instituciones gubernamentales.

Sistema jurídico y justicia: Restablecer el sistema jurídico para garantizar el estado de derecho. Esto incluye el restablecimiento de los tribunales, las fuerzas del orden y los centros penitenciarios. Un sistema jurídico que funcione es esencial para mantener el orden, resolver disputas y proteger los derechos humanos.

Relaciones internacionales y diplomacia:

Reconexión con la comunidad mundial: Trabajar para restablecer las conexiones con la comunidad mundial. Esto puede implicar la ayuda de países vecinos, organizaciones internacionales y grupos humanitarios en el proceso de reconstrucción.

Negociación de ayuda y apoyo: emprender esfuerzos diplomáticos para conseguir ayuda, apoyo y recursos de la comunidad internacional. Esto puede incluir ayuda financiera, conocimientos técnicos y acceso a los mercados mundiales.

Planificación para la resiliencia futura

Preparación para desastres:

Elaboración de planes de emergencia: desarrollar planes integrales de preparación para emergencias que aborden la posibilidad de futuros desastres nucleares, así como otros desastres. Estos planes deben incluir procedimientos de evacuación, estrategias de gestión de recursos y protocolos de comunicación.

Construcción de infraestructura resiliente: centrarse en la construcción de infraestructura que sea resistente a futuros desastres. Esto incluye el uso de materiales duraderos, la incorporación de protección contra la radiación en las nuevas construcciones y la planificación de la redundancia en sistemas críticos como la energía, el agua y las comunicaciones.

Sostenibilidad y autosuficiencia:

Gestión de recursos: implementar prácticas de gestión de recursos sostenibles que garanticen la autosuficiencia a largo plazo. Esto incluye la conservación del agua, la gestión de los recursos agrícolas y el desarrollo de fuentes de energía renovables.

Educación e innovación: invertir en educación e innovación para garantizar que las generaciones futuras estén mejor preparadas para enfrentar los desafíos. Fomentar el desarrollo de nuevas tecnologías, métodos agrícolas y modelos económicos que sean adecuados para un mundo posnuclear.

Preservación cultural e histórica:

Documentación del evento: preservar la historia del evento nuclear y sus consecuencias mediante la documentación de las historias de los sobrevivientes, los esfuerzos de reconstrucción y las lecciones aprendidas. Esto se puede hacer mediante registros escritos, historias orales y archivos digitales.

Monumentos y conmemoración: establecer monumentos y espacios para la conmemoración para honrar a quienes se perdieron y servir como recordatorio de la importancia de la paz y la preparación. Estos espacios también pueden fomentar un sentido de comunidad y una historia compartida.

Reconstruir la sociedad después de un evento nuclear es un desafío monumental que requiere esfuerzos coordinados en múltiples dominios, incluidos la gobernanza, la infraestructura, la economía y los sistemas sociales. El proceso implica no solo abordar las necesidades inmediatas de los sobrevivientes, sino también sentar las bases para un futuro estable, resiliente y sostenible. Si nos centramos en restablecer los servicios esenciales, restablecer la gobernanza, apoyar la recuperación psicológica y social y planificar la resiliencia futura, la sociedad puede salir fortalecida y más unida de la devastación causada por un desastre nuclear. El proceso de reconstrucción será largo y arduo, pero con determinación, colaboración y una planificación cuidadosa es posible crear una sociedad que no sólo sea funcional, sino que también esté mejor preparada para enfrentar los desafíos futuros.

El papel de la tecnología y la innovación en la reconstrucción

Aprovechamiento de la tecnología para la reconstrucción:

Técnicas de construcción avanzadas: utilizar métodos de construcción innovadores, como la impresión 3D, la prefabricación y la construcción modular, para reconstruir la infraestructura de manera rápida y eficiente. Estas tecnologías pueden acelerar la construcción de viviendas, hospitales y otras instalaciones críticas, garantizando que los servicios esenciales se restablezcan lo antes posible.

Infraestructura digital: reconstruir la infraestructura digital, como las redes de Internet y telecomunicaciones, es crucial para la gobernanza moderna, la educación y la actividad económica. Considere la posibilidad de integrar tecnologías inteligentes en las nuevas construcciones para mejorar la eficiencia energética, la seguridad y la comunicación.

Innovación agrícola:

Agricultura vertical e hidroponía: en áreas donde el suelo está contaminado o el espacio es limitado, la agricultura vertical y los sistemas hidropónicos pueden proporcionar una solución sostenible para la producción de alimentos. Estos métodos permiten el cultivo de cultivos en interiores, utilizando menos agua y evitando problemas de contaminación del suelo.

Cultivos genéticamente modificados: explorar el uso de cultivos genéticamente modificados (GM) que son más resistentes a la radiación o a las duras condiciones ambientales. Estos cultivos pueden ayudar a garantizar la seguridad alimentaria en las difíciles condiciones de un mundo posnuclear.

Soluciones energéticas:

Energía renovable: Priorizar el desarrollo de fuentes de energía renovable, como la solar, la eólica y la geotérmica, para reducir la dependencia de los combustibles fósiles y crear una infraestructura energética más sostenible. Los sistemas de energía renovable pueden descentralizarse, lo que los hace más resistentes a las interrupciones.

Almacenamiento de energía y microrredes: Invertir en soluciones de almacenamiento de energía, como baterías avanzadas, y desarrollar microrredes que puedan funcionar independientemente de la red principal. Estos sistemas garantizan que los servicios esenciales sigan funcionando incluso si la red principal se ve comprometida.

Reactivación cultural y educativa

Restauración de la educación:

Reconstrucción de escuelas: Restablecer las instituciones educativas lo antes posible para brindar estabilidad y normalidad a los niños y jóvenes. Las escuelas también pueden servir como centros comunitarios donde se comparta el conocimiento y se fortalezcan los vínculos comunitarios.

Planes de estudio adaptables: Desarrollar planes de estudio que aborden las nuevas realidades de un mundo posnuclear, incluidas las habilidades de supervivencia, la gestión ambiental y la construcción de comunidades. La educación también debe hacer hincapié en el pensamiento crítico, la innovación y la adaptabilidad.

Preservación cultural e innovación:

Reactivación de las artes y la cultura: fomentar la reactivación de las artes y las prácticas culturales como medio de sanación y reconstrucción de la cohesión social. El arte puede ser una herramienta poderosa para procesar el trauma, expresar la identidad colectiva e imaginar un futuro mejor.

Centros de innovación: establecer centros de innovación donde las personas puedan colaborar en la búsqueda de soluciones a los desafíos singulares que plantea el entorno posnuclear. Estos centros pueden fomentar la creatividad, el espíritu emprendedor y el desarrollo de tecnologías que contribuyan a la labor de reconstrucción.

Colaboración global y visión a largo plazo

Ayuda y colaboración internacionales:

Redes de apoyo globales: colaborar con organizaciones internacionales, ONG y otros países para recibir ayuda y compartir conocimientos. Las redes de apoyo globales pueden proporcionar recursos, experiencia y financiación fundamentales que aceleren el proceso de reconstrucción.

Cooperación transfronteriza: trabajar con países vecinos para abordar desafíos compartidos, como la gestión de poblaciones desplazadas, la seguridad de las fronteras y la reconstrucción de las rutas comerciales. La cooperación transfronteriza también puede ayudar a prevenir conflictos por los recursos y garantizar la estabilidad regional.

Visión para el futuro:

Construir una sociedad resiliente: utilizar el proceso de reconstrucción como una oportunidad para crear una sociedad que sea más resiliente a futuros desastres. Esto incluye construir infraestructura que pueda soportar eventos extremos, fomentar la cohesión social y desarrollar sistemas de gobernanza sólidos que puedan adaptarse a condiciones cambiantes.

Promoción de la paz y el desarme: la experiencia de la reconstrucción después de un evento nuclear debería reforzar la importancia de los esfuerzos globales en pos del desarme nuclear y la no proliferación. Defender la paz y el uso responsable de la tecnología nuclear puede ayudar a prevenir futuras catástrofes.

Mantener la esperanza y la motivación:

Visión y objetivos compartidos: desarrollar una visión compartida del futuro que inspire y motive a la población. Esta visión debe comunicarse de forma clara y coherente, haciendo hincapié en el progreso que se ha logrado y en los objetivos colectivos para la reconstrucción.

Celebrar los hitos: a medida que la sociedad se reconstruye, celebre los hitos y los logros, por pequeños que sean. Reconocer el progreso puede elevar la moral, fomentar un sentido de logro y alentar los esfuerzos continuos hacia la recuperación.

Reconstruir la sociedad después de un evento nuclear es una tarea inmensa que exige coordinación, resiliencia y una visión de futuro. Al abordar las necesidades inmediatas de gobernanza, infraestructura y seguridad, al mismo tiempo que se sientan las bases para la recuperación y la sostenibilidad a largo plazo, la sociedad puede resurgir de las cenizas del desastre. El proceso estará marcado por desafíos, reveses y decisiones difíciles, pero a través de la innovación, la colaboración y el compromiso con objetivos compartidos, es posible crear una sociedad que no sólo se restaure sino que se transforme: más fuerte, más resiliente y más consciente de la importancia de la paz y la preparación.

Lecciones de la historia: eventos nucleares pasados y su impacto

Comprender las lecciones de los eventos nucleares pasados es esencial para prepararse, responder y recuperarse de posibles desastres nucleares futuros. La historia proporciona información valiosa sobre las consecuencias de los eventos nucleares, la eficacia de las respuestas y el impacto a largo plazo en las sociedades y el medio ambiente. Este capítulo examinará los eventos nucleares clave de la historia, sus efectos inmediatos y a largo plazo, y las lecciones que ofrecen para construir un futuro más seguro y resiliente.

Hiroshima y Nagasaki: el primer uso de armas nucleares

Antecedentes y contexto:

Los bombardeos atómicos: el 6 y el 9 de agosto de 1945, Estados Unidos lanzó bombas atómicas sobre las ciudades japonesas de Hiroshima y Nagasaki. Estos bombardeos marcaron el primer y único uso de armas nucleares en la guerra, lo que provocó la muerte inmediata de más de 200.000 personas y causó una destrucción generalizada.

Fin de la Segunda Guerra Mundial: los bombardeos desempeñaron un papel importante en la rendición de Japón, lo que puso fin de manera efectiva a la Segunda Guerra Mundial. Sin embargo, también marcaron el comienzo de la era nuclear, poniendo de relieve el poder devastador de las armas nucleares y sentando las bases para la Guerra Fría.

Impacto inmediato:

Destrucción y víctimas: Los bombardeos causaron una destrucción sin precedentes, arrasando ciudades enteras y matando a decenas de miles de personas al instante. Muchos más murieron en los días y semanas siguientes a causa de enfermedades por radiación, quemaduras y otras lesiones.

Efectos de la radiación: Los supervivientes, conocidos como hibakusha, sufrieron una enfermedad por radiación aguda, caracterizada por náuseas, vómitos, pérdida de cabello y un sistema inmunológico debilitado. Los efectos a largo plazo incluyeron un mayor riesgo de cáncer, defectos de nacimiento y otros problemas de salud.

Impacto a largo plazo:

Reconstrucción y recuperación: Tanto Hiroshima como Nagasaki se sometieron a una extensa reconstrucción en los años de posguerra. A pesar de los desafíos, las ciudades fueron reconstruidas y hoy sirven como símbolos de la paz y la capacidad humana de resiliencia.

Aboga por el desarme nuclear: Los bombardeos impulsaron movimientos globales que abogaban por el desarme nuclear. Los sobrevivientes y activistas han trabajado incansablemente para crear conciencia sobre los horrores de la guerra nuclear y promover la eliminación de las armas nucleares.

Lecciones aprendidas:

Consecuencias humanitarias: Los bombardeos de Hiroshima y Nagasaki ponen de relieve las catastróficas consecuencias humanitarias de las armas nucleares. La inmensa pérdida de vidas, los efectos a largo plazo sobre la salud y el daño ambiental sirven como un duro recordatorio de la necesidad de prevenir el uso de armas nucleares.

Importancia de la consolidación de la paz: Los acontecimientos ponen de relieve la importancia de los esfuerzos diplomáticos y la consolidación de la paz para resolver los conflictos y evitar el uso de armas nucleares. La cooperación y el diálogo internacionales son esenciales para reducir el riesgo de una guerra nuclear.

El desastre de Chernóbil: un accidente nuclear con repercusiones globales

Antecedentes y contexto:

El accidente: el 26 de abril de 1986, un reactor de la central nuclear de Chernóbil en la Unión Soviética (actualmente Ucrania) explotó durante una prueba de seguridad, liberando cantidades masivas de material radiactivo a la atmósfera. Se considera el peor desastre nuclear de la historia.

Evacuación y contención: se evacuó la ciudad cercana de Prípiat y se estableció una zona de exclusión de 30 kilómetros alrededor de la planta. Las autoridades soviéticas lanzaron un esfuerzo masivo de contención, incluida la construcción de un sarcófago sobre el reactor dañado.

Impacto inmediato:

Emisión de radiación: la explosión liberó isótopos radiactivos, incluidos yodo-131, cesio-137 y estroncio-90, que se extendieron por toda Europa. Se estimó que la emisión inicial fue cientos de veces mayor que las bombas atómicas lanzadas sobre Hiroshima y Nagasaki. Consecuencias para la salud: Miles de personas estuvieron expuestas a altos niveles de radiación, lo que provocó una enfermedad por radiación aguda y un aumento significativo del cáncer de tiroides, en particular entre los niños. Muchos de los primeros intervinientes, conocidos como liquidadores, sufrieron graves consecuencias para la salud debido a su exposición durante las tareas de contención.

Impacto a largo plazo:

Daños ambientales: El desastre de Chernóbil tuvo efectos ambientales duraderos, contaminando vastas áreas de tierra y agua. La zona de exclusión sigue estando en gran parte deshabitada, aunque se ha convertido en una reserva ecológica única.

Repercusiones sociopolíticas: El desastre erosionó la confianza pública en el gobierno soviético y contribuyó al colapso final de la Unión Soviética. También provocó cambios significativos en la política nuclear y las normas de seguridad en todo el mundo.

Lecciones aprendidas:

Seguridad nuclear y transparencia: El desastre de Chernóbil puso de relieve la importancia de los estrictos protocolos de seguridad nuclear y la necesidad de transparencia en las operaciones nucleares. La cooperación internacional y la supervisión independiente son cruciales para prevenir y responder a los accidentes nucleares. Preparación para la salud pública: El desastre subrayó la necesidad de una sólida preparación para la salud pública en caso de accidentes nucleares. Esto incluye sistemas de alerta temprana, planes de evacuación rápida y la disponibilidad de atención médica y tabletas de yodo para mitigar la exposición a la radiación.

El desastre de Fukushima Daiichi: desafíos nucleares modernos

Antecedentes y contexto:

El terremoto y el tsunami: El 11 de marzo de 2011, un terremoto y un tsunami masivos azotaron Japón, lo que provocó la falla de los sistemas de enfriamiento de la planta de energía nuclear de Fukushima Daiichi. Esto provocó la fusión de tres reactores, liberando material radiactivo al medio ambiente.

Evacuación y respuesta: Aproximadamente 160.000 personas fueron evacuadas de la zona y se estableció una zona de exclusión de 20 kilómetros. El gobierno japonés y TEPCO (Tokyo Electric Power Company) enfrentaron críticas por su manejo del desastre, particularmente en las primeras etapas.

IMPACTO INMEDIATO:

Emisión de radiación: El desastre liberó cantidades significativas de material radiactivo, incluidos yodo-131 y cesio-137, al aire y al mar. El agua y el suelo contaminados plantearon desafíos constantes para las tareas de limpieza.

Salud y seguridad: Si bien no hubo muertes inmediatas por exposición a la radiación, el desastre tuvo graves impactos en la salud, incluido un aumento del estrés, la ansiedad y la posibilidad de riesgos de cáncer a largo plazo entre las personas expuestas a niveles más bajos de radiación.

Impacto a largo plazo:

Costos ambientales y económicos: El desastre de Fukushima causó una contaminación ambiental generalizada, en particular del medio marino. Se espera que la limpieza y el desmantelamiento de la planta tomen décadas y cuesten miles de millones de dólares.

Impacto en la política nuclear mundial: El desastre llevó a una reevaluación mundial de las políticas de energía nuclear. Varios países, incluida Alemania, decidieron eliminar gradualmente la energía nuclear, mientras que otros implementaron regulaciones de seguridad y medidas de preparación para emergencias más estrictas.

Lecciones aprendidas:

Preparación para desastres naturales: Fukushima puso de relieve la vulnerabilidad de las centrales nucleares a los desastres naturales. Puso de relieve la necesidad de contar con planes sólidos de preparación para desastres que tengan en cuenta fenómenos extremos, como terremotos, tsunamis y otros peligros ambientales.

Comunicación en situaciones de crisis y confianza: El desastre de Fukushima puso de relieve la importancia de una comunicación clara y oportuna durante una crisis nuclear. Generar y mantener la confianza pública mediante la transparencia y una comunicación eficaz es esencial para gestionar las consecuencias de tales acontecimientos.

El incidente de Three Mile Island: un desastre casi fatal en los Estados Unidos

Antecedentes y contexto:

El incidente: El 28 de marzo de 1979, se produjo una fusión parcial en uno de los reactores de la central nuclear de Three Mile Island, en Pensilvania (Estados Unidos). Aunque el incidente se contuvo sin que se produjera una liberación significativa de radiación, provocó una preocupación generalizada entre el público.

Respuesta y contención: El incidente provocó la evacuación de mujeres embarazadas y niños pequeños de la zona como medida de precaución. La limpieza y el desmantelamiento del reactor dañado llevaron varios años y costaron más de mil millones de dólares.

Impacto inmediato:

Pánico público: El incidente desencadenó un pánico público generalizado y el temor de que se produjera un desastre nuclear de gran magnitud. La falta de comunicación y los informes contradictorios de las autoridades exacerbaron la situación, lo que llevó a una pérdida de confianza pública en la energía nuclear.

Cambios regulatorios: En respuesta al incidente, la Comisión Reguladora Nuclear (NRC) de los EE. UU. implementó cambios significativos en las regulaciones de seguridad nuclear, incluidas mejoras en el diseño del reactor, la capacitación de los operadores y la preparación para emergencias.

IMPACTO A LARGO PLAZO:

Cambio en la opinión pública: El incidente de Three Mile Island cambió significativamente la opinión pública contra la energía nuclear en los Estados Unidos. Condujo a la cancelación de numerosos proyectos nucleares y a una desaceleración en el desarrollo de nuevas plantas nucleares.

Reformas de la industria nuclear: El incidente impulsó a la industria nuclear a adoptar una cultura de seguridad y mejora continua. Esto incluyó la creación del Instituto de Operaciones de Energía Nuclear (INPO) para promover la seguridad y la excelencia en las operaciones nucleares.

Lecciones aprendidas:

Error humano y capacitación: El incidente destacó el papel del error humano en la seguridad nuclear y la importancia de una capacitación rigurosa para los operadores de plantas nucleares. Asegurarse de que el personal esté bien capacitado y que los sistemas estén diseñados para minimizar el riesgo de error humano es fundamental para prevenir accidentes nucleares.

Preparación para emergencias y comunicación pública: El incidente de Three Mile Island demostró la necesidad de planes sólidos de preparación para emergencias y estrategias efectivas de comunicación pública. Las autoridades deben estar preparadas para responder con rapidez y transparencia para evitar el pánico y garantizar la seguridad pública.

La Guerra Fría y la Proliferación Nuclear: Una Amenaza Global

Antecedentes y Contexto:

La Carrera Armamentista Nuclear: Durante la Guerra Fría, Estados Unidos y la Unión Soviética participaron en una carrera armamentista nuclear, acumulando vastos arsenales de armas nucleares. La amenaza de la destrucción mutua asegurada (MAD) mantuvo a raya a ambas superpotencias, pero también creó un riesgo constante de guerra nuclear.

La Proliferación Nuclear: La propagación de las armas nucleares a otros países, incluidos el Reino Unido, Francia, China y, más tarde, India, Pakistán y Corea del Norte, aumentó la complejidad de la dinámica de la seguridad global. Los esfuerzos para prevenir la proliferación llevaron al establecimiento de tratados y organizaciones internacionales.

El impacto en la seguridad global:

La Crisis de los Misiles de Cuba: La Crisis de los Misiles de Cuba en 1962 llevó al mundo al borde de una guerra nuclear. La crisis puso de relieve los peligros de la política nuclear arriesgada y la importancia de la diplomacia y la comunicación para prevenir un conflicto nuclear. La exitosa resolución de la crisis mediante negociaciones diplomáticas subrayó la necesidad del diálogo y la desescalada para gestionar las tensiones nucleares.

Accidentes nucleares y casi accidentes: Durante la Guerra Fría, varios incidentes, incluidas falsas alarmas y lanzamientos accidentales, casi provocaron intercambios nucleares no deseados. Estos casi accidentes demostraron la fragilidad de la disuasión nuclear y el potencial de errores catastróficos.

Impacto a largo plazo:

Tratados de control de armamentos: Durante la Guerra Fría se desarrollaron varios tratados clave de control de armamentos destinados a reducir el riesgo de guerra nuclear y frenar la proliferación de armas nucleares. El Tratado sobre la no proliferación de armas nucleares (TNP), las conversaciones sobre limitación de armas estratégicas (SALT) y, posteriormente, el Tratado de reducción de armas estratégicas (START) fueron fundamentales para limitar la carrera armamentista nuclear y promover la seguridad mundial.

No proliferación nuclear y desarme: El legado de la Guerra Fría sigue dando forma a los esfuerzos mundiales en pos de la no proliferación nuclear y el desarme. El miedo a la guerra nuclear y el reconocimiento de las consecuencias devastadoras de las armas nucleares han alimentado movimientos y tratados internacionales destinados a reducir y, en última instancia, eliminar los arsenales nucleares.

Lecciones aprendidas:

La importancia de la diplomacia: La Guerra Fría puso de relieve el papel fundamental de la diplomacia en la prevención de conflictos nucleares. Mantener abiertas las líneas de comunicación, generar confianza entre las potencias nucleares y participar en negociaciones de control de armamentos son esenciales para la seguridad global.

Gestión de riesgos nucleares: La historia de la Guerra Fría subraya la necesidad de contar con sistemas robustos para gestionar los riesgos nucleares, incluidas estructuras estrictas de mando y control, canales de comunicación seguros y mecanismos de seguridad para evitar lanzamientos accidentales. Es necesario realizar esfuerzos continuos para mejorar estos sistemas a fin de reducir la probabilidad de una catástrofe nuclear.

Lecciones de incidentes nucleares menos conocidos

El desastre de Kyshtym (1957):

Antecedentes: El desastre de Kyshtym ocurrió en 1957 en la Asociación de Producción Mayak en la Unión Soviética. Una falla en el sistema de enfriamiento provocó la explosión de un tanque de almacenamiento que contenía desechos radiactivos, lo que provocó una importante contaminación radiactiva del área circundante.

Impacto: El desastre expuso a miles de personas a altos niveles de radiación y hubo que evacuar aldeas enteras. Sin embargo, el gobierno soviético mantuvo el incidente en secreto durante muchos años, lo que dificultó la respuesta y los esfuerzos de recuperación adecuados.

Lecciones aprendidas: El desastre de Kyshtym destaca los peligros del secreto y la falta de transparencia en el manejo de los incidentes nucleares. Una respuesta eficaz a los desastres requiere una comunicación pública oportuna, cooperación internacional y rendición de cuentas.

El accidente de Goiânia (1987):

Antecedentes: El accidente de Goiânia en Brasil implicó la eliminación inadecuada de un dispositivo médico radiactivo que contenía cesio-137. El dispositivo fue encontrado por recolectores de basura, quienes sin saberlo esparcieron el material radiactivo, lo que resultó en una grave contaminación y múltiples muertes.

Impacto: El accidente provocó pánico generalizado, la evacuación de las áreas afectadas y la contaminación de cientos de personas. La limpieza llevó varios meses y el incidente tuvo efectos psicológicos y de salud a largo plazo en la población afectada.

Lecciones aprendidas: El accidente de Goiânia subraya la importancia de la eliminación y el manejo adecuados de los materiales radiactivos. La educación pública sobre los peligros de la radiación y la aplicación de normas estrictas para la gestión de los residuos radiactivos son esenciales para evitar incidentes similares.

El incendio de Windscale (1957):

Antecedentes: El incendio de Windscale se produjo en un reactor nuclear del Reino Unido. Se produjo un incendio durante un experimento que liberó cantidades significativas de material radiactivo a la atmósfera.

Impacto: El incendio contaminó las zonas circundantes y requirió grandes esfuerzos de limpieza. El incidente generó inquietudes sobre la seguridad de los reactores nucleares y dio lugar a cambios en el diseño de los reactores y en los protocolos de seguridad.

Lecciones aprendidas: El incendio de Windscale destaca la importancia de los procedimientos de seguridad rigurosos y la necesidad de un control y mantenimiento continuos de las instalaciones nucleares. El incidente también demostró la necesidad de contar con planes de respuesta a emergencias eficaces y la importancia de aprender de los accidentes para mejorar los estándares de seguridad.

El papel de las organizaciones internacionales en materia de seguridad nuclear

El Organismo Internacional de Energía Atómica (OIEA):

Mandato y función: El OIEA desempeña un papel central en la promoción del uso seguro y pacífico de la tecnología nuclear. Establece normas internacionales de seguridad, realiza inspecciones y proporciona asistencia a los países en la gestión de las instalaciones nucleares y la respuesta a las emergencias.

Impacto: La labor del OIEA ha sido fundamental para mejorar la seguridad nuclear en todo el mundo. Sus esfuerzos en respuesta a incidentes como Chernóbil y Fukushima han ayudado a coordinar el apoyo internacional, mejorar las prácticas de seguridad y facilitar el intercambio de conocimientos y mejores prácticas.

Lecciones aprendidas: La labor del OIEA subraya la importancia de la cooperación y la supervisión internacionales en materia de seguridad nuclear. Los desafíos mundiales requieren soluciones mundiales, y el papel del OIEA en el fomento de la colaboración y el establecimiento de normas es fundamental para prevenir accidentes nucleares y promover el uso pacífico de la tecnología nuclear.

Organización del Tratado de Prohibición Completa de los Ensayos Nucleares (TPCE):

Mandato y función: La TPCE supervisa la aplicación del Tratado de Prohibición Completa de los Ensayos Nucleares (TPCE), que prohíbe todas las explosiones nucleares. La organización gestiona un sistema de vigilancia mundial para detectar ensayos nucleares y promover la entrada en vigor del tratado.

Impacto: El sistema de vigilancia de la TPCE ha tenido éxito en la detección de ensayos nucleares y ha contribuido a la seguridad mundial al disuadir los ensayos nucleares. El tratado, una vez ratificado en su totalidad, será un paso importante hacia el desarme nuclear.

Lecciones aprendidas: La labor de la TPCE destaca la importancia de la verificación y la vigilancia para hacer cumplir los acuerdos internacionales. Un sistema de vigilancia sólido y transparente es esencial para generar confianza y garantizar el cumplimiento de los esfuerzos mundiales de no proliferación.

El impacto humanitario de los acontecimientos nucleares

Efectos para la salud y consecuencias a largo plazo:

Enfermedad por radiación y cáncer: La exposición a altos niveles de radiación puede causar enfermedad por radiación aguda, que incluye síntomas como náuseas, vómitos y fatiga. La exposición prolongada aumenta el riesgo de cáncer, en particular cáncer de tiroides, leucemia y otras neoplasias malignas.

Efectos genéticos y reproductivos: la exposición a la radiación puede provocar mutaciones genéticas que pueden transmitirse a generaciones futuras. Además, la exposición puede afectar la fertilidad y provocar complicaciones en el embarazo y el parto.

Salud mental y trauma: los sobrevivientes de eventos nucleares a menudo experimentan traumas psicológicos graves, que incluyen trastorno de estrés postraumático (TEPT), ansiedad y depresión. La pérdida de seres queridos, el desplazamiento y el estigma asociado con la exposición a la radiación pueden exacerbar estos problemas.

Impacto ambiental y social:

Daños a los ecosistemas: los eventos nucleares pueden causar daños a largo plazo a los ecosistemas, contaminando el suelo, el agua y el aire. Esta contaminación puede provocar la muerte de plantas y animales, alterar las cadenas alimentarias y hacer que grandes áreas sean inhabitables.

Perturbación económica: el impacto económico de un evento nuclear puede ser devastador, incluida la pérdida de infraestructura, la interrupción del comercio y los costos a largo plazo de limpieza y desmantelamiento. La reconstrucción de las zonas afectadas puede llevar décadas y requerir importantes recursos financieros.

Desplazamiento y perturbación social: Los desastres nucleares suelen provocar el desplazamiento de grandes poblaciones, lo que perturba las comunidades y las estructuras sociales. La reconstrucción de la cohesión social y la prestación de apoyo a las personas y familias desplazadas es una parte fundamental del proceso de recuperación.

La historia de los eventos nucleares ofrece lecciones cruciales para el futuro. Desde la devastación de Hiroshima y Nagasaki hasta el impacto duradero de Chernóbil y Fukushima, estos eventos resaltan la necesidad de medidas de seguridad estrictas, comunicación transparente y cooperación internacional. También subrayan la importancia del desarme nuclear y la prevención de conflictos nucleares.

Al mirar hacia el futuro, es esencial aplicar estas lecciones para construir un mundo más seguro y resiliente. Esto incluye seguir mejorando los estándares de seguridad nuclear, fortalecer los esfuerzos globales de no proliferación y promover el uso pacífico de la tecnología nuclear. Al aprender del pasado y trabajar juntos, podemos reducir los riesgos asociados con la energía y las armas nucleares, y garantizar que los horrores de los eventos nucleares pasados nunca se repitan.

Cómo mantenerse informado sobre las amenazas nucleares

Mantenerse informado sobre las amenazas nucleares es crucial para garantizar su seguridad y preparación en un mundo cada vez más complejo. Con los avances en la tecnología y los cambios en la geopolítica mundial, el panorama de los riesgos nucleares continúa evolucionando. Si comprende cómo mantenerse informado y en qué fuentes confiar, podrá tomar decisiones oportunas e informadas sobre cómo protegerse a sí mismo y a su comunidad. Este capítulo le guiará a través de las distintas formas de mantenerse informado sobre las amenazas nucleares, incluido el monitoreo de fuentes confiables, el uso de tecnología y la comprensión de las señales que indican un mayor riesgo.

Comprensión de los tipos de amenazas nucleares

Amenazas de armas nucleares:

Armas nucleares patrocinadas por el Estado: estas amenazas provienen de naciones con arsenales nucleares. Comprender las tensiones geopolíticas y las relaciones entre los estados con armas nucleares puede brindar información sobre los riesgos potenciales.

Terrorismo nuclear: esto implica que actores no estatales, como organizaciones terroristas, adquieran y potencialmente utilicen materiales nucleares. Mantenerse informado sobre las actividades y capacidades de estos grupos es esencial para evaluar este tipo de amenaza.

Accidentes e incidentes nucleares:

Accidentes en plantas de energía nuclear: los accidentes en plantas de energía nuclear pueden liberar niveles peligrosos de radiación. Es importante comprender las medidas de seguridad implementadas en las plantas cercanas y mantenerse actualizado sobre su estado operativo.

Robo o contrabando de material nuclear: el comercio ilegal y el robo de materiales nucleares plantean una amenaza importante. Estar al tanto de los informes y alertas sobre el movimiento de estos materiales puede ayudarle a evaluar el riesgo de terrorismo o accidentes nucleares.

Fuentes de información fiables

Organismos gubernamentales:

Organismos nacionales de gestión de emergencias: organismos como la FEMA en los Estados Unidos o la Secretaría de Contingencias Civiles del Reino Unido proporcionan información y alertas oportunas sobre amenazas nucleares. A menudo emiten orientación pública e instrucciones de emergencia en caso de crisis.

Departamentos de defensa y seguridad: departamentos como el Departamento de Defensa de los EE. UU. o el Ministerio de Defensa de Rusia pueden publicar declaraciones o informes sobre amenazas a la seguridad nacional, incluidas las relacionadas con las armas nucleares.

Organizaciones internacionales:

Organismo Internacional de Energía Atómica (OIEA): El OIEA es una autoridad líder en materia de seguridad nuclear. Monitorea las actividades nucleares en todo el mundo y proporciona actualizaciones sobre incidentes nucleares, normas de seguridad y el estado de las instalaciones nucleares.

Organización Mundial de la Salud (OMS): En caso de accidente nuclear o liberación de radiación, la OMS proporciona información relacionada con la salud, incluidas directrices sobre exposición a la radiación y tratamientos médicos.

Medios de comunicación y medios de comunicación:

Agencias de noticias de confianza: Organizaciones de noticias de confianza como la BBC, Reuters, The Associated Press y Al Jazeera proporcionan información oportuna y precisa sobre amenazas nucleares globales. Estos medios han establecido credibilidad y a menudo tienen corresponsales en lugares clave.

Publicaciones especializadas en seguridad: Publicaciones como Jane's Defence Weekly, The Bulletin of the Atomic Scientists y Arms Control Today ofrecen análisis en profundidad y actualizaciones sobre cuestiones de seguridad nuclear.

Organizaciones no gubernamentales (ONG):

Iniciativa sobre amenazas nucleares (NTI): La NTI proporciona recursos y actualizaciones sobre amenazas nucleares y biológicas. Su trabajo incluye el seguimiento de incidentes de seguridad nuclear y la elaboración de recomendaciones de políticas.

Global Zero: Una organización centrada en la eliminación de las armas nucleares, Global Zero ofrece información sobre los esfuerzos de desarme y el estado actual de los arsenales nucleares mundiales.

Tecnología y herramientas para mantenerse informado

Aplicaciones móviles y alertas:

Sistemas de alerta de emergencia: Muchos países tienen aplicaciones móviles o servicios de SMS que proporcionan alertas de emergencia para amenazas nucleares. Por ejemplo, en los EE. UU., la aplicación FEMA y el sistema de alertas de emergencia inalámbricas (WEA) pueden enviar notificaciones sobre amenazas inminentes.

Aplicaciones de monitoreo de radiación: Aplicaciones como RadResponder o la aplicación Safecast le permiten monitorear los niveles de radiación locales y recibir alertas sobre cambios en la radiación ambiental.

Redes sociales y plataformas en línea:

Twitter y feeds de redes sociales: Seguir a agencias gubernamentales, organizaciones internacionales y medios de comunicación de buena reputación en las redes sociales puede proporcionar actualizaciones en tiempo real sobre amenazas nucleares. Twitter, en particular, es utilizado por muchas organizaciones para una comunicación rápida. Foros y comunidades en línea: plataformas como Reddit tienen comunidades dedicadas a la preparación para emergencias, donde los usuarios comparten información, actualizaciones y recursos relacionados con amenazas nucleares. Sin embargo, siempre verifique la información de dichas fuentes con autoridades de confianza.

Herramientas de geolocalización:

Mapas de instalaciones nucleares: herramientas como el mapa de instalaciones nucleares del OIEA o el Proyecto de mapeo de datos nucleares del NRDC proporcionan ubicaciones de plantas de energía nuclear, sitios de armas e instalaciones de almacenamiento en todo el mundo. Comprender su proximidad a estos sitios puede ayudarlo a evaluar el riesgo.

Mapas de incidentes globales: sitios web como el Mapa de incidentes globales rastrean y muestran varios eventos globales, incluidos incidentes nucleares, lo que proporciona una descripción visual de las posibles amenazas en todo el mundo.

Seguimiento de eventos e indicadores globales

Tensiones geopolíticas:

Entender los puntos críticos: Ciertas regiones, como la península de Corea, el sur de Asia o el Oriente Medio, se consideran puntos críticos nucleares debido a los conflictos en curso y la presencia de armas nucleares. El seguimiento de los acontecimientos en estas áreas es crucial para mantenerse informado sobre los posibles riesgos nucleares.

Señales diplomáticas: Preste atención a los acontecimientos diplomáticos, como las negociaciones de tratados, las cumbres o las rupturas del diálogo entre estados con armas nucleares. Estos acontecimientos pueden indicar cambios en la política nuclear o la probabilidad de conflicto.

Pruebas nucleares y ejercicios militares:

Detección de pruebas nucleares: Organizaciones como la Organización del Tratado de Prohibición Completa de los Ensayos Nucleares (CTBTO) monitorean las pruebas nucleares a nivel mundial. Los informes de pruebas detectadas pueden indicar un aumento de las tensiones o avances en las capacidades nucleares.

Simulacros militares: Los ejercicios militares a gran escala de estados con armas nucleares pueden ser una señal de tensiones crecientes. El seguimiento de estos ejercicios, especialmente aquellos que involucran fuerzas con capacidad nuclear, puede proporcionar información sobre el entorno de seguridad.

Monitoreo ambiental:

Redes de detección de radiación: redes como el sistema RadNet en los EE. UU. o la red de monitoreo de radiación nuclear Ring of Five de Europa monitorean continuamente los niveles de radiación. Los picos anormales de radiación pueden indicar un accidente, una prueba u otro incidente nuclear.

Modelos atmosféricos globales: después de un evento nuclear, los modelos de dispersión atmosférica pueden predecir la propagación de materiales radiactivos. Los sitios web y las aplicaciones que brindan acceso a estos modelos pueden ayudarlo a comprender el impacto potencial en su ubicación.

Manténgase preparado y receptivo

Preparación personal y comunitaria:

Planes de emergencia: desarrolle y actualice periódicamente un plan de emergencia personal o familiar que incluya los pasos a seguir en caso de una amenaza nuclear. Esto debe cubrir rutas de evacuación, planes de comunicación y opciones de refugio.

Participación comunitaria: participe en iniciativas o grupos locales de preparación para emergencias. Ser parte de un esfuerzo comunitario puede mejorar su acceso a información y recursos durante una emergencia nuclear.

Educación y capacitación:

Capacitación en seguridad radiológica: considere tomar cursos o participar en programas de capacitación que cubran seguridad radiológica, primeros auxilios para exposición a la radiación y preparación general para emergencias. Saber cómo responder puede reducir significativamente el riesgo.

Simulacros periódicos: Realice simulacros periódicos en su hogar o en su comunidad para asegurarse de que todos sepan qué hacer en caso de una amenaza nuclear. La práctica facilita la acción rápida y eficaz cuando surge una amenaza real.

Preparación psicológica:

Mantener la calma y ser racional: En caso de una amenaza nuclear, es fundamental mantener la calma y pensar con claridad. Estar bien informado ayuda a reducir la ansiedad y le permite tomar mejores decisiones bajo presión.

Recursos de salud mental: acceda a recursos de salud mental para ayudar a lidiar con el estrés y la ansiedad que pueden surgir al vivir bajo la amenaza de incidentes nucleares. Los grupos de apoyo y asesoramiento pueden ser invaluables para mantener el bienestar mental.

Cómo manejar la sobrecarga de información y la desinformación

Evaluación crítica de las fuentes:

Evaluación de la credibilidad: siempre verifique la información con múltiples fuentes antes de actuar en consecuencia. Las organizaciones gubernamentales e internacionales confiables suelen ser las fuentes de información más confiables.

Desinformación y engaños: tenga en cuenta que la desinformación y los engaños pueden propagarse rápidamente durante una crisis. Aborde las afirmaciones sensacionalistas con escepticismo y confíe en la información de los canales oficiales.

Uso de redes confiables:

Construcción de redes de información: establezca una red de contactos confiables que puedan brindar información confiable durante una amenaza nuclear. Esto podría incluir servicios de emergencia locales, líderes comunitarios y amigos o familiares informados.

Verificación a través de canales oficiales: siempre verifique la información con canales oficiales, como sitios web gubernamentales, comunicados de prensa oficiales o comunicaciones directas de autoridades reconocidas.

Mantenerse informado sobre las amenazas nucleares es una parte esencial de la preparación en el mundo actual. Al comprender los tipos de amenazas, monitorear fuentes confiables y usar la tecnología disponible, puede anticiparse a los riesgos potenciales y tomar medidas proactivas para protegerse a sí mismo y a sus seres queridos.

Permanecer alerta, mantener la calma y actualizar regularmente sus conocimientos y planes de preparación lo ayudarán a navegar por el panorama complejo y cambiante de las amenazas nucleares.

Educar a los niños sobre la seguridad nuclear

Educar a los niños sobre la seguridad nuclear es una parte esencial de prepararlos para la posibilidad poco probable pero grave de un evento nuclear. Es importante abordar este tema con cuidado, equilibrando la necesidad de información con la necesidad de evitar causar miedo innecesario. Al enseñarles a los niños sobre la seguridad nuclear de una manera tranquila, clara y apropiada para su edad, puede ayudarlos a comprender la importancia de la preparación y asegurarse de que sepan qué hacer en una emergencia. Este capítulo lo guiará a través de estrategias efectivas para educar a los niños sobre la seguridad nuclear, incluidas explicaciones apropiadas para su edad, capacitación práctica y apoyo psicológico.

Introducción a la seguridad nuclear: explicaciones adecuadas para cada edad

Niñez temprana (de 3 a 7 años):

Conceptos simples: para los niños más pequeños, céntrese en los aspectos básicos de la seguridad sin ahondar en detalles complejos o aterradores. Explíqueles que hay ciertas cosas en el mundo, como las tormentas o el mal tiempo, para las que debemos estar preparados, y que a veces esto incluye algo llamado "radiación" o "nuclear".

Reglas de seguridad: enseñe reglas de seguridad simples, como quedarse en casa cuando se lo indiquen, escuchar a los adultos durante las emergencias y conocer los pasos básicos, como cubrirse la nariz y la boca si se lo indican. Utilice historias o dibujos animados que ilustren la importancia de seguir las reglas de seguridad de una manera que no dé miedo.

Práctica de emergencia: presente el concepto de simulacros de práctica de una manera divertida y atractiva, como si estuviera jugando un juego. Por ejemplo, puede simular que está en la escuela o en su casa y practicar qué hacer si ocurre una emergencia, enfatizando que es solo una práctica y que no hay nada de qué preocuparse.

Niñez media (de 8 a 12 años):

Entender la radiación: los niños de este grupo de edad pueden comenzar a entender el concepto de radiación como algo que puede enfermar a las personas si se exponen a ella en exceso. Use analogías, como compararla con los rayos del sol, que en su mayoría son seguros pero pueden ser dañinos si se está afuera demasiado tiempo sin protección.

Eventos nucleares: explique que, a veces, hay accidentes o emergencias en los que esta radiación dañina puede estar en el aire, pero hay formas de mantenerse a salvo, como entrar rápidamente, mantenerse alejado de las ventanas y seguir las instrucciones de los adultos o los trabajadores de emergencia.

Generar confianza: enfatice que al saber qué hacer, están ayudando a mantenerse a sí mismos y a su familia a salvo. Practique pasos de emergencia simples, como cómo entrar rápidamente a un lugar cerrado y dónde ir dentro de la casa para estar a salvo, de una manera que los haga sentir empoderados en lugar de asustados.

Adolescencia (de 13 a 18 años):

Información detallada: los adolescentes pueden manejar explicaciones más detalladas sobre seguridad nuclear. Analice la ciencia que sustenta la radiación, las posibles fuentes de amenazas nucleares (como accidentes en plantas de energía o armas nucleares) y por qué son necesarias determinadas medidas de seguridad.

Pensamiento crítico: fomente el pensamiento crítico analizando la importancia de la información fiable y cómo reconocer fuentes creíbles. Hable sobre el papel de las agencias gubernamentales y los servicios de emergencia en la gestión de la seguridad nuclear y cómo pueden mantenerse informados a través de noticias y alertas oficiales.

Preparación práctica: involucre a los adolescentes en aspectos más prácticos de la preparación, como armar botiquines de emergencia, comprender las rutas de evacuación y aprender primeros auxilios básicos. Empodérelos para que asuman un papel activo en los planes de seguridad familiar, lo que puede ayudar a reducir la ansiedad al darles una sensación de control.

Capacitación práctica y simulacros

Simulacros de seguridad en el hogar:

Diseño de simulacros: cree simulacros de seguridad en el hogar que simulen qué hacer en caso de una emergencia nuclear. Esto podría implicar practicar cómo trasladarse rápidamente a un área segura designada en el hogar, como un sótano o una habitación interior, donde estarían protegidos de la radiación. Conviértalo en una rutina: practique regularmente estos simulacros, similares a los simulacros de incendio, para que los niños sepan exactamente qué hacer sin entrar en pánico. Refuerce que estos simulacros son solo una práctica para ayudar a que todos se mantengan seguros y que no hay peligro inmediato.

Participación escolar:

Programas de seguridad escolar: asegúrese de que la escuela de su hijo tenga un plan de seguridad nuclear y participe en simulacros regulares. Trabaje con los administradores escolares para comprender sus protocolos y asegurarse de que se alineen con lo que está enseñando en casa.

Esfuerzos coordinados: aliente a las escuelas a involucrar a los padres en los simulacros y brinde información sobre cómo están enseñando a los estudiantes sobre seguridad nuclear. Esto ayuda a garantizar mensajes y preparación consistentes entre el hogar y la escuela.

Campañas de concientización pública:

Simulacros comunitarios: participe u organice simulacros para toda la comunidad que involucren tanto a niños como a adultos. Estos eventos pueden ser una forma de educar a los niños en un contexto más amplio y hacer que el concepto de preparación sea una parte normal de la vida comunitaria.

Materiales educativos: utilice materiales proporcionados por agencias locales de gestión de emergencias, que suelen estar diseñados para niños, para complementar su enseñanza. Estos pueden incluir folletos, videos y juegos interactivos que refuercen conceptos clave de seguridad.

Apoyo psicológico y tranquilidad

Comunicación abierta:

Preguntas estimulantes: cree un entorno en el que los niños se sientan cómodos al hacer preguntas sobre seguridad nuclear. Responda sus preguntas con honestidad, pero de una manera apropiada para su edad. Si no sabe la respuesta, búsquela juntos, lo que también les enseña cómo encontrar información confiable.

Abordar los miedos: reconozca los miedos que puedan tener y tranquilícelos. Hágales saber que, si bien es normal sentir miedo por cosas que no comprendemos del todo, estar preparado ayuda a que todos se mantengan seguros. Enfatice la baja probabilidad de un evento nuclear, pero la importancia de estar listo por si acaso.

Reducir la ansiedad:

Centrarse en la seguridad: cambie el enfoque de los peligros de las amenazas nucleares a las medidas de seguridad que se pueden tomar. Refuerce el hecho de que muchas personas, como científicos, funcionarios gubernamentales y personal de respuesta a emergencias, están trabajando arduamente para mantener a todos a salvo.

Normalizar la preparación: integre la educación sobre seguridad nuclear en un contexto más amplio de preparación general para emergencias, de modo que no parezca demasiado alarmante. Hablar de ello junto con otros temas de seguridad, como simulacros de incendio, preparación para terremotos o seguridad ante condiciones climáticas extremas, puede ayudar a que parezca simplemente otro aspecto de la seguridad.

Refuerzo positivo:

Celebrar la preparación: después de practicar simulacros o hablar sobre seguridad nuclear, elogie a su hijo por su participación y comprensión. Reforzar sus esfuerzos con comentarios positivos ayuda a desarrollar su confianza y resiliencia.

Actividades atractivas: utilice actividades creativas como dibujar, juegos de roles o armar un kit de emergencia juntos para que el aprendizaje sobre seguridad nuclear sea más atractivo y menos intimidante.

Recursos para educación adicional

Libros y materiales educativos:

Libros aptos para niños: hay libros infantiles diseñados para explicar la seguridad nuclear de una manera que sea fácil de entender y tranquilizadora. Busque títulos recomendados por educadores u organizaciones de seguridad pública.

Aprendizaje interactivo: Explore recursos interactivos en línea o aplicaciones que enseñen seguridad nuclear a través de juegos o simulaciones. Estas herramientas pueden hacer que el aprendizaje sobre seguridad sea divertido y memorable.

Programas comunitarios y escolares:

Talleres y clases: Algunas comunidades ofrecen talleres o clases sobre preparación para emergencias que son adecuados para niños. Estos programas suelen cubrir una variedad de temas de seguridad, incluida la seguridad nuclear.

PROGRAMAS PARA JÓVENES y scouts: Organizaciones como los Boy Scouts o las Girl Scouts pueden tener insignias o actividades relacionadas con la preparación para emergencias. Estos programas pueden ser una forma valiosa para que los niños aprendan sobre seguridad nuclear en un entorno estructurado y de apoyo.

Adaptación de la educación a las necesidades especiales

Adaptación a las necesidades individuales:

Consideraciones sobre las necesidades especiales: si su hijo tiene necesidades especiales, adapte la educación sobre seguridad nuclear a su nivel de comprensión y capacidad. Esto puede implicar dividir la información en partes más pequeñas y manejables o utilizar más ayudas visuales.

Apoyo profesional: consulte con los educadores o terapeutas que trabajan con su hijo para desarrollar estrategias que sean más eficaces. Pueden ofrecer orientación sobre cómo presentar la información de una manera que sea accesible y tranquilizadora.

Reforzar mediante la rutina:

Práctica constante: los niños con necesidades especiales pueden beneficiarse de la práctica y la repetición más frecuente de los simulacros de seguridad. Las rutinas constantes pueden ayudarlos a sentirse más seguros y confiados de saber qué hacer en una emergencia.

Refuerzo positivo: utilice técnicas de refuerzo positivo para fomentar la participación y la comprensión. Celebre los éxitos, sin importar lo pequeños que sean, para generar confianza y reducir la ansiedad.

Educar a los niños sobre la seguridad nuclear es una tarea delicada pero esencial que se puede abordar de una manera que sea a la vez informativa y tranquilizadora. Si adapta la información a su edad y nivel de desarrollo, los involucra en una capacitación práctica y les brinda apoyo psicológico constante, puede ayudarlos a comprender la importancia de la seguridad nuclear sin infundirles miedo innecesario.

Recuerde que el objetivo es brindarles a los niños los conocimientos y las habilidades que necesitan para mantenerse a salvo en una emergencia nuclear, al mismo tiempo que fomenta una sensación de seguridad y confianza en su capacidad para manejar la situación.

Protección de mascotas en un escenario de lluvia radiactiva

En un escenario de lluvia radiactiva, garantizar la seguridad y el bienestar de sus mascotas es un aspecto vital de su plan de preparación para emergencias. Las mascotas son vulnerables a la exposición a la radiación al igual que los humanos y dependen de usted para protegerlas durante una emergencia de este tipo. Este capítulo le brindará orientación sobre cómo proteger a sus mascotas en un escenario de lluvia radiactiva, incluidos los pasos de preparación, las estrategias de refugio y los cuidados posteriores a la lluvia radiactiva.

Preparación para un escenario de lluvia radiactiva con mascotas

Kit de emergencia para mascotas:

Alimentos y agua: almacene alimentos y agua para al menos dos semanas específicamente para sus mascotas. Asegúrese de que la comida se almacene en recipientes herméticos e impermeables para evitar la contaminación. Incluya cuencos plegables para la alimentación.

Medicamentos y registros veterinarios: si su mascota necesita algún medicamento, asegúrese de tener un suministro suficiente almacenado en su kit de emergencia. Además, incluya una copia de los registros de vacunación de su mascota, cualquier historial médico importante e información de contacto de su veterinario.

Botiquín de primeros auxilios para mascotas: arme un botiquín de primeros auxilios que incluya vendas, antisépticos, pinzas, tijeras y cualquier otro suministro recomendado por su veterinario. Un manual de primeros auxilios específico para mascotas también puede ser útil.

Artículos de confort: incluya algunos artículos que puedan ayudar a reducir el estrés de su mascota, como un juguete, una manta o una cama favoritos. Los artículos familiares pueden brindarle consuelo durante una situación estresante.

Preparación del refugio:

Identificación de zonas seguras: Identifique un área segura en su hogar donde usted y sus mascotas puedan refugiarse durante la radiación. Esta debe ser una habitación interior, un sótano o cualquier lugar alejado de ventanas y paredes exteriores para minimizar la exposición a la radiación.

Refugio apto para mascotas: Asegúrese de que su área de refugio sea apta para mascotas. Esto significa proporcionar espacio para que su mascota se mueva, áreas designadas para alimentarse y un lugar para que haga sus necesidades. Para mascotas pequeñas, considere usar transportadores para mascotas para mantenerlas seguras durante las etapas iniciales de la radiación.

Desecho de arena y desechos: Para los gatos, asegúrese de tener una caja de arena portátil y suficiente arena para al menos dos semanas. Para los perros, abastézcase de bolsas de desechos desechables. La eliminación adecuada de desechos es crucial para mantener la higiene en su refugio.

Planificación de evacuación:

Centros de evacuación aptos para mascotas: Identifique con anticipación centros de evacuación o refugios aptos para mascotas. No todos los refugios de emergencia aceptan mascotas, por lo que es esencial saber dónde puede ir con sus mascotas.

Transporte de su mascota: asegúrese de tener transportadores para mascotas pequeñas y correas o arneses para las más grandes. Practique cargar y descargar a sus mascotas en vehículos para reducir el estrés durante una evacuación real.

Contactos de emergencia: tenga una lista de contactos de emergencia, incluidos amigos o familiares cercanos que podrían ayudar a cuidar a sus mascotas si usted no puede hacerlo.

Refugio con mascotas durante la lluvia radiactiva

Traer mascotas al interior:

Acción inmediata: tan pronto como sepa que se ha producido una lluvia radiactiva, lleve a sus mascotas al interior de inmediato. No permita que permanezcan afuera, donde podrían estar expuestas a partículas radiactivas.

Descontaminación: antes de llevar a las mascotas al área de su refugio, cepille su pelaje para eliminar cualquier posible polvo radiactivo. Si es posible, lávelas con agua y jabón para reducir la contaminación. Use guantes y ropa protectora mientras hace esto para protegerse de la exposición.

Mantenimiento de un entorno de refugio seguro:

Calidad del aire: asegúrese de que haya una ventilación adecuada en el área de su refugio, pero evite abrir ventanas o puertas que puedan dejar entrar aire contaminado. Considere usar un purificador de aire con un filtro HEPA para ayudar a reducir los contaminantes transportados por el aire.

Minimizar el estrés: las mascotas pueden percibir el estrés y la ansiedad, lo que puede afectar su comportamiento. Mantenga el entorno lo más tranquilo posible hablándoles suavemente y manteniendo una rutina que incluya momentos de alimentación, juego y descanso.

Limitar la exposición: limite la exposición de su mascota al entorno exterior durante e inmediatamente después de la lluvia radiactiva. Manténgala en el área segura designada y evite dejarla deambular por la casa donde podría entrar en contacto con materiales radiactivos.

Manejo de los desechos de las mascotas:

Higiene: mantenga la higiene en su refugio limpiando regularmente los desechos de sus mascotas. Deseche los desechos en bolsas de plástico selladas y guárdelas lejos del área del refugio hasta que sea seguro desecharlos afuera.

Cajas de arena y almohadillas para orina: en el caso de los gatos, recoja regularmente la caja de arena para mantenerla limpia. En el caso de los perros u otras mascotas, use almohadillas para orina que se puedan reemplazar fácilmente para mantener la limpieza en el refugio.

Cuidados para mascotas después de la radiación

Evaluación del entorno:

Monitoreo de la radiación: antes de permitir que sus mascotas vuelvan a salir, utilice un detector de radiación para verificar los niveles de radiación residual en su área. Deje que sus mascotas salgan solo cuando sea seguro hacerlo.

Descontaminación de su hogar: una vez que la radiación se haya asentado, limpie su hogar a fondo para eliminar las partículas radiactivas. Preste especial atención a las áreas donde sus mascotas pasan mucho tiempo. Aspire las alfombras, limpie las superficies y lave la ropa de cama y los juguetes.

Control de la salud:

Esté atento a los síntomas: controle a sus mascotas para detectar cualquier signo de enfermedad por radiación, como vómitos, diarrea, pérdida de apetito, fatiga o comportamiento inusual. Si nota alguno de estos síntomas, busque atención veterinaria de inmediato.

Controles veterinarios regulares: después de un evento de radiación, programe un control veterinario lo antes posible para asegurarse de que su mascota no se haya visto afectada negativamente. Incluso si su mascota parece saludable, es importante que un profesional lo examine.

REINTRODUCCIÓN DE MASCOTAS al aire libre:

Reintroducción gradual: cuando sea seguro hacerlo, reintroduzca a sus mascotas al aire libre gradualmente. Comience con salidas cortas y supervisadas para asegurarse de que no entren en contacto con ningún material radiactivo remanente.

Medidas de protección: si los niveles de radiación siguen siendo ligeramente elevados, considere usar ropa protectora para sus mascotas, como botas para perros o un abrigo liviano, para minimizar el contacto con superficies contaminadas.

Consideraciones especiales para diferentes tipos de mascotas

Animales pequeños (conejos, conejillos de indias, etc.):

Refugio: los animales pequeños deben mantenerse en sus jaulas o transportadores dentro del área del refugio para mantenerlos seguros y contenidos. Cubra sus jaulas con un paño para reducir el estrés y brindar una sensación de seguridad.

Ventilación: asegúrese de que haya una ventilación adecuada en sus jaulas, pero evite la exposición directa a corrientes de aire o aire contaminado.

Aves:

Calidad del aire: las aves son particularmente sensibles a la calidad del aire, así que asegúrese de que su refugio esté bien ventilado pero libre de aire contaminado. Use un purificador de aire si es posible.

Reducción del estrés: las aves pueden estresarse fácilmente con los cambios en su entorno. Cubra su jaula con una tela transpirable para brindar comodidad y reducir la ansiedad.

Reptiles y anfibios:

Control de la temperatura: los reptiles y los anfibios requieren niveles específicos de temperatura y humedad para mantenerse saludables. Asegúrese de poder mantener estas condiciones en el área de su refugio.

Manipulación y contención: mantenga a los reptiles y anfibios en sus terrarios o recintos durante el evento de lluvia radiactiva. Evite manipularlos excesivamente para reducir el estrés.

Planificación a largo plazo para mascotas en caso de desastre nuclear

Suministros sostenibles:

Alimentos y agua: planifique la sostenibilidad a largo plazo almacenando suficiente comida y agua para sus mascotas para que duren varias semanas o incluso meses. Rote los suministros con regularidad para garantizar la frescura.

Cultivo de alimentos para mascotas: si es posible, considere cultivar parte de los alimentos de su mascota, como hierbas para animales pequeños o verduras para ciertas mascotas. Esto puede ayudar a complementar su dieta si la comida comercial escasea.

Cuidadores de respaldo:

Designar cuidadores: identifique a alguien que pueda cuidar de sus mascotas si usted no puede hacerlo. Asegúrese de que esté familiarizado con las necesidades de sus mascotas y tenga acceso a sus suministros de emergencia.

Planes de comunicación: establezca un plan de comunicación con su cuidador designado para que pueda ser informado rápidamente si necesita intervenir.

CONSIDERACIONES FINANCIERAS:

Seguro para mascotas: considere un seguro para mascotas que cubra emergencias y enfermedades, incluidas las relacionadas con la exposición a la radiación. Esto puede ayudar a cubrir los costos veterinarios después de un evento de desastre nuclear. Fondo de ahorros: reserve un fondo de ahorros específicamente para emergencias relacionadas con mascotas, que incluya atención médica y suministros adicionales.

Proteger a sus mascotas en caso de una catástrofe nuclear requiere una planificación y preparación cuidadosas. Si reúne un kit de emergencia, crea un entorno de refugio seguro y comprende cómo cuidar a sus mascotas durante y después de la catástrofe nuclear, puede garantizar su seguridad y bienestar. Recuerde que sus mascotas dependen de usted para su protección y, si es proactivo, puede minimizar su exposición a la radiación y mantenerlas a salvo durante una emergencia nuclear. Con la preparación adecuada, usted y sus mascotas pueden afrontar juntos una catástrofe nuclear y salir sanos y salvos del otro lado.

Casos prácticos: experiencias exitosas en refugios nucleares

Los casos prácticos de experiencias exitosas en refugios nucleares brindan información valiosa sobre la aplicación práctica de estrategias de preparación y la eficacia de los refugios nucleares durante eventos nucleares. Estos ejemplos del mundo real resaltan la importancia de una planificación adecuada, la adaptabilidad de las personas y las comunidades y las lecciones aprendidas de quienes han enfrentado los desafíos de refugiarse en un escenario de catástrofe nuclear. En este capítulo se examinarán varios estudios de casos, centrándose en los factores clave que contribuyeron a los resultados exitosos.

El búnker de Greenbrier: un refugio secreto del gobierno

Antecedentes:

Ubicación: El búnker de Greenbrier, también conocido como "Proyecto Isla Griega", fue un enorme refugio antiaéreo construido debajo del complejo turístico Greenbrier en Virginia Occidental durante la Guerra Fría. Fue diseñado para albergar al Congreso de los Estados Unidos en caso de un ataque nuclear.

Objetivo: El búnker tenía como objetivo garantizar la continuidad del gobierno al proporcionar un lugar seguro donde los miembros del Congreso pudieran seguir operando durante una emergencia nuclear.

Características principales:

Diseño y construcción: El búnker de Greenbrier se construyó para resistir una explosión nuclear y proteger contra la radiación. Incluía dormitorios, salas de reuniones, una clínica médica y un centro de transmisión. La instalación estaba equipada con sistemas de filtración de aire, purificación de agua y almacenamiento de alimentos para albergar hasta 1000 personas durante varias semanas.

Secreto y mantenimiento: La existencia del búnker se mantuvo en secreto durante más de 30 años, y un equipo de trabajadores que se hacían pasar por personal del hotel lo mantenía en estado de alerta. La instalación se actualizaba periódicamente para seguir el ritmo de los avances tecnológicos.

Resultado:

Desmantelamiento: El búnker de Greenbrier nunca se utilizó para el propósito previsto y se desmanteló en 1992 después de que un periodista revelara su existencia. Sin embargo, su construcción y mantenimiento demostraron la viabilidad de los refugios antiatómicos a gran escala y la importancia de la planificación para la continuidad del gobierno.

Legado: El búnker sigue siendo un símbolo de la preparación de la era de la Guerra Fría y ahora es un museo que ofrece visitas al público. Sirve como ejemplo de cómo una amplia planificación y recursos pueden crear un refugio antiaéreo altamente efectivo, incluso si nunca se utiliza.

El sistema de defensa civil suizo: un enfoque nacional para el refugio antiaéreo

Antecedentes:

Programa nacional: Suiza es famosa por su sistema integral de defensa civil, que incluye una red de refugios antiaéreos capaces de albergar a toda la población. Este programa se desarrolló en respuesta a la amenaza de una guerra nuclear durante la Guerra Fría.

Mandato legal: la ley suiza exige que todos los edificios residenciales incluyan un refugio antiaéreo, y los municipios son responsables de garantizar que haya refugios disponibles para todos los residentes. El gobierno suizo también invirtió en educación pública y simulacros regulares para preparar a la población.

Características principales:

Refugios generalizados: los refugios antiaéreos suizos están integrados tanto en viviendas privadas como en edificios públicos. Estos refugios están diseñados para proteger contra la radiación y satisfacer las necesidades básicas, como la filtración de aire, el agua, los alimentos y el saneamiento.

Participación de la comunidad: los ciudadanos suizos reciben educación sobre la importancia de los refugios antiaéreos y capacitación sobre su uso. El gobierno realiza simulacros periódicamente y mantiene al público informado sobre las medidas de defensa civil.

Resultado:

Alta preparación: El sistema de defensa civil suizo se considera uno de los más eficaces del mundo. La amplia disponibilidad de refugios, combinada con la educación pública y los simulacros periódicos, garantiza que la población esté bien preparada para un evento nuclear.

Modelo para otros países: El enfoque de Suiza en materia de refugios contra la radiación ha sido estudiado por otros países como un modelo de defensa civil eficaz. El éxito del programa demuestra el valor de la planificación a nivel nacional y la importancia de integrar los refugios en la vida cotidiana.

La crisis de los misiles cubanos: refugios improvisados en los Estados Unidos

Antecedentes:

Resumen de la crisis: Durante la crisis de los misiles cubanos en octubre de 1962, los Estados Unidos se enfrentaron a la amenaza inminente de una guerra nuclear con la Unión Soviética. Esto generó un temor generalizado y una necesidad urgente de protección contra la radiación.

Respuesta pública: En respuesta a la crisis, muchos estadounidenses tomaron medidas para protegerse, como improvisar refugios contra la radiación en sótanos, sótanos para tormentas y otros lugares.

Características principales:

Refugios improvisados: Con tiempo y recursos limitados, muchos estadounidenses utilizaron los materiales disponibles para crear refugios improvisados contra la radiación. Estos a menudo incluían sótanos reforzados con capas adicionales de protección, como bolsas de arena, bloques de hormigón y láminas de plomo para reducir la exposición a la radiación.

Orientación del gobierno: El gobierno de los EE. UU. brindó orientación sobre cómo construir y abastecer refugios contra la radiación, incluida la distribución de folletos y la transmisión de instrucciones por radio y televisión. Algunas comunidades también identificaron edificios públicos que podrían servir como refugios.

Resultado:

Evitación de un conflicto nuclear: La crisis de los misiles cubanos se resolvió finalmente mediante negociaciones diplomáticas y los refugios improvisados no se probaron en un evento nuclear real. Sin embargo, la crisis subrayó la importancia de la preparación y la capacidad de las personas para tomar medidas de protección en poco tiempo.

Conciencia pública: La crisis aumentó la conciencia pública sobre las amenazas nucleares y generó un mayor interés en la defensa civil. Muchos de los refugios construidos durante este tiempo permanecieron en su lugar durante años, sirviendo como recordatorio de la importancia de la preparación.

El desastre nuclear de Fukushima Daiichi: refugios y evacuación en Japón

Antecedentes:

Resumen del desastre: El 11 de marzo de 2011, un terremoto y un tsunami masivos azotaron Japón, lo que provocó la falla de los sistemas de enfriamiento en la planta de energía nuclear de Fukushima Daiichi. Esto resultó en la liberación de material radiactivo y una evacuación generalizada. Respuesta del gobierno: El gobierno japonés emitió órdenes de evacuación para los residentes que vivían en un radio de 20 kilómetros de la planta, mientras que a los que vivían más lejos se les recomendó que se refugiaran en el lugar para reducir la exposición a la radiación.

Características principales:

Refugio en el lugar: A los residentes que no pudieron evacuar de inmediato se les indicó que permanecieran en el interior, cerraran ventanas y puertas y apagaran los sistemas de ventilación para minimizar la exposición a partículas radiactivas. El gobierno brindó orientación sobre cómo refugiarse en el lugar de manera segura y luego distribuyó tabletas de yodo para protegerse contra el cáncer de tiroides.

Logística de evacuación: La evacuación de más de 160.000 personas fue un desafío logístico enorme, complicado por los daños causados por el terremoto y el tsunami. Los evacuados fueron reubicados en refugios temporales, donde recibieron atención médica y monitoreo de la radiación.

Resultado:

Refugio eficaz: Las órdenes de refugio en el lugar ayudaron a reducir la exposición a la radiación para quienes no pudieron evacuar de inmediato. La distribución de tabletas de yodo y otras medidas de protección también mitigaron el impacto de la radiación en la salud.

Desafíos y lecciones: El desastre de Fukushima destacó la importancia de una comunicación oportuna y clara durante una emergencia nuclear. También subrayó la necesidad de planes de evacuación sólidos que tengan en cuenta múltiples peligros, como los desastres naturales y la radiación.

El refugio comunitario contra la radiación en Kansas: un esfuerzo de base

Antecedentes:

Iniciativa comunitaria: En la década de 1960, una pequeña comunidad de Kansas tomó la iniciativa de construir un refugio contra la radiación que pudiera albergar a varias familias. El refugio se construyó con materiales locales y mano de obra voluntaria, lo que refleja un fuerte sentido de comunidad y preparación.

Diseño del refugio: El refugio se construyó bajo tierra, con paredes de hormigón armado y una pesada puerta de acero. Estaba equipado con un sistema de filtración de aire con manivela, almacenamiento de agua y suministros de alimentos para sustentar a los ocupantes durante un mes.

Características principales:

Esfuerzo colaborativo: El proyecto fue un esfuerzo colaborativo, en el que los miembros de la comunidad aunaron recursos y habilidades para construir el refugio. Este enfoque de base fomentó un fuerte sentido de propiedad y responsabilidad entre los participantes.

Educación para la preparación: La comunidad también participó en simulacros regulares y en la educación para la preparación, asegurándose de que todos los miembros supieran cómo utilizar el refugio y comprendieran los principios de la protección radiológica.

———————————

RESULTADO:

Resiliencia comunitaria: Aunque el refugio nunca se utilizó en un evento nuclear real, sirvió como un poderoso ejemplo de resiliencia comunitaria y del valor de la acción colectiva en la preparación para emergencias.

Legado de preparación: La experiencia reforzó la importancia de las iniciativas locales en la preparación para desastres. Demostró que incluso las comunidades pequeñas pueden protegerse eficazmente con la planificación y la cooperación adecuadas.

Estos estudios de caso ilustran una variedad de experiencias exitosas de refugios antinucleares, desde proyectos gubernamentales a gran escala hasta esfuerzos comunitarios de base. El hilo conductor de estos ejemplos es la importancia de la planificación, la colaboración y la adaptabilidad frente a posibles amenazas nucleares. Ya sea a través de iniciativas gubernamentales, acciones comunitarias o preparación individual, estos estudios de caso resaltan el papel fundamental que pueden desempeñar los refugios en la protección de vidas durante un evento nuclear. También brindan lecciones valiosas que se pueden aplicar a futuras iniciativas para mejorar la preparación y la resiliencia nuclear. Al aprender de estas experiencias exitosas, podemos comprender mejor los factores clave que contribuyen a la eficacia de los refugios contra la radiación y aplicar estas lecciones para mejorar nuestros propios planes de preparación.

Mitos y conceptos erróneos comunes sobre la protección contra la radiación

P ara estar preparados de manera eficaz, es esencial comprender los hechos sobre la protección contra la radiación. Sin embargo, existen muchos mitos y conceptos erróneos en torno al tema que generan confusión y malentendidos potencialmente peligrosos. En este capítulo se abordarán algunos de los mitos y conceptos erróneos más comunes sobre la protección contra la radiación, y se brindarán explicaciones claras para ayudarlo a tomar decisiones informadas sobre cómo protegerse a sí mismo y a sus seres queridos durante un evento nuclear.

Mito: los refugios contra la radiación son solo para los ricos

Realidad:

Soluciones accesibles: uno de los mitos más persistentes es que los refugios contra la radiación son caros y solo pueden acceder a ellos los ricos. Si bien existen refugios de alta gama con características de lujo, la protección eficaz contra la radiación no requiere un presupuesto enorme. Hay muchas opciones prácticas y de bajo costo, que incluyen el uso de espacios existentes en su hogar, como sótanos o habitaciones interiores, con algunas modificaciones para mejorar sus capacidades de protección.

Refugios caseros: con habilidades y materiales de construcción básicos, puede crear un refugio contra la radiación que brinde una protección adecuada contra la radiación. Se pueden utilizar sacos de arena, bloques de hormigón y otros materiales económicos para reforzar las paredes y reducir la exposición a la radiación. La clave es centrarse en soluciones prácticas que maximicen la protección sin salirse del presupuesto.

Mito: hay que permanecer en un refugio antinuclear durante años

Realidad:

Duración del refugio: la idea de que hay que permanecer en un refugio antinuclear durante años es un error muy común. En realidad, el período más peligroso después de un evento nuclear son los primeros días o semanas, cuando los niveles de radiación son más altos. Por lo general, es posible que haya que permanecer en un refugio bien protegido durante unas 48 horas o dos semanas, según la gravedad de la radiación y la ubicación en relación con la explosión.

Reentrada gradual: después del período inicial, los niveles de radiación disminuirán significativamente, lo que permitirá realizar viajes cortos y controlados fuera del refugio para realizar tareas esenciales. Sin embargo, es importante seguir controlando los niveles de radiación y seguir las recomendaciones oficiales antes de volver a entrar por completo al entorno exterior.

Mito: Los refugios antiatómicos son indestructibles

Realidad:

Limitaciones de los refugios: Si bien los refugios antiatómicos están diseñados para proteger contra la radiación, no son indestructibles. Un impacto directo de una explosión nuclear puede destruir la mayoría de las estructuras, incluidos los refugios. Los refugios antiatómicos son más efectivos cuando se ubican a una distancia segura del lugar de la explosión, donde pueden proteger contra la radiación en lugar de soportar la fuerza física de la explosión.

———————

UBICACIÓN ADECUADA: La efectividad de un refugio antiatómico depende en gran medida de su ubicación, diseño y los materiales utilizados en su construcción. Es fundamental tener una comprensión realista de lo que su refugio puede y no puede hacer, centrándose en la protección contra la radiación en lugar de la resistencia a las explosiones.

Mito: La ropa común puede protegerlo de la radiación

Realidad:

Protección limitada: La ropa común ofrece una protección mínima contra la radiación. Si bien la ropa puede ayudar a reducir la cantidad de partículas radiactivas que entran en contacto directo con su piel, no lo protege de la radiación penetrante, como los rayos gamma.

Equipo de protección: La ropa protectora especializada, como las prendas con revestimiento de plomo o los trajes hechos de materiales que bloquean la radiación, brinda una mejor protección, pero generalmente la usan los profesionales en entornos controlados. Para la mayoría de las personas, la mejor protección es permanecer en el interior de un refugio debidamente protegido.

Mito: Una vez que la lluvia radiactiva se asienta, es seguro salir al exterior

Realidad:

Radiación persistente: La lluvia radiactiva consiste en partículas radiactivas que pueden seguir siendo peligrosas durante días, semanas o incluso más tiempo después de asentarse. El período inicial de lluvia radiactiva es el más peligroso, pero la radiación persistente aún puede representar riesgos graves para la salud. Salir al exterior demasiado pronto, incluso después de que la lluvia radiactiva se haya asentado, puede provocar la exposición a niveles nocivos de radiación. Monitoreo y precaución: Es importante utilizar equipos de detección de radiación para monitorear los niveles antes de abandonar el refugio. Solo cuando los niveles de radiación hayan disminuido a niveles seguros, según lo indiquen mediciones confiables, debe considerar volver a ingresar al ambiente exterior.

Mito: La enfermedad por radiación siempre es inmediata

Realidad:

Síntomas retardados: La enfermedad por radiación puede desarrollarse con el tiempo y los síntomas pueden no aparecer inmediatamente después de la exposición. Los primeros síntomas de la enfermedad por radiación, como náuseas, vómitos y fatiga, pueden aparecer en cuestión de horas, pero los efectos más graves, como pérdida de cabello, quemaduras en la piel y daño en los órganos internos, pueden tardar días o incluso semanas en manifestarse.

Efectos a largo plazo en la salud: La exposición prolongada a niveles más bajos de radiación puede aumentar el riesgo de cáncer y otros problemas de salud, que podrían no hacerse evidentes hasta años después de la exposición. Comprender el potencial de los efectos retardados subraya la importancia de tomar medidas de protección incluso si no se siente enfermo de inmediato.

Mito: Si no se puede construir un refugio antiaéreo profesional, no tiene sentido intentarlo

Realidad:

Refugios improvisados: Incluso si no se tiene un refugio antiaéreo profesional, se puede crear un espacio seguro que reduzca significativamente la exposición a la radiación. Los refugios improvisados, como un sótano con paredes reforzadas o una habitación interior con protección adicional, pueden proporcionar una protección sustancial.

Medidas prácticas: La clave es centrarse en medidas prácticas que se pueden tomar con los recursos disponibles. Añadir capas de materiales densos como hormigón, tierra o incluso libros y muebles puede ayudar a protegerse contra la radiación. El objetivo es reducir la exposición a la radiación tanto como sea posible, incluso si no se tiene un refugio totalmente equipado.

Mito: la lluvia radiactiva solo afecta la zona cercana a la explosión

Realidad:

Amplia zona de impacto: la lluvia radiactiva puede afectar zonas mucho más allá de la zona inmediata de la explosión. Las partículas radiactivas pueden ser transportadas por el viento y los patrones climáticos, extendiéndose a lo largo de cientos o incluso miles de kilómetros. Esto significa que las zonas alejadas del lugar de la explosión pueden experimentar niveles peligrosos de radiación.

Importancia del monitoreo: es fundamental mantenerse informado sobre la dirección y el alcance de la propagación de la lluvia radiactiva, que puede verse influenciada por factores como la velocidad del viento y las precipitaciones. Confíe en los avisos oficiales y utilice equipos de monitoreo de radiación para evaluar la seguridad de su ubicación.

Mito: el agua potable y los alimentos siempre están contaminados después de la lluvia radiactiva

Realidad:

Niveles de contaminación variables: no toda el agua y los alimentos se contaminarán después de un evento de lluvia radiactiva. El agua de fuentes subterráneas, como pozos, tiene menos probabilidades de estar contaminada que el agua superficial. De manera similar, los alimentos almacenados en contenedores sellados o dentro de edificios generalmente son más seguros que los alimentos expuestos al aire libre. Métodos de purificación: El agua contaminada se puede purificar a menudo mediante filtración, ebullición o el uso de pastillas purificadoras. Es importante evaluar el nivel de contaminación antes de consumir agua o alimentos y utilizar métodos de purificación adecuados cuando sea necesario.

Mito: No se puede sobrevivir a un ataque nuclear

Realidad:

Capacidad de supervivencia: Con una planificación, preparación y refugio adecuados, es posible sobrevivir a un ataque nuclear, en particular si se está fuera de la zona de explosión inmediata. La clave para la supervivencia es reducir la exposición a la radiación, conseguir un refugio seguro y seguir los protocolos de emergencia.

La preparación salva vidas: Los ejemplos históricos y los estudios muestran que las personas que toman las medidas de protección adecuadas, como buscar refugio y seguir las instrucciones oficiales, tienen una probabilidad significativamente mayor de sobrevivir y minimizar los efectos de un evento nuclear.

Los mitos y conceptos erróneos sobre la protección contra la radiación radiactiva pueden llevar a tomar decisiones peligrosas durante un evento nuclear. Si comprende los hechos y desacredita estos mitos, puede tomar las medidas necesarias para protegerse a sí mismo y a sus seres queridos de manera eficaz. Recuerde que, si bien los eventos nucleares son aterradores, una preparación informada puede marcar una diferencia significativa en su capacidad de sobrevivir y recuperarse. Concéntrese en estrategias prácticas y basadas en la ciencia para la protección contra la radiación y no permita que los conceptos erróneos le impidan tomar medidas que podrían salvar vidas.

Consideraciones legales: zonificación, permisos y derechos de propiedad

Al planificar la construcción o modificación de un refugio antiaéreo, es fundamental tener en cuenta los aspectos legales del proyecto. Las leyes de zonificación, los permisos de construcción y los derechos de propiedad pueden afectar significativamente su capacidad para construir un refugio, especialmente si vive en una zona con normas estrictas. Comprender estas consideraciones legales puede ayudarle a evitar posibles problemas y garantizar que su refugio antiaéreo sea seguro y cumpla con las leyes locales. Este capítulo cubrirá las consideraciones legales clave, incluidas las normas de zonificación, los permisos, los derechos de propiedad y los posibles desafíos legales que puede encontrar.

Comprensión de las leyes de zonificación

¿Qué son las leyes de zonificación?:

Definición y propósito: Las leyes de zonificación son normas locales que rigen cómo se puede utilizar la tierra en áreas específicas. Estas leyes están diseñadas para controlar el uso de la tierra de una manera que promueva el desarrollo ordenado, proteja los valores de la propiedad y garantice la seguridad pública. Las leyes de zonificación pueden dictar qué tipos de estructuras se pueden construir, dónde se pueden ubicar y cómo se pueden utilizar. Impacto en los refugios antiaéreos: Dependiendo de su ubicación, las leyes de zonificación pueden restringir la construcción de estructuras subterráneas, como refugios antiaéreos, o imponer requisitos específicos sobre su diseño y ubicación. Por ejemplo, ciertas zonas residenciales pueden prohibir o limitar la construcción de búnkeres subterráneos debido a preocupaciones sobre la estabilidad del terreno, el drenaje o el posible impacto en las propiedades vecinas.

Investigación de las regulaciones de zonificación locales:

Consulta de mapas de zonificación: Los mapas de zonificación están disponibles a través de la oficina de planificación o zonificación de su gobierno local. Estos mapas detallan las clasificaciones de zonificación para diferentes áreas y brindan información sobre los tipos de estructuras permitidas en cada zona.

Códigos y ordenanzas de zonificación: Revise los códigos y ordenanzas de zonificación de su área para comprender las restricciones o requisitos relacionados con la construcción subterránea. Los códigos de zonificación describirán lo que está permitido en su zona y las condiciones que se deben cumplir.

Búsqueda de variaciones y excepciones:

Solicitud de una variación: Si sus leyes de zonificación no permiten la construcción de un refugio antiaéreo, es posible que pueda solicitar una variación. Una variación es una excepción legal que le permite desviarse de los requisitos de zonificación bajo ciertas condiciones. Para obtener una variación, normalmente deberá demostrar que el refugio no afectará negativamente el área circundante y que la variación es necesaria para su seguridad o el uso de la propiedad.

Presentación de su caso: cuando solicite una variación, prepárese para presentar su caso ante la junta de zonificación local o la comisión de planificación. Es posible que deba proporcionar planos detallados, informes de ingeniería y evidencia de que su refugio no dañará el medio ambiente, las propiedades vecinas o la comunidad.

Obtención de permisos de construcción

La importancia de los permisos:

Garantizar el cumplimiento: se requieren permisos de construcción para la mayoría de los proyectos de construcción, incluidos los refugios antiaéreos, para garantizar que el trabajo cumpla con los códigos de construcción locales y las normas de seguridad. Obtener un permiso es esencial para evitar problemas legales y garantizar que su refugio se construya según un estándar seguro.

Proceso de inspección: cuando solicita un permiso de construcción, el departamento de construcción local revisará sus planos para asegurarse de que cumplan con los códigos requeridos. Una vez que comience la construcción, los inspectores pueden visitar su sitio para verificar que el trabajo se esté llevando a cabo de acuerdo con los planos aprobados.

Pasos para obtener un permiso:

Presentación de una solicitud: el primer paso para obtener un permiso de construcción es presentar una solicitud al departamento de construcción local. Su solicitud debe incluir planos detallados de su refugio, incluidas las dimensiones, los materiales, el diseño estructural y cualquier característica adicional como sistemas de ventilación o plomería.

Provisión de documentación: junto con su solicitud, es posible que deba proporcionar documentación adicional, como estudios de suelos, informes de ingeniería y prueba de propiedad de la propiedad. Algunas jurisdicciones también pueden requerir evaluaciones de impacto ambiental, especialmente si su proyecto podría afectar los niveles freáticos locales o los hábitats de la vida silvestre.

Pago de tarifas: las tarifas del permiso de construcción varían según el alcance y la complejidad de su proyecto. Esté preparado para pagar estas tarifas como parte del proceso de solicitud. Estas tarifas cubren el costo de la revisión y las inspecciones del plano.

Cómo navegar por el proceso de aprobación:

Revisión y aprobación: después de enviar su solicitud, el departamento de construcción revisará sus planos. Este proceso de revisión puede llevar varias semanas, según la complejidad de su proyecto y la carga de trabajo del departamento.

Cómo abordar las inquietudes: si el departamento de construcción identifica algún problema con sus planos, es posible que le solicite que realice revisiones antes de otorgar el permiso. Esté preparado para trabajar con su contratista o ingeniero para abordar estas inquietudes y volver a enviar los planos revisados.

Inspección y aprobación final:

Etapas de inspección: una vez que comienza la construcción, su proyecto se someterá a varias inspecciones en diferentes etapas. Estas inspecciones garantizan que el trabajo cumpla con los planos aprobados y con los códigos de construcción.

Aprobación final: después de la inspección final, si todo cumple con los estándares requeridos, recibirá un certificado de ocupación o aprobación final para su refugio. Este documento confirma que su refugio es seguro y legal para su uso.

Derechos de propiedad y consideraciones legales

Conocimiento de los derechos de propiedad:

Derechos de propiedad: Los derechos de propiedad se refieren a los derechos legales que tiene sobre la tierra que posee, incluido el derecho a construir estructuras como refugios antiaéreos. Sin embargo, estos derechos pueden estar limitados por leyes de zonificación, servidumbres y otras restricciones legales.

Servidumbres y restricciones: Las servidumbres son derechos legales otorgados a otros para usar parte de su propiedad para fines específicos, como líneas de servicios públicos o caminos de acceso. Antes de construir un refugio, verifique si hay servidumbres o restricciones de escritura en su propiedad que podrían limitar dónde o cómo puede construir.

Cómo lidiar con las propiedades vecinas:

Impacto en los vecinos: Al construir un refugio antiaéreo, considere cómo podría afectar a las propiedades vecinas. Por ejemplo, el trabajo de excavación podría afectar la estabilidad de la tierra o los patrones de drenaje, lo que daría lugar a posibles disputas con los vecinos.

Límites: Asegúrese de que su refugio esté construido dentro de los límites de su propiedad. Invadir la tierra de un vecino, incluso accidentalmente, puede dar lugar a disputas legales y posibles acciones judiciales.

Responsabilidad y seguro:

Consideraciones de responsabilidad: Como propietario de una propiedad, usted es responsable de garantizar que su proyecto de construcción no represente un peligro para los demás. Si alguien resulta herido debido a la construcción de su refugio, usted podría ser considerado responsable. Garantizar el cumplimiento de los códigos de construcción y las normas de seguridad puede ayudar a mitigar este riesgo.

Cobertura de seguro: Consulte con su proveedor de seguros para asegurarse de que su refugio antiaéreo esté cubierto por su póliza de propietario. Es posible que deba actualizar su póliza para incluir el refugio u obtener cobertura adicional para los riesgos relacionados con la construcción.

Desafíos legales y resolución de disputas

Desafíos legales comunes:

Disputas entre vecinos: Pueden surgir disputas con los vecinos por cuestiones como el ruido, el uso de la tierra o los riesgos de seguridad percibidos asociados con su refugio antiaéreo. Es importante abordar estas inquietudes de manera proactiva y buscar una solución a través del diálogo o la mediación antes de que se conviertan en batallas legales.

Negativas de permisos y zonificación: si se le niega su solicitud de permiso de construcción o variación de zonificación, tiene derecho a apelar la decisión. Este proceso generalmente implica presentar su caso ante una autoridad superior, como una junta de apelaciones de zonificación o un tribunal local.

Resolución de disputas:

Mediación y negociación: muchas disputas legales se pueden resolver a través de la mediación o la negociación, evitando la necesidad de litigios costosos y que consumen mucho tiempo. Considere contratar a un mediador o entablar conversaciones directas con las partes involucradas para encontrar una solución mutuamente aceptable.

Representación legal: si enfrenta desafíos legales importantes, como una demanda o un problema complejo de zonificación, puede ser conveniente consultar con un abogado que se especialice en derecho inmobiliario o de la construcción. La representación legal puede ayudarlo a navegar por las complejidades del sistema legal y proteger sus intereses.

Consideraciones especiales para los refugios comunitarios contra la lluvia radiactiva

Proyectos comunitarios:

Esfuerzos de colaboración: la construcción de un refugio comunitario contra la lluvia radiactiva implica consideraciones legales adicionales, como propiedad compartida, responsabilidad y gobernanza. Es importante establecer acuerdos claros entre todos los participantes con respecto a la construcción, el mantenimiento y el uso del refugio.

Acuerdos legales: considere redactar un acuerdo o contrato formal que describa las responsabilidades de cada participante, cómo se compartirán los costos y cómo se tomarán las decisiones. Este acuerdo debe ser revisado por un profesional legal para asegurarse de que sea legalmente vinculante y justo para todas las partes.

Refugios públicos y regulaciones municipales:

Refugios municipales: en algunos casos, los gobiernos locales pueden apoyar la construcción de refugios públicos contra la lluvia radiactiva. Estos refugios pueden estar sujetos a diferentes regulaciones y requisitos de permisos que los refugios privados. La coordinación con las autoridades locales es esencial para garantizar el cumplimiento.

Acceso público y responsabilidad: los refugios públicos contra la lluvia radiactiva deben cumplir con los estándares de accesibilidad, como la Ley de Estadounidenses con Discapacidades (ADA) en los Estados Unidos. Además, la entidad gestora debe considerar cuestiones de responsabilidad y cobertura de seguros para protegerse ante posibles reclamaciones legales.

Navegar por el panorama legal de la construcción de refugios antiaéreos requiere una atención cuidadosa a las leyes de zonificación, permisos de construcción, derechos de propiedad y posibles desafíos legales. Al comprender estas consideraciones y tomar medidas proactivas para cumplir con las regulaciones locales, puede asegurarse de que su refugio antiaéreo no solo sea seguro y funcional, sino también legalmente sólido. Ya sea que esté construyendo un refugio privado para su familia o participando en un proyecto comunitario, es importante abordar el proceso con una planificación minuciosa y una comprensión clara de los requisitos legales. Con la preparación y el conocimiento legal adecuados, puede protegerse a sí mismo y a su propiedad al tiempo que contribuye a su preparación general para un evento nuclear.

Seguros y refugios antiaéreos: lo que debe saber

Al construir o mantener un refugio antiaéreo, es fundamental comprender el papel del seguro. El seguro puede brindar protección financiera para su inversión en el refugio y cubrir los riesgos potenciales asociados con su uso o construcción. Sin embargo, navegar por las complejidades de las pólizas de seguro en relación con los refugios antiaéreos requiere una consideración cuidadosa de las opciones de cobertura, las exclusiones y los endosos adicionales. En este capítulo, se analizará lo que necesita saber sobre el seguro de un refugio antiaéreo, incluidos los tipos de cobertura, los factores que influyen en las primas, las posibles exclusiones y los consejos para obtener el mejor seguro para sus necesidades.

SEGURO PARA PROPIETARIOS y refugios antiaéreos

Pólizas estándar de seguro para propietarios:

Cobertura de estructuras: en la mayoría de los casos, las pólizas estándar de seguro para propietarios cubren las estructuras de su propiedad, incluidos los refugios antiaéreos, como parte de la cobertura de la vivienda u otras estructuras. Esto suele incluir protección contra riesgos como incendios, daños causados por el viento y vandalismo. Sin embargo, es posible que la cobertura de los refugios antiaéreos no se indique explícitamente, por lo que es importante aclarar esto con su proveedor de seguros.

Propiedad personal: la propiedad personal almacenada en su refugio antiaéreo, como suministros de emergencia u objetos valiosos, también puede estar cubierta por su póliza para propietarios. Sin embargo, se aplican límites y exclusiones de cobertura, por lo que debe revisar su póliza para comprender qué está cubierto y qué no.

Construcción de un nuevo refugio antiaéreo:

Cobertura de la fase de construcción: si está construyendo un nuevo refugio antiaéreo, asegúrese de que su seguro de hogar proporcione cobertura durante la fase de construcción. Esta cobertura es esencial en caso de accidentes, robo o daño a los materiales durante la construcción. Es posible que deba notificar a su aseguradora sobre el proyecto de construcción y posiblemente agregar una póliza de riesgo de construcción o un endoso para cubrir estos riesgos.

Valor de la propiedad y ajustes de cobertura: una vez que se complete el refugio, el valor de su propiedad puede aumentar, lo que podría afectar su cobertura de seguro. Notifique a su proveedor de seguros sobre la nueva estructura para asegurarse de que los límites de su póliza sean adecuados para cubrir el valor total de su propiedad, incluido el refugio.

Cobertura especializada para refugios antiaéreos

Endosos y cláusulas adicionales:

Endosos estructurales: algunas compañías de seguros ofrecen endosos o cláusulas adicionales diseñados específicamente para refugios antiaéreos o estructuras subterráneas. Estos endosos brindan cobertura adicional más allá de la cobertura de la póliza.

Qué incluye una póliza estándar para propietarios de viviendas, como protección contra riesgos específicos asociados con la construcción subterránea.

Seguro contra terremotos e inundaciones: según su ubicación, es posible que necesite cobertura adicional para riesgos que normalmente no se incluyen en las pólizas estándar, como terremotos o inundaciones. Dado que los refugios antiaéreos suelen estar bajo tierra, pueden ser más susceptibles a sufrir daños por estos eventos. Considere agregar un seguro contra terremotos o inundaciones para proteger su refugio.

Seguro de responsabilidad civil:

Mayores riesgos de responsabilidad civil: poseer un refugio antiaéreos puede aumentar sus riesgos de responsabilidad civil, especialmente si otras personas lo utilizan o si es parte de un proyecto comunitario. La cobertura de responsabilidad civil lo protege en caso de que alguien resulte herido en su propiedad o si su refugio causa daños a propiedades vecinas.

PÓLIZAS PARAGUAS: SI prevé mayores riesgos de responsabilidad civil, considere comprar una póliza paraguas, que brinda cobertura de responsabilidad civil adicional más allá de los límites de su póliza estándar para propietarios de viviendas. Esto puede ofrecer protección adicional en caso de demandas o reclamos importantes.

Factores que influyen en las primas de seguros

Materiales de construcción y diseño:

Durabilidad de los materiales: los materiales utilizados en la construcción de su refugio antiaéreo pueden afectar sus primas de seguro. Los refugios fabricados con materiales duraderos y resistentes al fuego, como el hormigón armado, pueden ser vistos como menos riesgosos por las aseguradoras, lo que puede dar lugar a primas más bajas.

Características de seguridad: la presencia de características de seguridad, como una ventilación adecuada, sistemas de filtración de aire y entradas seguras, también puede influir en sus primas. Estas características demuestran que el refugio está diseñado para proteger a los ocupantes y reducir los riesgos, lo que puede ser favorable para las aseguradoras.

Ubicación y riesgos ambientales:

Ubicación geográfica: la ubicación de su propiedad y los riesgos ambientales asociados, como la proximidad a fallas geológicas, zonas de inundación o áreas de fuertes vientos, afectarán sus tarifas de seguro. Las propiedades en áreas de alto riesgo pueden requerir cobertura adicional o resultar en primas más altas.

Proximidad a instalaciones nucleares: si su propiedad está cerca de una planta de energía nuclear u otros peligros nucleares potenciales, sus primas de seguro pueden verse influenciadas por el riesgo percibido de un evento nuclear. Sin embargo, este suele ser un factor menor en comparación con otros riesgos ambientales.

Uso del refugio:

Uso primario vs. secundario: si su refugio antiaéreo está destinado para uso primario (como espacio habitable u oficina en el hogar), puede considerarse de manera diferente que si es solo para uso de emergencia. El uso regular del refugio puede requerir cobertura adicional y podría afectar sus primas.

Refugios comunitarios: si su refugio antiaéreo es parte de un esfuerzo comunitario y será utilizado por varios hogares, esto podría afectar su cobertura de seguro. Asegúrese de que todos los participantes estén adecuadamente cubiertos y que la responsabilidad esté claramente definida en los acuerdos legales.

Exclusiones y limitaciones en el seguro de refugios antiaéreos

Exclusiones comunes:

Exclusiones nucleares: muchas pólizas de seguro estándar incluyen una cláusula de exclusión nuclear, lo que significa que los daños resultantes directamente de una explosión nuclear o radiación no están cubiertos. Esta es una exclusión estándar en la mayoría de las pólizas y refleja la naturaleza catastrófica de los eventos nucleares.

Desgaste: las pólizas estándar normalmente no cubren los daños resultantes del desgaste normal, el deterioro o la falta de mantenimiento. Esto significa que si su refugio antiaéreo sufre problemas como moho, deterioro estructural u otros problemas relacionados con el mantenimiento, su seguro puede no cubrir las reparaciones.

Comprensión de las limitaciones de la póliza:

Límites de cobertura: tenga en cuenta los límites de cobertura de su póliza, especialmente para estructuras adicionales como refugios antiaéreos. Si el valor de su refugio supera el límite de cobertura estándar, es posible que deba adquirir cobertura adicional o aumentar los límites de su póliza.

Reclamación por daños relacionados con la lluvia radiactiva: si su refugio antiaéreo resulta dañado por un evento que no está explícitamente excluido, como un terremoto o un incendio, debería poder presentar una reclamación. Sin embargo, debe proporcionar documentación que demuestre la causa del daño y que se encuentra dentro del alcance de su cobertura.

Consejos para obtener un seguro para refugios antiaéreos

Revisión y actualización de su póliza:

Revisiones periódicas de la póliza: revise su póliza de seguro con regularidad, especialmente después de completar la construcción de un nuevo refugio o realizar mejoras significativas. Asegúrese de que su cobertura refleje el valor actual de su propiedad y refugio.

Comparación de cotizaciones: busque cotizaciones de seguros de diferentes proveedores, especialmente si necesita una cobertura especializada para un refugio antiaéreo. Comparar cotizaciones puede ayudarlo a encontrar la mejor cobertura a un precio competitivo.

Documentación de su refugio:

Documentación detallada: mantenga registros detallados de su refugio antiaéreo, incluidos los planos de construcción, los materiales utilizados, las características de seguridad y cualquier mejora. Las fotografías y los videos del refugio también pueden ser útiles al presentar una reclamación.

Conservación de recibos y registros: conserve todos los recibos de materiales, mano de obra y cualquier trabajo de reparación o mantenimiento realizado en su refugio. Esta documentación puede ser crucial para demostrar el valor del refugio y justificar las reclamaciones en caso de daños.

Consulta con un profesional de seguros:

Asesoramiento de expertos: considere consultar con un profesional de seguros que tenga experiencia con refugios antiaéreos o estructuras similares. Pueden ayudarlo a navegar por las complejidades del seguro, recomendar la cobertura adecuada e identificar posibles lagunas en su póliza.

Cobertura personalizada: Un profesional de seguros también puede ayudarlo a personalizar su cobertura en función de sus necesidades específicas y las características únicas de su refugio antiaéreo, lo que garantiza que esté adecuadamente protegido.

Asegurar un refugio antiaéreo requiere una consideración cuidadosa de varios factores, incluido el tipo de cobertura necesaria, los riesgos asociados con su ubicación y las características específicas de su refugio. Al comprender estos factores y trabajar en estrecha colaboración con su proveedor de seguros, puede obtener la protección que necesita para salvaguardar su inversión y garantizar su tranquilidad. Ya sea que esté construyendo un refugio nuevo o manteniendo uno existente, las revisiones periódicas de la póliza, la documentación exhaustiva y la orientación de expertos pueden ayudarlo a navegar por las complejidades del seguro de refugio antiaéreo. Con la cobertura adecuada, puede estar seguro de que su refugio está protegido contra una variedad de riesgos, lo que le permite concentrarse en la preparación y la seguridad en caso de una emergencia nuclear.

El papel de la defensa civil en situaciones de lluvia radiactiva

La defensa civil desempeña un papel crucial en la protección del público durante situaciones de lluvia radiactiva. Históricamente, los gobiernos han establecido programas de defensa civil para preparar a los ciudadanos para el posible impacto de una guerra nuclear, lo que incluye proporcionar información, capacitación, recursos e infraestructura para mitigar los efectos de un evento nuclear. Comprender el papel de la defensa civil en situaciones de lluvia radiactiva ayuda a las personas y las comunidades a prepararse mejor para tales emergencias y coordinarse con los esfuerzos de respuesta oficiales. Este capítulo explorará los diversos aspectos de la defensa civil, incluida su historia, prácticas actuales, componentes clave y cómo las personas pueden participar y beneficiarse de estos programas.

La historia de la defensa civil

Orígenes y desarrollo:

Segunda Guerra Mundial y principios de la Guerra Fría: El concepto de defensa civil surgió durante la Segunda Guerra Mundial y se expandió durante los primeros años de la Guerra Fría a medida que las naciones reconocieron el potencial de destrucción a gran escala de las armas nucleares. Los gobiernos comenzaron a establecer programas formales de defensa civil destinados a proteger a los civiles de los efectos de los ataques aéreos y, más tarde, de los ataques nucleares. Educación pública y simulacros: los primeros esfuerzos de defensa civil se centraron en educar al público sobre los peligros de las armas nucleares y cómo protegerse. Esto incluyó la distribución de panfletos, la transmisión de anuncios de servicio público y la realización de simulacros de ataque aéreo y de "agacharse y cubrirse" en escuelas y comunidades.

Refugios antiatómicos: a medida que crecía la amenaza de una guerra nuclear, los gobiernos promovieron la construcción de refugios antiatómicos, tanto públicos como privados, como un componente clave de la defensa civil. Algunos países, como Suiza, desarrollaron extensas redes de refugios, mientras que otros, como los Estados Unidos, alentaron a los ciudadanos a construir refugios en sus hogares.

Programas de defensa civil de la Guerra Fría:

Defensa civil de los Estados Unidos: en los Estados Unidos, se creó la Administración Federal de Defensa Civil (FCDA) en 1950 para supervisar los esfuerzos de defensa civil, incluida la construcción de refugios, la planificación de la evacuación y la educación pública. El programa evolucionó a lo largo de las décadas, con distintos niveles de interés público y financiación gubernamental.

Esfuerzos globales: otros países, en particular los de Europa, también desarrollaron sólidos programas de defensa civil. Por ejemplo, Suecia y Suiza construyeron amplios sistemas de refugio capaces de proteger a grandes sectores de su población, mientras que el Reino Unido se centró en la educación pública y la planificación de emergencias.

Decadencia y modernización:

Cambio posterior a la Guerra Fría: con el fin de la Guerra Fría, la percepción de amenaza de guerra nuclear disminuyó, lo que llevó a una disminución de los programas de defensa civil en muchos países. Sin embargo, el surgimiento de nuevas amenazas, como el terrorismo y los desastres naturales, llevó a la integración de la defensa civil en marcos más amplios de gestión de emergencias.

DEFENSA CIVIL MODERNA: hoy en día, las iniciativas de defensa civil suelen formar parte de las agencias nacionales de gestión de emergencias, y se centran en la preparación para todos los peligros, incluidos los eventos nucleares. Estos programas enfatizan la resiliencia, la continuidad del gobierno y la seguridad pública frente a diversas amenazas.

Componentes clave de la defensa civil en escenarios nucleares

Educación y concienciación pública:

Difusión de información: Un componente fundamental de la defensa civil es proporcionar al público información precisa y oportuna sobre los riesgos de la radiación nuclear y las medidas que pueden adoptar para protegerse. Esto incluye orientación sobre los procedimientos de refugio, evacuación y descontaminación.

Campañas de preparación: Los gobiernos pueden lanzar campañas de preparación que alienten a los ciudadanos a desarrollar planes de emergencia, almacenar suministros y participar en simulacros. Estas campañas suelen utilizar múltiples canales, como la televisión, la radio, las redes sociales y los materiales impresos, para llegar a una amplia audiencia.

Refugios e infraestructura:

Refugios públicos: Los programas de defensa civil pueden incluir la construcción y el mantenimiento de refugios públicos contra la radiación, en particular en áreas urbanas. Estos refugios están diseñados para proteger a un gran número de personas de la radiación y proporcionar necesidades básicas, como alimentos, agua y atención médica.

Apoyo a refugios privados: Algunas iniciativas de defensa civil ofrecen orientación o incentivos para que las personas construyan refugios privados contra la radiación. Este apoyo puede incluir asesoramiento técnico, subsidios o incentivos fiscales para fomentar la construcción de refugios.

Coordinación de la respuesta a emergencias:

Planificación de la evacuación: los programas de defensa civil suelen incluir planes de evacuación detallados para áreas con alto riesgo de lluvia radiactiva. Estos planes implican esfuerzos coordinados entre las autoridades locales, regionales y nacionales para sacar de forma segura a las personas de las zonas de peligro.

Primeros intervinientes y capacitación: la defensa civil también implica la capacitación de los primeros intervinientes, como bomberos, policías y personal médico, para manejar emergencias nucleares. Esta capacitación incluye la detección de radiación, procedimientos de descontaminación y la prestación de atención médica para la exposición a la radiación.

Sistemas de comunicación:

Sistemas de alerta de emergencia: la comunicación eficaz es vital en un escenario de lluvia radiactiva. Los programas de defensa civil suelen establecer sistemas de alerta de emergencia que pueden difundir rápidamente advertencias e instrucciones al público a través de varios canales, incluidas sirenas, transmisiones de radio y alertas móviles.

Acceso público a la información: además de las alertas en tiempo real, los programas de defensa civil pueden proporcionar acceso a información sobre niveles de radiación, zonas seguras y refugios disponibles a través de sitios web, líneas directas y aplicaciones móviles.

Colaboración internacional:

Coordinación global: En caso de una catástrofe nuclear, la colaboración internacional es esencial, especialmente en regiones donde la radiación puede cruzar fronteras. Los organismos de defensa civil suelen trabajar con organizaciones internacionales, como el Organismo Internacional de Energía Atómica (OIEA), para compartir información, recursos y mejores prácticas.

Acuerdos de ayuda mutua: Los países pueden celebrar acuerdos de ayuda mutua que faciliten el intercambio de recursos, personal y conocimientos especializados durante una emergencia nuclear. Estos acuerdos pueden mejorar la eficacia general de las iniciativas de defensa civil y garantizar una respuesta coordinada.

Cómo pueden participar las personas en los programas de defensa civil

Participación en simulacros y capacitación:

Simulacros comunitarios: Muchos programas de defensa civil realizan simulacros comunitarios regulares que simulan escenarios de lluvia radiactiva. Estos simulacros brindan una oportunidad para que las personas y las familias practiquen procedimientos de emergencia, como refugio y evacuación, en un entorno controlado.

Programas CERT: El programa del Equipo de Respuesta a Emergencias Comunitarias (CERT) es un ejemplo de cómo las personas pueden participar en la defensa civil. Los programas CERT capacitan a los voluntarios en habilidades básicas de respuesta ante desastres, incluida la seguridad nuclear, y alientan la participación de la comunidad en los esfuerzos de preparación.

Mantenerse informado:

Suscribirse para recibir alertas: Las personas pueden mantenerse informadas sobre las amenazas nucleares suscribiéndose a las alertas de emergencia de su agencia de defensa civil local o nacional. Estas alertas brindan información en tiempo real sobre amenazas potenciales y acciones recomendadas.

Recursos educativos: Las agencias de defensa civil a menudo brindan recursos educativos, como folletos, sitios web y videos instructivos, para ayudar a las personas a comprender los riesgos de la lluvia radiactiva y cómo prepararse. Aprovechar estos recursos puede mejorar la preparación personal y familiar.

Elaboración de un plan de emergencia personal:

Elaboración de un plan: Es esencial elaborar un plan de emergencia personal o familiar que se ajuste a las directrices de defensa civil. Este plan debe incluir detalles sobre dónde refugiarse, cómo comunicarse con los miembros de la familia y qué suministros almacenar.

Practicar el plan: Practicar regularmente el plan de emergencia con la familia garantiza que todos sepan qué hacer en caso de una catástrofe nuclear. La familiaridad con el plan puede reducir el pánico y aumentar la probabilidad de una respuesta exitosa.

El futuro de la defensa civil

Adaptación a las nuevas amenazas:

Riesgos en evolución: A medida que cambia la dinámica de la seguridad global, los programas de defensa civil deben adaptarse a amenazas nuevas y emergentes, como los ciberataques a las instalaciones nucleares o la proliferación de armas nucleares a pequeña escala. Los esfuerzos de defensa civil modernos se centran cada vez más en la flexibilidad y la resiliencia para abordar una amplia gama de posibles escenarios.

Avances tecnológicos: Es probable que los avances en la tecnología, como la detección mejorada de la radiación, los sistemas de comunicación mejorados y un mejor modelado predictivo, den forma al futuro de la defensa civil. Estas tecnologías pueden mejorar la precisión y la velocidad de las evaluaciones y respuestas ante amenazas.

Fortalecimiento de la resiliencia comunitaria:

Iniciativas de preparación local: alentar a las comunidades locales a que asuman un papel activo en la defensa civil puede mejorar la resiliencia general. Esto incluye la promoción de grupos de preparación en los barrios, la construcción de refugios locales y programas de educación comunitaria.

Asociaciones público-privadas: las colaboraciones entre agencias gubernamentales, empresas del sector privado y organizaciones no gubernamentales (ONG) pueden ampliar el alcance y la eficacia de los programas de defensa civil. Estas asociaciones pueden ayudar a financiar la construcción de refugios, mejorar las capacidades de respuesta ante emergencias y aumentar la conciencia pública.

Redes globales de defensa civil:

Cooperación internacional: El fortalecimiento de las redes internacionales de defensa civil es crucial para abordar las amenazas nucleares transfronterizas y compartir las mejores prácticas. Al participar en iniciativas y ejercicios globales, los países pueden mejorar su preparación y sus capacidades de respuesta.

Estandarización de prácticas: El desarrollo de pautas y protocolos estandarizados para escenarios de lluvia radiactiva puede garantizar una respuesta global más consistente y efectiva. Las organizaciones internacionales pueden desempeñar un papel clave en la coordinación de estos esfuerzos y la promoción de estándares uniformes de defensa civil.

La defensa civil sigue siendo un componente vital de la seguridad nacional y la seguridad pública frente a escenarios de lluvia radiactiva. Al comprender el papel de la defensa civil, las personas y las comunidades pueden prepararse mejor para emergencias nucleares y trabajar en coordinación con los esfuerzos de respuesta oficiales. Ya sea a través de la educación pública, la participación en simulacros o manteniéndose informados sobre las amenazas, hay muchas formas en que las personas pueden participar en los programas de defensa civil para mejorar su preparación.

Lluvia radiactiva y cambio climático: análisis de la conexión

La conexión entre la lluvia radiactiva y el cambio climático es un tema complejo y multifacético que abarca tanto el impacto potencial de los eventos nucleares en el clima como las consecuencias ambientales más amplias de la guerra nuclear. Si bien la lluvia radiactiva de un solo evento nuclear afecta principalmente a áreas localizadas, los conflictos nucleares a gran escala, como los que involucran múltiples detonaciones, podrían tener efectos significativos y de largo alcance en el clima global. Este capítulo explorará la relación entre la lluvia radiactiva y el cambio climático, examinando los posibles impactos ambientales, el concepto de invierno nuclear y cómo estos escenarios podrían interactuar con las tendencias de cambio climático existentes.

El impacto ambiental de la lluvia radiactiva

Contaminación radiactiva:

Contaminación del suelo y el agua: la lluvia radiactiva consiste en partículas radiactivas que se depositan en el suelo después de una explosión nuclear. Estas partículas pueden contaminar el suelo y las fuentes de agua, lo que provoca daños ambientales a largo plazo. El suelo contaminado puede volverse infértil, lo que hace imposible la agricultura en las áreas afectadas, mientras que las fuentes de agua contaminadas plantean riesgos significativos para la salud tanto de los seres humanos como de la vida silvestre.

Bioacumulación en los ecosistemas: los materiales radiactivos pueden ingresar a la cadena alimentaria a través de la bioacumulación, donde son absorbidos por las plantas y posteriormente consumidos por animales y humanos. Esto puede provocar una alteración ecológica generalizada y efectos a largo plazo en la salud tanto de los animales como de las personas que consumen alimentos contaminados.

Destrucción de ecosistemas:

Efectos inmediatos: Los efectos inmediatos de una explosión nuclear, que incluyen calor intenso, ondas de presión y radiación, pueden causar una destrucción generalizada de los ecosistemas. Se pueden arrasar bosques, humedales y otros hábitats naturales, lo que lleva a la pérdida de biodiversidad y la alteración del equilibrio ecológico.

Recuperación a largo plazo: La recuperación de una explosión nuclear puede llevar décadas o incluso siglos, dependiendo de la gravedad de la contaminación. En algunos casos, los ecosistemas pueden no recuperarse nunca por completo, lo que lleva a cambios permanentes en el paisaje y a la pérdida de especies.

El concepto de invierno nuclear

Teoría del invierno nuclear:

Orígenes de la teoría: El concepto de invierno nuclear surgió en la década de 1980, cuando los científicos comenzaron a estudiar los posibles efectos climáticos de una guerra nuclear a gran escala. La teoría sugiere que múltiples detonaciones nucleares podrían inyectar cantidades masivas de humo, hollín y polvo en la estratosfera, bloqueando la luz solar y causando una caída significativa en las temperaturas globales.

MECANISMO DE ACCIÓN: En un escenario de invierno nuclear, el hollín y el humo de las ciudades, bosques y otros objetivos en llamas ascenderían a la atmósfera superior, donde podrían permanecer durante meses o incluso años. Esto reduciría la cantidad de luz solar que llega a la superficie de la Tierra, lo que provocaría un efecto de enfriamiento dramático, similar al observado después de grandes erupciones volcánicas.

Posibles efectos climáticos:

Enfriamiento global: El efecto principal del invierno nuclear sería un enfriamiento significativo y rápido de la superficie de la Tierra. Este enfriamiento podría provocar temporadas de crecimiento más cortas, pérdidas generalizadas de cosechas y hambruna. El grado de enfriamiento dependería de la escala del conflicto nuclear y de la cantidad de hollín inyectado en la atmósfera.

Alteración de los patrones climáticos: un invierno nuclear también podría alterar los patrones climáticos globales, lo que provocaría cambios en las precipitaciones, la frecuencia de las tormentas y los patrones de viento. Estos cambios podrían exacerbar los desafíos climáticos existentes, como las sequías, las inundaciones y los fenómenos meteorológicos extremos.

Impacto en la capa de ozono:

Agotamiento del ozono: además de provocar un enfriamiento, la inyección de humo y hollín en la atmósfera podría provocar el agotamiento de la capa de ozono. La capa de ozono protege la vida en la Tierra de la dañina radiación ultravioleta (UV). Una capa de ozono debilitada daría lugar a mayores niveles de radiación UV que llegarían a la superficie, lo que aumentaría el riesgo de cáncer de piel, cataratas y otros problemas de salud, además de dañar los cultivos y los ecosistemas marinos.

Interacción con las tendencias del cambio climático

Cambio climático y vulnerabilidad ambiental:

Mayor vulnerabilidad: Los efectos actuales del cambio climático, como el aumento de las temperaturas, el derretimiento de los casquetes polares y los cambios en los patrones de precipitaciones, ya han hecho que muchos ecosistemas y comunidades sean más vulnerables a las perturbaciones. En este contexto, el impacto de la lluvia radiactiva o de un invierno nuclear podría ser aún más devastador, ya que agravaría los factores de estrés ambiental existentes.

Ciclos de retroalimentación: La interacción entre la lluvia radiactiva y el cambio climático podría crear ciclos de retroalimentación que empeoren ambos fenómenos. Por ejemplo, el efecto de enfriamiento de un invierno nuclear podría enmascarar temporalmente el calentamiento global, pero la eventual limpieza del hollín de la atmósfera podría conducir a un rápido repunte de las temperaturas, lo que podría exacerbar los efectos del cambio climático.

Impacto en la seguridad alimentaria mundial:

Fallas de cosechas: Tanto el cambio climático como los escenarios de invierno nuclear plantean riesgos significativos para la seguridad alimentaria mundial. El cambio climático ya está provocando sequías, inundaciones y olas de calor más frecuentes y graves, que amenazan la productividad agrícola. El enfriamiento adicional y la alteración de los patrones climáticos causados por el invierno nuclear podrían provocar pérdidas generalizadas de cosechas, reduciendo la disponibilidad de alimentos y aumentando el riesgo de hambruna.

DESAFÍOS DE DISTRIBUCIÓN: En caso de una catástrofe nuclear, la destrucción de la infraestructura y la contaminación de las tierras agrícolas podrían complicar aún más la distribución de alimentos, dificultando el transporte y el almacenamiento de alimentos en las regiones afectadas. Esto, combinado con los efectos del cambio climático, podría provocar una grave escasez de alimentos e inestabilidad social.

Estrategias de mitigación y adaptación

Reducción del riesgo de conflicto nuclear:

Diplomacia y desarme: La forma más eficaz de prevenir los impactos ambientales y climáticos de la catástrofe nuclear es reducir el riesgo de conflicto nuclear mediante la diplomacia, el control de armamentos y el desarme. Los acuerdos internacionales, como el Tratado sobre la no proliferación de las armas nucleares (TNP) y el Tratado de Prohibición Completa de los Ensayos Nucleares (TPCE), desempeñan un papel crucial en la limitación de la propagación de las armas nucleares y la reducción de la probabilidad de su uso.

Medidas preventivas: Los gobiernos y las organizaciones internacionales deben seguir adoptando medidas preventivas, incluido el diálogo entre los Estados poseedores de armas nucleares, medidas de fomento de la confianza y protocolos de gestión de crisis, para reducir el riesgo de una escalada nuclear.

Mitigación y adaptación al cambio climático:

Fortalecimiento de la resiliencia: Para mitigar los posibles efectos combinados de la lluvia radiactiva y el cambio climático, es esencial fortalecer la resiliencia de las comunidades y los ecosistemas. Esto incluye invertir en agricultura sostenible, mejorar la gestión del agua y proteger la biodiversidad para garantizar que los sistemas naturales puedan resistir mejor los impactos ambientales y recuperarse de ellos.

Planificación de la preparación: Los gobiernos y las comunidades deben integrar los escenarios de lluvia radiactiva en planes más amplios de adaptación climática y preparación para desastres. Esto incluye el desarrollo de estrategias para la seguridad alimentaria, la protección de la infraestructura y la salud pública frente a amenazas ambientales múltiples y superpuestas.

Concienciación y educación del público:

Concienciación: Las campañas de concienciación del público pueden ayudar a educar a las personas sobre la posible conexión entre la lluvia radiactiva y el cambio climático, así como sobre las medidas que se pueden adoptar para reducir estos riesgos. Aumentar la comprensión del público sobre las posibles consecuencias de un conflicto nuclear también puede respaldar los esfuerzos para promover el desarme y la no proliferación.

Participación de la comunidad: La participación de las comunidades en los debates sobre el cambio climático y los riesgos nucleares puede ayudar a generar apoyo para políticas y acciones que aborden estos desafíos. Las iniciativas locales, como los huertos comunitarios, los proyectos de energía renovable y los talleres de preparación para desastres, pueden empoderar a las personas y los grupos para que adopten medidas a nivel de base.

La responsabilidad mundial de abordar la conexión

Cooperación internacional:

Gobernanza mundial: Para abordar la conexión entre la lluvia radiactiva y el cambio climático se necesita una respuesta mundial coordinada. Las organizaciones internacionales, como las Naciones Unidas y el OIEA, deben trabajar juntas para promover políticas que reduzcan el riesgo de conflicto nuclear y, al mismo tiempo, aborden las causas profundas del cambio climático.

Responsabilidad compartida: Todas las naciones tienen un papel que desempeñar en la prevención de conflictos nucleares y la mitigación del cambio climático. Esto incluye comprometerse con el desarme, reducir las emisiones de gases de efecto invernadero y apoyar los esfuerzos internacionales para construir un mundo más sostenible y pacífico.

Consideraciones éticas:

Protección de las generaciones futuras: Las posibles consecuencias de la lluvia radiactiva y el cambio climático plantean importantes desafíos éticos. Proteger a las generaciones futuras de los efectos devastadores de estas amenazas requiere una acción audaz y un compromiso con la sostenibilidad a largo plazo. Los gobiernos, las empresas y los individuos deben asumir la responsabilidad de reducir estos riesgos y garantizar un planeta habitable para las generaciones futuras.

Equidad y justicia: Es probable que los efectos tanto de la lluvia radiactiva como del cambio climático se sientan con mayor intensidad en las poblaciones vulnerables, incluidas las de los países en desarrollo, las comunidades marginadas y las generaciones futuras. Los esfuerzos para abordar estas amenazas deben guiarse por los principios de equidad y justicia, asegurando que los más vulnerables estén protegidos y que los beneficios de la acción se compartan de manera justa.

La conexión entre la lluvia radiactiva y el cambio climático pone de relieve los desafíos complejos e interrelacionados que enfrenta el mundo en el siglo XXI. Si bien los efectos inmediatos de la lluvia radiactiva suelen ser localizados, los conflictos nucleares a gran escala tienen el potencial de causar importantes perturbaciones climáticas globales, agravando los desafíos existentes que plantea el cambio climático.

Para hacer frente a estos riesgos se necesita un enfoque multifacético que incluya la reducción de la probabilidad de un conflicto nuclear, el fortalecimiento de la resiliencia a los impactos ambientales y la promoción de la cooperación internacional. Si comprendemos las posibles consecuencias de la lluvia radiactiva y del cambio climático y tomamos medidas proactivas para mitigar estos riesgos, podemos trabajar hacia un futuro más seguro y sostenible para todos.

Consideraciones éticas en el diseño de refugios antiatómicos

———

El diseño de refugios antiatómicos implica no solo consideraciones técnicas y prácticas, sino también importantes cuestiones éticas. Estas consideraciones éticas abordan cuestiones de justicia, equidad, acceso y los posibles impactos sociales del refugio durante y después de un evento nuclear. Como los refugios antiatómicos están diseñados para proteger vidas en circunstancias extremas, las decisiones que se toman en su planificación y construcción pueden tener implicaciones de largo alcance para las personas, las comunidades y la sociedad en su conjunto. En este capítulo se explorarán las consideraciones éticas en el diseño de refugios antiatómicos, incluidas las cuestiones de equidad y acceso, el potencial de división social, las responsabilidades de los propietarios de los refugios y las implicaciones sociales más amplias.

Equidad y acceso a los refugios antiaéreos

Acceso justo a la protección:

Disparidades socioeconómicas: Una de las principales preocupaciones éticas en el diseño de refugios antiaéreos es la disparidad en el acceso a la protección en función del nivel socioeconómico. Los refugios antiaéreos pueden ser costosos de construir, mantener y equipar, lo que puede limitar el acceso a aquellos con recursos financieros. Esto plantea cuestiones éticas sobre la justicia de un sistema en el que los ricos pueden permitirse una mejor protección en caso de un desastre nuclear, mientras que aquellos con menos recursos pueden quedar vulnerables.

Refugios públicos frente a privados: La existencia de refugios antiaéreos privados, a menudo accesibles solo para aquellos que pueden pagarlos, contrasta con la necesidad de refugios públicos que brinden protección a todos los miembros de la sociedad, independientemente de los ingresos. El diseño ético de refugios antiaéreos debe considerar cómo hacer que la protección sea más equitativa, posiblemente a través del desarrollo y mantenimiento de refugios públicos o subsidios gubernamentales para apoyar la construcción de refugios privados para aquellos con medios limitados.

Responsabilidad del gobierno:

Infraestructura pública: Los gobiernos tienen la responsabilidad ética de proteger a sus ciudadanos, lo que puede incluir brindar acceso a refugios públicos contra la radiación o garantizar que exista infraestructura suficiente para albergar a la población durante un evento nuclear. El diseño y la distribución de estos refugios deben guiarse por principios de equidad e inclusión, asegurando que todos los ciudadanos tengan la misma oportunidad de acceder a la protección.

Subvenciones e incentivos: Para abordar las disparidades en el acceso, los gobiernos podrían ofrecer subsidios, subvenciones o incentivos fiscales para ayudar a las personas y familias de bajos ingresos a construir o modernizar refugios. Este enfoque podría ayudar a mitigar las preocupaciones éticas relacionadas con las disparidades socioeconómicas y promover un acceso más amplio a la protección.

El potencial de división social

Estratificación social:

División por riqueza: La presencia de refugios antinucleares de alta gama y lujosos que solo los ricos pueden permitirse tiene el potencial de exacerbar las divisiones sociales. En una situación de crisis, esto podría conducir a un aumento de la tensión y el resentimiento entre los diferentes grupos socioeconómicos, ya que quienes no tienen acceso a refugios pueden percibir que sus vidas son menos valiosas. Exclusividad y aislamiento: el uso de refugios privados contra desastres nucleares también puede generar aislamiento social, ya que las personas o familias se refugian en sus propios espacios de protección, lo que puede romper los vínculos comunitarios. Esta exclusividad puede obstaculizar los esfuerzos colectivos de reconstrucción y recuperación después de un desastre nuclear, ya que quienes se han refugiado en refugios privados pueden estar menos inclinados a participar en esfuerzos de recuperación comunitarios más amplios.

Cohesión comunitaria:

Promoción de la inclusión: el diseño ético de refugios contra desastres nucleares debe considerar cómo promover la cohesión comunitaria en lugar de la división. Esto podría implicar el diseño de refugios comunitarios que alojen a varias familias o grupos, fomentando un sentido de responsabilidad compartida y apoyo mutuo. Estos refugios pueden servir como lugares donde las personas se reúnen durante una crisis, fortaleciendo los vínculos comunitarios y facilitando los esfuerzos de recuperación colectiva.

Abordar la estigmatización: también existe el riesgo de que quienes no pueden pagar refugios privados o que deben depender de refugios públicos se sientan estigmatizados o marginados. Las consideraciones éticas en el diseño de refugios deben incluir esfuerzos para minimizar esta estigmatización, tal vez asegurando que los refugios públicos sean de alta calidad y brinden niveles similares de protección y comodidad que los privados.

Responsabilidades de los propietarios de refugios

Obligaciones morales:

Ofrecer refugio a otros: los propietarios de refugios privados enfrentan cuestiones éticas sobre sus responsabilidades hacia los demás en una crisis. ¿Debería el propietario de un refugio estar moralmente obligado a ofrecer protección a los vecinos o miembros de la comunidad que no tienen acceso a un refugio? Esta pregunta es particularmente apremiante en áreas densamente pobladas donde muchas personas pueden quedar sin protección.

Capacidad y preparación: los propietarios de refugios deben considerar las implicaciones éticas de la capacidad de su refugio. Si un refugio está diseñado para albergar a más personas que la familia inmediata, el propietario puede enfrentar decisiones difíciles sobre a quién admitir en una emergencia. El diseño ético debe incluir consideraciones para acomodar a la mayor cantidad de personas posible, así como pautas claras sobre cómo manejar tales situaciones.

Límites legales y éticos:

Protecciones legales: En algunas jurisdicciones, pueden existir protecciones legales para los propietarios de refugios, como las leyes del Buen Samaritano que protegen a las personas de la responsabilidad cuando ofrecen ayuda durante una emergencia. Sin embargo, la responsabilidad ética de los propietarios de refugios puede extenderse más allá de los requisitos legales, en particular en situaciones de vida o muerte.

Dilemas éticos: Los propietarios de refugios pueden enfrentar dilemas éticos, como si priorizar a los miembros de la familia, amigos o vecinos, y cómo manejar situaciones en las que se excede la capacidad del refugio. Planificar estos escenarios con anticipación, con pautas éticas claras, puede ayudar a mitigar el estrés y la ambigüedad moral que pueden surgir en una crisis.

Implicaciones sociales más amplias

Impacto social a largo plazo:

Reconstrucción de la sociedad: El diseño de refugios antinucleares tiene implicaciones para la forma en que la sociedad puede reconstruirse después de un evento nuclear. Los refugios que promueven el aislamiento y la exclusividad pueden obstaculizar los esfuerzos para reconstruir una sociedad cohesionada y funcional. Por el contrario, los refugios diseñados teniendo en cuenta la participación de la comunidad pueden facilitar una recuperación más efectiva y contribuir a un tejido social más resistente.

Planificación urbana ética: los planificadores urbanos y los responsables de las políticas deben considerar las implicaciones éticas de los refugios antiaéreos en el contexto más amplio del diseño comunitario. La integración de los refugios en espacios públicos, como escuelas, centros comunitarios y edificios gubernamentales, puede garantizar un acceso más equitativo y promover la solidaridad social.

Principios de diseño ético:

Dignidad humana: los refugios antiaéreos deben diseñarse respetando la dignidad humana, garantizando que todos los ocupantes tengan acceso a las necesidades básicas, como alimentos, agua, saneamiento y atención médica. El diseño también debe considerar el bienestar psicológico de los ocupantes, proporcionando espacios que sean cómodos y propicios para la salud mental.

Sostenibilidad e impacto ambiental: el impacto ambiental de la construcción y el funcionamiento de los refugios antiaéreos debe considerarse en el proceso de diseño. Los principios de diseño ético deben priorizar la sostenibilidad, utilizando materiales y métodos que minimicen el daño ambiental y contribuyan a la resiliencia a largo plazo de la comunidad.

Abordar los desafíos éticos en el diseño de refugios

Toma de decisiones inclusiva:

Participación de la comunidad: involucrar a la comunidad en el proceso de planificación y diseño de refugios antiaéreos puede ayudar a garantizar que se aborden las consideraciones éticas. Esta participación puede adoptar la forma de consultas públicas, grupos de discusión o talleres de diseño colaborativo, donde los miembros de la comunidad tienen voz en las decisiones que afectan su seguridad y bienestar.

Equilibrar los intereses en conflicto: el diseño ético de refugios a menudo implica equilibrar los intereses en conflicto, como los derechos individuales, las necesidades de la comunidad y la seguridad pública. Los procesos de toma de decisiones transparentes que consideran las perspectivas de todas las partes interesadas pueden ayudar a abordar estas complejas cuestiones éticas.

Directrices éticas para diseñadores y planificadores:

Códigos de ética: los arquitectos, ingenieros y planificadores urbanos involucrados en el diseño de refugios antiaéreos deben adherirse a códigos de ética profesionales que enfatizan la importancia de la seguridad pública, la equidad y la seguridad social.

Responsabilidad. Estos códigos pueden proporcionar orientación sobre cómo abordar los desafíos éticos inherentes al diseño de refugios.

Capacitación ética: Incorporar la capacitación ética en la educación y el desarrollo profesional de quienes participan en el diseño de refugios puede ayudar a generar conciencia sobre las cuestiones éticas en juego y alentar la toma de decisiones responsable.

Las consideraciones éticas en el diseño de refugios contra la lluvia radiactiva son multifacéticas y están profundamente entrelazadas con cuestiones de equidad, acceso y responsabilidad social. Diseñar refugios que protejan la vida humana al tiempo que promueven la justicia y la cohesión comunitaria requiere una reflexión cuidadosa y un compromiso con los principios éticos.

Al abordar estas consideraciones éticas, los diseñadores, propietarios y formuladores de políticas de refugios pueden contribuir a una sociedad más justa y resiliente, donde la protección contra las amenazas nucleares no sea solo un privilegio para unos pocos sino un derecho para todos. A medida que continuamos enfrentando los desafíos de un mundo complejo e incierto, el diseño ético de los refugios contra la lluvia radiactiva desempeñará un papel crucial para garantizar que salgamos de las crisis más fuertes y más unidos.

El futuro de la protección contra la lluvia radiactiva: innovaciones en el horizonte

A medida que el mundo continúa evolucionando, también lo hace la tecnología y la metodología detrás de la protección contra la lluvia radiactiva. El futuro de los refugios antiaéreos y las tecnologías relacionadas promete traer innovaciones que hagan que estas estructuras sean más efectivas, accesibles y sostenibles. Los avances en la ciencia de los materiales, la arquitectura y la gestión de emergencias están a punto de revolucionar nuestra forma de pensar sobre la protección contra la lluvia radiactiva, abordando muchos de los desafíos que enfrentan los diseños actuales. Este capítulo explora las posibles innovaciones en el horizonte para la protección contra la lluvia radiactiva, incluidos los avances en la construcción de refugios, los materiales, la integración de tecnología y la planificación de emergencias.

Materiales avanzados para refugios antiaéreos

Materiales ligeros y de alta resistencia:

Materiales compuestos: los avances en la ciencia de los materiales están llevando al desarrollo de materiales compuestos ligeros y de alta resistencia que podrían mejorar significativamente la construcción de refugios antiaéreos. Estos materiales, que combinan las mejores propiedades de múltiples sustancias, ofrecen mayor durabilidad y protección al tiempo que reducen el peso general y el costo de construcción.

Grafeno y nanomateriales: el grafeno, un material hecho de una sola capa de átomos de carbono dispuestos en una red de panal, es uno de los materiales más fuertes que se conocen. Su integración en el diseño de refugios podría dar lugar a estructuras increíblemente fuertes y, a la vez, ligeras. Los nanomateriales, con su capacidad de manipular la materia a nivel molecular, también podrían proporcionar nuevas formas de crear revestimientos resistentes a la radiación o mejorar la integridad estructural de los refugios.

Materiales que absorben y reflejan la radiación:

Tejidos que bloquean la radiación: se están realizando investigaciones sobre tejidos y revestimientos que pueden bloquear o absorber la radiación, lo que potencialmente permitiría nuevos tipos de refugios flexibles y portátiles. Estos materiales podrían usarse para revestir paredes, techos y pisos, proporcionando una capa adicional de protección en refugios tradicionales o creando diseños de refugios completamente nuevos.

Concreto avanzado: las nuevas formulaciones de concreto que incorporan materiales como plomo o polímeros especializados pueden proporcionar una protección mejorada contra la radiación sin aumentar significativamente el peso o la

Grosor de las paredes de los refugios. El hormigón autorreparador, que puede reparar grietas automáticamente, es otra innovación que podría mejorar la longevidad y la seguridad de los refugios antinucleares.

Refugios inteligentes e integración de tecnología

Sistemas de refugios inteligentes:

Monitoreo automatizado: La integración de tecnología inteligente en los refugios antinucleares permitirá el monitoreo automatizado de los niveles de radiación, la calidad del aire y la integridad estructural. Los sensores integrados en las paredes del refugio pueden proporcionar datos en tiempo real a los ocupantes, ayudándolos a tomar decisiones informadas durante un evento nuclear.

IA y aprendizaje automático: La inteligencia artificial (IA) y el aprendizaje automático podrían usarse para optimizar las operaciones del refugio, como la gestión del uso de energía, la ventilación y el suministro de agua. La IA también podría ayudar a predecir la propagación de la radiación y ajustar los parámetros del refugio para maximizar la seguridad y la comodidad.

Refugios energéticamente eficientes:

Integración de energía renovable: Los refugios futuros podrían estar equipados con fuentes de energía renovable, como paneles solares, turbinas eólicas o sistemas geotérmicos, para garantizar un suministro de energía continuo durante períodos prolongados de refugio. Estos sistemas pueden diseñarse para funcionar sin conexión a la red, lo que hace que los refugios sean más autosuficientes y reduce la dependencia de fuentes de energía externas.

Almacenamiento de baterías y energía de respaldo: los avances en la tecnología de baterías, incluidas las baterías de estado sólido y otros sistemas de almacenamiento de energía de alta capacidad, podrían proporcionar energía de respaldo confiable para los refugios. Estas innovaciones serán cruciales para mantener sistemas críticos, como la filtración de aire y la comunicación, durante emergencias prolongadas.

Filtración de aire y ventilación avanzadas:

HEPA y más allá: los filtros de aire de partículas de alta eficiencia (HEPA) han sido durante mucho tiempo el estándar para eliminar partículas radiactivas del aire. Los refugios futuros pueden utilizar sistemas de filtración aún más avanzados que incorporen nanotecnología o precipitación electrostática para capturar partículas más pequeñas y neutralizar gases nocivos.

Sistemas de ventilación de circuito cerrado: el desarrollo de sistemas de ventilación de circuito cerrado que reciclen y purifiquen el aire dentro del refugio puede ayudar a reducir la necesidad de entrada de aire externo, minimizando aún más el riesgo de exposición a la radiación. Estos sistemas también podrían integrarse con tecnología inteligente para ajustar el flujo de aire y la filtración en función de las condiciones en tiempo real.

Diseños de refugios modulares y portátiles

Refugios modulares:

Módulos personalizables: los diseños de refugios modulares permiten flexibilidad y escalabilidad, lo que permite a las personas o comunidades construir refugios que satisfagan sus necesidades específicas. Estos refugios se pueden construir a partir de módulos prefabricados que encajan entre sí como bloques de construcción, lo que facilita su expansión o reconfiguración a medida que cambian las circunstancias.

Fácil montaje: los avances en las técnicas de construcción, como la impresión 3D o el montaje robótico, podrían hacer posible la rápida implementación y montaje de refugios modulares en respuesta a una amenaza inminente. Estos refugios se podrían construir previamente y almacenar, listos para ser montados cuando sea necesario, lo que reduciría significativamente el tiempo necesario para crear un espacio seguro.

REFUGIOS PORTÁTILES y desplegables:

Refugios inflables: los refugios inflables, fabricados con telas duraderas y resistentes a la radiación, podrían proporcionar una opción portátil para la protección contra la lluvia radiactiva. Estos refugios podrían almacenarse de forma compacta y desplegarse rápidamente en caso de crisis, ofreciendo un refugio temporal hasta que haya disponible un refugio más permanente.

Refugios emergentes: similares a los refugios inflables, los refugios emergentes fabricados con materiales plegables y livianos podrían transportarse fácilmente e instalarse en una variedad de lugares. Estos refugios podrían ser particularmente útiles para los primeros intervinientes o las personas en áreas remotas que necesitan protección inmediata.

Planificación y comunicación de emergencia mejoradas

Seguimiento y predicción de la lluvia radiactiva en tiempo real:

Tecnología satelital y de drones: el uso de satélites y drones para rastrear y predecir la propagación de la lluvia radiactiva en tiempo real podría revolucionar la respuesta a emergencias. Estas tecnologías podrían proporcionar información precisa y actualizada sobre los niveles de radiación, lo que permitiría a las personas y las autoridades tomar mejores decisiones sobre evacuación y refugio.

Modelado predictivo: el modelado informático avanzado, mediante inteligencia artificial y aprendizaje automático, puede predecir la propagación de la radiación radiactiva en función de factores como la velocidad del viento, las condiciones meteorológicas y la topografía. Estos modelos pueden ayudar a identificar zonas seguras y optimizar las rutas de evacuación, mejorando las tasas de supervivencia y minimizando la exposición.

Sistemas de comunicación mejorados:

Redes en malla: en caso de un ataque nuclear, las redes de comunicación tradicionales pueden verse interrumpidas. Las redes en malla, que utilizan nodos descentralizados para crear un sistema de comunicación resistente y autorreparador, podrían garantizar que las personas permanezcan conectadas incluso si falla la infraestructura central. Esta tecnología podría integrarse en los refugios para mantener la comunicación con el mundo exterior.

Aplicaciones de alerta de emergencia: las aplicaciones móviles que brindan alertas en tiempo real, ubicaciones de refugios e instrucciones de emergencia podrían volverse cada vez más sofisticadas y ofrecer orientación personalizada en función de la ubicación y la situación del usuario. Estas aplicaciones podrían integrarse con sistemas de refugios inteligentes para brindar asesoramiento personalizado sobre cuándo refugiarse, evacuar o tomar otras medidas de protección.

Diseño de refugios sostenibles

Construcción ecológica:

Materiales reciclados y sostenibles: A medida que la sostenibilidad se convierte en una mayor prioridad, es probable que aumente el uso de materiales reciclados y ecológicos en la construcción de refugios. Estos materiales podrían reducir el impacto ambiental de la construcción y el funcionamiento de los refugios, lo que haría que los refugios contra la lluvia radiactiva fueran más sostenibles a largo plazo.

Eficiencia energética: Es probable que los refugios del futuro se diseñen teniendo en cuenta la eficiencia energética, incorporando técnicas pasivas de calefacción y refrigeración, aislamiento de alta calidad y electrodomésticos de bajo consumo para minimizar el uso de energía y reducir la dependencia de fuentes de energía externas.

———————

CAPACIDAD DE SUPERVIVENCIA a largo plazo:

Refugios autosuficientes: El desarrollo de refugios autosuficientes, que puedan producir su propia comida, agua y energía, será una innovación clave en la protección contra la lluvia radiactiva. Estos refugios podrían incluir sistemas hidropónicos o acuapónicos para el cultivo de alimentos, sistemas de purificación de agua que reciclen las aguas residuales y fuentes de energía renovables para garantizar la supervivencia a largo plazo.

Recolección y reciclaje de agua: las innovaciones en materia de recolección de agua, como los sistemas de recolección de agua de lluvia y los generadores de agua atmosférica, podrían proporcionar una fuente confiable de agua limpia para los refugios. Los sistemas avanzados de filtración y reciclaje podrían garantizar que el agua se use de manera eficiente, reduciendo la necesidad de grandes capacidades de almacenamiento.

Consideraciones éticas y sociales para los refugios futuros

Acceso universal y asequibilidad:

Diseño inclusivo: a medida que avance la tecnología de protección contra la lluvia radiactiva, habrá imperativos éticos para garantizar que estas innovaciones sean accesibles para todos, no solo para los ricos. Los gobiernos y las ONG pueden tener que intervenir para subsidiar o proporcionar refugios para las poblaciones vulnerables, asegurando que todos tengan acceso a la protección.

Asequibilidad: se deben hacer esfuerzos para garantizar que las tecnologías avanzadas de refugio sigan siendo asequibles para el público en general. Esto podría implicar incentivos gubernamentales, técnicas de producción en masa o modelos de financiamiento innovadores que permitan que más personas construyan o accedan a refugios.

Integración comunitaria:

Refugios compartidos: los refugios futuros pueden estar diseñados para albergar a comunidades enteras, en lugar de solo a individuos o familias. Estos refugios compartidos podrían fomentar un sentido de comunidad y cooperación, que es esencial para la supervivencia y la recuperación a largo plazo después de un evento nuclear.

Asociaciones público-privadas: la colaboración entre los gobiernos, las empresas privadas y la sociedad civil podría conducir al desarrollo de refugios que satisfagan las necesidades públicas y se beneficien de la innovación y la inversión del sector privado. Estas asociaciones podrían ayudar a garantizar que las tecnologías de refugios más avanzadas estén ampliamente disponibles.

El futuro de la protección contra la lluvia radiactiva está a punto de verse determinado por importantes innovaciones en materiales, tecnología y diseño de refugios. Estos avances tienen el potencial de hacer que los refugios contra la lluvia radiactiva sean más eficaces, accesibles y sostenibles, abordando muchos de los desafíos que enfrentan los diseños actuales.

Al mirar hacia el futuro, es esencial considerar no solo los aspectos técnicos de estas innovaciones, sino también sus implicaciones éticas y sociales. Garantizar que todos los miembros de la sociedad tengan acceso a una protección eficaz contra la lluvia radiactiva, fomentar la resiliencia de la comunidad y promover la sostenibilidad serán cruciales a medida que desarrollemos la próxima generación de refugios. Al adoptar estas innovaciones y abordar los desafíos asociados, podemos crear un mundo más seguro y resiliente frente a las amenazas nucleares.

Invierno nuclear: cómo sobrevivir a un invierno nuclear de larga duración

———

Sobrevivir a un invierno nuclear de larga duración presenta un desafío abrumador, ya que las consecuencias de un conflicto nuclear a gran escala podrían sumir a la Tierra en un período de temperaturas drásticamente reducidas, patrones climáticos alterados y escasez generalizada de alimentos. El invierno nuclear, un concepto que surgió durante la Guerra Fría, se refiere al enfriamiento climático global severo que podría seguir a una guerra nuclear debido a las enormes cantidades de hollín y humo liberados a la atmósfera, que bloquean la luz solar. Este capítulo proporcionará una guía completa para sobrevivir a un invierno nuclear de larga duración, que abarca la preparación, el refugio, la adquisición de alimentos y agua, las consideraciones de salud y las estrategias para adaptarse a las duras y prolongadas condiciones.

Comprender el invierno nuclear

Las causas y los efectos:

Detonaciones nucleares y tormentas de fuego: Las consecuencias inmediatas de múltiples detonaciones nucleares darían lugar a incendios a gran escala, especialmente en áreas urbanas, que generarían inmensas cantidades de hollín y humo. Estas partículas se elevarían hasta la estratosfera, donde podrían propagarse globalmente y permanecer allí durante meses o incluso años, reduciendo la luz solar y bajando las temperaturas.

Enfriamiento global y oscuridad: la reducción de la luz solar provocaría una caída significativa de las temperaturas globales, lo que daría lugar a lo que se conoce como "invierno nuclear". Esto podría dar lugar a un estado casi perpetuo de crepúsculo, con cielos diurnos que permanecerían oscuros y fríos, incluso durante los meses de verano.

Impacto en la agricultura y los ecosistemas: el enfriamiento, combinado con la reducción de la luz solar, afectaría gravemente a la agricultura mundial, lo que provocaría la pérdida de cosechas y la escasez de alimentos. Los ecosistemas quedarían sumidos en el caos y muchas especies no podrían sobrevivir al repentino cambio climático.

Preparación para el invierno nuclear

Acumulación de suministros:

Alimentos: un invierno nuclear de larga duración probablemente daría lugar a una crisis alimentaria mundial, por lo que es fundamental disponer de una importante reserva de alimentos no perecederos. Concéntrese en alimentos densos en calorías, que requieran una preparación mínima y que tengan una larga vida útil. Los alimentos enlatados, los frijoles secos, el arroz, la pasta, las comidas liofilizadas y los cereales son esenciales. Considere almacenar semillas de cultivos que puedan crecer en condiciones de poca luz, como ciertas hortalizas de raíz, para la futura producción de alimentos.

Agua: el acceso al agua limpia puede verse comprometido durante un invierno nuclear debido a la contaminación y la congelación de las fuentes de agua naturales. Almacene al menos un suministro de agua para un año, con el objetivo de un mínimo de un galón por persona por día. Las herramientas de purificación de agua, como filtros, pastillas purificadoras y equipos para hervir, también son esenciales para garantizar la seguridad del agua recolectada.

CALEFACCIÓN Y COMBUSTIBLE: con la posibilidad de que las temperaturas caigan en picado, es fundamental contar con fuentes de calefacción confiables. Acumule leña, propano u otros combustibles de larga duración. Considere invertir en estufas de leña portátiles o estufas cohete que puedan quemar una variedad de combustibles de manera eficiente. Los métodos de calefacción alternativos, como los calentadores solares o la calefacción por masa térmica, también pueden ayudar a conservar el combustible.

Refugio y aislamiento:

Aislamiento térmico: Su refugio debe estar bien aislado para retener el calor y protegerse del frío. Esto podría implicar agregar capas adicionales de aislamiento a las paredes, sellar ventanas y puertas para evitar corrientes de aire y usar cortinas o mantas térmicas para retener el calor. Si es posible, trasládese a un sótano o una habitación interior donde las fluctuaciones de temperatura sean menos severas.

Energía de respaldo e iluminación: Con luz solar limitada y la posible pérdida de la red eléctrica, es vital tener fuentes de energía de respaldo. Los paneles solares, incluso con una eficiencia reducida en condiciones de poca luz, aún pueden proporcionar algo de energía, especialmente si se combinan con baterías de alta capacidad. Los generadores de manivela, las turbinas eólicas y los generadores a combustible también son valiosos. Acumule velas, lámparas de aceite y luces LED a batería para mantener la iluminación.

Adaptación a un entorno modificado

Producción de alimentos en condiciones de poca luz:

Jardinería en interiores: Cultivar alimentos en interiores puede volverse necesario durante un invierno nuclear. Los sistemas hidropónicos o acuapónicos, que utilizan soluciones nutritivas a base de agua en lugar de tierra, se pueden instalar en interiores con iluminación artificial. Las luces LED para cultivo son energéticamente eficientes y pueden favorecer el crecimiento de verduras de hoja, hierbas y otras hortalizas.

Cultivo de hongos: los hongos, que prosperan en ambientes oscuros y húmedos, pueden ser una valiosa fuente de alimento en un invierno nuclear. Se pueden cultivar en ambientes interiores controlados, proporcionando nutrientes y calorías esenciales con relativamente poco esfuerzo.

Hortalizas de raíz: las hortalizas de raíz como las zanahorias, las patatas y las remolachas son más resistentes a las condiciones de poca luz y se pueden cultivar en contenedores en interiores o en parterres protegidos en el exterior, siempre que estén aislados del frío.

Caza, pesca y recolección de alimentos:

Adaptación a la escasez: con la posible disminución de las poblaciones de vida silvestre debido a las duras condiciones, la caza, la pesca y la recolección de alimentos serán más desafiantes y requerirán una cuidadosa conservación de los recursos. Aprenda a atrapar animales pequeños, a pescar a través del hielo e identificar plantas comestibles, bayas y hongos que puedan sobrevivir al frío. Técnicas de conservación: La conservación de los alimentos mediante el secado, el ahumado, la fermentación o el enlatado será esencial para la supervivencia a largo plazo. Asegúrese de contar con el equipo y los conocimientos necesarios para almacenar los alimentos de forma segura durante períodos prolongados.

Mantenimiento de la salud y la higiene:

Asistencia sanitaria y suministros médicos: Acumule un botiquín de primeros auxilios completo y un suministro de medicamentos esenciales para un año. Las vitaminas, especialmente la vitamina D, serán cruciales debido a la falta de luz solar. Aprenda habilidades médicas básicas para tratar dolencias, lesiones y enfermedades comunes que puedan surgir.

Salud mental: No se debe subestimar el costo psicológico de vivir en un invierno nuclear. La oscuridad prolongada, el aislamiento y el estrés de la supervivencia pueden provocar depresión, ansiedad y otros problemas de salud mental. Las estrategias para mantener la salud mental incluyen establecer una rutina, mantenerse conectado con los demás y participar en actividades que brinden un sentido de propósito y normalidad.

Saneamiento: Mantener el saneamiento en un invierno nuclear es crucial para prevenir la propagación de enfermedades. Acumule suministros de higiene, como jabón, desinfectantes y productos sanitarios. Establecer un sistema de gestión de residuos que pueda funcionar sin agua corriente, como inodoros de compostaje o sistemas de baldes.

Sobrevivir en una comunidad

Construir una red de apoyo:

Ayuda mutua: sobrevivir a un invierno nuclear será más fácil con una red de apoyo. Forme alianzas con vecinos, familiares y amigos para compartir recursos, conocimientos y trabajo. Un esfuerzo grupal puede conducir a una mejor defensa, operaciones de producción de alimentos más grandes y una moral mejorada.

Refugios comunitarios: considere establecer o unirse a un refugio comunitario donde se puedan reunir recursos y coordinar esfuerzos. Un grupo más grande puede administrar tareas como la producción de alimentos, la defensa y la atención médica de manera más efectiva.

Seguridad y defensa:

Protección de recursos: en un invierno nuclear prolongado, la escasez podría llevar a la desesperación, lo que hace que la seguridad sea una preocupación. Desarrolle estrategias para defender su refugio y sus recursos contra amenazas potenciales. Esto puede incluir fortificar su refugio, crear un perímetro seguro y organizar un plan de defensa con su comunidad.

Resolución de conflictos no violenta: si bien la seguridad es importante, la resolución de conflictos no violenta dentro de su comunidad o grupo es igualmente fundamental. Establezca reglas, roles y estrategias de comunicación claras para manejar los desacuerdos y mantener el orden.

Planificación y adaptación a largo plazo

Preparación para el largo plazo:

Sostenibilidad: Concéntrese en desarrollar sistemas que sean sostenibles a largo plazo. Esto incluye fuentes de energía renovables, producción regenerativa de alimentos y conservación de suministros. El objetivo es crear un entorno autosostenible que pueda perdurar durante meses o incluso años.

Desarrollo de habilidades: Desarrolle una amplia gama de habilidades de supervivencia que puedan ayudarlo a adaptarse a circunstancias cambiantes. Estas pueden incluir herrería, costura, carpintería y otras habilidades prácticas que le permitan reparar y mantener su refugio y herramientas.

Reconstrucción y recuperación:

Recuperación del medio ambiente: A medida que las condiciones mejoren y regrese la luz solar, el enfoque se trasladará a la recuperación y restauración del medio ambiente. Esto puede implicar replantar cultivos, reconstruir la infraestructura y restablecer las comunidades. Tener semillas, herramientas y conocimientos listos será crucial para esta etapa.

Supervivencia a largo plazo: Sobrevivir los años iniciales de un invierno nuclear es solo el primer paso. La supervivencia a largo plazo requerirá reconstruir los suministros de alimentos, la infraestructura y la sociedad. Comience a planificar esta fase tan pronto como las condiciones lo permitan, centrándose en la sostenibilidad y la resiliencia de la comunidad.

Sobrevivir a un invierno nuclear de larga duración requiere una amplia preparación, adaptabilidad y resiliencia. Al comprender los posibles desafíos y tomar medidas proactivas para prepararse, las personas y las comunidades pueden mejorar sus posibilidades de soportar un escenario tan extremo.

La clave para la supervivencia radica en una planificación integral, el almacenamiento de suministros esenciales, el desarrollo de sistemas sostenibles y el fomento de vínculos comunitarios sólidos. Si bien la perspectiva de un invierno nuclear es aterradora, estar bien preparado puede marcar la diferencia entre la supervivencia y el desastre ante una catástrofe global de este tipo.

Invierno nuclear: técnicas de supervivencia

Cuando ocurre lo impensable y el mundo se ve empujado a la cruda realidad de un invierno nuclear, la supervivencia dependerá de tu capacidad para adaptarte a un entorno duro, frío y oscuro. El invierno nuclear, un fenómeno provocado por la inyección masiva de hollín y escombros en la atmósfera tras un conflicto nuclear a gran escala, podría provocar una caída drástica y prolongada de las temperaturas globales. La luz del sol quedaría bloqueada, las cosechas se arruinarían y los ecosistemas colapsarían, lo que convertiría la supervivencia diaria en un desafío formidable.

En este capítulo, exploraremos lo que puedes esperar durante un invierno nuclear y brindaremos estrategias prácticas para sobrevivir en estas condiciones extremas. Desde cultivar alimentos en entornos con poca luz hasta mantener vivo al ganado, la clave para la supervivencia radica en la preparación, el ingenio y una comprensión profunda de la nueva realidad a la que te enfrentarás.

Entender el invierno nuclear

El comienzo y la duración:

Efectos inmediatos: después de una serie de detonaciones nucleares, grandes cantidades de hollín, humo y polvo serán expulsados a la atmósfera superior, donde pueden permanecer durante meses o incluso años. Esta capa de partículas bloqueará la luz solar, lo que provocará una caída brusca de las temperaturas en todo el mundo. Se espera que las temperaturas caigan rápidamente, posiblemente varios grados en cuestión de días o semanas, creando un ambiente similar a un invierno severo, incluso en regiones típicamente templadas.

Oscuridad prolongada: con la luz solar severamente reducida, las horas de luz del día serán sombrías, y el cielo permanecerá de un gris oscuro y nublado. La falta de luz alterará los ritmos circadianos naturales, lo que dificultará distinguir el día de la noche y afectará el comportamiento humano y animal.

Impacto climático a largo plazo: los efectos del invierno nuclear podrían durar años, con una recuperación lenta a medida que las partículas se asienten gradualmente fuera de la atmósfera. Durante este tiempo, la agricultura mundial se vería paralizada, las fuentes de agua podrían congelarse o contaminarse y el ecosistema en general se vería sumido en el caos.

Adaptación al frío y a las condiciones de poca luz

Cómo mantener el calor en el refugio:

Cómo aislar el refugio: La primera prioridad en un invierno nuclear es mantener el calor en el refugio. Aísle las paredes, ventanas y puertas con materiales como paneles de espuma, mantas térmicas e incluso capas gruesas de ropa o mantas. Sella los huecos que puedan permitir la entrada de corrientes de aire.

Fuentes de calefacción eficientes: utiliza métodos de calefacción energéticamente eficientes, como estufas de leña, que pueden quemar una variedad de combustibles, como madera, carbón e incluso biomasa como hojas secas o estiércol animal. Considera la posibilidad de construir un calentador de masa térmica, que puede retener e irradiar calor durante horas después de que se haya apagado el fuego, lo que conserva el preciado combustible.

Métodos de calefacción de respaldo: ten opciones de calefacción de respaldo, como calentadores de propano, calentadores solares portátiles o incluso fuentes de calor improvisadas, como calentadores de barro alimentados con velas. Almacena una gran cantidad de combustible, ya que recolectar madera u otros recursos se volverá cada vez más difícil a medida que el medio ambiente se deteriore.

Cultivo de alimentos en condiciones de poca luz:

Jardinería de interior: Dado que la agricultura al aire libre está muy limitada, la jardinería de interior se vuelve esencial. Instale sistemas hidropónicos o acuapónicos, que le permiten cultivar alimentos sin tierra, utilizando agua rica en nutrientes. Estos sistemas pueden ser compactos y eficientes, lo que los hace ideales para uso en interiores.

Luces LED para cultivo: invierta en luces LED para cultivo de bajo consumo para proporcionar el espectro de luz necesario para el crecimiento de las plantas. Si bien la luz solar será escasa, estas luces pueden simular las condiciones necesarias para la fotosíntesis. Concéntrese en cultivar cultivos de rápido crecimiento y poca luz, como verduras de hoja verde, espinacas, col rizada y ciertas hierbas, que se pueden cosechar de manera rápida y continua.

Verduras de raíz: las verduras de raíz como las papas, las zanahorias y las remolachas se pueden cultivar en contenedores en interiores o en canteros de jardín bien aislados. Estos cultivos son más tolerantes a las condiciones de poca luz y pueden proporcionar una fuente de alimento confiable durante períodos prolongados de oscuridad.

Cómo mantener con vida al ganado:

Refugio para el ganado: si tiene ganado, necesitará refugios bien aislados y con calefacción para sobrevivir al frío. Construya o adecúe graneros, cobertizos u otros recintos para brindarles calor y protección contra los elementos. Use paja u otros materiales aislantes para revestir los pisos y las paredes de su refugio.

Alimentación del ganado: acumule alimento con mucha anticipación, ya que no será posible buscar comida ni pastar durante un invierno nuclear. Considere cultivar forraje en interiores utilizando sistemas hidropónicos para complementar el alimento almacenado. Los cultivos forrajeros como la cebada o el pasto de trigo se pueden cultivar rápidamente y brindan alimento nutritivo para los animales.

Gestión del agua: asegúrese de que su ganado tenga acceso a agua limpia y no congelada. Esto puede requerir el uso de bebederos con calefacción o romper regularmente el hielo en las fuentes de agua al aire libre. Considere instalar un sistema de recolección y purificación de agua que pueda funcionar independientemente de fuentes externas, como la recolección de agua de lluvia combinada con sistemas de filtración y tratamiento.

Estrategias de supervivencia a largo plazo

Conservación de alimentos:

Técnicas de conservación de alimentos: Como la producción de alimentos frescos es limitada, es fundamental conservar lo que se tiene. Utilice métodos como el enlatado, el secado, la fermentación y el ahumado para prolongar la vida útil de los alimentos. Invierta en selladores al vacío y bolsas de mylar con absorbentes de oxígeno para proteger los alimentos secos de la humedad y el deterioro.

Almacenamiento en frío: en climas más fríos, aproveche la refrigeración natural creando áreas de almacenamiento en frío en el exterior o en partes sin calefacción de su refugio. Esto puede ayudar a conservar productos frescos, lácteos y carnes durante períodos prolongados.

Adaptación de la dieta:

Alimentos ricos en nutrientes: concéntrese en alimentos ricos en nutrientes que proporcionen la mayor cantidad de calorías, vitaminas y minerales por ración. Los frijoles, las lentejas, los cereales integrales, los frutos secos y las semillas deben ser alimentos básicos de su dieta, complementados con cualquier producto fresco y productos animales que pueda producir o conservar.

Suplementos: considere la posibilidad de almacenar suplementos dietéticos, especialmente vitamina D, que escaseará debido a la falta de luz solar. Las multivitaminas y otros suplementos esenciales pueden ayudar a prevenir deficiencias durante períodos prolongados de variedad limitada de alimentos.

Salud mental y física:

Mantener la moral: Los efectos psicológicos del invierno nuclear, como la depresión, la ansiedad y la desesperación, serán significativos. Establezca rutinas que incluyan actividad física, interacción social (incluso dentro de su hogar o comunidad) y compromiso mental a través de juegos, lectura o actividades creativas.

Ejercicio: La actividad física regular es vital para mantener la salud física y mejorar el bienestar mental. Los ejercicios en interiores como la calistenia, el yoga o el uso de pequeños equipos de ejercicio pueden ayudar a mantener su cuerpo fuerte en espacios reducidos.

Apoyo comunitario: Si forma parte de un grupo o comunidad más grande, trabaje en conjunto para compartir recursos, conocimientos y trabajo. Los proyectos comunitarios, como los jardines compartidos o las comidas comunitarias, pueden brindar un sentido de propósito y ayudar a mantener la moral durante tiempos difíciles.

Prepararse para las secuelas

Resiliencia a largo plazo:

Recuperación y restauración de la tierra: A medida que los efectos del invierno nuclear comiencen a disminuir y regrese la luz solar, concéntrese en recuperar y restaurar las tierras agrícolas. Comience con cultivos resistentes que puedan tolerar temperaturas más frías y comience a restablecer los sistemas de producción de alimentos.

Reconstrucción de la sociedad: a medida que las condiciones mejoren, la atención se centrará en la reconstrucción de las comunidades y la infraestructura. Comience a planificar esta fase con anticipación, reuniendo las herramientas, las semillas y el conocimiento necesarios para poner en marcha los esfuerzos de recuperación. Colabore con otros para reunir recursos y trabajar juntos para reconstruir una sociedad funcional.

Aprender de la historia:

Lecciones históricas: estudie los eventos pasados en los que las comunidades enfrentaron condiciones climáticas extremas, escasez de alimentos u otras condiciones catastróficas. Aprender de la historia puede brindar información valiosa sobre cómo organizarse, sobrevivir y, finalmente, prosperar después de un invierno nuclear.

Sobrevivir a un invierno nuclear requiere adaptabilidad, ingenio y una comprensión profunda de los desafíos que plantea un mundo frío, oscuro y con escasez de recursos. Si se prepara a fondo y piensa de manera creativa, puede aumentar sus posibilidades no solo de sobrevivir, sino también de mantener un nivel de estabilidad y esperanza en las circunstancias más difíciles.

Lista de verificación: elementos necesarios para una guerra nuclear y el invierno nuclear posterior

Una lista de verificación completa es esencial para garantizar que tenga todos los elementos necesarios para sobrevivir a una guerra nuclear y al invierno nuclear posterior. Esta lista cubre los suministros y herramientas más importantes para ayudarlo a prepararse para la supervivencia inmediata durante un evento nuclear y los desafíos a largo plazo de vivir durante un invierno nuclear. Los elementos están agrupados en categorías para facilitar la referencia.

Refugio y calidez

Ubicación del refugio:

Espacio seguro y aislado (sótano, refugio antiaéreo o habitación interior fuertemente reforzada).

Materiales de aislamiento:

Aislamiento adicional para paredes, ventanas y puertas (por ejemplo, mantas térmicas, paneles de espuma).

Fuentes de calefacción:

Estufa de leña portátil o estufa cohete.

Leña, carbón, propano u otras fuentes de combustible de larga duración.

Calentadores de manos y mantas térmicas.

Equipo para dormir:

Sacos de dormir de alta calidad aptos para temperaturas bajo cero.

Mantas térmicas.

Colchonetas aislantes.

Alimentos y agua

Alimentos no perecederos:

Productos enlatados (verduras, frutas, carnes, sopas).

Alimentos secos (frijoles, arroz, pastas, lentejas).

Comidas liofilizadas.

Granos (avena, trigo, cebada).

Nueces, semillas y frutas secas.

Leche en polvo, proteína en polvo y batidos sustitutivos de comidas.

Galletas duras, galletas saladas y otros bocadillos de larga duración.

Almacenamiento de agua:

Mínimo de un galón de agua por persona por día (al menos un año de suministro).

Contenedores de agua (por ejemplo, barriles de almacenamiento grandes, tanques de agua portátiles).

Contenedores de agua plegables para transporte y almacenamiento.

Purificación de agua:

Filtros de agua (por ejemplo, filtros alimentados por gravedad, de bomba o portátiles).

Pastillas o gotas purificadoras de agua.

Equipo para hervir (por ejemplo, estufa portátil, ollas de metal).

Destilador solar o generador de agua atmosférico.

Salud e higiene

Botiquín de primeros auxilios:

Vendas, gasas, cinta adhesiva.

Antisépticos (por ejemplo, peróxido de hidrógeno, toallitas con alcohol).

Pinzas, tijeras, férulas.

Analgésicos, antiinflamatorios, antiácidos.

Medicamentos con receta (al menos un año de suministro).

Vitaminas, especialmente vitamina D.

Antibióticos (si están disponibles y son apropiados).

Pastillas antirradiación (yoduro de potasio).

Suministros de higiene:

Jabón, desinfectante para manos y desinfectantes.

Cepillos de dientes, pasta de dientes e hilo dental.

Productos de higiene femenina.

Papel higiénico, toallitas húmedas para bebés y toallitas higiénicas.

Inodoro portátil o inodoro con balde con bolsas para desechos y bolsas biodegradables.

Lejía (para desinfección y purificación del agua).

Equipo de protección personal:

Respiradores o mascarillas N95.

Gafas y guantes (para protección durante la exposición al aire libre).

Dispositivos de detección de radiación (contador Geiger o dosímetro).

Ropa a prueba de radiación (si está disponible).

Comunicación e información

Comunicación de emergencia:

Radio a batería o de manivela con banda meteorológica NOAA.

Radios bidireccionales o walkie-talkies.

Teléfono satelital (si está disponible).

Recursos de información:

Manuales y guías de supervivencia impresos (por ejemplo, supervivencia nuclear, primeros auxilios).

Mapas locales con ubicaciones clave marcadas (refugios, fuentes de agua, etc.).

Material de escritura (cuadernos, bolígrafos, lápices).

Energía de respaldo:

Cargador solar portátil.

Baterías adicionales (para todos los dispositivos).

Bancos de energía o paquetes de baterías portátiles.

Generador de manivela.

Generador de respaldo con combustible adicional

HERRAMIENTAS Y EQUIPO

Herramientas básicas:

Multiherramienta o navaja suiza.

Hacha, hachuela o sierra (para cortar madera y otros materiales).

Pala y herramienta para atrincheramiento.

Martillo y clavos.

Llaves, destornilladores y alicates.

Cinta aisladora y cuerda o paracord.

Cocina y preparación de alimentos:

Estufa portátil para acampar con combustible.

Utensilios de cocina (ollas, sartenes, utensilios).

Abrelatas manual.

Herramientas para encender fuego (fósforos, encendedores, pedernal)

Iluminación:

Linternas (LED) con baterías adicionales.

Farolillos (a batería o a combustible).

Velas y candelabros.

Lámparas de aceite y aceite para lámparas.

Varios:

Bolsas de basura resistentes (para gestión de residuos e impermeabilización).

Lona o láminas de plástico (para refugio de emergencia o aislamiento).

Bolsas Ziploc y bolsas selladas al vacío (para almacenar alimentos e impermeabilizar artículos).

Kit de costura (para reparaciones).

Ropa y protección

Ropa abrigada:

Chaquetas y pantalones aislantes.

Ropa interior y capas base térmicas.

Medias de lana y botas resistentes.

Guantes, gorros y bufandas.

Protección contra la lluvia y el viento:

Ropa exterior impermeable (chaquetas, pantalones).

Capas de ropa a prueba de viento.

Ponchos o trajes de lluvia.

Equipo de protección:

Máscaras respiratorias (N95 o superior).

Ropa resistente a la radiación o a los productos químicos (si está disponible).

Bienestar mental y emocional

Entretenimiento y distracción:

Libros, rompecabezas y juegos (para pasar el tiempo y reducir el estrés).

Materiales de escritura para llevar un diario o para la expresión creativa.

Instrumentos musicales (si son portátiles).

Rutina y estructura:

Calendario y agenda (para mantener una sensación de normalidad).

Materiales religiosos o espirituales (por ejemplo, la Biblia, el Corán, guías de meditación).

Actividades o proyectos grupales para fomentar un sentido de comunidad y propósito.

Seguridad y defensa

Defensa personal:

Armas de fuego y municiones (cuando sea legal y apropiado).

Herramientas de defensa no letales (spray de pimienta, pistolas eléctricas).

Armas blancas (cuchillos, machetes).

Fortificación de refugios:

Materiales de refuerzo (madera contrachapada, láminas de metal).

Cerraduras, cadenas y barreras para puertas y ventanas.

Detectores de movimiento o alarmas.

Vigilancia:

Binoculares o un telescopio.

Cámaras de seguridad (si es posible alimentarlas).

Sostenibilidad a largo plazo

Jardinería y producción de alimentos:

Semillas para cultivos con poca luz y tubérculos.

Sistemas hidropónicos o acuapónicos (con el equipo necesario).

Luces de cultivo (LED) con fuente de energía.

Tierra, abono y fertilizantes.

Recolección de agua:

Sistema de recolección de agua de lluvia.

Generador de agua atmosférica (si está disponible).

Barriles de agua y tanques de almacenamiento.

Cría de animales:

Ganado pequeño, como pollos o conejos (si es posible).

Pienso y suministros necesarios para el cuidado del ganado.

Don't miss out!

Visit the website below and you can sign up to receive emails whenever Andrew Parry publishes a new book. There's no charge and no obligation.

https://books2read.com/r/B-A-FROLC-LKDBF

BOOKS 2 READ

Connecting independent readers to independent writers.